진도
BOOK

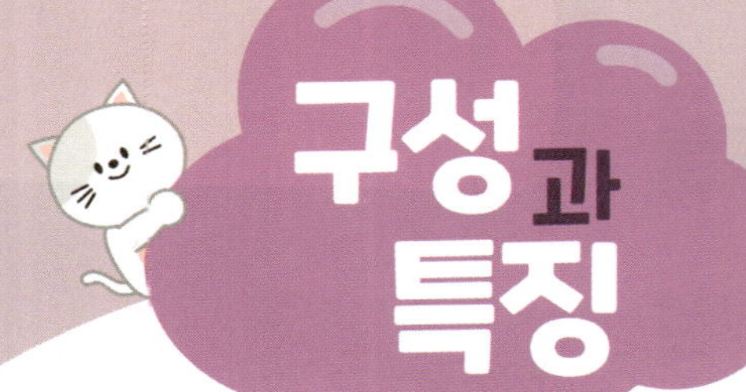

진도 BOOK

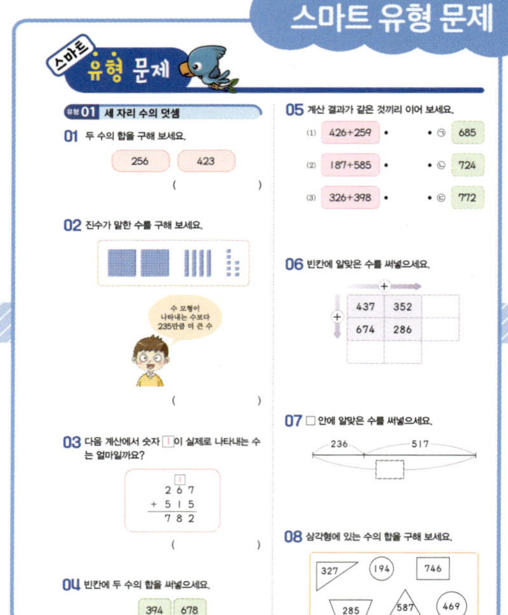

『스마트 기본 개념』을 통해 교과서 핵심 개념·기본 문제를 학습합니다.

『스마트 유형 문제』를 통해 개념별 다양한 유형 문제를 학습합니다.

복습 BOOK

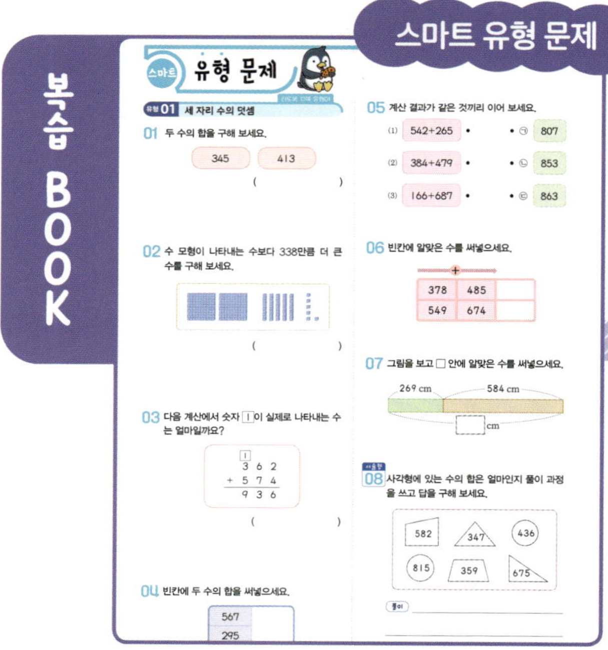

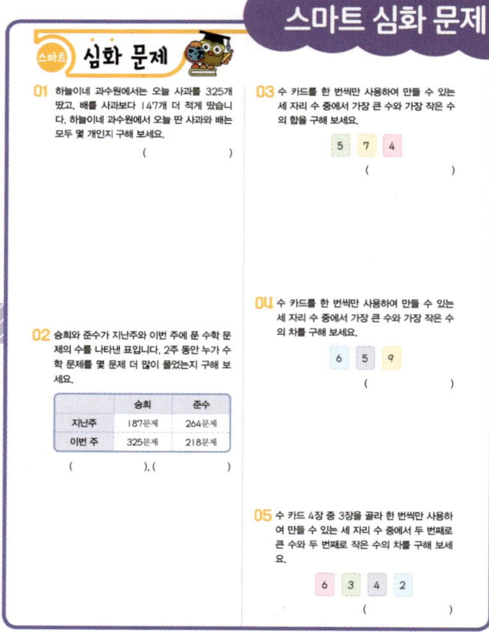

『스마트 유형 문제』를 한 번 더 학습할 수 있는 쌍둥이 문제를 풀어 봅니다.

『스마트 심화 문제』를 한 번 더 학습할 수 있는 쌍둥이 문제를 풀어 봅니다.

진도북 복습 및 숙제로 활용

스마트 심화 문제

『**스마트 심화 문제**』를 통해 난이도 높은 실력·응용 문제를 학습합니다.

스마트 단원 마무리

『**스마트 단원 마무리**』를 통해 단원의 내용을 잘 이해했는지 학습합니다.

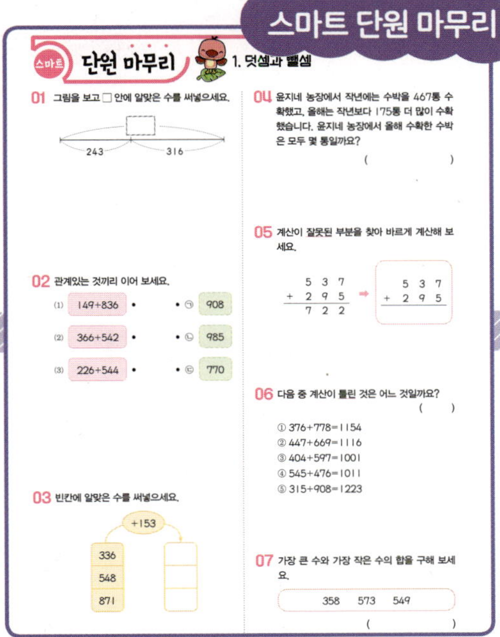

스마트 단원 마무리

『**스마트 단원 마무리**』를 통해 단원의 내용을 잘 이해했는지 확인해 봅니다.

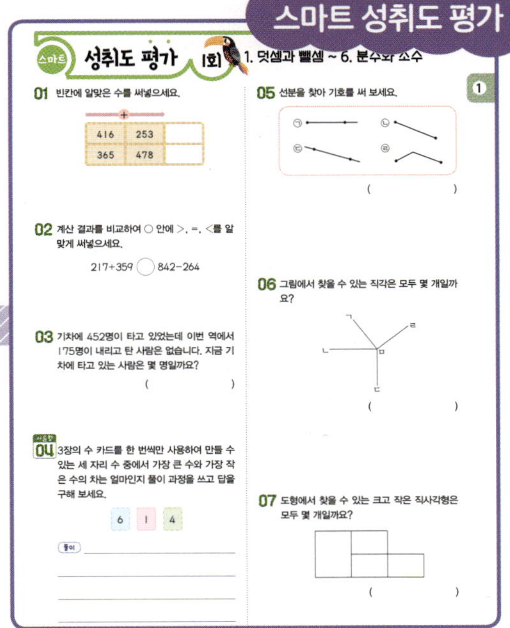

스마트 성취도 평가

『**스마트 성취도 평가**』를 통해 한 학기의 학습 내용을 정리해 봅니다.

한 학기 진단평가로 활용

차례

1

덧셈과 뺄셈

이 단원에서는 무엇을 배울까요?

- 받아올림이 없는 덧셈을 해 볼까요
- 받아올림이 한 번 있는 덧셈을 해 볼까요
- 받아올림이 여러 번 있는 덧셈을 해 볼까요
- 받아내림이 없는 뺄셈을 해 볼까요
- 받아내림이 한 번 있는 뺄셈을 해 볼까요
- 받아내림이 두 번 있는 뺄셈을 해 볼까요

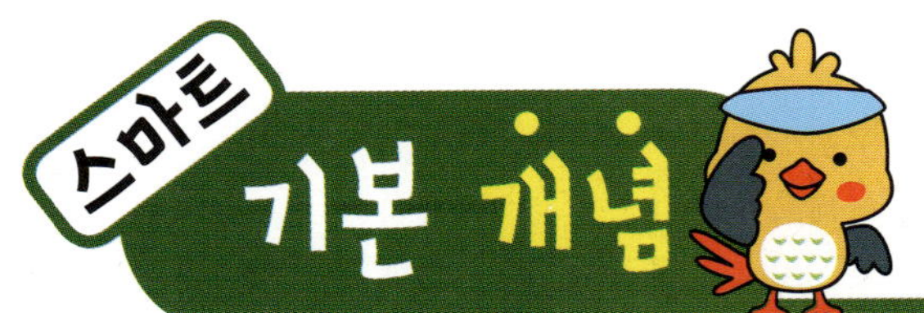

(세 자리 수)+(세 자리 수) 알아보기
– 받아올림이 없는 경우

⭐ **452+237의 계산**

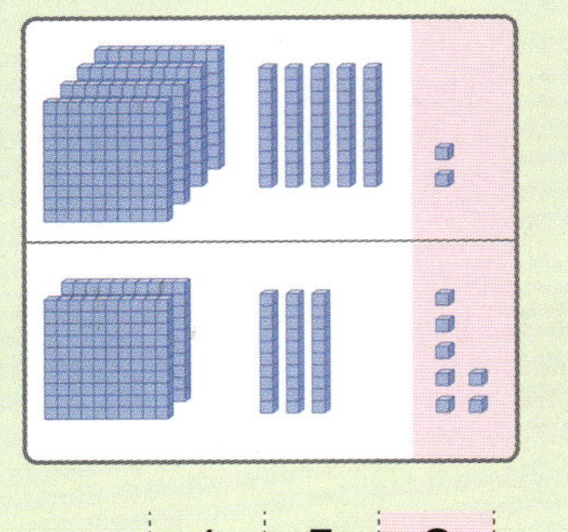 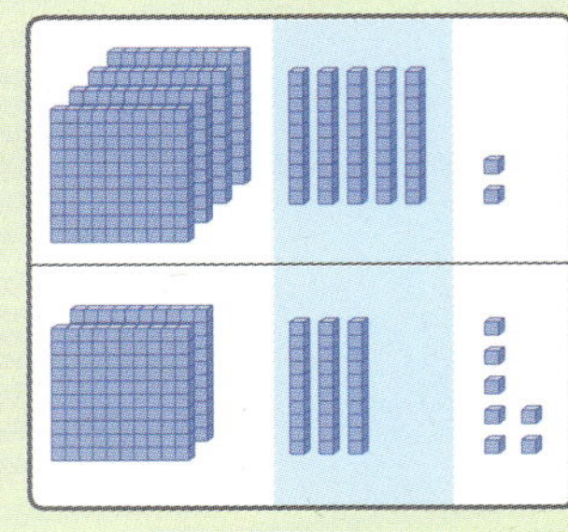 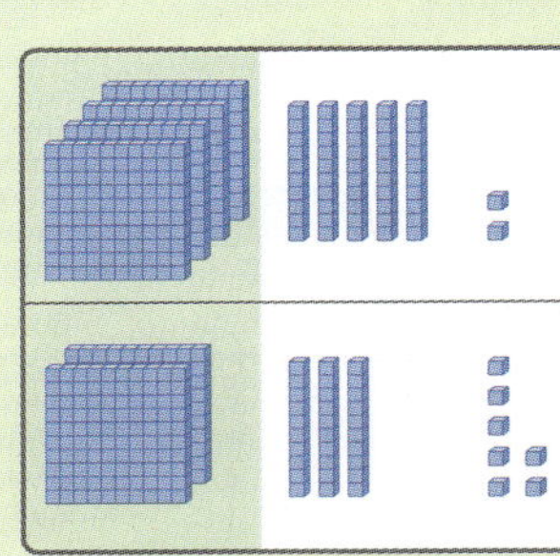

$$
\begin{array}{r}
\ 4\ \ 5\ \ 2 \\
+\ 2\ \ 3\ \ 7 \\
\hline
9
\end{array}
\quad\Rightarrow\quad
\begin{array}{r}
\ 4\ \ 5\ \ 2 \\
+\ 2\ \ 3\ \ 7 \\
\hline
8\ \ 9
\end{array}
\quad\Rightarrow\quad
\begin{array}{r}
\ 4\ \ 5\ \ 2 \\
+\ 2\ \ 3\ \ 7 \\
\hline
6\ \ 8\ \ 9
\end{array}
$$

각 자리의 수를 맞추어 쓴 후 일의 자리, 십의 자리, 백의 자리의 수끼리 더합니다.

---

01 수 모형을 보고 213+155를 계산해 보세요.

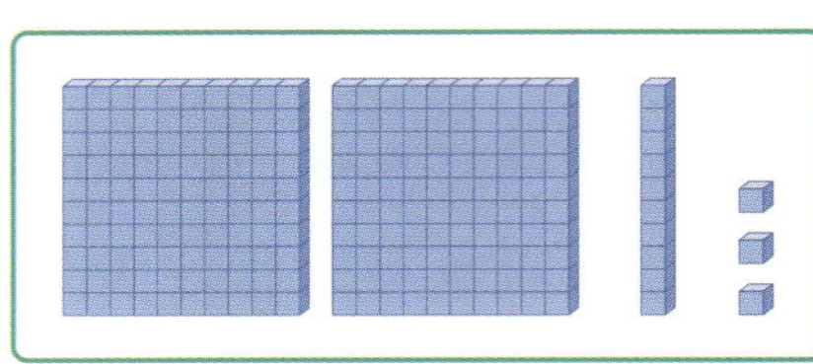

213+155= ☐

---

02 계산해 보세요.

(1)
$$
\begin{array}{r}
1\ \ 3\ \ 4 \\
+\ 2\ \ 4\ \ 3 \\
\hline
\end{array}
$$

(2)
$$
\begin{array}{r}
5\ \ 2\ \ 3 \\
+\ 3\ \ 7\ \ 1 \\
\hline
\end{array}
$$

(3) 426+243= ☐

(4) 715+183= ☐

(세 자리 수)+(세 자리 수) 알아보기
– 받아올림이 한 번 있는 경우

★ 128+117의 계산

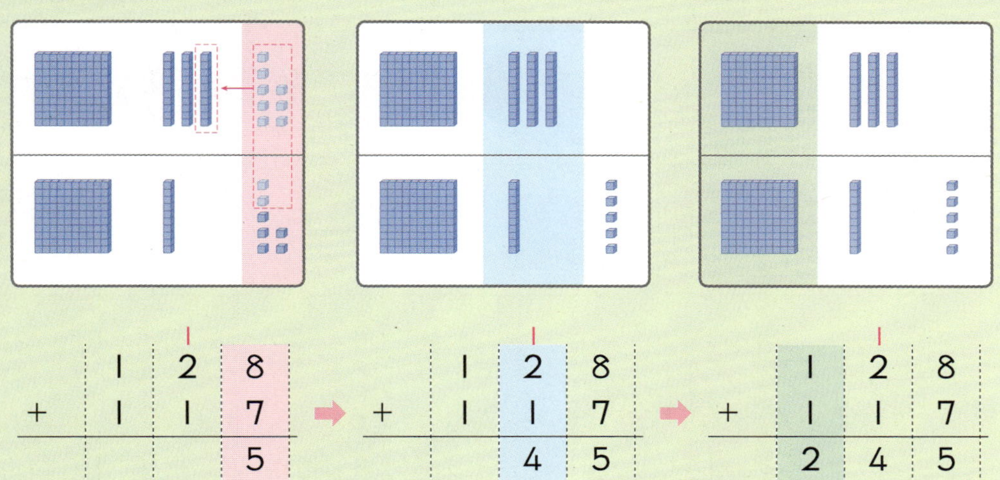

각 자리의 수를 맞추어 쓴 후 일의 자리부터 차례대로 더합니다. 이때 같은 자리 수끼리의 합이 10이거나 10보다 크면 받아올림합니다.

03 수 모형을 보고 363+174를 계산해 보세요.

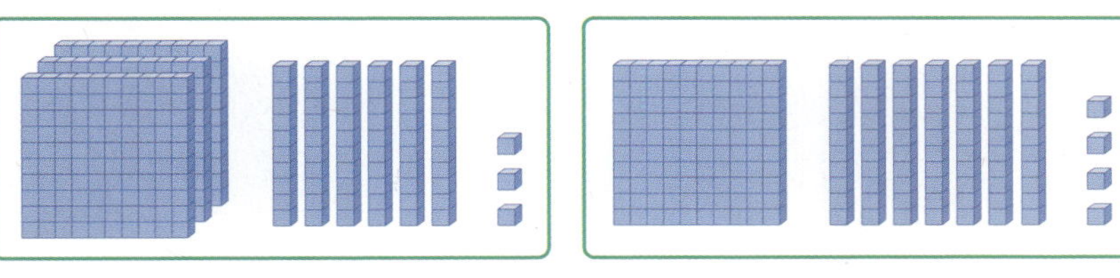

363+174= ☐

04 계산해 보세요.

(1)
```
    2 5 8
  + 3 2 4
  -------
```

(2)
```
    4 9 2
  + 2 5 6
  -------
```

(3) 147+539= ☐

(4) 583+254= ☐

✿ 475+246의 계산

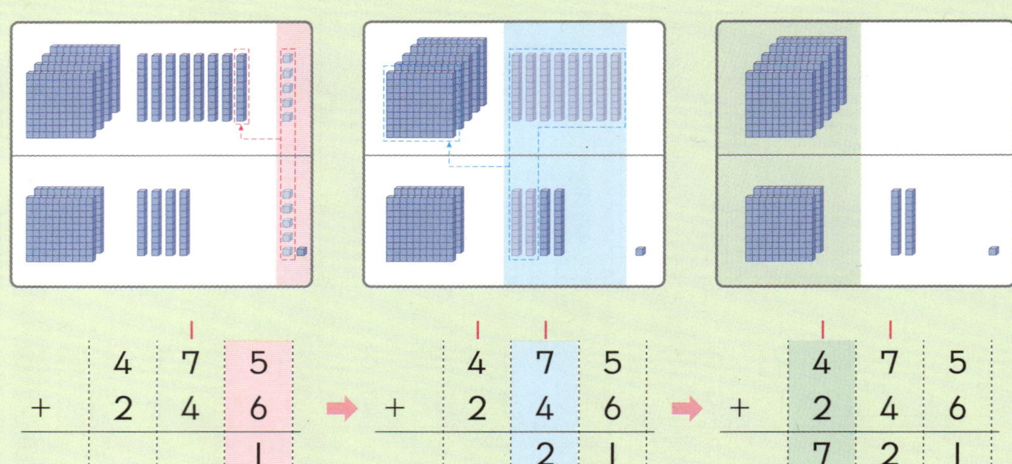

각 자리의 수를 맞추어 쓴 후 일의 자리부터 차례대로 더합니다. 이때 같은 자리 수끼리의 합이 10이거나 10보다 크면 받아올림합니다.

05 수 모형을 보고 274+359를 계산해 보세요.

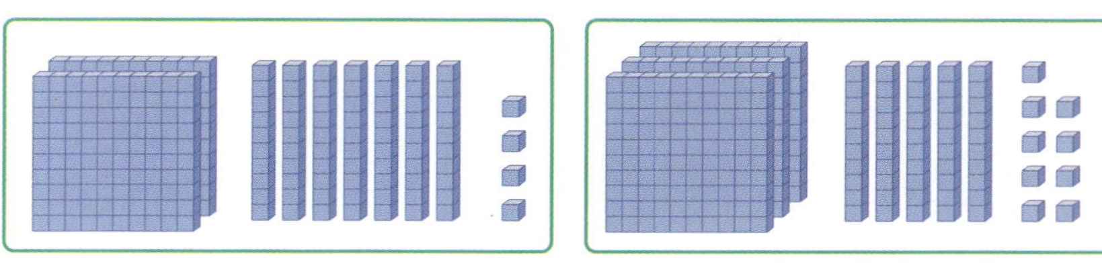

274+359=

06 계산해 보세요.

(1)
```
   1 4 8
 + 2 6 7
```

(2)
```
   5 7 8
 + 6 3 9
```

(3) 593+168=

(4) 746+475=

(세 자리 수)-(세 자리 수) 알아보기
- 받아내림이 없는 경우

⭐ 359-214의 계산

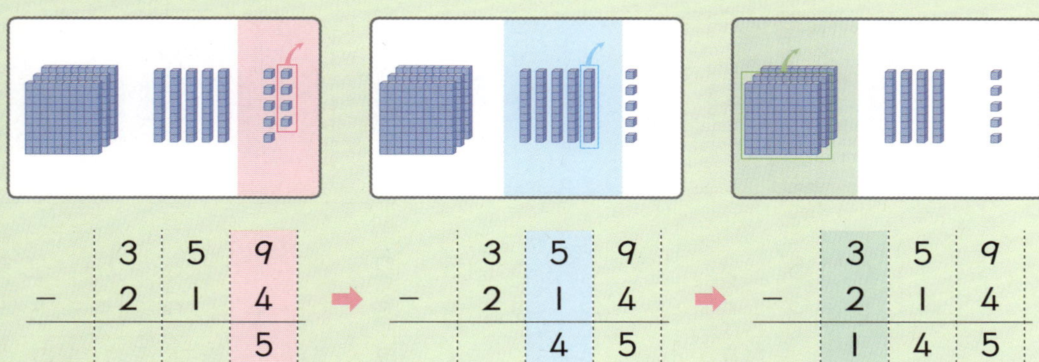

각 자리의 수를 맞추어 쓴 후 일의 자리, 십의 자리, 백의 자리 수끼리 뺍니다.

07 수 모형을 보고 475-134를 계산해 보세요.

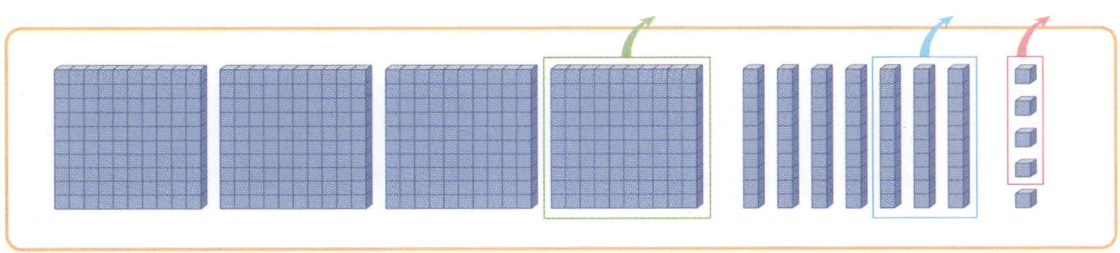

475-134= ☐

08 계산해 보세요.

(1)
```
   6 5 8
-  2 3 7
________
```

(2)
```
   8 7 5
-  5 3 2
________
```

(3) 564-152= ☐

(4) 786-423= ☐

(세 자리 수)−(세 자리 수) 알아보기
– 받아내림이 1번 있는 경우

✿ 652−235의 계산

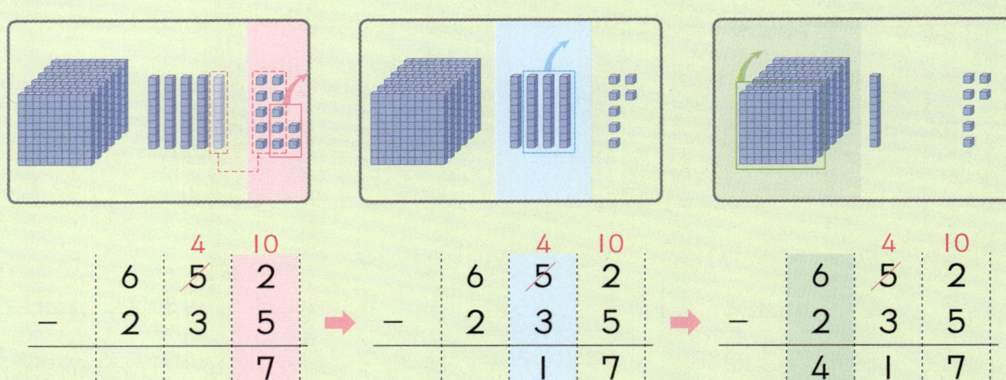

각 자리의 수를 맞추어 쓴 후 일의 자리부터 차례대로 뺍니다. 이때 같은 자리 수끼리 뺄 수 없으면 윗자리에서 받아내림하여 계산합니다.

09 수 모형을 보고 317−152를 계산해 보세요.

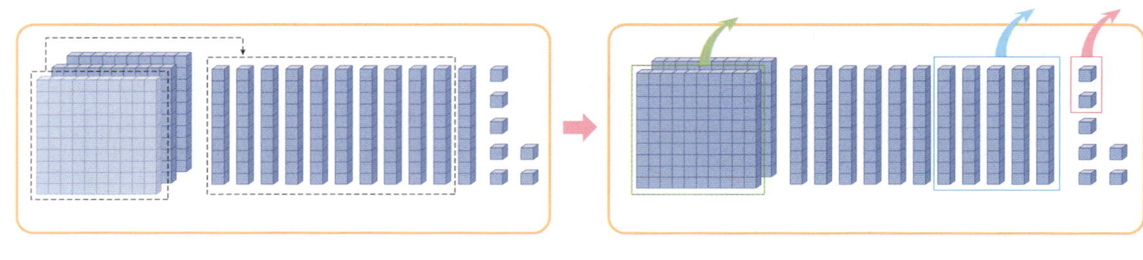

$$317-152=\boxed{}$$

10 계산해 보세요.

(1)
$$\begin{array}{r} 5\ 6\ 3 \\ -\ 2\ 3\ 7 \\ \hline \end{array}$$

(2)
$$\begin{array}{r} 7\ 3\ 6 \\ -\ 3\ 8\ 4 \\ \hline \end{array}$$

(3) $473-146=\boxed{}$

(4) $845-372=\boxed{}$

(세 자리 수)-(세 자리 수) 알아보기
– 받아내림이 2번 있는 경우

✿ **654-257의 계산**

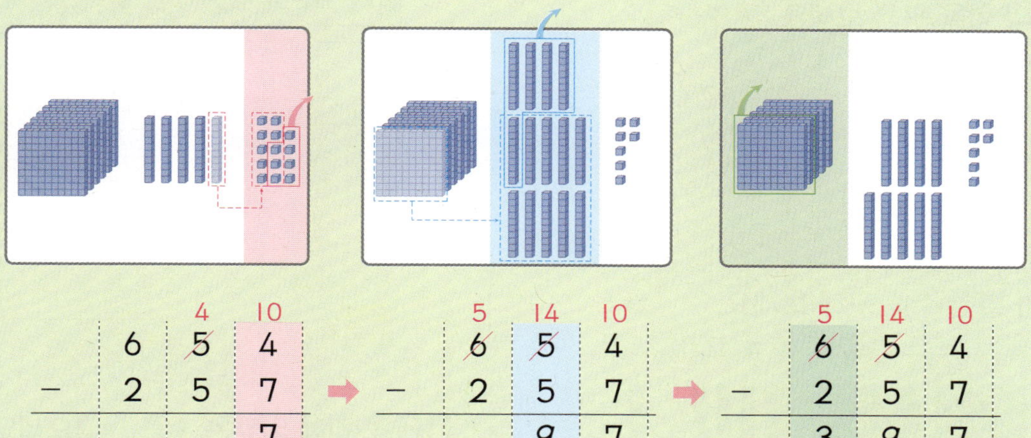

각 자리의 수를 맞추어 쓴 후 일의 자리부터 차례대로 뺍니다. 이때 같은 자리 수끼리 뺄 수 없으면 윗자리에서 받아내림하여 계산합니다.

11 수 모형을 보고 533-256을 계산해 보세요.

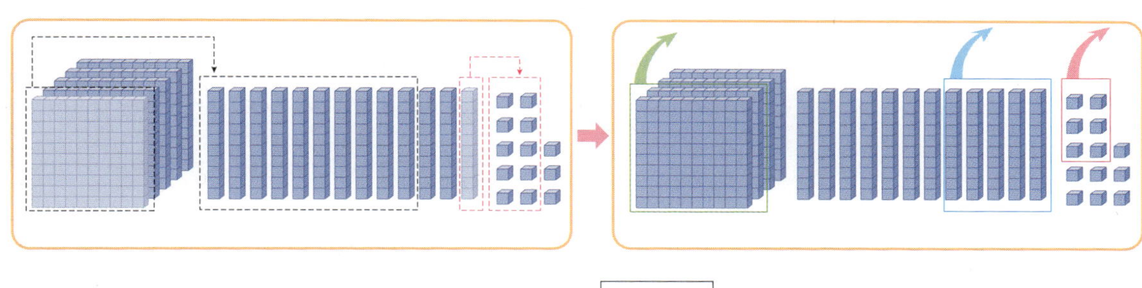

$$533-256=\boxed{}$$

12 계산해 보세요.

(1)
$$\begin{array}{r} 4\ 5\ 1 \\ -\ 2\ 6\ 8 \\ \hline \end{array}$$

(2)
$$\begin{array}{r} 7\ 2\ 4 \\ -\ 4\ 5\ 9 \\ \hline \end{array}$$

(3) $843-254=\boxed{}$

(4) $916-478=\boxed{}$

유형 01 세 자리 수의 덧셈

01 두 수의 합을 구해 보세요.

256	423

( )

02 진수가 말한 수를 구해 보세요.

( )

03 다음 계산에서 숫자 1이 실제로 나타내는 수는 얼마일까요?

$$
\begin{array}{r}
\overset{1}{2}\ 6\ 7 \\
+\ 5\ 1\ 5 \\
\hline
7\ 8\ 2
\end{array}
$$

( )

04 빈칸에 두 수의 합을 써넣으세요.

394	678

05 계산 결과가 같은 것끼리 이어 보세요.

(1) 426+259 •   • ㉠ 685

(2) 187+585 •   • ㉡ 724

(3) 326+398 •   • ㉢ 772

06 빈칸에 알맞은 수를 써넣으세요.

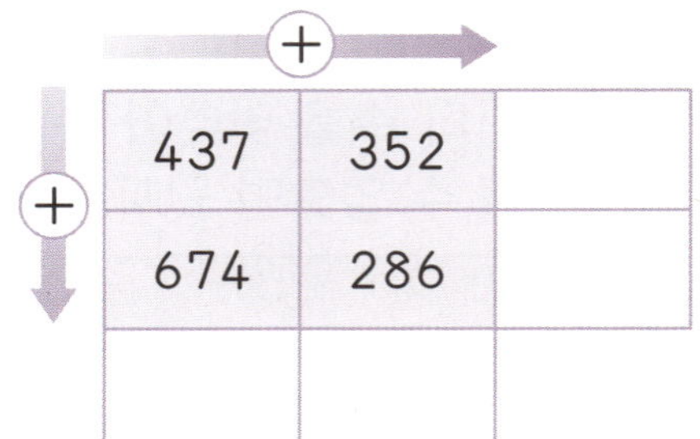

07 □ 안에 알맞은 수를 써넣으세요.

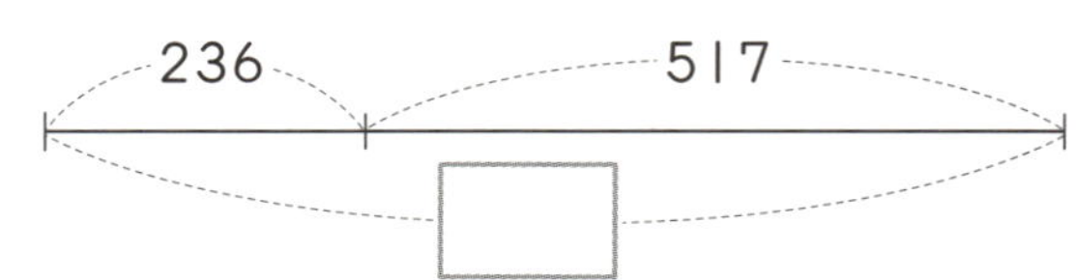

08 삼각형에 있는 수의 합을 구해 보세요.

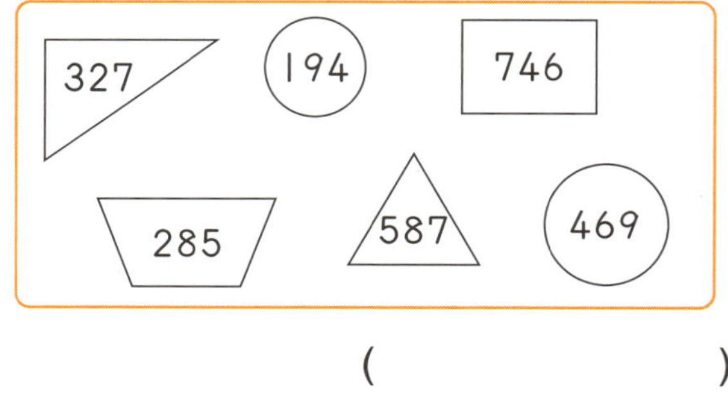

( )

유형 02 실생활에서 세 자리 수의 덧셈 활용

09 어린이 도서관의 방문자가 어제는 152명, 오늘은 235명입니다. 어제와 오늘 이틀 동안의 어린이 도서관 방문자는 모두 몇 명일까요?

식 ______________________

답 ______________________

10 진주네 농장에서 작년에는 귤을 769상자 수확했고 올해에는 작년보다 114상자 더 많이 수확했습니다. 올해 수확한 귤은 모두 몇 상자일까요?

식 ______________________

답 ______________________

11 종이학을 유아는 368개, 정후는 475개 접었습니다. 두 사람이 접은 종이학은 모두 몇 개일까요?

식 ______________________

답 ______________________

유형 03 세 자리 수의 뺄셈

12 수 모형이 나타내는 수보다 241만큼 더 작은 수를 구해 보세요.

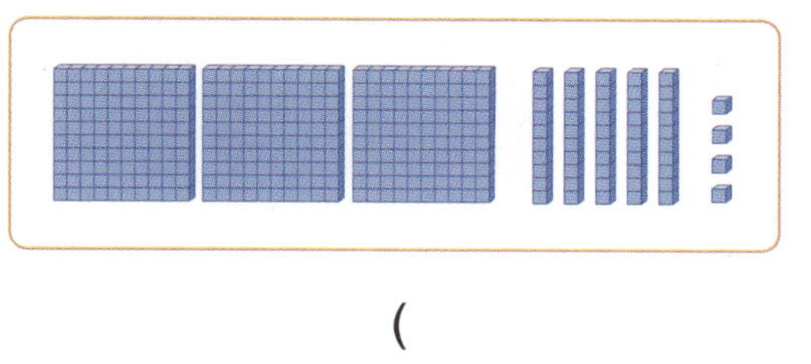

(   )

13 □ 안에 알맞은 수를 써넣으세요.

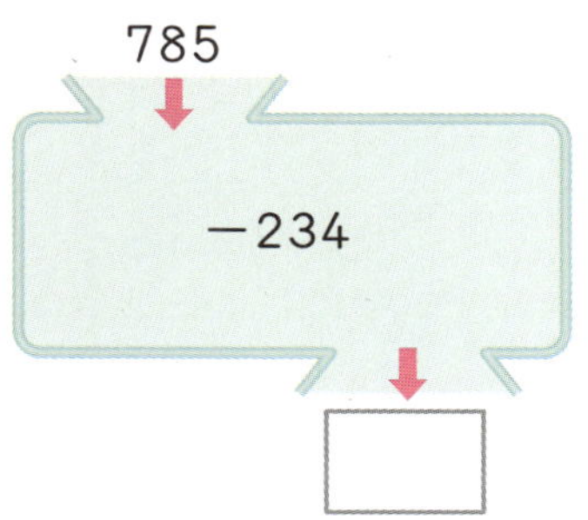

14 다음 계산에서 숫자 5가 실제로 나타내는 수는 얼마일까요?

$$\begin{array}{r} 5\ 12\ 10 \\ \not{6}\ \not{3}\ \not{5} \\ -\ 2\ 7\ 8 \\ \hline 3\ 5\ 7 \end{array}$$

(   )

15 □ 안에 알맞은 수를 써넣으세요.

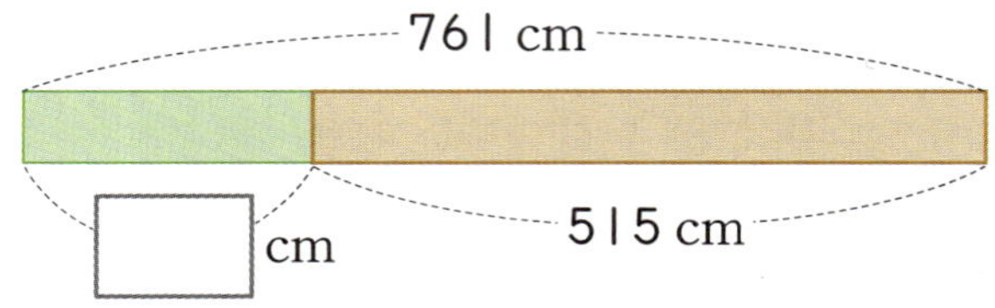

16 □ 안에 알맞은 수를 써넣으세요.

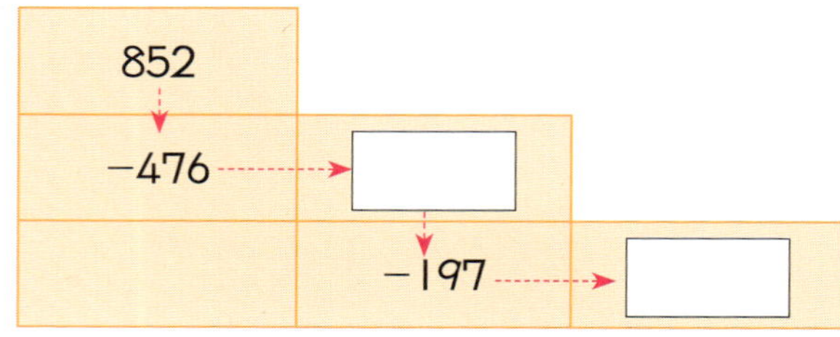

17 사각형에 있는 수의 차를 구해 보세요.

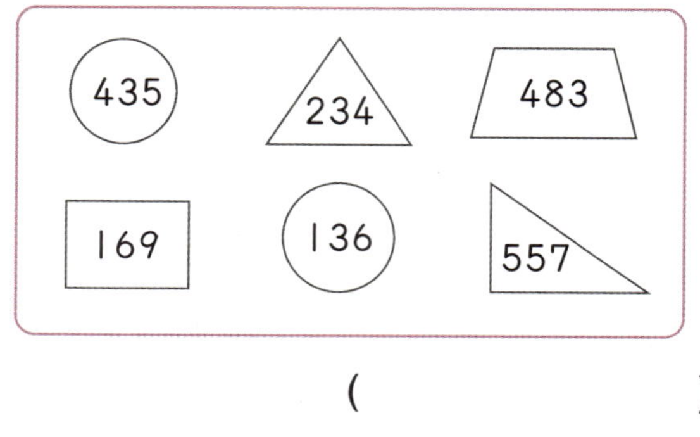

( )

---

18 진우네 학교 도서관에 동화책이 684권, 위인전이 452권 있습니다. 동화책은 위인전보다 몇 권 더 많을까요?

식 __________________________

답 __________________________

19 재호네 모둠은 줄넘기를 326번 했고, 윤지네 모둠은 재호네 모둠보다 145번 더 적게 했습니다. 윤지네 모둠은 줄넘기를 몇 번 했을까요?

식 __________________________

답 __________________________

20 도서관에서 재경이네 집까지의 거리는 726 m이고, 애영이네 집까지의 거리는 267 m입니다. 도서관에서 누구네 집이 몇 m 더 가까울까요?

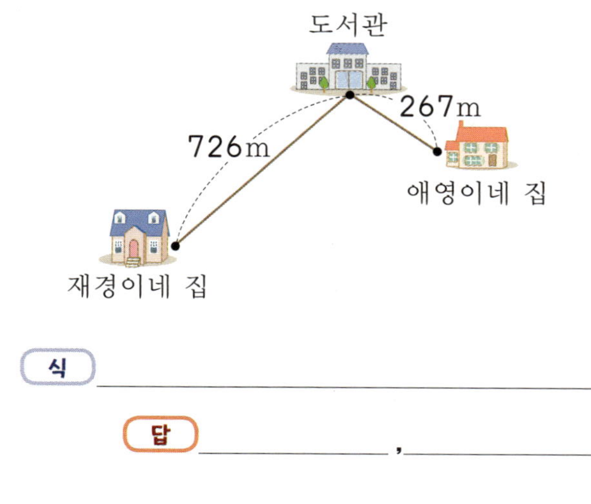

식 __________________________

답 ____________ , ____________

유형 05 틀린 부분을 찾아 바르게 고치기

21 잘못 계산한 곳을 찾아 바르게 계산해 보세요.

$$\begin{array}{r} 2\ 3\ 6 \\ +\ 3\ 4\ 9 \\ \hline 5\ 7\ 5 \end{array}$$

➡

$$\begin{array}{r} 2\ 3\ 6 \\ +\ 3\ 4\ 9 \\ \hline \end{array}$$

22 잘못 계산한 곳을 찾아 바르게 계산해 보세요.

$$\begin{array}{r} 7\ 8\ 3 \\ -\ 4\ 2\ 5 \\ \hline 3\ 6\ 8 \end{array}$$

➡

$$\begin{array}{r} 7\ 8\ 3 \\ -\ 4\ 2\ 5 \\ \hline \end{array}$$

23 잘못 계산한 곳을 찾아 이유를 쓰고, 바르게 계산해 보세요.

$$\begin{array}{r} 5\ 4\ 2 \\ -\ 1\ 7\ 6 \\ \hline 4\ 6\ 6 \end{array}$$

➡

$$\begin{array}{r} 5\ 4\ 2 \\ -\ 1\ 7\ 6 \\ \hline \end{array}$$

이유 ______________________________

____

____

유형 06 가장 큰 수와 가장 작은 수의 합(차) 구하기

24 가장 큰 수와 가장 작은 수의 합을 구해 보세요.

283	365	197

(　　　　　　　)

25 가장 큰 수와 가장 작은 수의 차를 구해 보세요.

524	162	258

(　　　　　　　)

26 가장 큰 수와 가장 작은 수의 합과 차를 구해 보세요.

358	275	436	563

합 (　　　　　　　)

차 (　　　　　　　)

유형 07 계산 결과 비교하기

27 계산 결과를 비교하여 ○ 안에 >, =, <를 알맞게 써넣으세요.

$$472+256 \bigcirc 194+527$$

28 계산 결과가 더 작은 것을 찾아 기호를 써 보세요.

> ㉠ 637−354   ㉡ 561−285

( )

29 계산 결과가 큰 것부터 차례대로 기호를 써 보세요.

> ㉠ 247+284
> ㉡ 935−357
> ㉢ 783−259

( )

유형 08 □ 안에 알맞은 수 구하기

30 □ 안에 알맞은 수를 써넣으세요.

$$\begin{array}{r} 5\ 4\ \square \\ +\ 3\ \square\ 5 \\ \hline 9\ 2\ 1 \end{array}$$

31 □ 안에 알맞은 수를 써넣으세요.

$$\begin{array}{r} \square\ 3\ 1 \\ -\ 1\ 9\ 7 \\ \hline 4\ \square\ 4 \end{array}$$

32 ㉠, ㉡에 알맞은 수의 합을 구해 보세요.

$$\begin{array}{r} ㉠\ 7\ 6 \\ +\ 5\ 4\ 5 \\ \hline 9\ ㉡\ 1 \end{array}$$

( )

1

유형 09 찢어진 종이에 적힌 세 자리 수 구하기

33 종이 2장에 세 자리 수를 각각 써 놓았는데 그중 한 장이 찢어져서 백의 자리 숫자만 보입니다. 두 수의 합이 536일 때 찢어진 종이에 적힌 세 자리 수를 구해 보세요.

$$\boxed{1\ 7\ 9} \qquad \boxed{3}$$

(   )

34 종이 2장에 세 자리 수를 각각 써 놓았는데 그중 한 장이 찢어져서 백의 자리 숫자만 보입니다. 두 수의 차가 264일 때 찢어진 종이에 적힌 세 자리 수를 구해 보세요.

$$\boxed{3\ 8\ 5} \qquad \boxed{6}$$

(   )

35 종이 2장에 세 자리 수를 각각 써 놓았는데 그중 한 장에 물감이 쏟아져서 백의 자리 숫자만 보입니다. 두 수의 합이 725일 때 얼룩진 종이에 적힌 세 자리 수를 구해 보세요.

$$\boxed{2\ 5\ 6} \qquad \boxed{4}$$

(   )

유형 10 두 수를 골라 식 만들기

36 두 수를 골라 고른 두 수의 합이 가장 큰 식을 만들어 보세요.

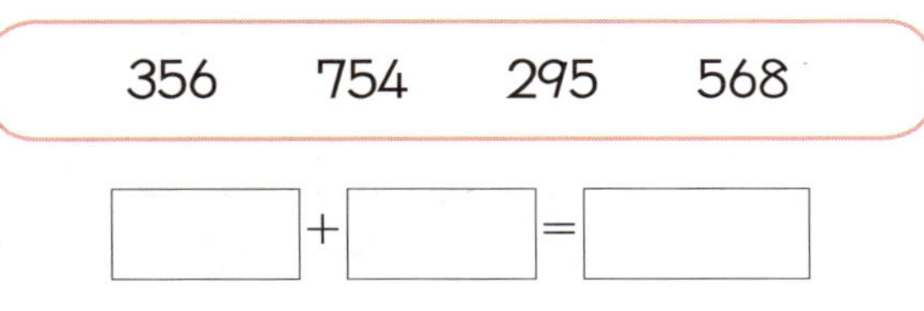

| 356 | 754 | 295 | 568 |

$$\boxed{} + \boxed{} = \boxed{}$$

37 두 수를 골라 고른 두 수의 차가 가장 큰 식을 만들어 보세요.

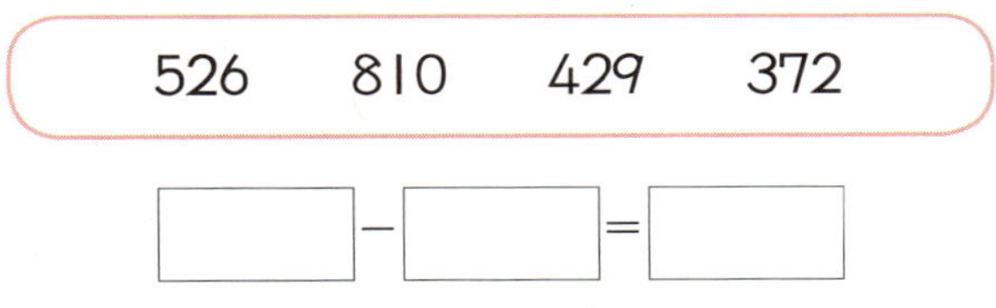

| 526 | 810 | 429 | 372 |

$$\boxed{} - \boxed{} = \boxed{}$$

38 두 수를 골라 뺄셈식을 만들려고 합니다. ☐ 안에 알맞은 수를 써넣으세요.

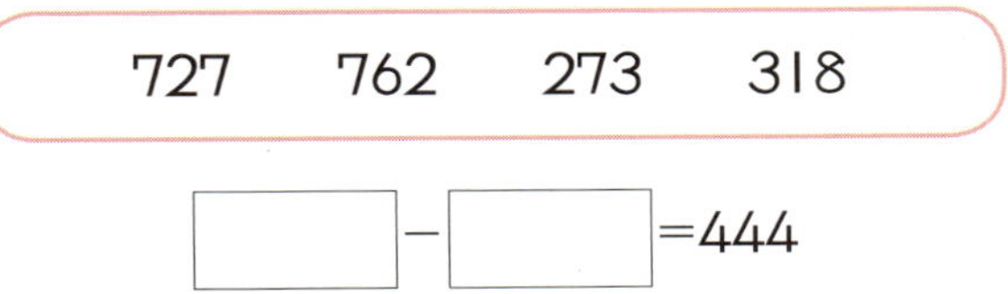

| 727 | 762 | 273 | 318 |

$$\boxed{} - \boxed{} = 444$$

대표 01 준영이네 과수원에서 어제는 사과를 746개 땄고, 오늘은 어제보다 158개 더 적게 땄습니다. 준영이네 과수원에서 어제와 오늘 딴 사과는 모두 몇 개인지 구해 보세요.

(1) 오늘 딴 사과는 몇 개일까요?

(　　　　　　　)

(2) 어제와 오늘 딴 사과는 모두 몇 개일까요?

(　　　　　　　)

풀이

예제 1-1 윤서는 종이학을 374마리 접었고, 준현이는 윤서보다 169마리 더 많이 접었습니다. 윤서와 준현이가 접은 종이학은 모두 몇 마리인지 구해 보세요.

(　　　　　　　)

🖋 준현이가 접은 종이학의 수를 먼저 구합니다.

변형 1-2 축구장과 야구장에 입장한 사람 수를 나타낸 표입니다. 어느 경기장에 입장한 사람이 몇 명 더 많은지 구해 보세요.

	남자	여자
축구장	462명	354명
야구장	278명	665명

(　　　　　　), (　　　　　　)

🖋 축구장과 야구장에 입장한 사람 수를 각각 구해 봅니다.

대표 02 수 카드를 한 번씩만 사용하여 만들 수 있는 세 자리 수 중에서 가장 큰 수와 가장 작은 수의 합을 구해 보세요.

| 5 | 3 | 8 |

(1) 만들 수 있는 가장 큰 수를 써 보세요.

(   )

(2) 만들 수 있는 가장 작은 수를 써 보세요.

(   )

(3) 가장 큰 수와 가장 작은 수의 합을 구해 보세요.

(   )

풀이

예제 2-1 수 카드를 한 번씩만 사용하여 만들 수 있는 세 자리 수 중에서 가장 큰 수와 가장 작은 수의 차를 구해 보세요.

| 6 | 8 | 4 |

(   )

 가장 큰 수는 큰 수부터, 가장 작은 수는 작은 수부터 차례대로 씁니다.

변형 2-2 수 카드 4장 중 3장을 골라 한 번씩만 사용하여 만들 수 있는 세 자리 수 중에서 두 번째로 큰 수와 두 번째로 작은 수의 차를 구해 보세요.

| 5 | 2 | 7 | 6 |

(   )

 가장 큰 수의 일의 자리 숫자를 남은 수 카드의 수로 바꾸면 두 번째로 큰 수가 되고, 가장 작은 수의 일의 자리 숫자를 남은 수 카드의 수로 바꾸면 두 번째로 작은 수가 됩니다.

대표 03 세 자리 수끼리 더하여 크기를 비교했습니다. □ 안에 들어갈 수 있는 수를 모두 구해 보세요.

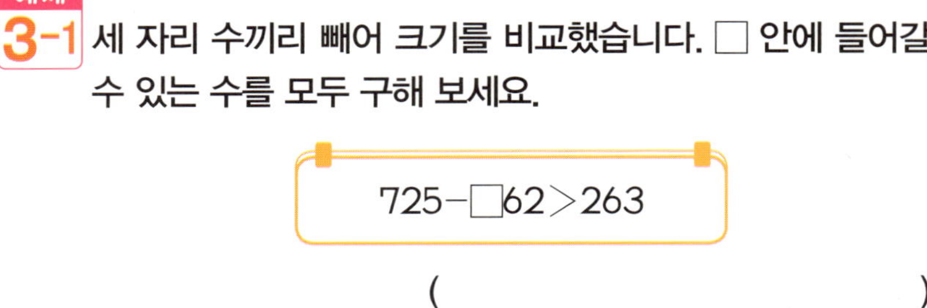

$$684+\square79>1263$$

(1) $684+\square79=1263$일 때, □ 안에 알맞은 수를 구해 보세요.

(   )

(2) □ 안에 들어갈 수 있는 수를 모두 구해 보세요.

(   )

풀이

예제 3-1 세 자리 수끼리 빼어 크기를 비교했습니다. □ 안에 들어갈 수 있는 수를 모두 구해 보세요.

$$725-\square62>263$$

(   )

$725-\square62=263$일 때, □를 구해 봅니다.

변형 3-2 □ 안에 들어갈 수 있는 세 자리 수 중에서 가장 작은 수를 구해 보세요.

$$496+\square>283+547$$

(   )

$496+\square=283+547$일 때, □를 구해 봅니다.

대표 04 어떤 수에서 235를 빼야 할 것을 잘못하여 더했더니 817이 되었습니다. 바르게 계산한 값을 구해 보세요.

(1) 어떤 수를 구해 보세요.

( )

(2) 바르게 계산한 값을 구해 보세요.

( )

풀이

예제 4-1 어떤 수에 273을 더해야 할 것을 잘못하여 뺐더니 358이 되었습니다. 바르게 계산한 값을 구해 보세요.

( )

어떤 수를 □라고 하여 잘못 계산한 식을 만들어 봅니다.

변형 4-2 다음을 읽고 지은이가 계산한 값을 구해 보세요.

( )

어떤 수를 □라고 하여 수호가 말한 식을 만들어 봅니다.

대표 05 집에서 공원까지의 거리는 624 m입니다. 서점에서 학교까지의 거리는 몇 m인지 구해 보세요.

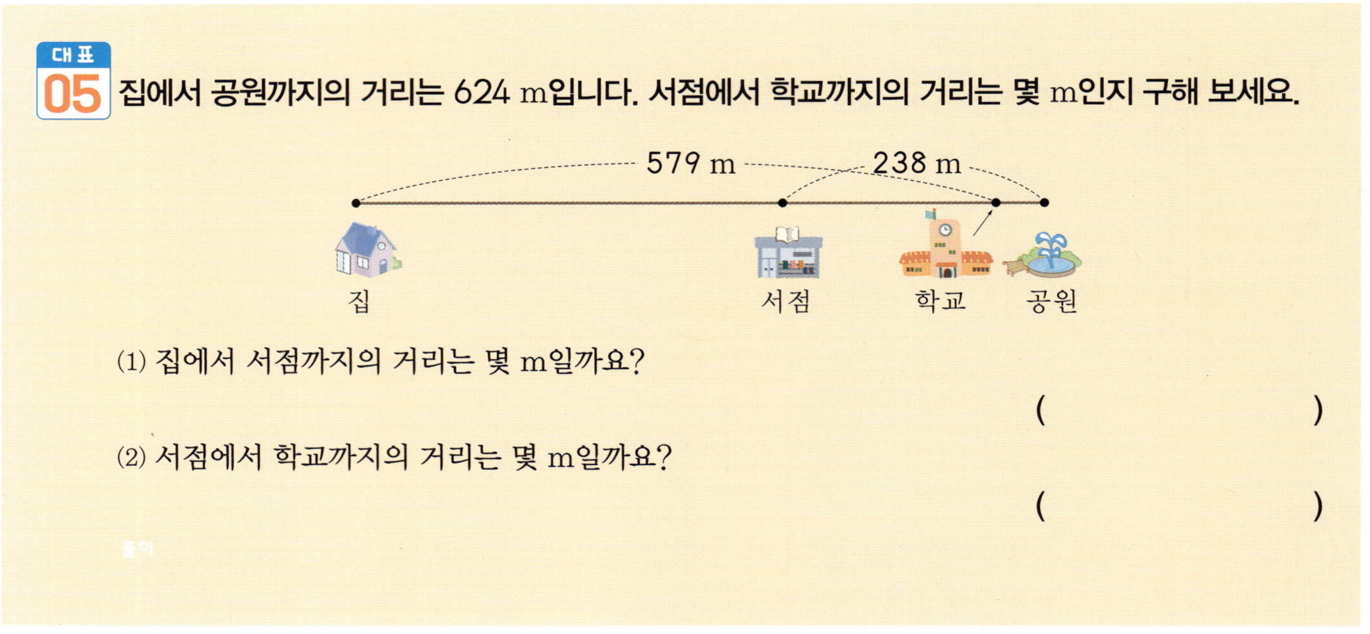

(1) 집에서 서점까지의 거리는 몇 m일까요?

( )

(2) 서점에서 학교까지의 거리는 몇 m일까요?

( )

풀이

예제 5-1 문구점에서 정우네 집까지의 거리는 몇 m인지 구해 보세요.

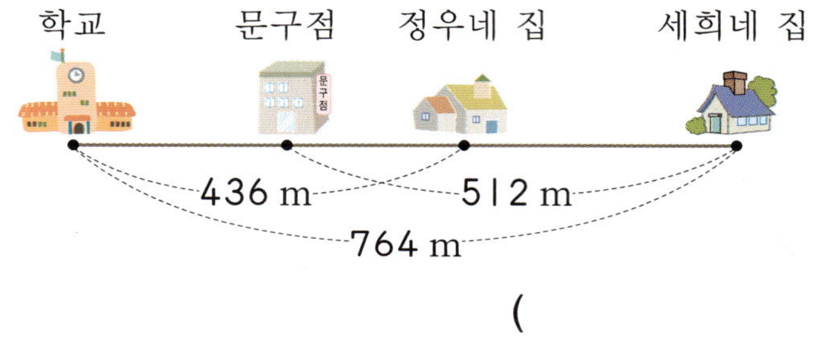

( )

학교에서 문구점까지의 거리나 정우네 집에서 세희네 집까지의 거리를 먼저 구합니다.

변형 5-2 ㉠에서 ㉣까지의 거리는 몇 m인지 구해 보세요.

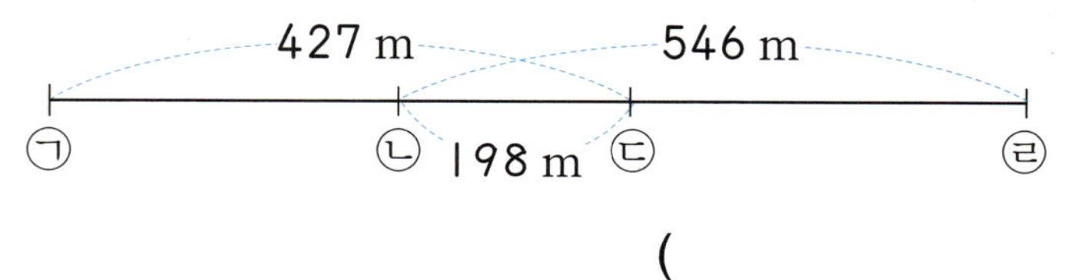

( )

㉠에서 ㉣까지의 거리는 ㉠에서 ㉢까지의 거리와 ㉡에서 ㉣까지의 거리의 합에서 ㉡에서 ㉢까지의 거리를 뺀 것과 같습니다.

01 수 모형을 보고 계산해 보세요.

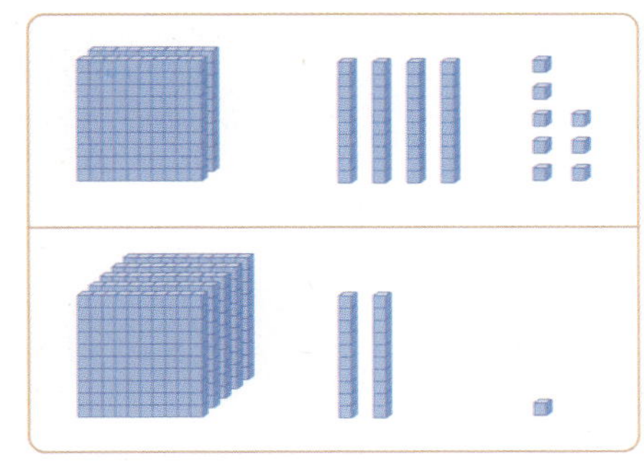

$$248+521=\boxed{}$$

02 계산해 보세요.

(1) $523+354=\boxed{}$

(2) $462+135=\boxed{}$

03 빈칸에 알맞은 수를 써넣으세요.

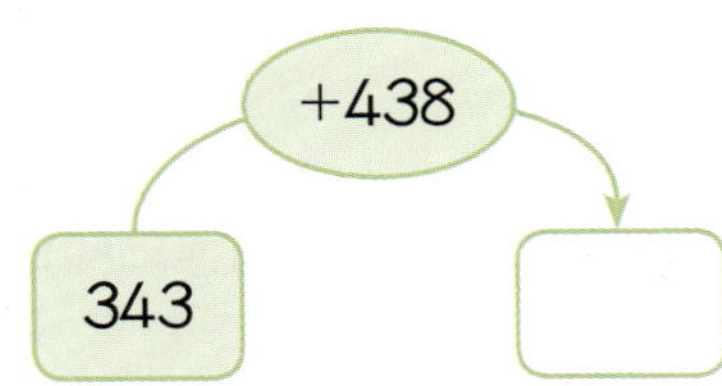

04 다음 계산에서 숫자 $\boxed{1}$ 이 실제로 나타내는 수는 얼마일까요?

$$\begin{array}{r} 1 \quad \boxed{1}\ \\ 2\ \ 5\ \ 8 \\ +\ 3\ \ 6\ \ 6 \\ \hline 6\ \ 2\ \ 4 \end{array}$$

(   )

05 관계있는 것끼리 이어 보세요.

(1) $548+286$ •　　• ㉠ 992

(2) $385+487$ •　　• ㉡ 872

(3) $495+497$ •　　• ㉢ 834

06 오늘 동물원에 입장한 사람은 여자가 329명이고 남자가 578명입니다. 오늘 동물원에 입장한 사람은 모두 몇 명일까요?

(   )

07 □ 안에 알맞은 수를 써넣으세요.

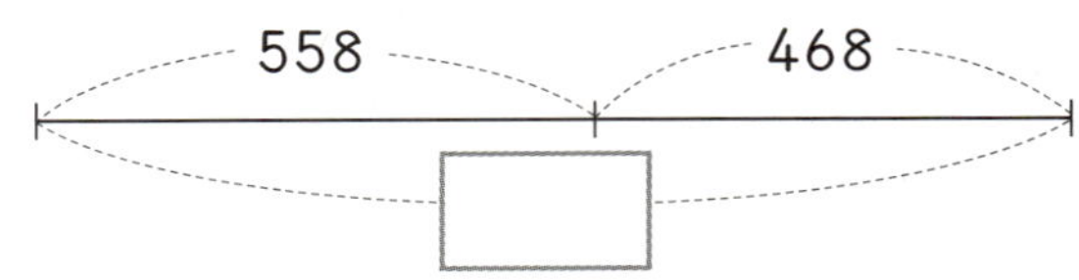

08 가장 큰 수와 가장 작은 수의 합을 구해 보세요.

547   449   368   574

(   )

09 계산 결과를 비교하여 ○ 안에 >, =, <를 알맞게 써넣으세요.

375+468 ◯ 584+263

10 계산해 보세요.

(1) 876−352=

(2) 594−363=

11 빈칸에 두 수의 차를 써넣으세요.

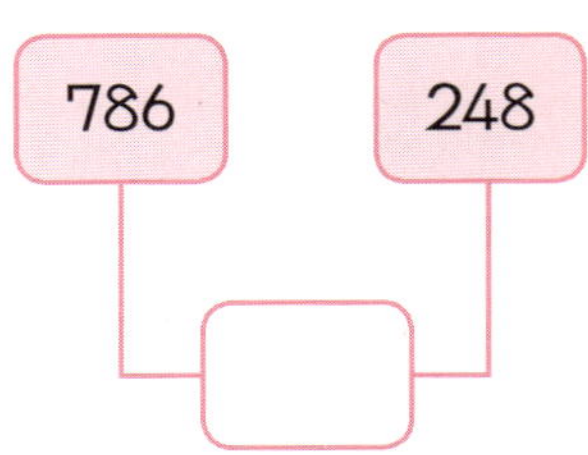

서술형 12 계산에서 <u>잘못된</u> 부분을 찾아 이유를 쓰고 바르게 계산해 보세요.

$$\begin{array}{r} 5\ 1\ 4 \\ -\ 1\ 2\ 3 \\ \hline 4\ 9\ 1 \end{array} \quad\Rightarrow\quad \begin{array}{r} 5\ 1\ 4 \\ -\ 1\ 2\ 3 \\ \hline \end{array}$$

이유 ______________________

____

____

13 □ 안에 알맞은 수를 써넣으세요.

369+ □ =835

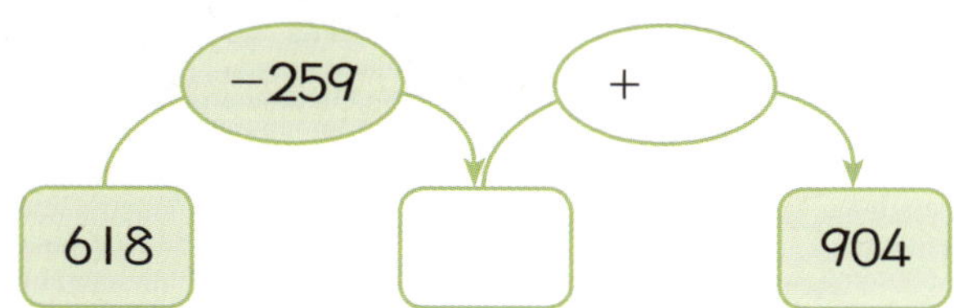

14 빈칸에 알맞은 수를 써넣으세요.

-259 $+$

618   ☐   904

15 수경이는 전체가 304쪽인 책을 176쪽까지 읽었습니다. 이 책을 다 읽으려면 몇 쪽을 더 읽어야 할까요?

(   )

16 두 수를 골라 뺄셈식을 만들려고 합니다. ☐ 안에 알맞은 수를 써넣으세요.

116   532   124

☐ $-$ ☐ $=408$

17 계산 결과가 가장 작은 것을 찾아 기호를 써 보세요.

㉠ $435+186$ ㉡ $229+182$
㉢ $900-593$ ㉣ $776-268$

(   )

18 과일 가게에 사과가 658개 있습니다. 그중에서 269개를 팔고, 234개를 더 사 왔습니다. 과일 가게에 있는 사과는 모두 몇 개일까요?

(   )

서술형
19 영빈이네 학교 3학년과 4학년의 학생 수를 조사한 표입니다. 몇 학년이 몇 명 더 많은지 풀이 과정을 쓰고 답을 구해 보세요.

	남학생 수	여학생 수
3학년	148명	144명
4학년	167명	159명

풀이 ___________________________

____

____

답 ___________ , ___________

20 어떤 수에 194를 더해야 할 것을 잘못하여 149를 더했더니 627이 되었습니다. 바르게 계산한 값을 구해 보세요.

(   )

01 수 모형이 나타내는 수보다 475만큼 더 큰 수를 구해 보세요.

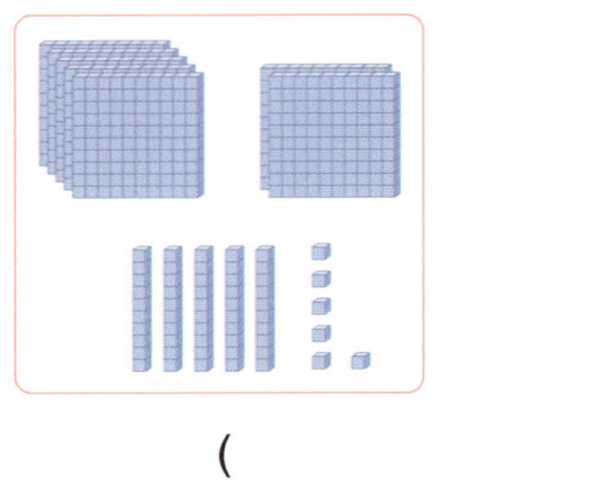

(　　　　　　)

02 계산해 보세요.

(1)
$$\begin{array}{r} 2\ 5\ 2 \\ +\ 3\ 4\ 6 \\ \hline \end{array}$$

(2)
$$\begin{array}{r} 6\ 5\ 4 \\ +\ 4\ 6\ 8 \\ \hline \end{array}$$

03 빈칸에 알맞은 수를 써넣으세요.

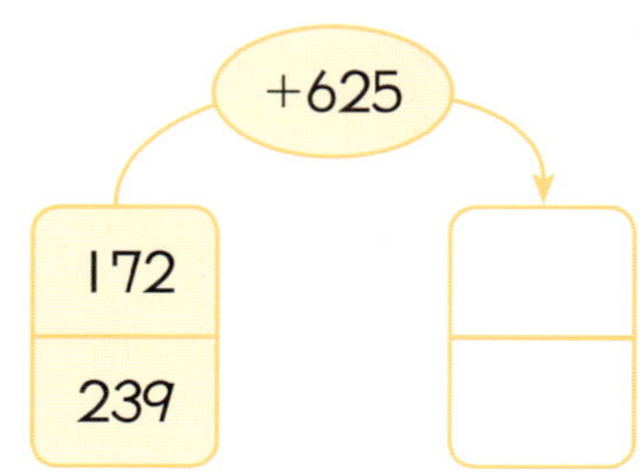

04 가람이는 매일 줄넘기를 442번씩 했습니다. 가람이는 어제와 오늘 이틀 동안 줄넘기를 모두 몇 번 했을까요?

(　　　　　　)

05 계산이 틀린 사람을 찾아 이름을 써 보세요.

> 유진: 265+357=622
> 세희: 426+258=684
> 은형: 574+197=761

(　　　　　　)

06 □ 안에 알맞은 수를 써넣으세요.

$$\boxed{}-267=454$$

07 승아가 학교에서 서점을 지나 공원에 가려고 합니다. 학교에서 공원까지의 거리는 몇 m일까요?

(　　　　　　)

08 다음 수보다 173만큼 더 큰 수를 구해 보세요.

> 100이 7개, 10이 16개, 1이 8개인 수

( )

09 □ 안에 알맞은 수를 써넣으세요.

$$
\begin{array}{r}
2\ \ 6\ \ 5 \\
+\ \ \square\ \ 8\ \ \square \\
\hline
6\ \ \square\ \ 9
\end{array}
$$

서술형
10 수 카드를 한 번씩만 사용하여 세 자리 수를 만들려고 합니다. 만들 수 있는 가장 큰 수와 가장 작은 수의 합은 얼마인지 풀이 과정을 쓰고 답을 구해 보세요.

| 3 | 6 | 4 | 7 |

풀이 ________________________

____

____

____

답 ________________________

11 세 자리 수끼리 더하여 크기를 비교했습니다. □ 안에 들어갈 수 있는 수를 모두 구해 보세요.

( )

12 계산해 보세요.

(1)
$$
\begin{array}{r}
8\ \ 6\ \ 2 \\
-\ \ 1\ \ 4\ \ 1 \\
\hline
\end{array}
$$

(2)
$$
\begin{array}{r}
9\ \ 1\ \ 8 \\
-\ \ 5\ \ 2\ \ 4 \\
\hline
\end{array}
$$

13 뺄셈식에서 □ 안의 수 12가 실제로 나타내는 수는 얼마일까요?

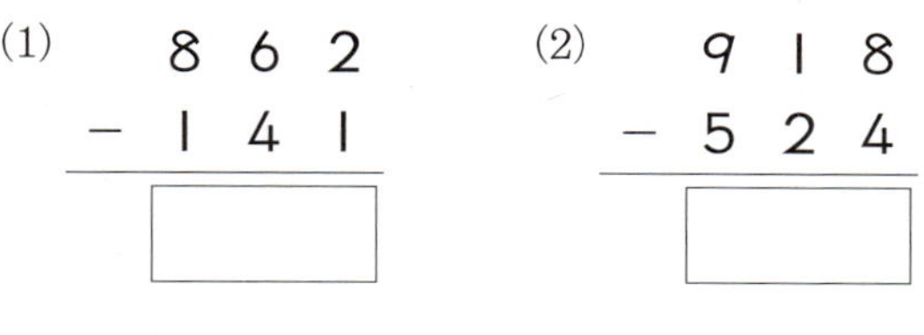

( )

14 빈칸에 알맞은 수를 써넣으세요.

−		
327	145	
714	465	

15 빈칸에 알맞은 수를 써넣으세요.

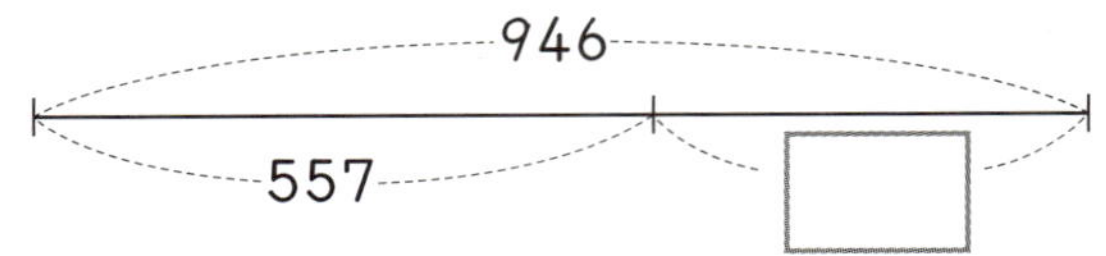

16 계산 결과를 비교하여 ○ 안에 >, =, <를 알맞게 써넣으세요.

$$897-226 \bigcirc 738-145$$

17 태영이는 미술 시간에 9 m인 색 테이프를 341 cm 잘라서 사용했습니다. 남은 색 테이프의 길이는 몇 cm일까요?

( )

18 혜정이네 학교의 전체 학생은 947명입니다. 남학생이 489명일 때 여학생은 몇 명일까요?

( )

서술형 19 미혜는 800원을 가지고 있습니다. 문구점에서 350원짜리 연필 한 자루와 270원짜리 지우개 한 개를 샀을 때 남은 돈은 얼마인지 풀이 과정을 쓰고 답을 구해 보세요.

풀이 ____________________

____

____

답 ____________________

20 예은이네 집에서 학교까지 가는 길은 병원을 지나는 길과 우체국을 지나는 길이 있습니다. 어느 곳을 지나는 길이 몇 m 더 가까울까요?

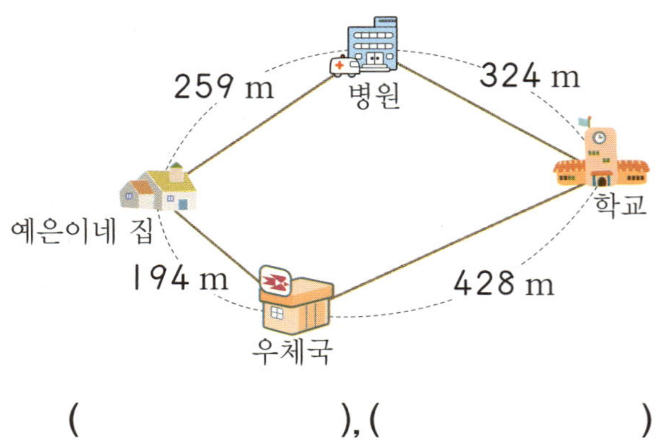

( ), ( )

2 평면도형

- 선의 종류를 알아볼까요
- 각을 알아볼까요
- 직각을 알아볼까요
- 직각삼각형을 알아볼까요
- 직사각형을 알아볼까요
- 정사각형을 알아볼까요

선의 종류 알아보기

★ **선분, 반직선, 직선**

- **선분**: 두 점을 곧게 이은 선

  점 ㄱ과 점 ㄴ을 이은 선분을 **선분 ㄱㄴ** 또는 **선분 ㄴㄱ**이라고 합니다.

- **직선**: 선분을 양쪽으로 끝없이 늘인 곧은 선

  점 ㄱ과 점 ㄴ을 지나는 직선을 **직선 ㄱㄴ** 또는 **직선 ㄴㄱ**이라고 합니다.

- **반직선**: 한 점에서 시작하여 한쪽으로 끝없이 늘인 곧은 선

  점 ㄱ에서 시작하여 점 ㄴ을 지나는 반직선을 **반직선 ㄱㄴ**이라고 합니다.

  점 ㄴ에서 시작하여 점 ㄱ을 지나는 반직선을 **반직선 ㄴㄱ**이라고 합니다.

  반직선은 시작점에 따라 읽는 방법이 다릅니다.

01~03 그림을 보고 물음에 답하세요.

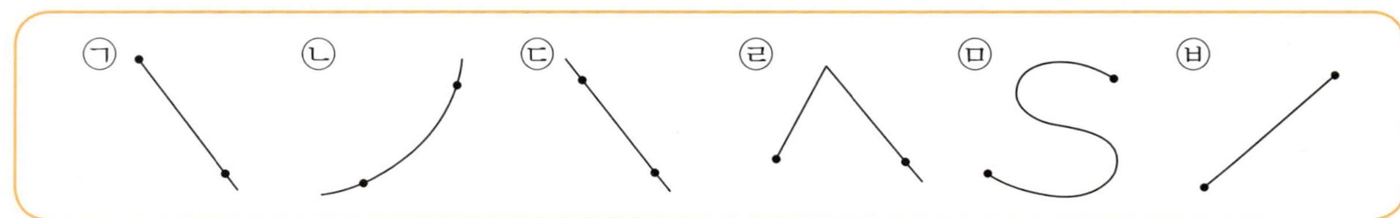

01 선분을 찾아 기호를 써 보세요.

( )

02 반직선을 찾아 기호를 써 보세요.

( )

03 직선을 찾아 기호를 써 보세요.

( )

스마트 기본 개념 — 각 알아보기

 **각**

한 점에서 그은 두 반직선으로 이루어진 도형을 **각**이라고 합니다.

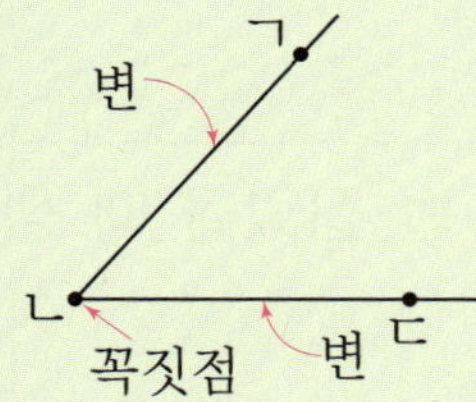

그림의 각을 **각 ㄱㄴㄷ** 또는 **각 ㄷㄴㄱ**이라 하고, 이때 점 ㄴ을 각의 **꼭짓점**이라고 합니다.
반직선 ㄴㄱ과 반직선 ㄴㄷ을 각의 **변**이라 하고, 이 변을 **변 ㄴㄱ**과 **변 ㄴㄷ**이라고 합니다.

> 각의 이름을 쓸 때에는 꼭짓점이 가운데에 오도록 씁니다.

04 각을 모두 찾아 ◯표 하세요.

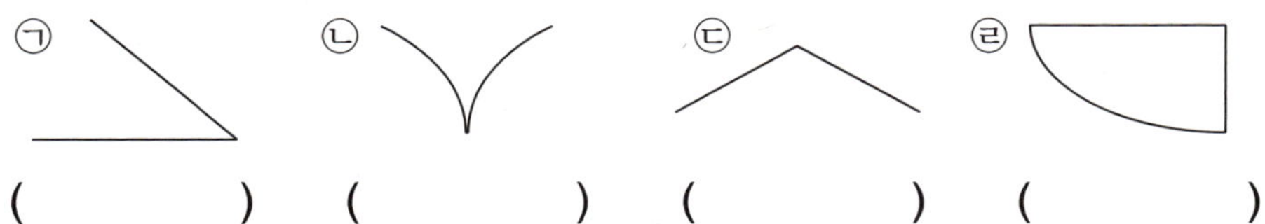

( ) ( ) ( ) ( )

05 ☐ 안에 알맞은 말을 써넣고, 각의 이름과 각의 변을 써 보세요.

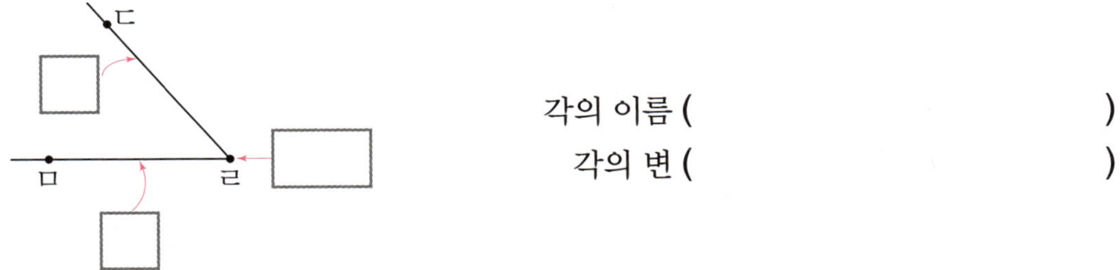

각의 이름 ( )

각의 변 ( )

06 도형에서 찾을 수 있는 각은 모두 몇 개일까요?

(1) 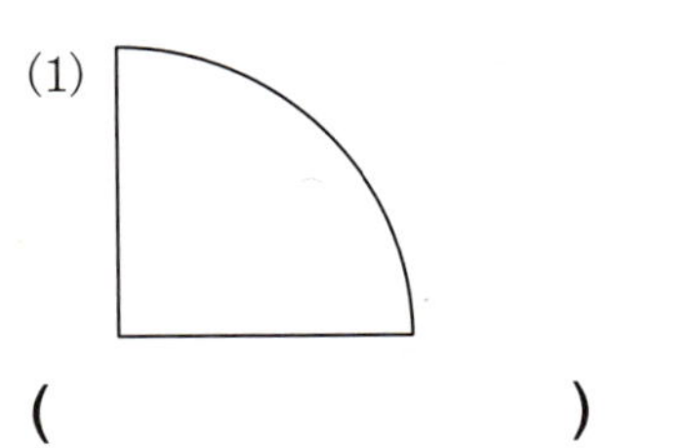

( )

(2) 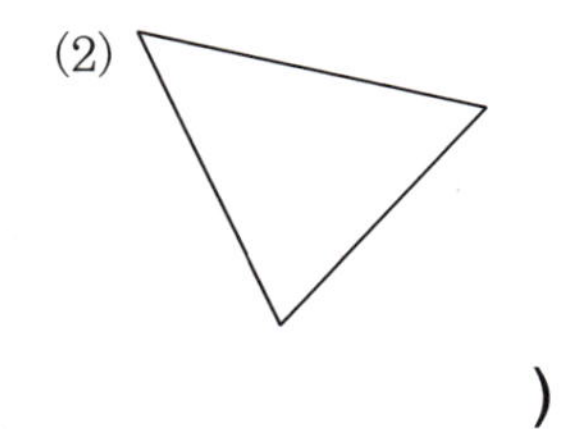

( )

직각 알아보기

⬟ 직각

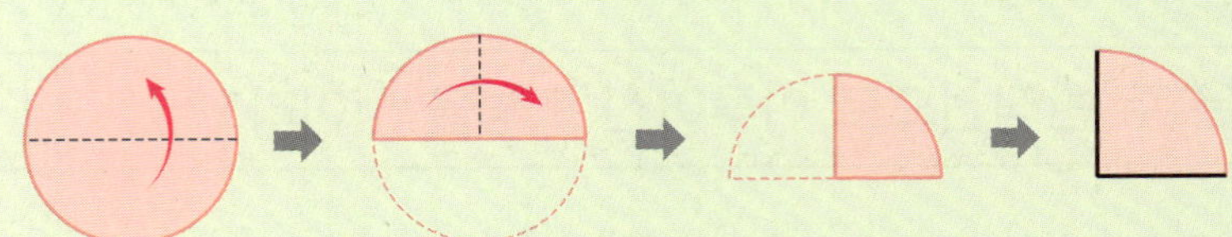

💡 그림과 같이 종이를 반듯하게 두 번 접었을 때 생기는 각을 직각이라고 합니다.

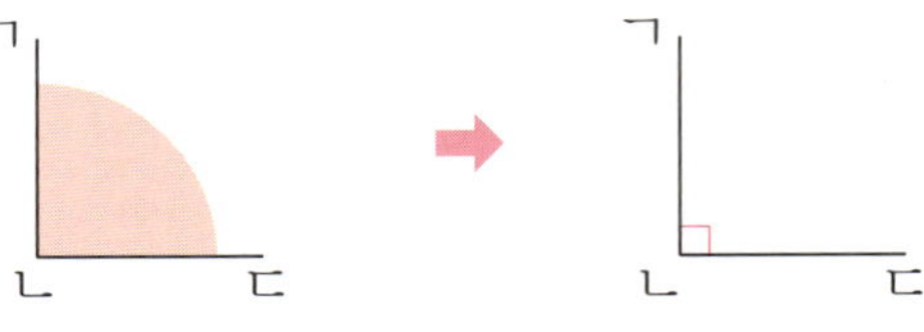

직각 ㄱㄴㄷ을 나타낼 때에는 꼭짓점 ㄴ에 ⌐ 표시를 합니다.

07 직각을 모두 찾아 ◯표 하세요.

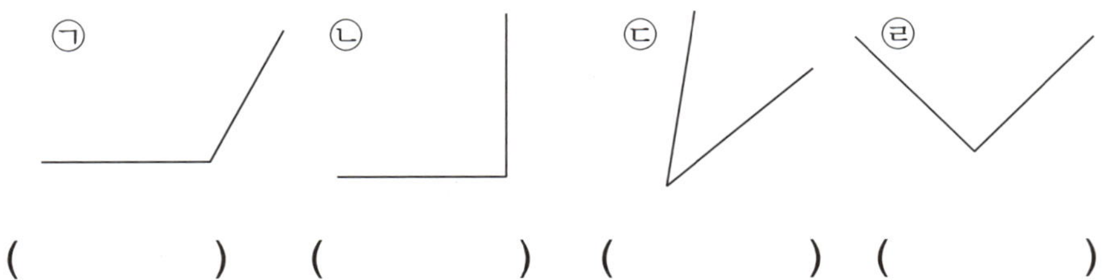

( ) ( ) ( ) ( )

08 도형에서 직각을 모두 찾아 ⌐ 로 표시해 보세요.

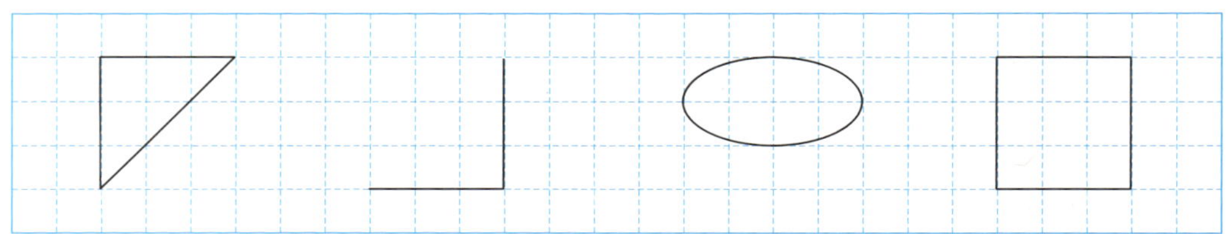

직각삼각형 알아보기

★ **직각삼각형**

> 한 각이 직각인 삼각형을 **직각삼각형**이라고 합니다.

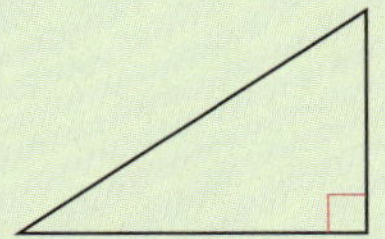 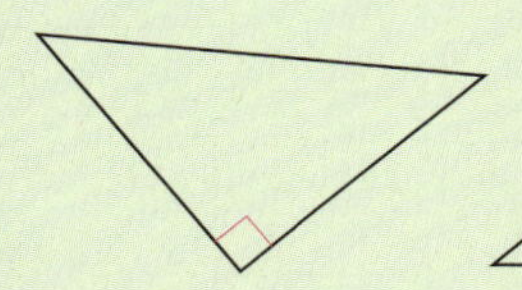 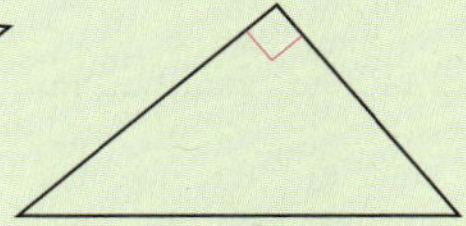

- 직각삼각형은 꼭짓점, 변, 각이 각각 3개씩 있습니다.
- 세 각 중 한 각이 직각입니다.

09 알맞은 말에 ◯표 하고, □ 안에 알맞은 말을 써넣으세요.

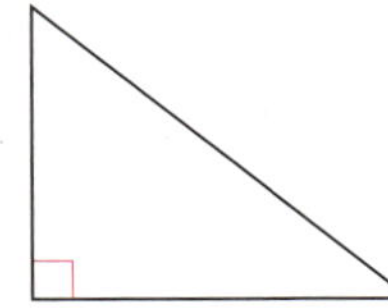

(한 , 세) 각이 □ 인 삼각형을 직각삼각형이라고 합니다.

10 직각삼각형을 모두 찾아 기호를 써 보세요.

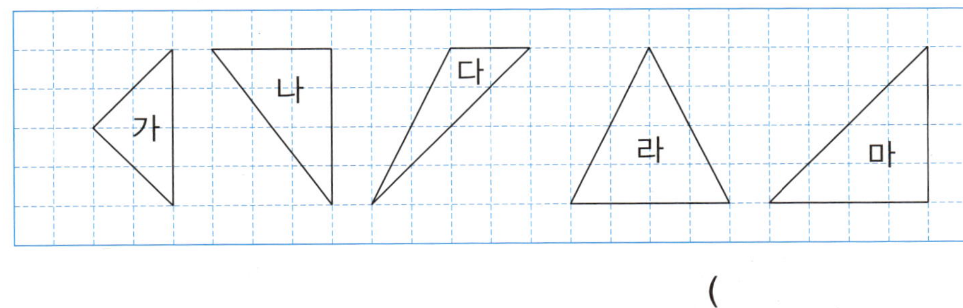

(   )

11 직각삼각형에 대한 설명이 맞으면 ◯표, 틀리면 ✕표 하세요.

(1) 변이 3개 있습니다.   (   )

(2) 직각이 3개 있습니다.   (   )

직사각형 알아보기

✿ 직사각형

> 네 각이 모두 직각인 사각형을 **직사각형**이라고 합니다.

- 네 각이 모두 같습니다.
- 마주 보는 두 변의 길이가 같습니다.

12 알맞은 말에 ○표 하고, □ 안에 알맞은 말을 써넣으세요.

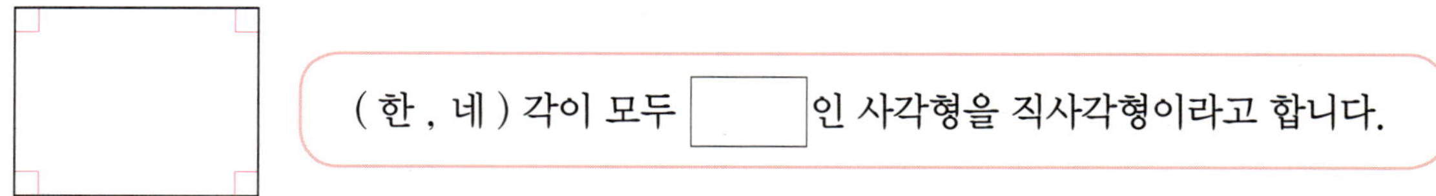

(한 , 네) 각이 모두 □인 사각형을 직사각형이라고 합니다.

13 직사각형을 모두 찾아 기호를 써 보세요.

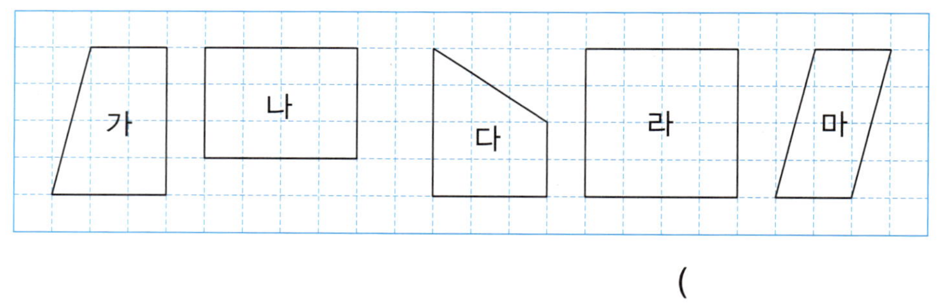

(   )

14 직사각형에 대한 설명이 맞으면 ○표, 틀리면 ×표 하세요.

(1) 변이 4개 있습니다.　　　　　　　　　　　　　　　　(　　　　)

(2) 직각이 4개 있습니다.　　　　　　　　　　　　　　　(　　　　)

(3) 변의 길이가 모두 다릅니다.　　　　　　　　　　　　(　　　　)

정사각형 알아보기

 **정사각형**

> 네 각이 모두 직각이고 네 변의 길이가 모두 같은 사각형을 **정사각형**이라고 합니다.

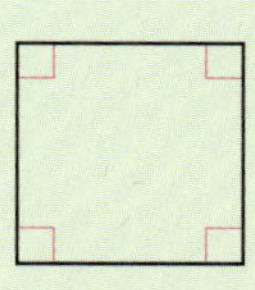 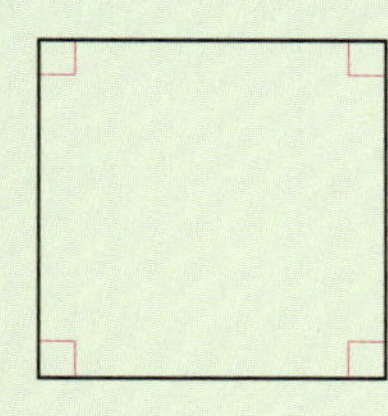 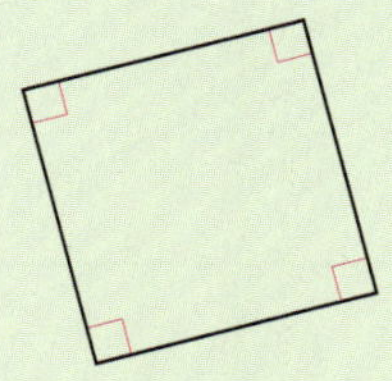

- 네 각이 모두 같습니다.
- 네 변의 길이가 모두 같습니다.
- 정사각형은 직사각형이라고 할 수 있습니다.

15 □ 안에 알맞은 말을 써넣으세요.

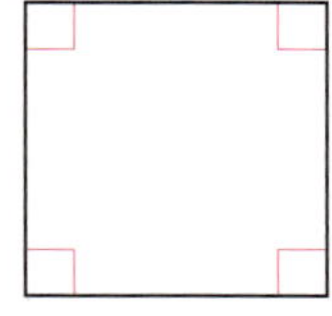

네 각이 모두 [   ]이고 네 변의 길이가 모두 같은 사각형을
[   ](이)라고 합니다.

16 정사각형을 모두 찾아 기호를 써 보세요.

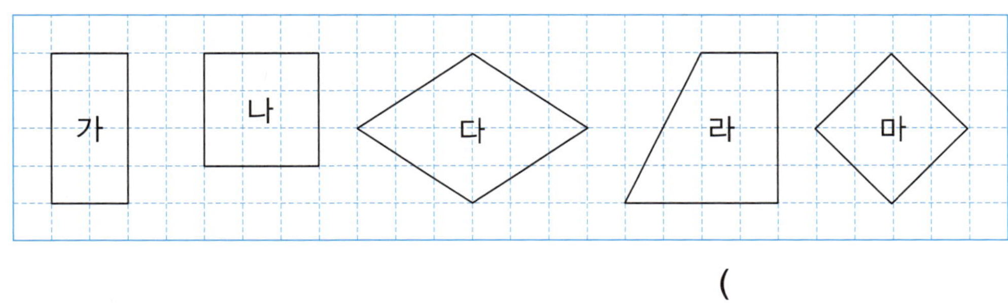

(   )

17 정사각형에 대한 설명이 맞으면 ◯표, 틀리면 ×표 하세요.

(1) 네 각의 크기가 모두 같습니다. (   )

(2) 직사각형이라고 할 수 없습니다. (   )

(3) 네 변의 길이가 모두 같습니다. (   )

유형 01 선의 종류 알아보기

01 선분을 찾아 기호를 써 보세요.

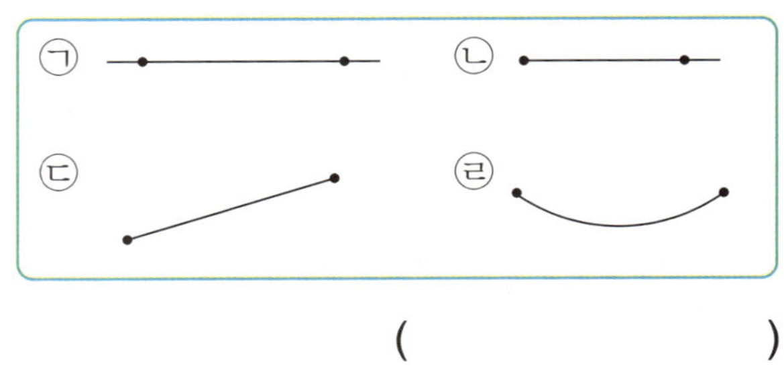

( )

02~03 도형의 이름을 써 보세요.

02

( )

03

( )

04 직선을 찾아 이름을 써 보세요.

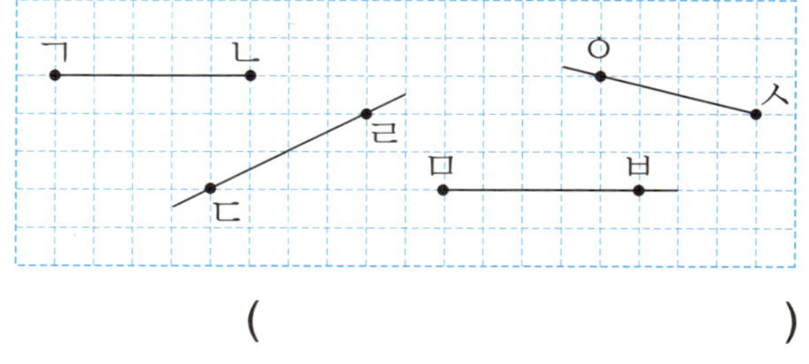

( )

유형 02 각 알아보기

05 각을 모두 고르세요. ( )

06 도형을 보고 각의 이름과 각의 변을 써 보세요.

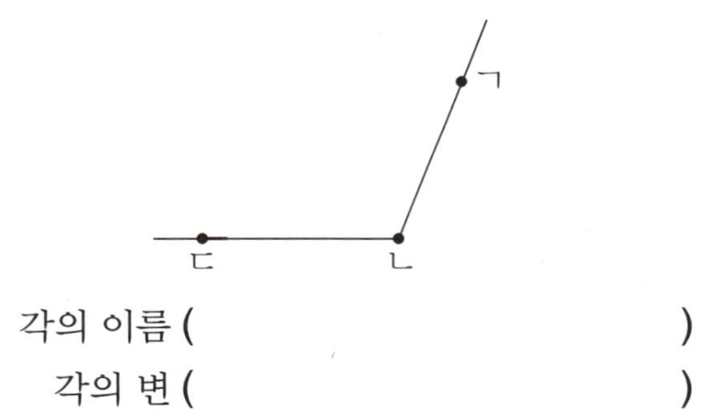

각의 이름 ( )

각의 변 ( )

07 도형에서 찾을 수 있는 각은 모두 몇 개일까요?

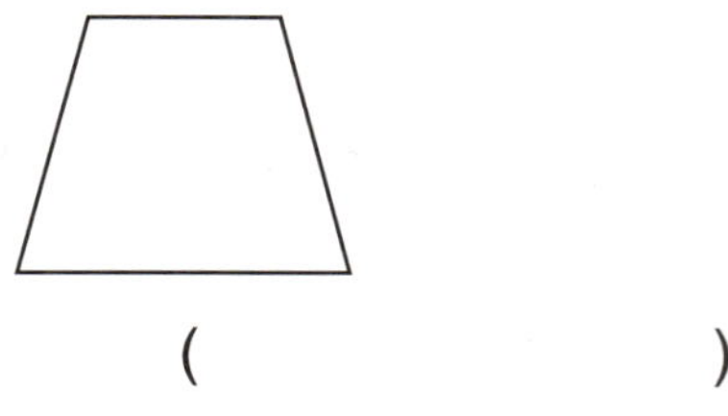

( )

유형 03 직각 알아보기

08 다음 중 직각이 있는 도형을 모두 고르세요.
(   )

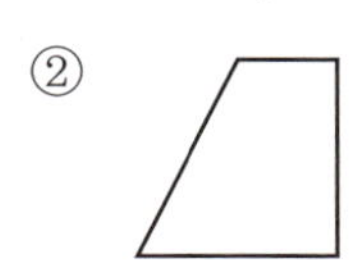

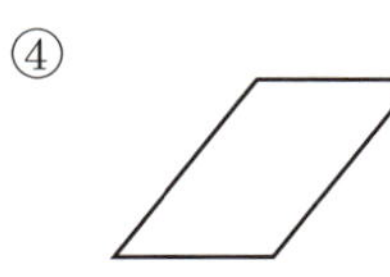

09 다음과 같이 삼각자를 대었을 때 꼭 맞게 겹쳐지는 각의 이름을 써 보세요.

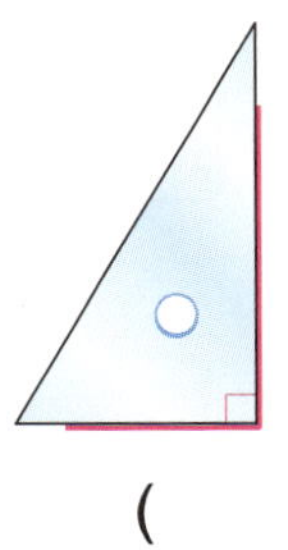

(   )

10 그림에서 직각은 모두 몇 개인지 써 보세요.

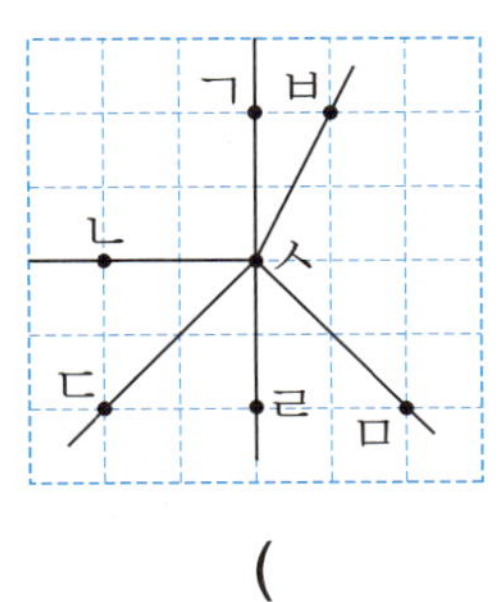

(   )

유형 04 직각삼각형 알아보기

11 직각삼각형을 모두 찾아 기호를 써 보세요.

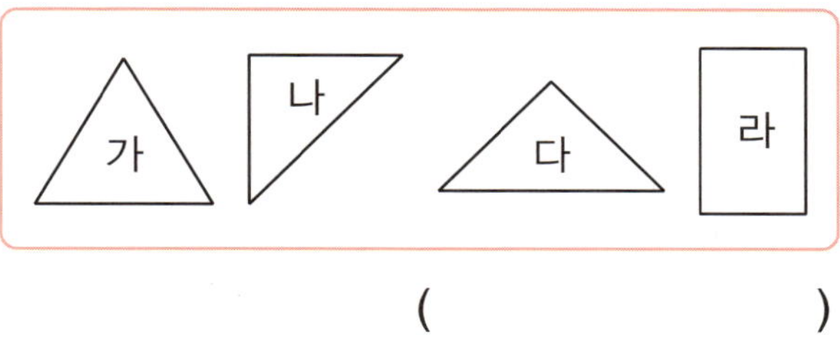

(   )

12 다음 칠교판에는 직각삼각형이 모두 몇 개 있는지 써 보세요.

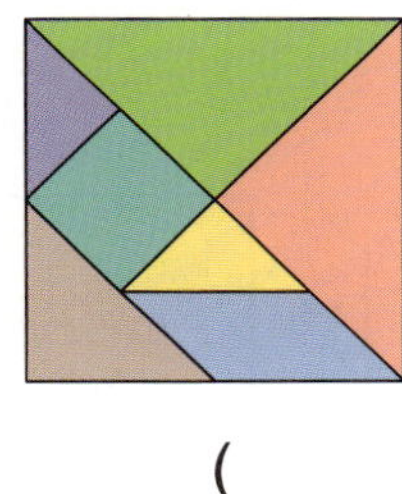

(   )

13 직각삼각형을 그리려면 점 ㄴ과 점 ㄷ을 어느 점과 이어야 할까요? (   )

①   ②   ③   ④   ⑤

유형 05 직사각형 알아보기

14 직사각형을 모두 찾아 기호를 써 보세요.

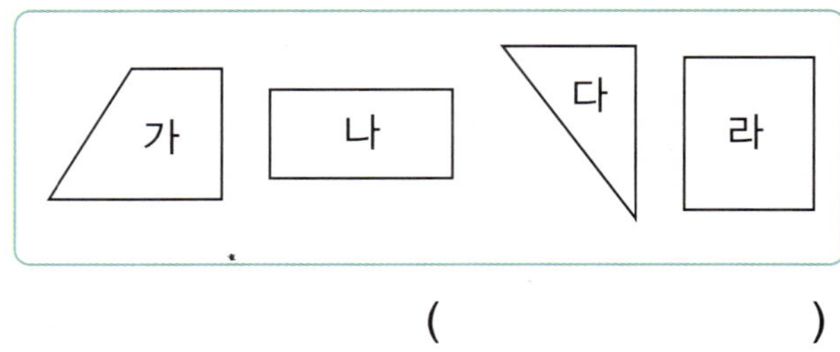

(   )

15 직사각형입니다. □ 안에 알맞은 수를 써넣으세요.

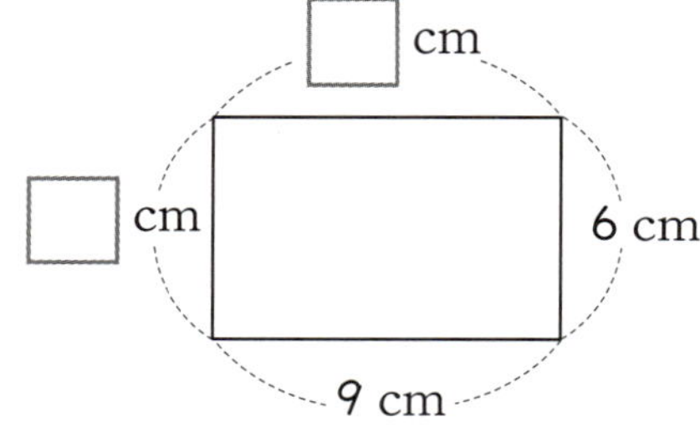

16 ㉠+㉡+㉢을 구해 보세요.

> • 직사각형은 변이 ㉠개, 각이 ㉡개입니다.
> • 직사각형은 직각이 ㉢개입니다.

(   )

유형 06 정사각형 알아보기

17 다음과 같이 직사각형 모양의 종이를 접고 자른 후 다시 펼쳤습니다. 만들어진 도형의 이름을 써 보세요.

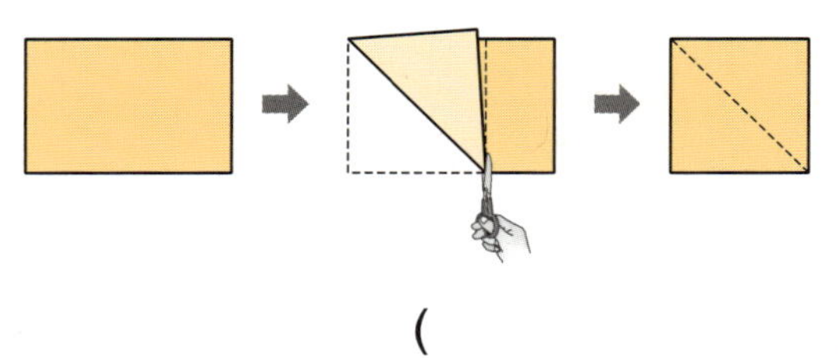

(   )

18 정사각형을 찾아 기호를 써 보세요.

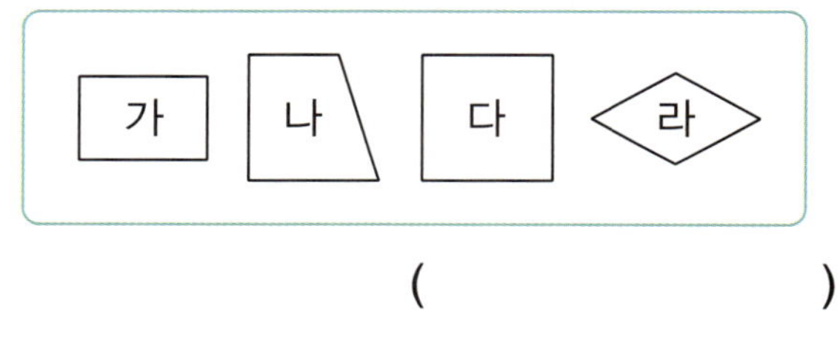

(   )

19 정사각형입니다. □ 안에 알맞은 수를 써넣으세요.

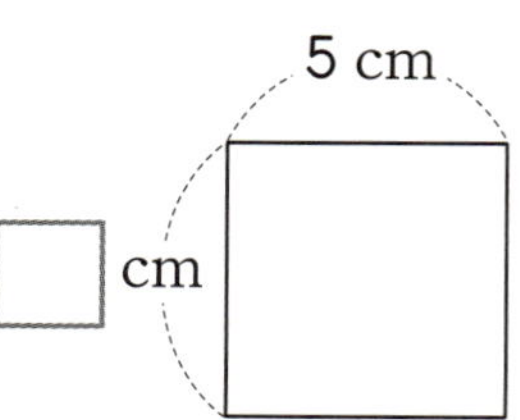

유형 07 도형 그리기

20 각 ㄷㄴㄱ을 그려 보세요.

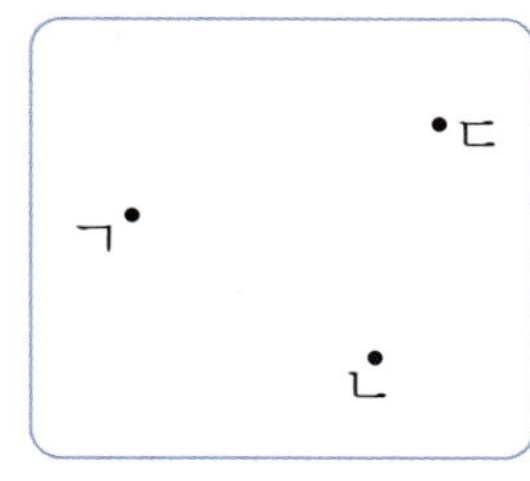

21 점 종이에 직각삼각형을 그려 보세요.

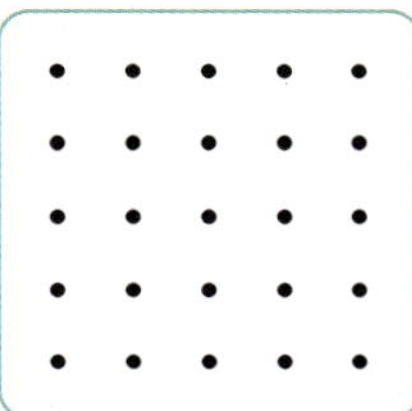

22 모눈종이에 모양과 크기가 다른 직사각형을 2개 그려 보세요.

유형 08 어떤 도형이 아닌 이유 찾기

23 서연이가 다음과 같이 각을 그려서 틀렸습니다. 틀린 이유를 써 보세요.

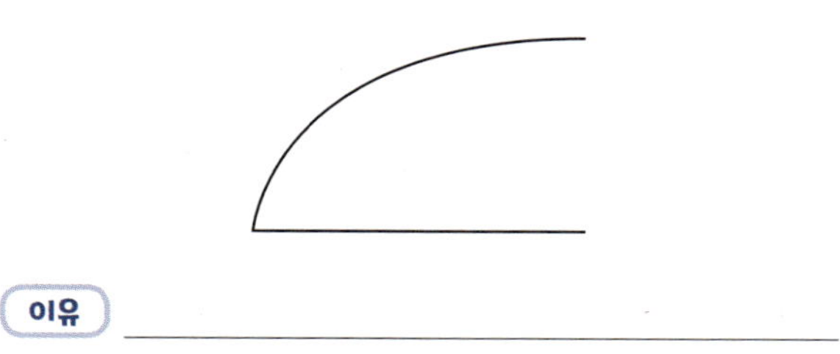

이유 ____________________

24 다음 도형이 직각삼각형이 아닌 이유를 써 보세요.

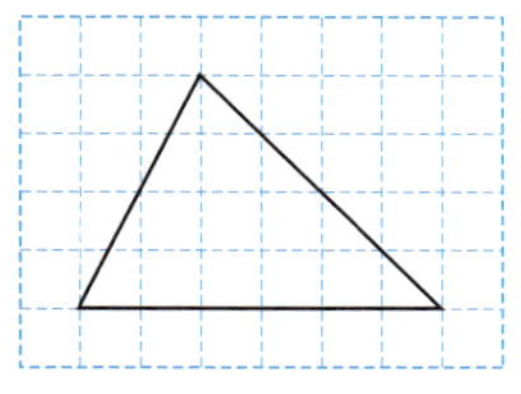

이유 ____________________

25 다음 도형이 직사각형이 아닌 이유를 바르게 설명한 사람의 이름을 써 보세요.

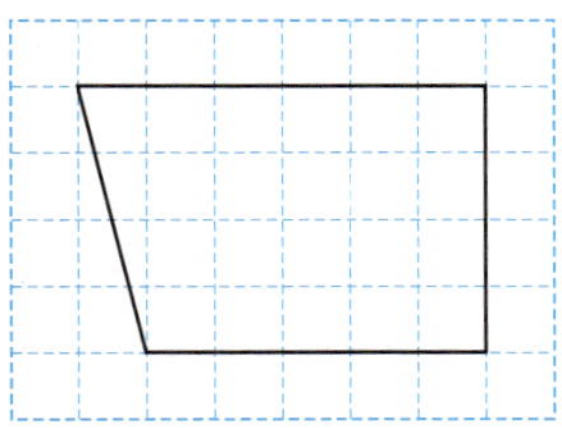

연우: 네 변의 길이가 모두 같지 않기 때문이야.

진혁: 변과 꼭짓점이 4개이기 때문이야.

승희: 네 각이 모두 직각이 아니기 때문이야.

(   )

유형 09　도형의 특징 알아보기

26 직각삼각형에 대한 설명으로 옳은 것을 찾아 기호를 써 보세요.

> ㉠ 직각이 3개 있습니다.
> ㉡ 변이 3개 있습니다.
> ㉢ 꼭짓점이 1개 있습니다.

(　　　　　　　)

27 정사각형에 대한 설명 중 <u>틀린</u> 것을 모두 고르세요.　　(　　　　　)

① 네 각이 모두 직각입니다.
② 네 변의 길이가 모두 같습니다.
③ 꼭짓점이 3개 있습니다.
④ 한 각이 직각입니다.
⑤ 직사각형이라고 할 수 있습니다.

28 다음에서 설명하는 도형의 이름을 써 보세요.

> • 변, 꼭짓점, 각이 각각 4개입니다.
> • 네 각이 모두 직각입니다.

(　　　　　　　)

유형 10　각의 수 비교하기

29 각이 더 많은 도형을 찾아 기호를 써 보세요.

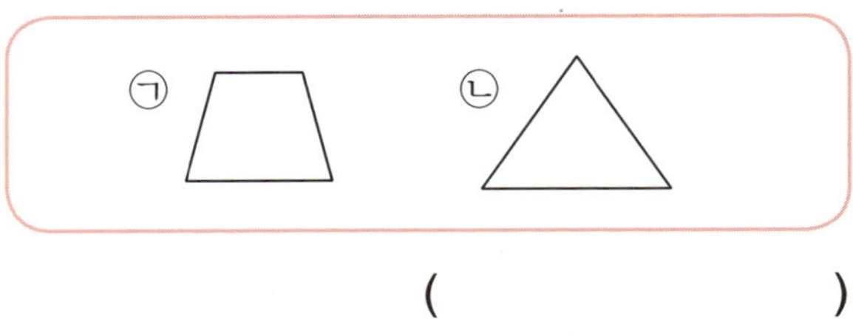

(　　　　　　　)

30 직각이 많은 도형부터 차례대로 기호를 써 보세요.

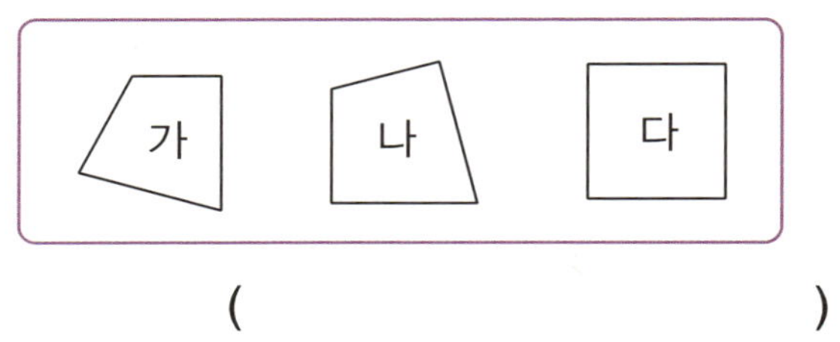

(　　　　　　　)

31 각이 가장 많은 도형은 어느 것인지 기호를 써 보세요.

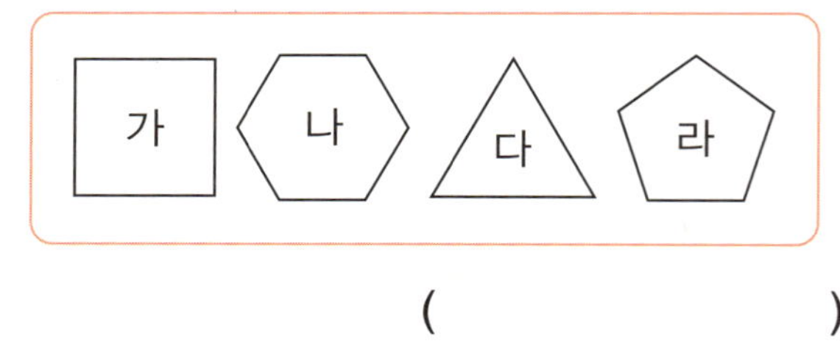

(　　　　　　　)

유형 11 잘랐을 때 생기는 도형의 개수 구하기

32 종이를 점선을 따라 모두 자르면 직각삼각형이 몇 개 만들어질까요?

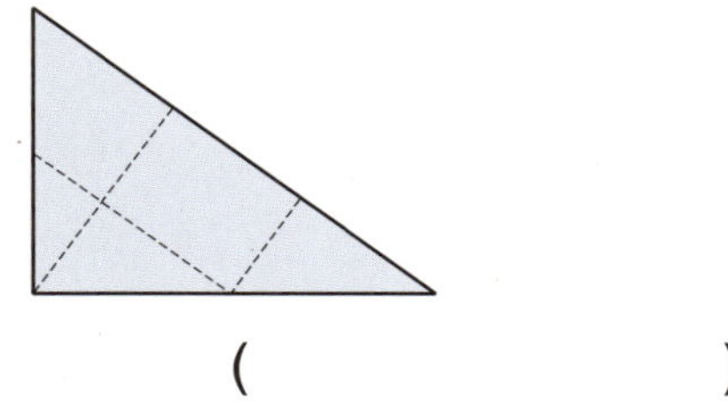

(   )

33 종이를 점선을 따라 모두 자르면 직사각형이 몇 개 만들어질까요?

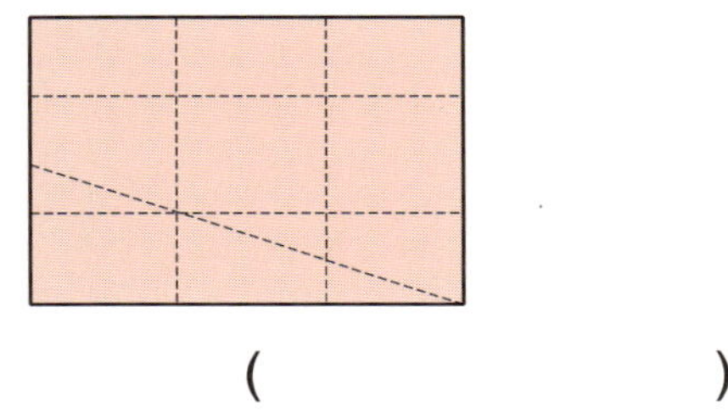

(   )

34 종이를 점선을 따라 모두 자르면 정사각형이 몇 개 만들어질까요?

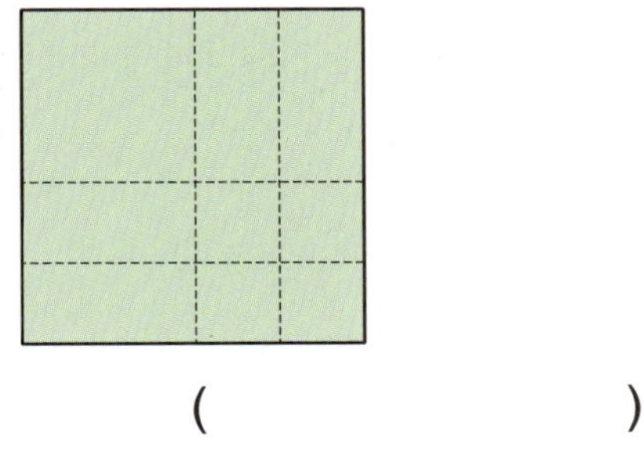

(   )

유형 12 직(정)사각형의 네 변의 길이의 합 구하기

35 직사각형입니다. 네 변의 길이의 합을 구해 보세요.

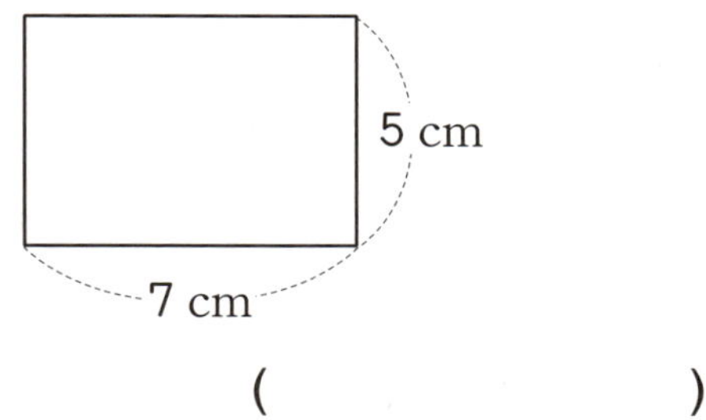

(   )

36 정사각형입니다. 네 변의 길이의 합을 구해 보세요.

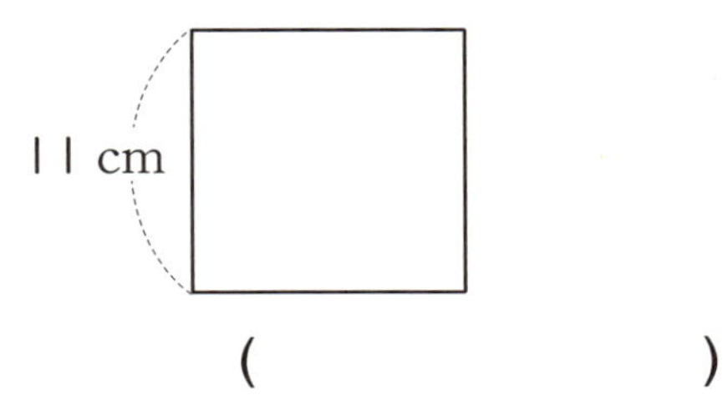

(   )

37 네 변의 길이의 합이 32 cm인 정사각형이 있습니다. 이 정사각형의 한 변의 길이는 몇 cm인지 구해 보세요.

(   )

대표 01 3개의 점 중에서 2개의 점을 이용하여 그을 수 있는 직선은 모두 몇 개인지 구해 보세요.

(1) 2개의 점을 이용하여 그을 수 있는 직선을 모두 그어 보세요.

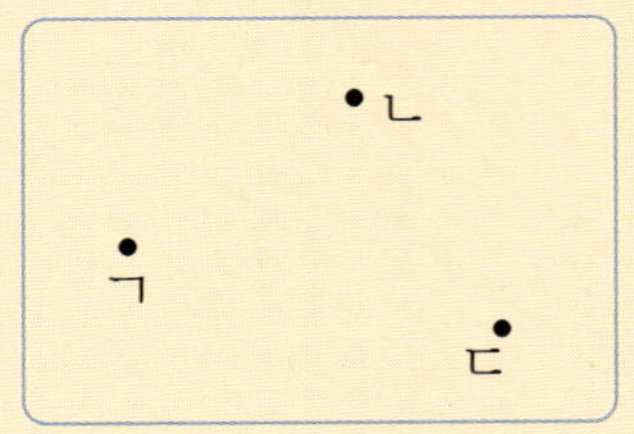

(2) 2개의 점을 이용하여 그을 수 있는 직선은 모두 몇 개일까요?

(   )

풀이

예제 1-1 4개의 점 중에서 2개의 점을 이용하여 그을 수 있는 선분은 모두 몇 개인지 구해 보세요.

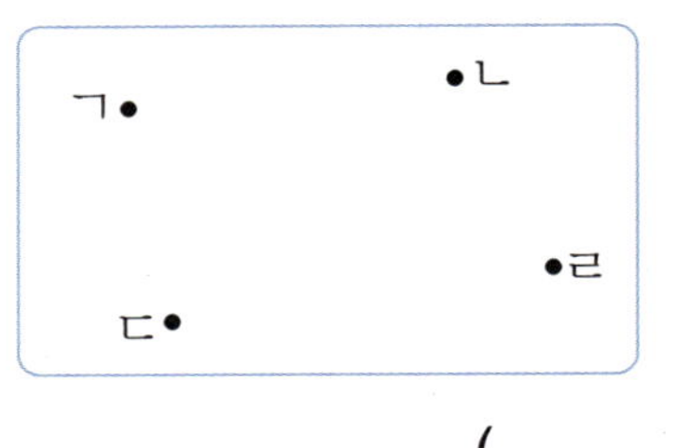

(   )

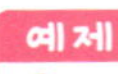 서로 다른 두 점을 이어 선분을 그어 봅니다.

변형 1-2 3개의 점 중에서 2개의 점을 이용하여 그을 수 있는 반직선은 모두 몇 개인지 구해 보세요.

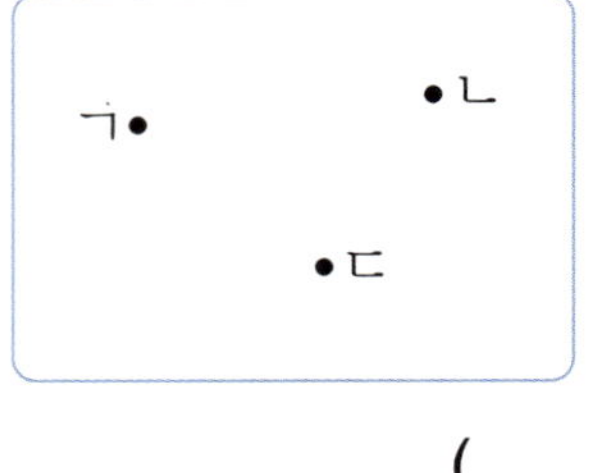

(   )

두 점을 이용하여 그을 수 있는 반직선은 2개입니다.

대표 02 도형에서 점 ㄱ을 꼭짓점으로 하는 각은 모두 몇 개인지 구해 보세요.

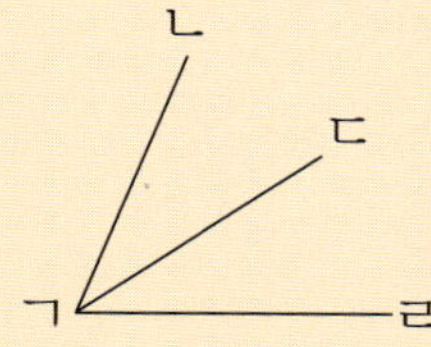

(1) 각 1개로 이루어진 각은 몇 개일까요?

(   )

(2) 각 2개로 이루어진 각은 몇 개일까요?

(   )

(3) 점 ㄱ을 꼭짓점으로 하는 각은 모두 몇 개일까요?

(   )

풀이

예제 2-1 도형에서 찾을 수 있는 크고 작은 각은 모두 몇 개인지 구해 보세요.

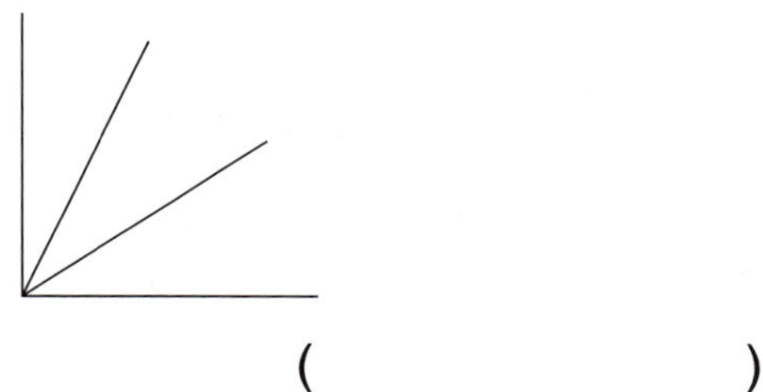

(   )

각 1개, 2개, 3개로 이루어진 각이 각각 몇 개인지 찾아봅니다.

변형 2-2 도형에서 점 ㄱ을 꼭짓점으로 하는 각은 모두 몇 개인지 구해 보세요.

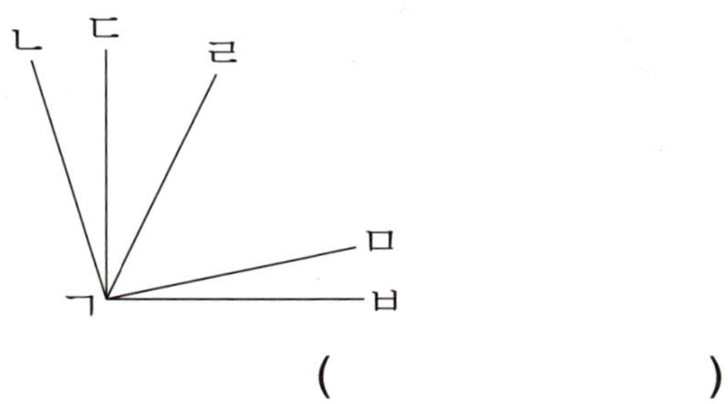

(   )

각 1개, 2개, 3개, 4개로 아루어진 각이 각각 몇 개인지 찾아봅니다.

대표 03 직사각형과 정사각형의 네 변의 길이의 합이 같을 때 정사각형의 한 변의 길이는 몇 cm인지 구해 보세요.

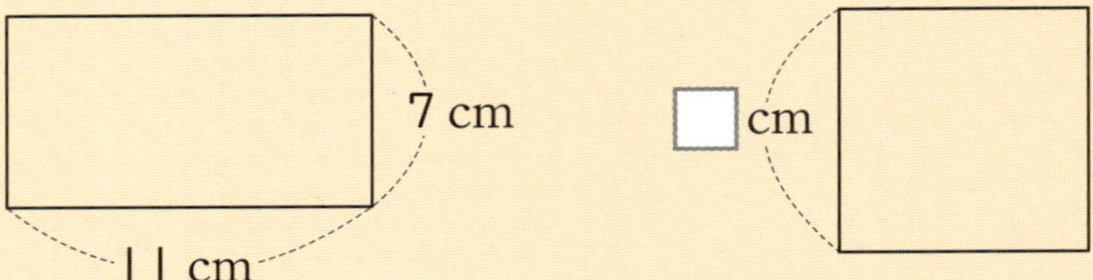

(1) 직사각형의 네 변의 길이의 합은 몇 cm일까요?

(   )

(2) 정사각형의 한 변의 길이는 몇 cm일까요?

(   )

풀이

예제 3-1 다음 직사각형과 네 변의 길이의 합이 같은 정사각형을 그리려고 합니다. 정사각형의 한 변의 길이를 몇 cm로 그려야 하는지 구해 보세요.

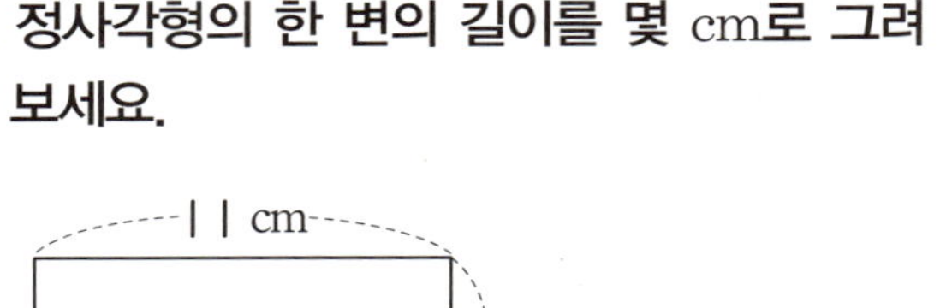

(   )

직사각형의 네 변의 길이의 합을 먼저 구해 봅니다.

변형 3-2 한 변의 길이가 7 cm인 정사각형과 네 변의 길이의 합이 같은 다음 직사각형에서 □ 안에 알맞은 수를 구해 보세요.

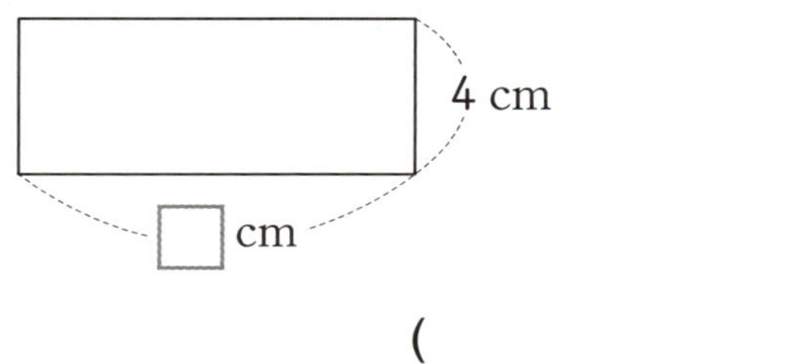

(   )

정사각형의 네 변의 길이의 합을 먼저 구해 봅니다.

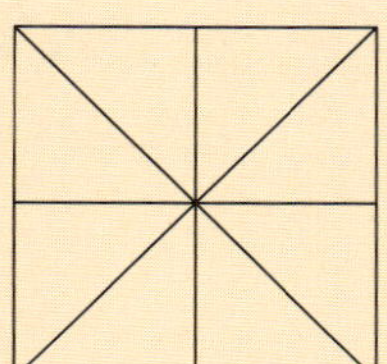

대표 04 오른쪽 도형에서 찾을 수 있는 크고 작은 직각삼각형은 모두 몇 개인지 구해 보세요.

(1) 다음과 같은 직각삼각형은 각각 몇 개일까요?

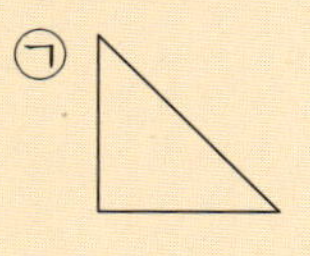 ㉠   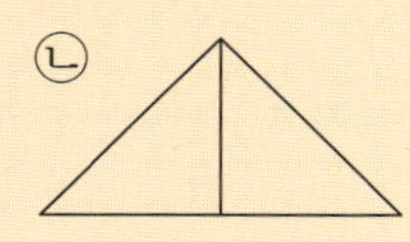 ㉡   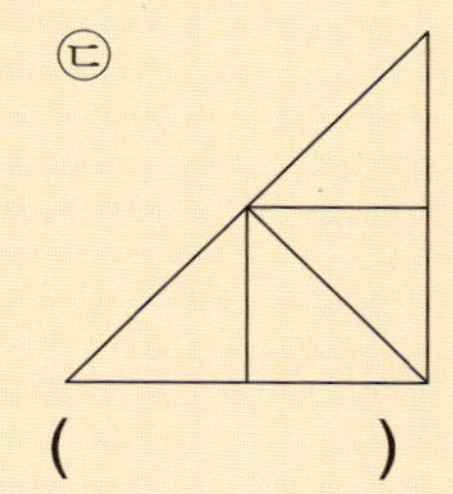 ㉢

(   ) (   ) (   )

(2) 크고 작은 직각삼각형은 모두 몇 개일까요?

(   )

풀이

예제 4-1 도형에서 찾을 수 있는 크고 작은 직각삼각형은 모두 몇 개인지 구해 보세요.

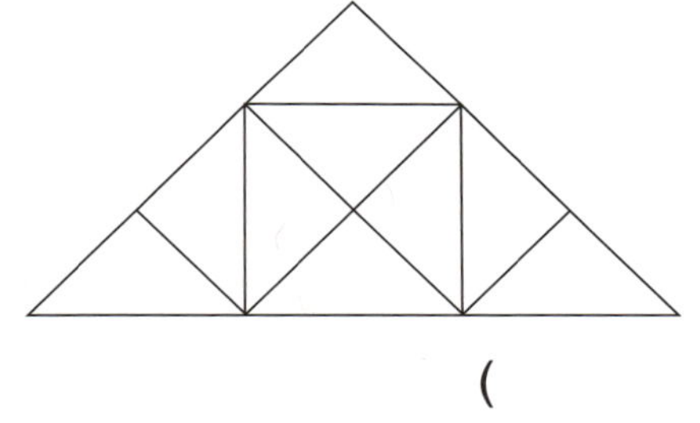

(   )

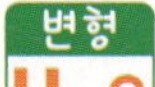 작은 직각삼각형 1개, 2개, 4개, 9개로 이루어진 직각삼각형을 각각 알아봅니다.

변형 4-2 도형에서 찾을 수 있는 크고 작은 직사각형은 모두 몇 개인지 구해 보세요.

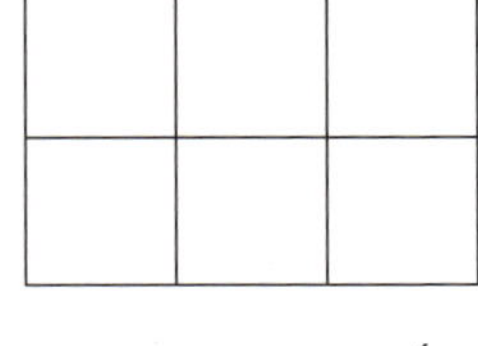

(   )

작은 사각형 1개, 2개, 3개, 4개, 6개로 이루어진 직사각형을 각각 알아봅니다.

대표 05 한 변의 길이가 4 cm인 정사각형 2개를 겹치지 않게 이어 붙여 만든 직사각형입니다. 만든 직사각형의 네 변의 길이의 합을 구해 보세요.

(1) 만든 직사각형의 가로와 세로는 각각 몇 cm일까요?

가로 (   ), 세로 (   )

(2) 만든 직사각형의 네 변의 길이의 합은 몇 cm일까요?

(   )

예제 5-1 한 변의 길이가 5 cm인 정사각형 3개를 겹치지 않게 이어 붙여 만든 직사각형입니다. 만든 직사각형의 네 변의 길이의 합을 구해 보세요.

(   )

만든 직사각형의 가로와 세로의 길이를 먼저 알아봅니다.

변형 5-2 직사각형 모양의 종이에 선을 그어 정사각형 4개를 만들었습니다. □ 안에 알맞은 수를 구해 보세요.

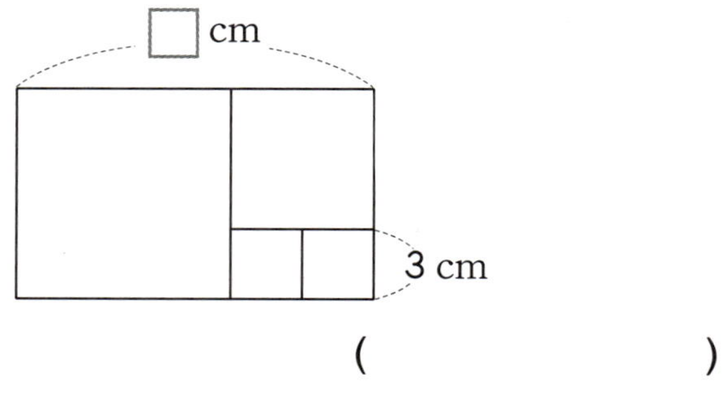

(   )

중간 크기 정사각형의 한 변의 길이는 가장 작은 정사각형의 한 변의 길이의 2배입니다.

01 직선을 모두 고르세요. (   )

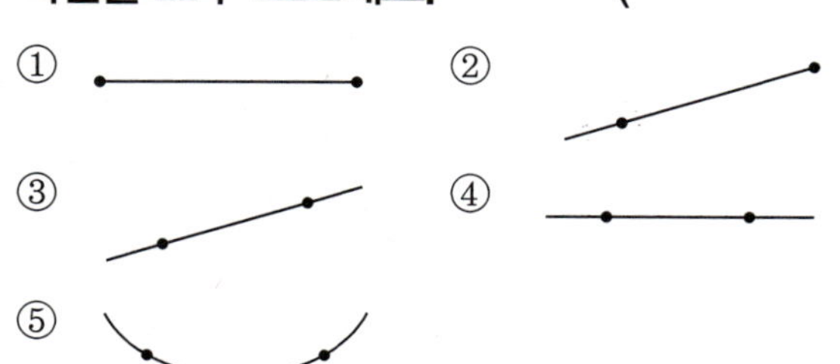

02 점을 이용하여 반직선 ㄱㄴ을 그어 보세요.

ㄱ   ㄴ

03 선분에 대하여 바르게 말한 사람의 이름을 써 보세요.

준하: 한 점에서 한쪽으로 끝없이 늘인 곧은 선이야.
은혜: 두 점을 곧게 이은 선이야.

(   )

04 각을 찾아 기호를 써 보세요.

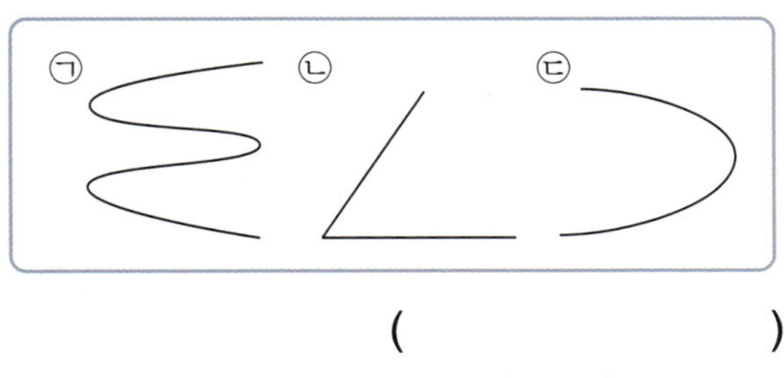

(   )

05 각의 이름을 써 보세요.

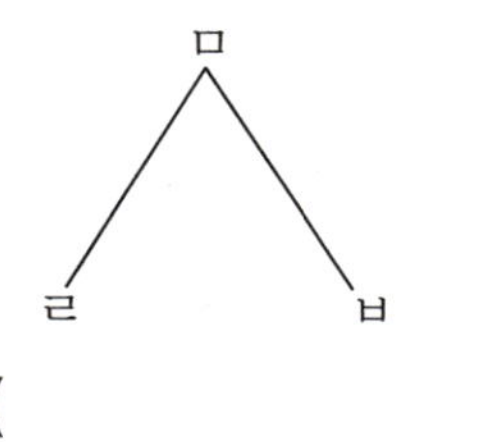

(   )

06 각 ㄱㄷㄹ을 그려 보세요.

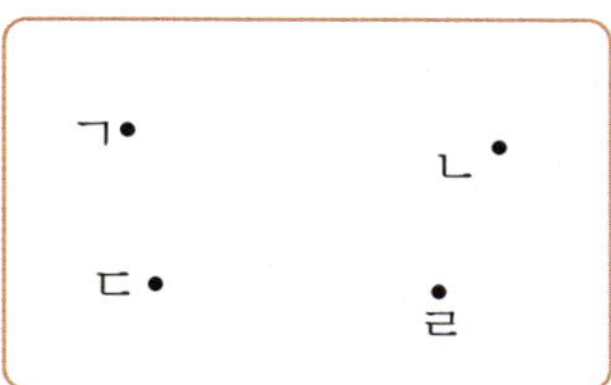

서술형 07 각의 수가 가장 많은 도형은 어느 것인지 풀이 과정을 쓰고 답을 구해 보세요.

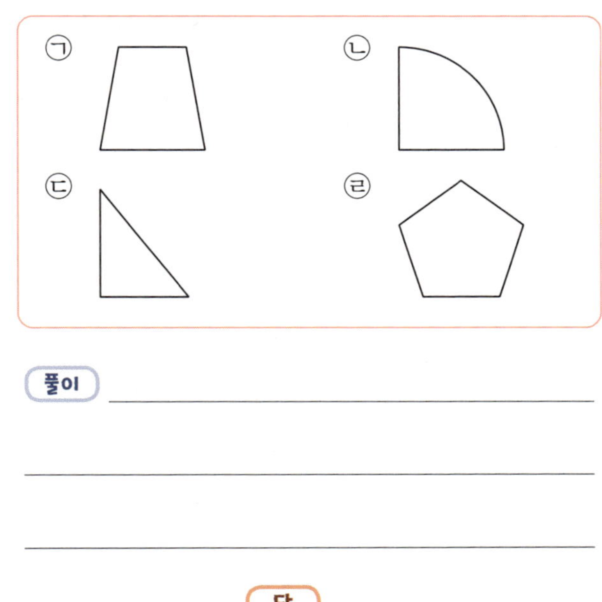

풀이 ________________________________

____

____

답 ________________

08 도형에는 직각이 모두 몇 개 있는지 써 보세요.

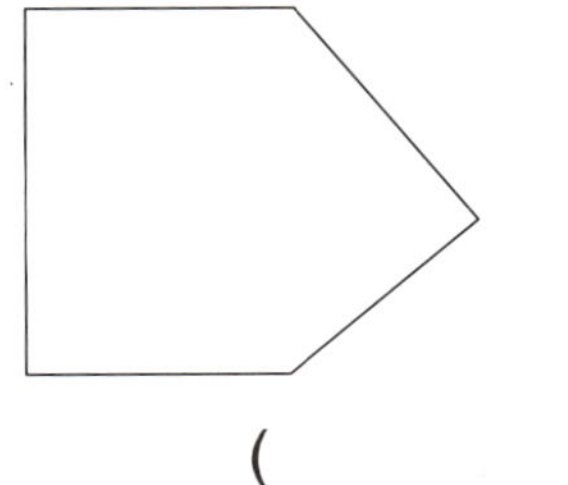

( )

09 주어진 선분을 한 변으로 하는 직각을 그려 보세요.

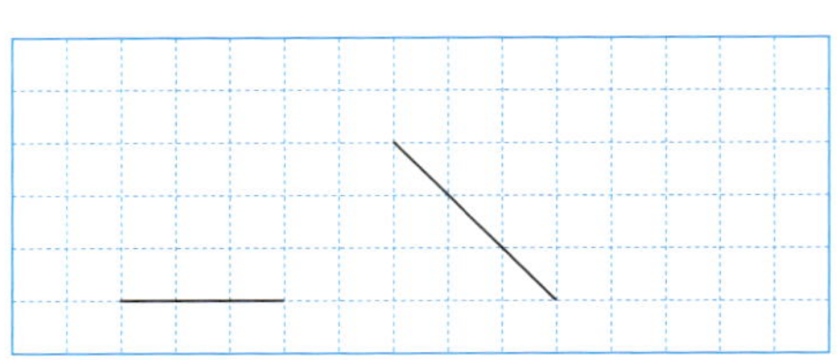

10 직각삼각형을 모두 고르세요. ( )

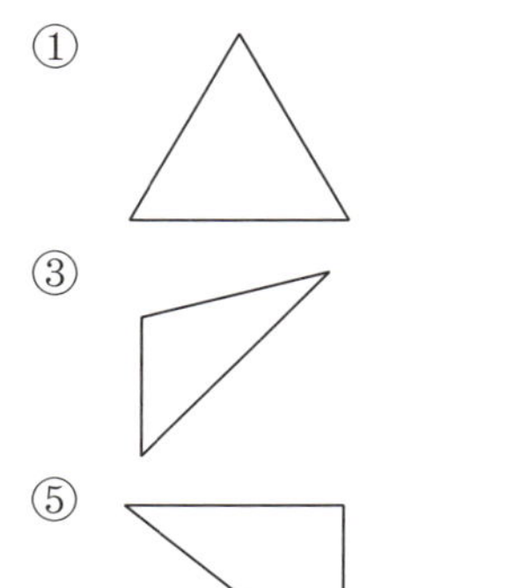
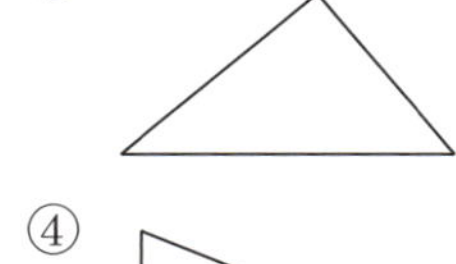

11 직각삼각형을 바르게 설명한 사람의 이름을 써 보세요.

( )

12 서로 다른 직각삼각형을 2개 그려 보세요.

서술형
13 도형이 직각삼각형이 <u>아닌</u> 이유를 써 보세요.

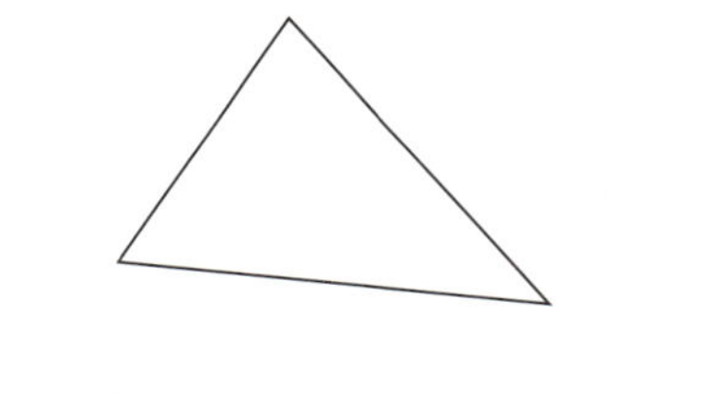

이유 ________________________________

14 오른쪽 도형이 직사각형이 <u>아닌</u> 이유를 찾아 기호를 써 보세요.

ㄱ 변이 4개가 아닙니다.
ㄴ 직각이 4개가 아닙니다.

( )

15 직사각형을 보고 빈칸에 알맞은 수를 써넣으세요.

변의 수(개)	꼭짓점의 수 (개)	직각의 수 (개)

16 직사각형 모양의 색 도화지를 점선을 따라 자르면 직사각형이 모두 몇 개 만들어질까요?

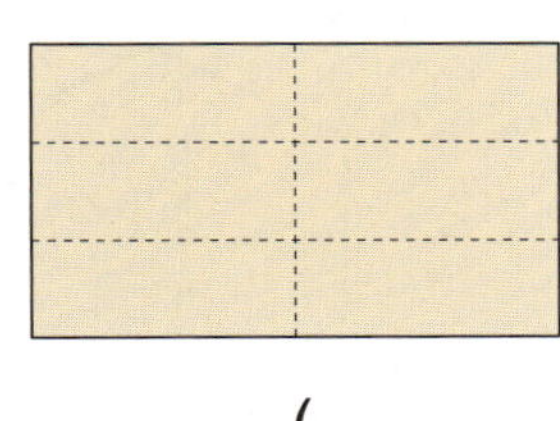

( )

17 직사각형의 네 변의 길이의 합은 몇 cm일까요?

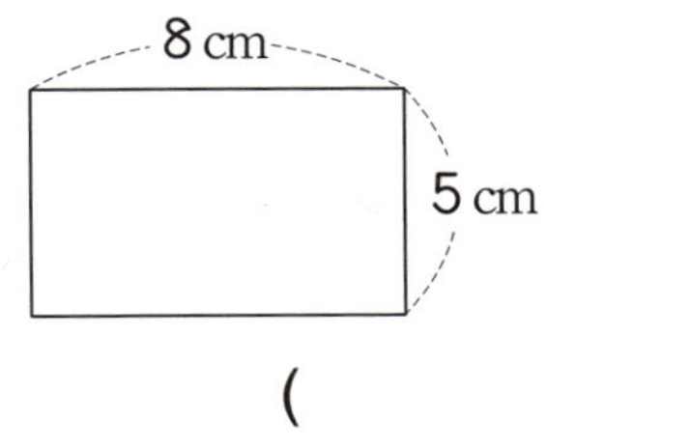

( )

18 정사각형을 모두 찾아 기호를 써 보세요.

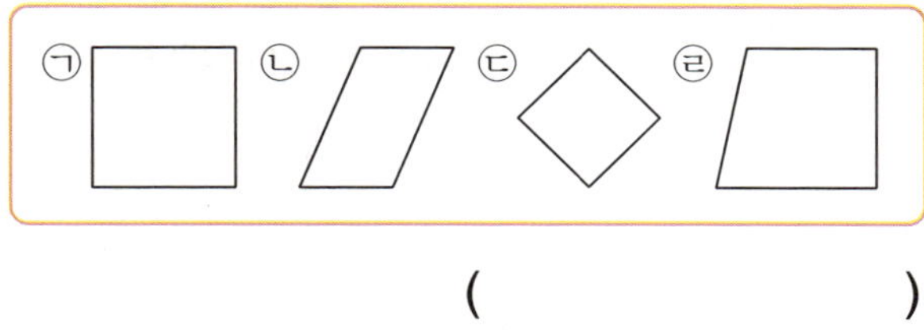

( )

19 어떤 도형에 대한 설명인지 써 보세요.

- 변이 4개입니다.
- 직각이 4개입니다.
- 변의 길이가 모두 같습니다.

( )

20 길이가 20 cm인 끈으로 가장 큰 정사각형을 만들었습니다. 정사각형의 한 변의 길이는 몇 cm일까요?

풀이 ___________________________

____

____

답 ___________________________

01 반직선 ㄴㄱ은 어느 것일까요? (   )

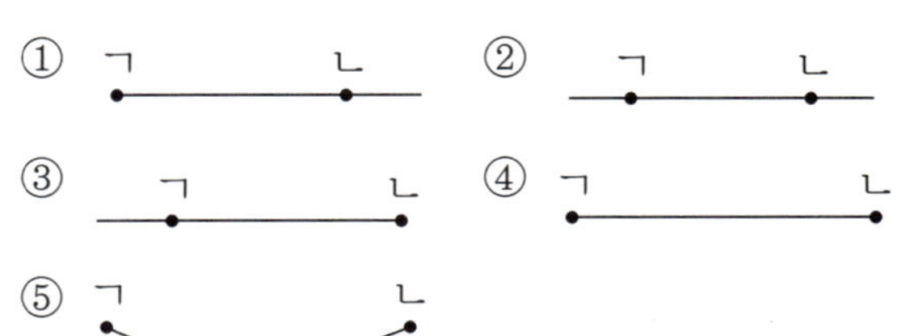

02 다음 도형은 몇 개의 선분으로 이루어져 있는지 써 보세요.

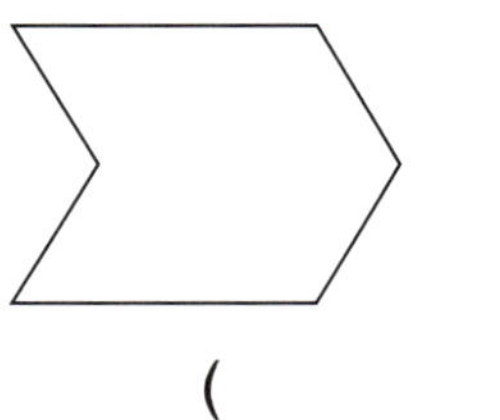

(   )

03 다음 점들을 지나는 직선을 그으려고 합니다. 그을 수 있는 직선은 모두 몇 개일까요?

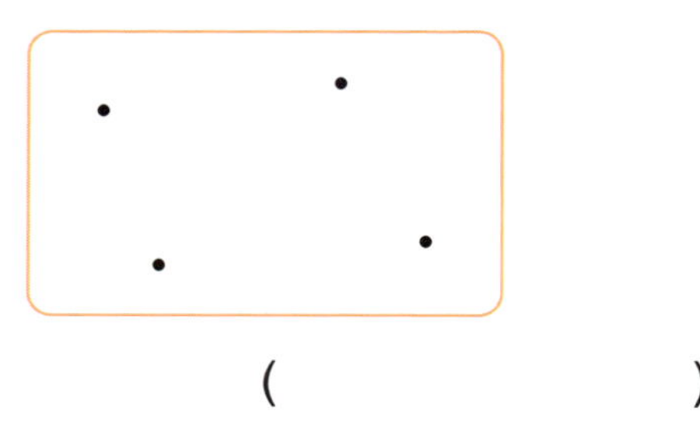

(   )

04 각을 찾을 수 없는 도형을 모두 고르세요.

(   )

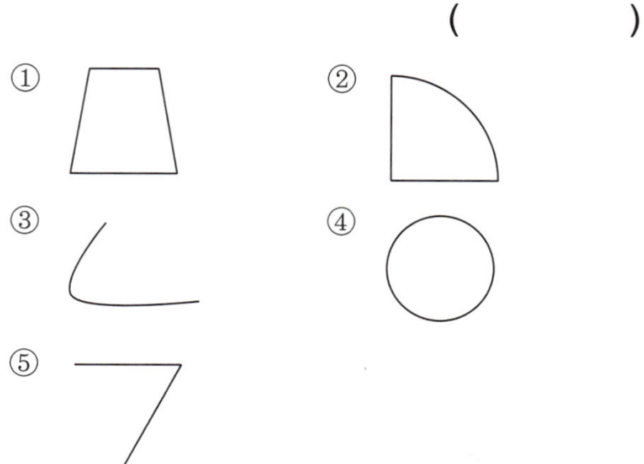

05 오른쪽 도형에 대한 설명으로 틀린 것을 찾아 기호를 써 보세요.

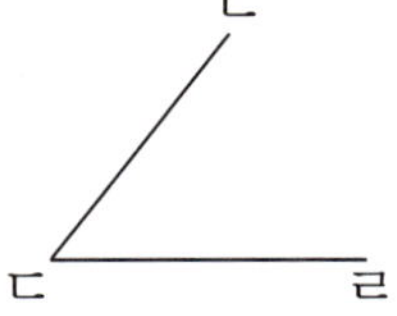

ㄱ 꼭짓점은 점 ㄷ입니다.
ㄴ 각 ㄴㄹㄷ이라고 합니다.
ㄷ 두 반직선이 점 ㄷ에서 만납니다.
ㄹ 변은 변 ㄷㄴ과 변 ㄷㄹ입니다.

(   )

06 도형에서 찾을 수 있는 각은 모두 몇 개일까요?

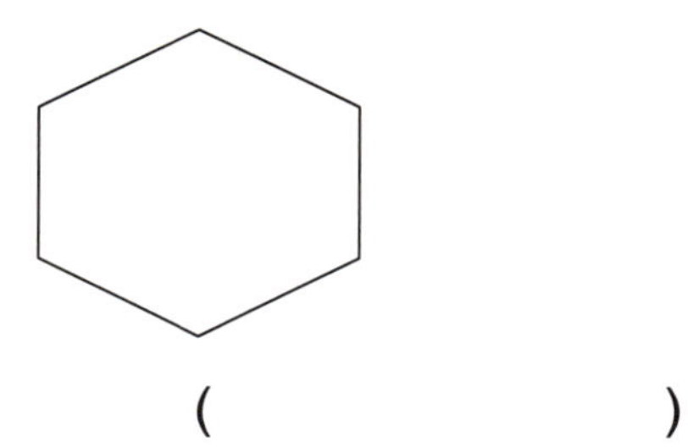

(   )

07 각이 더 많은 도형을 찾아 기호를 써 보세요.

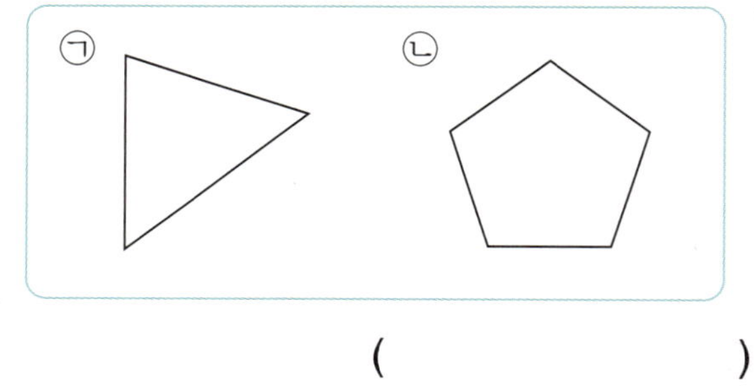

(   )

08 직각을 모두 고르세요. (   )

09 직각이 가장 많은 도형을 찾아 기호를 써 보세요.

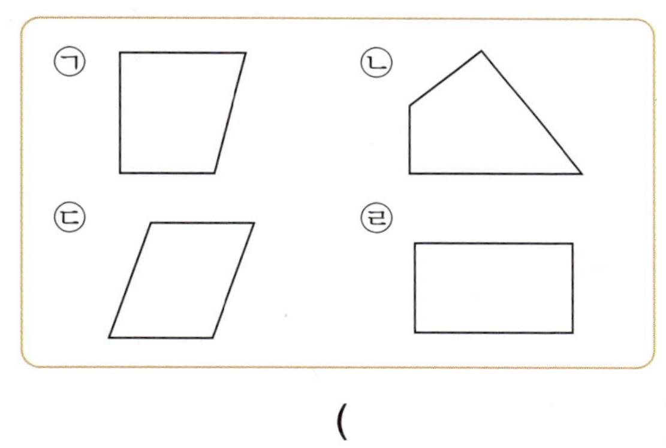

(   )

10 직각삼각형이 <u>아닌</u> 것을 찾아 기호를 써 보세요.

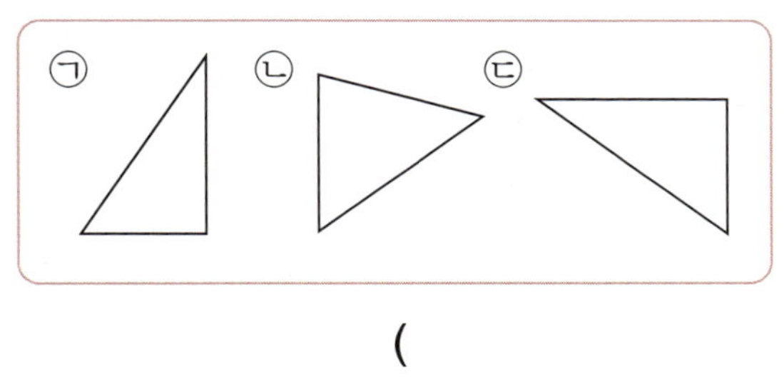

(   )

11 직각삼각형에 대한 설명으로 항상 옳은 것을 모두 고르세요. (   )

① 한 각이 직각입니다.
② 각이 모두 3개 있습니다.
③ 세 변의 길이가 같습니다.
④ 똑같은 모양을 2개 붙이면 항상 정사각형이 됩니다.
⑤ 세 각이 모두 직각인 삼각형을 직각삼각형이라고 합니다.

12 꼭짓점 ㄷ을 어느 곳으로 옮겨 그려야 직각삼각형이 될까요? (   )

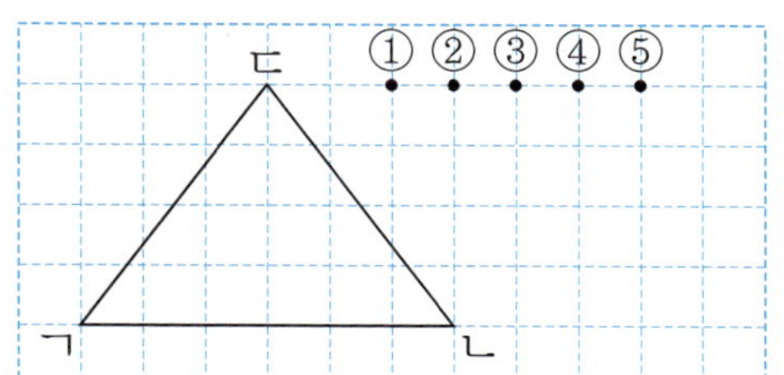

13~14 그림을 보고 물음에 답하세요.

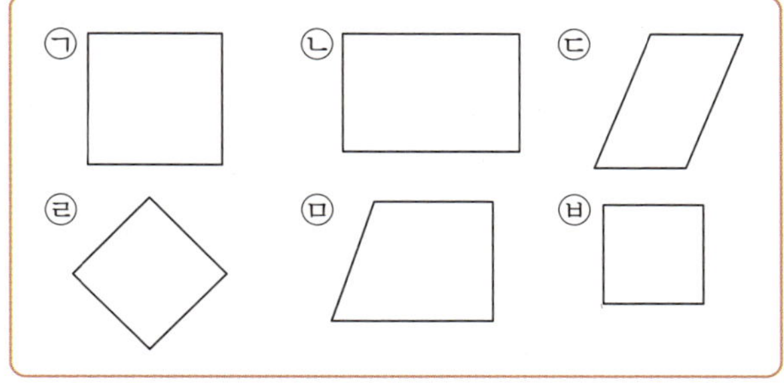

13 직사각형을 모두 찾아 기호를 써 보세요.

(   )

14 정사각형을 모두 찾아 기호를 써 보세요.

(   )

15 ㉠과 ㉡에 알맞은 수의 합은 얼마인지 풀이 과정을 쓰고 답을 구해 보세요.

> • 직각삼각형은 직각이 ㉠개입니다.
> • 직사각형은 직각이 ㉡개입니다.

풀이 ________________________________

____

답 ________________________________

16 주어진 선분을 한 변으로 하는 직사각형을 그려 보세요.

17 직사각형의 네 변의 길이의 합이 38 cm일 때 □ 안에 알맞은 수는 얼마인지 풀이 과정을 쓰고 답을 구해 보세요.

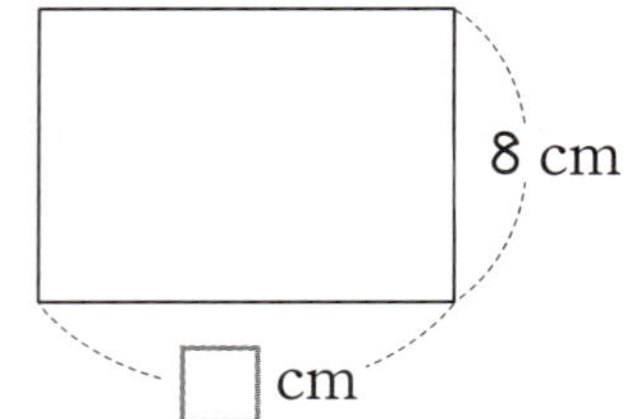

풀이 ________________________________

____

답 ________________________________

18 다음 도형의 이름이 될 수 있는 것을 모두 고르세요. ( )

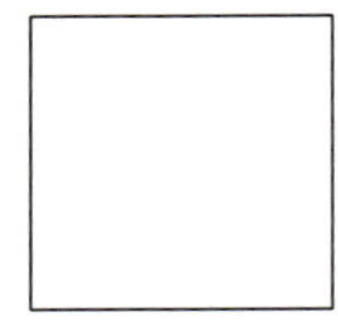

① 원　　　　　② 삼각형

③ 정사각형　　④ 직사각형

⑤ 직각삼각형

19 그림에서 크고 작은 정사각형은 모두 몇 개일까요?

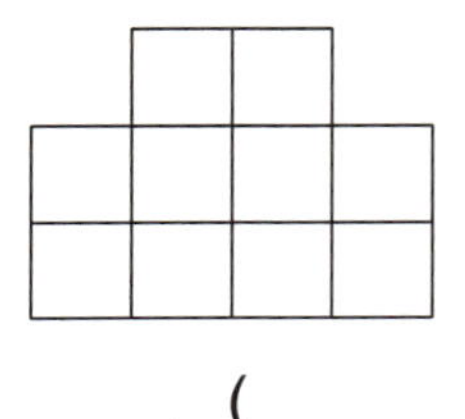

( )

20 한 변이 2 cm인 정사각형 4개를 그림과 같이 겹치지 않게 이어 붙여 직사각형을 만들었습니다. 굵은 선의 길이는 몇 cm일까요?

( )

3

나눗셈

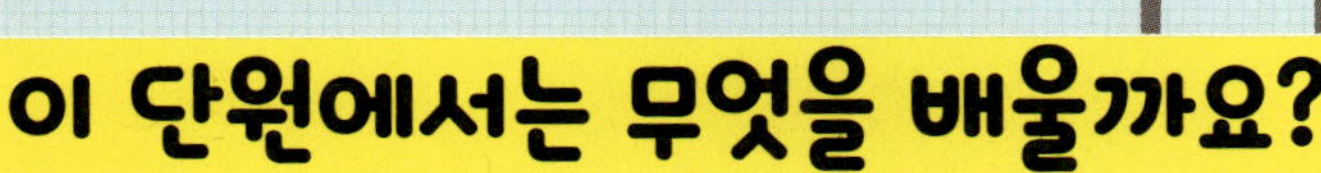

- 똑같이 나누어 볼까요(1)
- 똑같이 나누어 볼까요(2)
- 똑같이 나누어 볼까요(3)
- 곱셈과 나눗셈의 관계를 알아볼까요
- 나눗셈의 몫을 구해 볼까요

똑같이 나누어 보기(1)

❀ 딸기 6개를 2명에게 똑같이 나누어 주기

2접시에 딸기를 1개씩 번갈아 가며 놓으면 한 접시에 3개씩 놓게 됩니다.

➡ 딸기 6개를 2명에게 똑같이 나누어 주면 한 명이 3개씩 가지게 됩니다.

$$6 \div 2 = 3$$

전체 딸기의 수 ┘   └ 한 명이 갖는 딸기의 수

딸기를 나누어 갖는 사람 수

6을 2로 나누면 3이 됩니다.
이것을 식으로 6÷2=3이라 쓰고 6 나누기 2는 3과 같습니다라고 읽습니다.
이때 6은 나누어지는 수, 2는 나누는 수, 3은 6을 2로 나눈 몫이라고 합니다.
6÷2와 같은 계산을 나눗셈, 6÷2=3과 같은 식을 나눗셈식이라고 합니다.

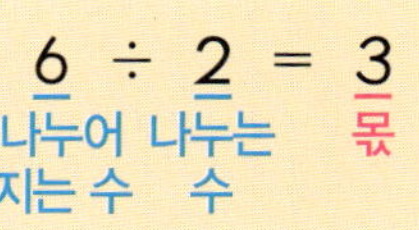

01 사탕 10개를 접시 2개에 똑같이 나누어 담으려고 합니다. 접시 한 개에 사탕을 몇 개씩 담을 수 있는지 접시에 ◯를 그려 알아보세요.

접시 한 개에 사탕을 ☐ 개씩 담을 수 있습니다.

02 ☐ 안에 알맞은 수를 써넣어 나눗셈식을 완성해 보세요.

귤 12개를 4명이 똑같이 나누어 먹으려면 한 명이 3개씩 먹으면 됩니다.

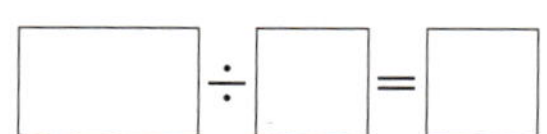

$$\boxed{} \div \boxed{} = \boxed{}$$

똑같이 나누어 보기(2)

⭐ 딸기 6개를 한 명에게 2개씩 나누어 주기

- 딸기 6개에서 2개씩 몇 번 덜어 낼 수 있는지 뺄셈식으로 나타내기

$6-2-2-2=0$ ➡ 2개씩 3번 덜어 낼 수 있습니다.

> 6에서 2씩 3번 빼면 0이 됩니다. 이것을 나눗셈식으로 나타내면 $6÷2=3$입니다.
>
> $$6-\underline{2-2-2}=0 \ ➡ \ 6÷2=3$$
> 2씩 3번

03 사과 15개를 한 상자에 5개씩 담으려고 합니다. 상자는 몇 상자 필요한지 구해 보세요.

뺄셈식 $15-\square-\square-\square=0$　　　나눗셈식 $15÷\square=\square$

사과 15개를 한 상자에 5개씩 담으려면 상자는 $\square$ 상자 필요합니다.

04 뺄셈식을 보고 나눗셈식으로 나타내 보세요.

(1) $18-3-3-3-3-3-3=0$

나눗셈식 $18÷\square=\square$

(2) $28-7-7-7-7=0$

나눗셈식 $28÷\square=\square$

05 $\square$ 안에 알맞은 수를 써넣어 나눗셈식을 완성해 보세요.

> 색종이 40장을 한 명에게 8장씩 나누어 주면 5명에게 줄 수 있습니다.

$$\square÷\square=\square$$

똑같이 나누어 보기(3)

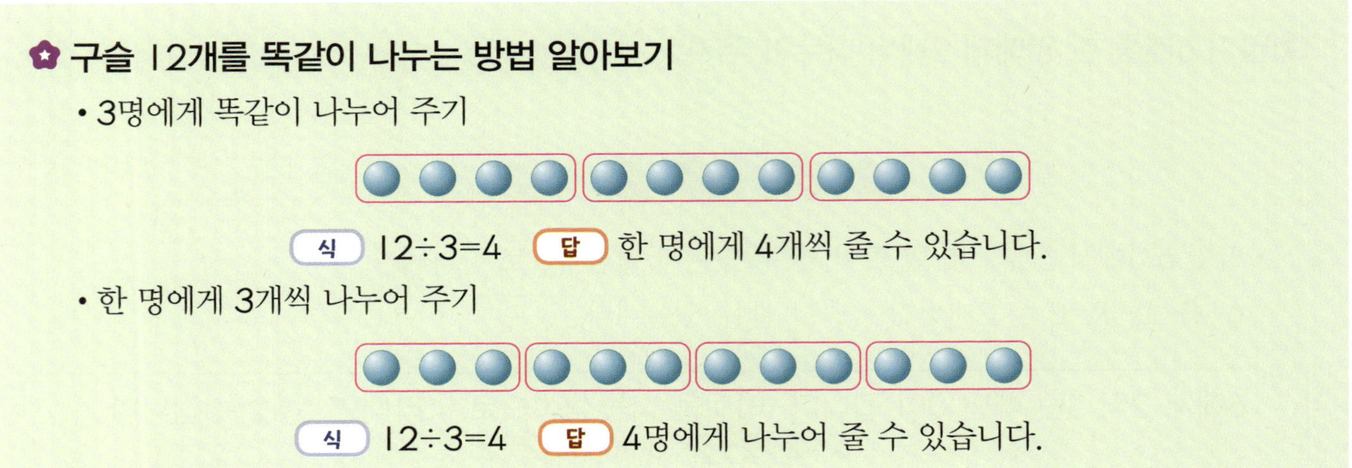

✿ 구슬 12개를 똑같이 나누는 방법 알아보기

• 3명에게 똑같이 나누어 주기

식 12÷3=4   답 한 명에게 4개씩 줄 수 있습니다.

• 한 명에게 3개씩 나누어 주기

식 12÷3=4   답 4명에게 나누어 줄 수 있습니다.

06 바나나 16개를 똑같이 나누어 담으려고 합니다. 물음에 답해 보세요.

(1) 2상자에 똑같이 나누어 담으면 한 상자에 몇 개씩 담을 수 있나요?

2묶음으로
똑같이 묶기

식 16÷2=☐   답 ☐개

(2) 한 상자에 2개씩 담으려면 몇 상자 필요할까요?

2개씩
묶기

식 16÷2=☐   답 ☐상자

07 귤 20개를 똑같이 나누어 주려고 합니다. 물음에 답해 보세요.

(1) 4명에게 똑같이 나누어 주면 한 명이 몇 개씩 가질 수 있나요?

식 ________________   답 ________________

(2) 한 명에게 4개씩 나누어 주면 몇 명에게 줄 수 있나요?

식 ________________   답 ________________

곱셈과 나눗셈의 관계 알아보기

★ 사과 18개를 곱셈식과 나눗셈식으로 나타내기

- 사과의 수를 곱셈식으로 나타내기

$$9개씩 2줄 \Rightarrow 9 \times 2 = 18$$

- 사과의 수를 나눗셈식으로 나타내기

① 사과 18개를 9명이 똑같이 나누면 한 명이 2개씩 먹을 수 있습니다.

$$\Rightarrow 18 \div 9 = 2$$

② 사과 18개를 2명이 똑같이 나누면 한 명이 9개씩 먹을 수 있습니다.

$$\Rightarrow 18 \div 2 = 9$$

08 그림을 보고 물음에 답해 보세요.

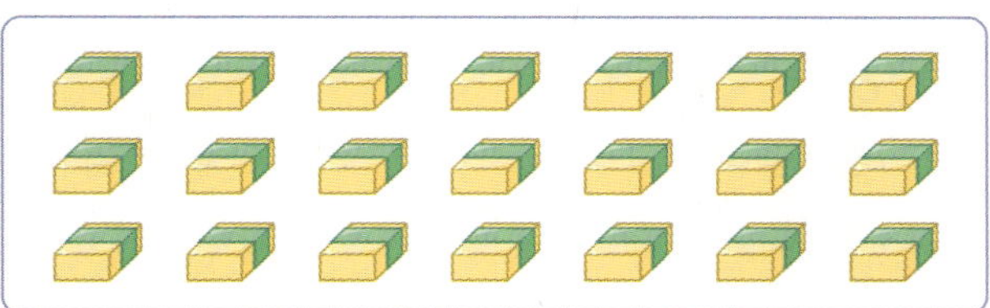

(1) 지우개가 모두 몇 개인지 곱셈식으로 나타내 보세요.

$$\boxed{} \times \boxed{} = 21$$

(2) 지우개 21개를 친구 3명이 똑같이 나누어 가지면 한 명이 몇 개씩 가질 수 있는지 나눗셈식으로 나타내 보세요.

$$21 \div \boxed{} = \boxed{}$$

(3) 지우개 21개를 친구 7명이 똑같이 나누어 가지면 한 명이 몇 개씩 가질 수 있는지 나눗셈식으로 나타내 보세요.

$$21 \div \boxed{} = \boxed{}$$

09 ☐ 안에 알맞은 수를 써넣으세요.

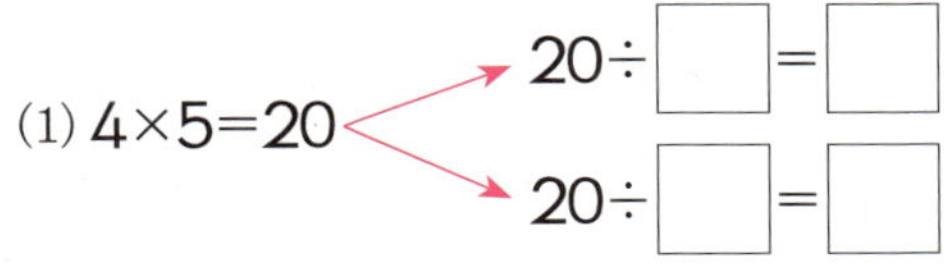

(1) $4 \times 5 = 20$
$20 \div \boxed{} = \boxed{}$
$20 \div \boxed{} = \boxed{}$

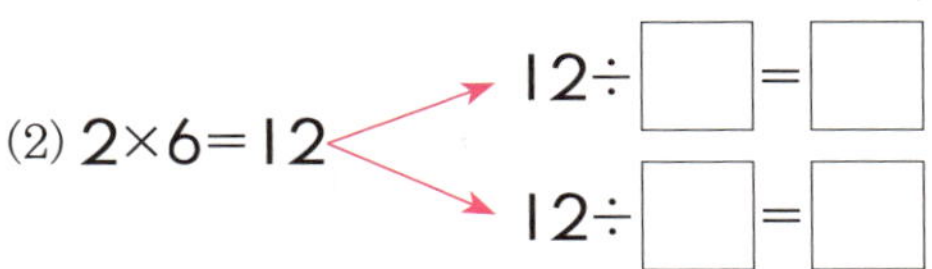

(2) $2 \times 6 = 12$
$12 \div \boxed{} = \boxed{}$
$12 \div \boxed{} = \boxed{}$

나눗셈의 몫을 구해 보기

✿ 곱셈식을 이용하여 나눗셈의 몫 구하기

(예) 토마토 15개를 한 명에게 5개씩 나누어 주면 몇 명에게 줄 수 있을까요?

- 5개씩 나누어 주면 몇 명에게 줄 수 있는지 나눗셈식으로 나타내기 ➡ $15 \div 5 = \blacksquare$
- 위의 나눗셈식을 곱셈식으로 나타내기 ➡ $5 \times \blacksquare = 15$

- 곱셈식을 이용하여 나눗셈의 몫 구하기

$15 \div 5$의 몫은 $5 \times 3 = 15$를 이용하여 구할 수 있습니다.
$$15 \div 5 = \square$$
$$5 \times 3 = 15$$

✿ 곱셈표를 이용하여 $15 \div 5$의 몫 구하기

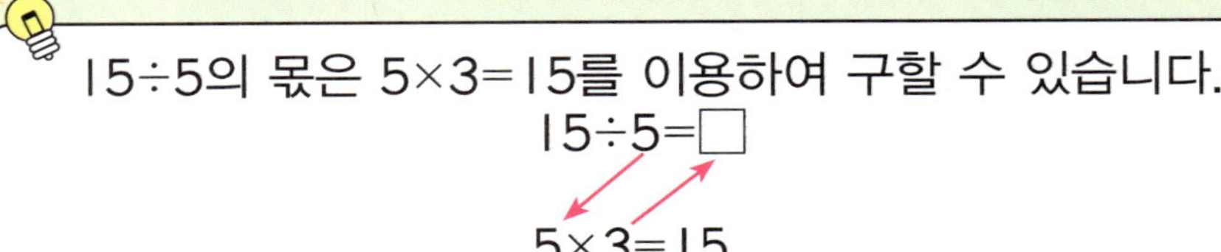

×	1	2	3	4	5	6	7	8	9
1	1	2	3	4	5	6	7	8	9
2	2	4	6	8	10	12	14	16	18
3	3	6	9	12	15	18	21	24	27
4	4	8	12	16	20	24	28	32	36
5	5	10	15	20	25	30	35	40	45

5단 곱셈구구에서 곱이 15가 되는 곱셈식을 찾아봅니다.

$$5 \times 3 = 15 \implies 15 \div 5 = 3$$

10 $42 \div 7$의 몫을 구하려고 합니다. 필요한 곱셈식에 ◯표 하고, □ 안에 알맞은 수를 써넣으세요.

$$7 \times 4 = 28 \qquad 7 \times 5 = 35 \qquad 7 \times 6 = 42 \qquad 7 \times 7 = 49$$

$$42 \div 7 = \square$$

11 곱셈표를 이용하여 나눗셈의 몫을 구해 보세요.

×	1	2	3	4	5	6	7	8	9
4	4	8	12	16	20	24	28	32	36
5	5	10	15	20	25	30	35	40	45
6	6	12	18	24	30	36	42	48	54
7	7	14	21	28	35	42	49	56	63

(1) $30 \div 6 = \square$

(2) $28 \div 4 = \square$

유형 01 ■명에게 똑같이 나누어 주기

01 만두 16개를 4개의 접시에 똑같이 나누어 담으려고 합니다. 한 접시에 만두를 몇 개씩 담아야 하는지 접시 위에 ◯를 그려 알아보세요.

만두를 ☐ 개씩 담을 수 있습니다.

02 귤 9개를 3봉지에 똑같이 나누어 담으려고 합니다. 한 봉지에 귤을 몇 개씩 담을 수 있을까요?

식 ______________

답 ______________

03 과자를 모양이 같은 접시에 똑같이 나누어 놓으려고 합니다. 접시의 모양에 따라 놓을 수 있는 과자의 수를 구해 보세요.

(1) ▭에 놓을 때: 한 접시에 ☐ 개

(2) ⬭에 놓을 때: 한 접시에 ☐ 개

유형 02 ■개씩 나누기

04 꽃 18송이를 꽃병 한 개에 3송이씩 꽃으려고 합니다. 꽃병이 몇 개 필요한지 꽃을 3송이씩 묶어 알아보세요.

꽃병이 ☐ 개 필요합니다.

05 64쪽짜리 동화책을 하루에 8쪽씩 매일 읽으려고 합니다. 이 책을 모두 읽으려면 며칠이 걸릴까요?

식 ______________

답 ______________

06 풍선 12개를 한 명에게 3개씩 나누어 주려고 합니다. 몇 명에게 나누어 줄 수 있는지 두 가지 방법으로 해결해 보세요.

뺄셈식 ______________

나눗셈식 ______________

답 ______________

유형 03 문장을 나눗셈식으로 나타내기

07 □ 안에 알맞은 수를 써넣어 나눗셈식을 완성해 보세요.

> 20명이 긴 의자 5개에 똑같이 나누어 앉으려면 의자 한 개에 4명씩 앉으면 됩니다.

$$\boxed{} \div \boxed{} = \boxed{}$$

08 문장을 나눗셈식으로 나타내 보세요.

> 축구공 14개를 한 상자에 2개씩 담으려면 7상자가 필요합니다.

나눗셈식 ________________

09 나눗셈식을 보고 문장을 완성해 보세요.

> $24 \div 8 = 3$

> 사과 □개를 바구니 □개에 똑같이 나누어 담으면 바구니 한 개에 □개씩 담을 수 있습니다.

유형 04 뺄셈식을 나눗셈식으로 나타내기

10 뺄셈식을 보고 나눗셈식으로 나타내 보세요.

> $32-4-4-4-4-4-4-4-4=0$

나눗셈식 ________________

11 $42-7-7-7-7-7-7=0$을 나눗셈식으로 나타낸 것입니다. 바르게 나타낸 것을 찾아 기호를 써 보세요.

> ㉠ $42 \div 7 = 6$ ㉡ $42 \div 6 = 7$

(   )

12 $30 \div 6 = 5$를 뺄셈식으로 나타낸 것입니다. 바르게 나타낸 사람의 이름을 써 보세요.

> 진주: $30-6-6-6-6-6=0$
> 석현: $30-5-5-5-5-5-5=0$

(   )

유형 05 곱셈과 나눗셈의 관계

13 빵을 한 모둠에 8개씩 주면 몇 모둠에게 나누어 줄 수 있는지 알아보려고 합니다. 곱셈식을 나눗셈식으로 나타내 보세요.

곱셈식 $8 \times 4 = 32$

나눗셈식

14 □ 안에 알맞은 수를 써넣으세요.

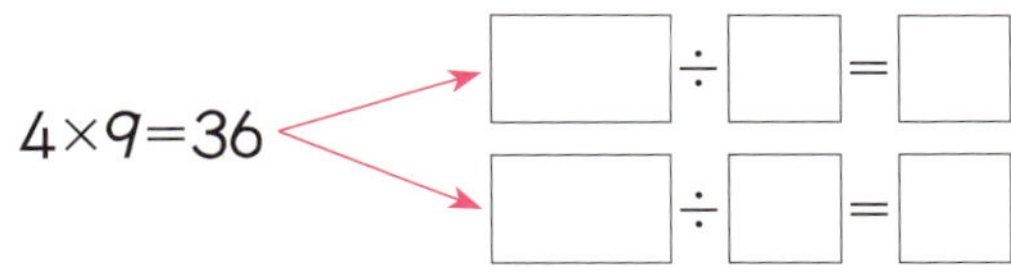

$4 \times 9 = 36$

$$\square \div \square = \square$$
$$\square \div \square = \square$$

15 그림을 보고 곱셈식과 나눗셈식으로 나타내 보세요.

곱셈식

나눗셈식

유형 06 나눗셈의 몫을 곱셈식으로 구하기

16 $18 \div 3$의 몫을 구하는 데 필요한 곱셈식은 어느 것일까요?　　　　（　　　）

① $2 \times 9 = 18$　　② $3 \times 4 = 12$

③ $6 \times 2 = 12$　　④ $9 \times 2 = 18$

⑤ $3 \times 6 = 18$

17 나눗셈의 몫을 구할 때 필요한 곱셈구구를 쓰고 몫을 구해 보세요.

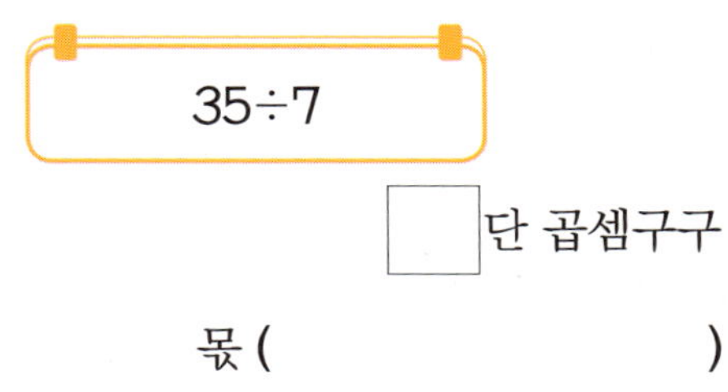

$35 \div 7$

□ 단 곱셈구구

몫 (　　　　　　　)

18 관계있는 것끼리 이어 보세요.

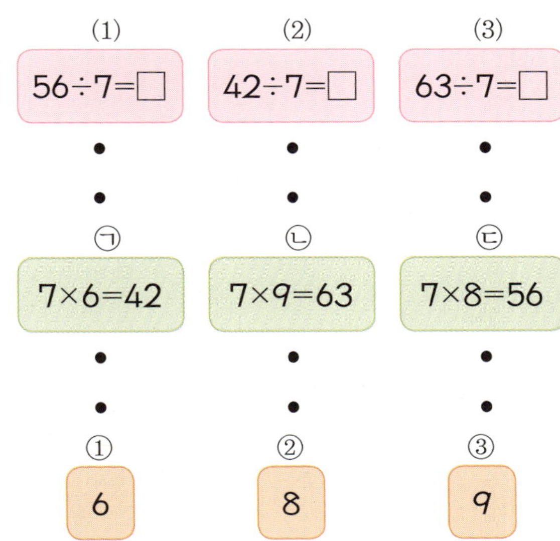

유형 07 나눗셈의 몫 구하기

19 빈칸에 알맞은 수를 써넣으세요.

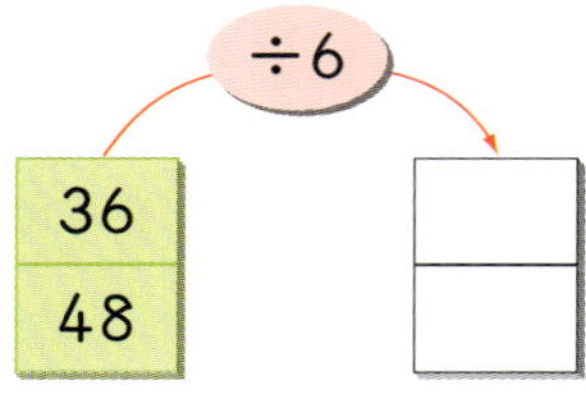

20 몫이 7인 나눗셈을 모두 찾아 기호를 써 보세요.

㉠ 25÷5 ㉡ 21÷3
㉢ 40÷8 ㉣ 49÷7

( )

21 두 나눗셈의 몫의 차를 구해 보세요.

16÷8 36÷4

( )

유형 08 몫의 크기 비교하기

22 몫의 크기를 비교하여 ○ 안에 >, =, <를 알맞게 써넣으세요.

35÷7 ◯ 28÷4

23 몫이 더 큰 것을 찾아 기호를 써 보세요.

㉠ 24÷3 ㉡ 48÷8

( )

24 몫이 큰 것부터 차례대로 기호를 써 보세요.

㉠ 56÷8
㉡ 18÷3
㉢ 45÷5

( )

유형 09 □ 안에 알맞은 수 구하기

25 □ 안에 알맞은 수를 써넣으세요.

(1) $16 \div \square = 4$

(2) $54 \div \square = 9$

26 □ 안에 알맞은 수의 합을 구해 보세요.

> ㉠ $27 \div \square = 3$ ㉡ $40 \div \square = 8$

(   )

27 □ 안에 들어갈 수가 가장 큰 나눗셈식은 어느 것일까요?　　　　　(   )

① $54 \div 6 = \square$ ② $18 \div \square = 9$

③ $24 \div 4 = \square$ ④ $30 \div \square = 5$

⑤ $49 \div 7 = \square$

유형 10 나눗셈의 몫 활용하기

28 색연필 36자루를 4명에게 똑같이 나누어 주려고 합니다. 한 명에게 몇 자루씩 줄 수 있을까요?

식 ______________________

답 ______________________

29 야구공 24개를 한 상자에 6개씩 담으려면 몇 상자가 필요할까요?

식 ______________________

답 ______________________

30 사탕 30개를 친구들에게 똑같이 나누어 주려고 합니다. 한 명에게 몇 개씩 주어야 하는지 구해 보세요.

(1) 친구 5명에게 똑같이 나누어 주려면 한 명에게 사탕을 몇 개씩 주어야 할까요?

식 ______________________

답 ______________________

(2) 한 명이 더 와서 6명에게 똑같이 나누어 주려면 한 명에게 사탕을 몇 개씩 주어야 할까요?

식 ______________________

답 ______________________

대표 01 □ 안에 알맞은 수를 구해 보세요.

$$42 \div \square = 28 \div 4$$

(1) $28 \div 4$의 몫은 얼마일까요?

(   )

(2) □ 안에 알맞은 수를 구해 보세요.

(   )

풀이

예제 1-1 □ 안에 알맞은 수를 구해 보세요.

$$24 \div \square = 36 \div 9$$

(   )

$36 \div 9$의 몫을 먼저 구한 후 곱셈과 나눗셈의 관계를 이용하여 □ 안에 알맞은 수를 구합니다.

변형 1-2 ㉠과 ㉡의 곱을 구해 보세요.

$$54 \div ㉠ = 9 \qquad ㉡ \div 2 = 3$$

(   )

곱셈과 나눗셈의 관계를 이용하여 ㉠, ㉡을 각각 구해 봅니다.

대표 02 수 카드를 한 번씩만 사용하여 만들 수 있는 두 자리 수 중에서 가장 작은 수를 남은 수 카드의 수로 나눈 몫을 구해 보세요.

8 2 4

(1) 만들 수 있는 가장 작은 두 자리 수를 써 보세요.

( )

(2) 가장 작은 두 자리 수를 만들고 남은 수 카드의 수를 써 보세요.

( )

(3) 가장 작은 두 자리 수를 남은 수 카드의 수로 나눈 몫을 구해 보세요.

( )

풀이

예제 2-1 수 카드를 한 번씩만 사용하여 만들 수 있는 두 자리 수 중에서 가장 작은 수를 남은 수 카드의 수로 나눈 몫을 구해 보세요.

6 3 9

( )

🖊 가장 작은 수를 먼저 구한 후 남은 수 카드의 수로 나누어 몫을 구합니다.

변형 2-2 4장의 수 카드 중에서 3장을 골라 몫이 가장 작은 나눗셈 (두 자리 수)÷(한 자리 수)를 만들었을 때, 몫을 구해 보세요.

5 3 7 6

( )

🖊 가장 작은 두 자리 수를 가장 큰 한 자리 수로 나누면 몫이 가장 작게 됩니다.

대표 03 어떤 수를 3으로 나누었더니 몫이 4가 되었습니다. 어떤 수를 6으로 나눈 몫을 구해 보세요.

(1) 어떤 수를 구해 보세요.

(   )

(2) 어떤 수를 6으로 나눈 몫을 구해 보세요.

(   )

풀이

예제 3-1 어떤 수를 8로 나누었더니 몫이 3이 되었습니다. 어떤 수를 4로 나눈 몫을 구해 보세요.

(   )

어떤 수를 □라고 하여 나눗셈식을 만들어 봅니다.

변형 3-2 대화를 읽고 정은이가 말한 수를 구해 보세요.

(   )

세희의 대화에서 어떤 수를 구해 봅니다.

대표 04 과수원에서 진희가 딴 사과 14개와 윤수가 딴 사과 22개를 4상자에 똑같이 나누어 담았습니다. 한 상자에 사과를 몇 개씩 담았는지 구해 보세요.

(1) 진희와 윤수가 딴 사과는 모두 몇 개일까요?

(   )

(2) 한 상자에 사과를 몇 개씩 담았을까요?

(   )

풀이

예제 4-1 빨간색 구슬 25개와 파란색 구슬 23개를 6명에게 똑같이 나누어 주려고 합니다. 한 명이 구슬을 몇 개씩 가질 수 있는지 구해 보세요.

(   )

🖋 전체 구슬 수를 구한 후 나눗셈식을 세워 봅니다.

변형 4-2 지후 아버지께서 한 봉지에 5개씩 들어 있는 귤을 6봉지 사 오셨습니다. 그중에서 2개는 썩어서 버리고 나머지를 4명이 똑같이 나누어 먹으려고 합니다. 한 명이 귤을 몇 개씩 먹을 수 있는지 구해 보세요.

(   )

🖋 사 온 귤의 수에서 버린 귤의 수를 빼고 남은 귤의 수가 나누어 먹을 귤의 수입니다.

대표 05 귤 32개와 복숭아 49개가 있습니다. 귤은 4봉지에 똑같이 나누어 담고, 복숭아는 7봉지에 똑같이 나누어 담았습니다. 한 봉지에 더 많이 들어 있는 과일은 무엇인지 구해 보세요.

⑴ 귤은 한 봉지에 몇 개씩 들어 있을까요?

( )

⑵ 복숭아는 한 봉지에 몇 개씩 들어 있을까요?

( )

⑶ 한 봉지에 더 많이 들어 있는 과일은 무엇일까요?

( )

풀이

예제 5-1 남학생과 여학생이 똑같이 나누어 줄을 서 있습니다. 남학생 42명은 7줄로 서 있고, 여학생 40명은 5줄로 서 있습니다. 남학생과 여학생 중 한 줄에 서 있는 학생 수가 더 많은 쪽을 구해 보세요.

( )

한 줄에 서 있는 남학생 수와 여학생 수를 나눗셈식을 만들어 구해 봅니다.

변형 5-2 은서네 모둠은 색종이 45장을 5명이 똑같이 나누어 가졌고, 현우네 모둠은 색종이 56장을 8명이 똑같이 나누어 가졌습니다. 어느 모둠의 학생 한 명이 색종이를 몇 장 더 많이 가졌는지 구해 보세요.

( ), ( )

은서네 모둠과 현우네 모둠의 학생 한 명이 가진 색종이의 수를 각각 구해 봅니다.

3. 나눗셈

01 야구공 30개를 5개의 상자에 똑같이 나누어 담으려면 한 상자에 몇 개씩 담아야 할까요?

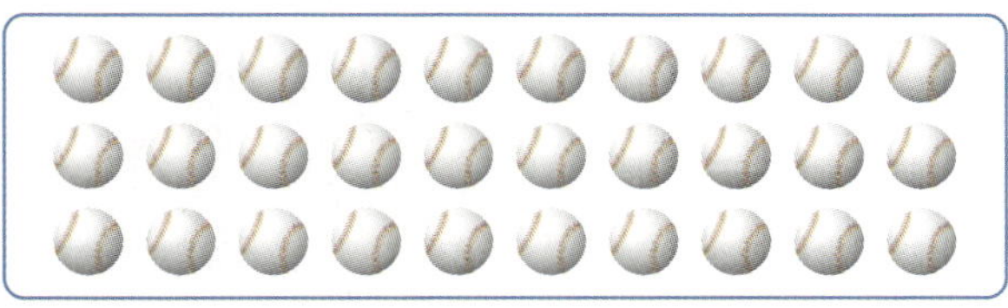

한 상자에 ☐개씩 담아야 합니다.

02 뺄셈식을 보고 나눗셈식으로 나타내 보세요.

$$56-8-8-8-8-8-8-8=0$$

식 ____________________

03 다음을 나눗셈식으로 나타내 보세요.

딸기 15개를 접시 5개에 똑같이 나누어 담으려면 접시 한 개에 3개씩 담으면 됩니다.

식 ____________________

04 연필 21자루를 3명에게 똑같이 나누어 주려고 합니다. 한 명에게 연필을 몇 자루씩 줄 수 있을까요?

식 ____________________

답 ____________________

05 도넛이 63개 있습니다. 한 명에게 7개씩 나누어 주면 몇 명에게 줄 수 있을까요?

식 ____________________

답 ____________________

06 그림을 보고 ☐ 안에 알맞은 수를 써넣으세요.

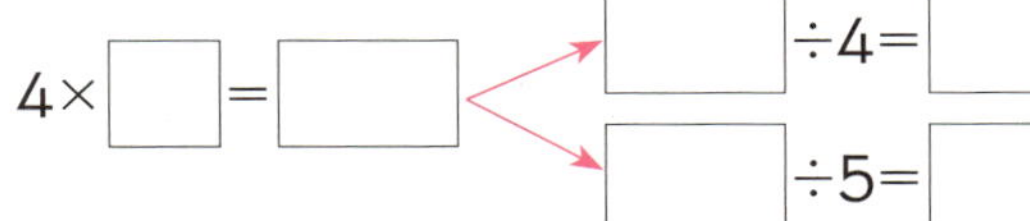

$4 \times \square = \square$

$\square \div 4 = \square$

$\square \div 5 = \square$

07 나눗셈식을 곱셈식으로 나타내 보세요.

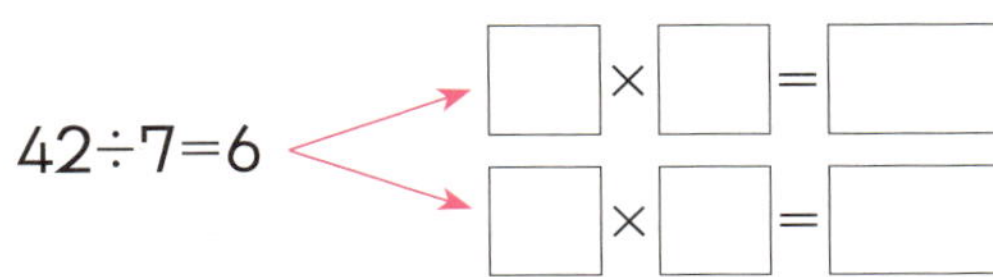

$42 \div 7 = 6$

$\square \times \square = \square$

$\square \times \square = \square$

08 그림을 보고 곱셈식과 나눗셈식으로 나타내
보세요.

곱셈식 ___________________________________

나눗셈식 ___________________________________

09 수 카드를 한 번씩만 사용하여 곱셈식과 나눗
셈식을 만들어 보세요.

24 3 8

곱셈식 ___________________________________

나눗셈식 ___________________________________

10 18÷6의 몫을 구하려고 합니다. 필요한 곱셈
식은 어느 것인가요?　　　　　　(　　　)

① 6×3=18　　　　② 9×2=18
③ 6×4=24　　　　④ 4×5=20
⑤ 2×9=18

11 □ 안에 알맞은 수를 써넣으세요.

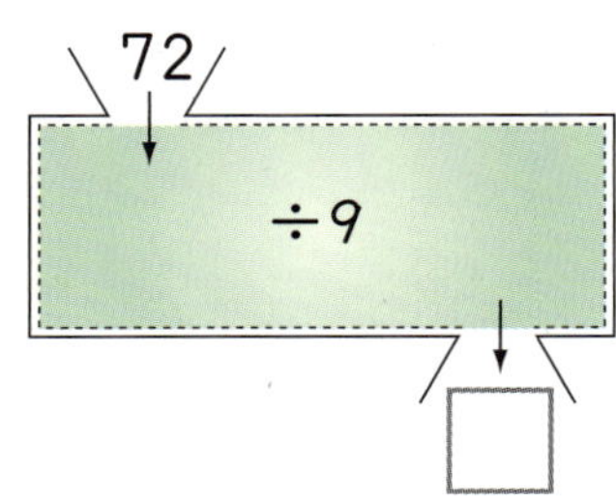

12 몫이 4인 나눗셈을 찾아 기호를 써 보세요.

㉠ 12÷4　㉡ 24÷6　㉢ 40÷8

(　　　　　　　　)

13 몫의 크기를 비교하여 ○ 안에 >, =, <를 알
맞게 써넣으세요.

24÷4 ○ 15÷5

14 빈칸에 알맞은 수를 써넣으세요.

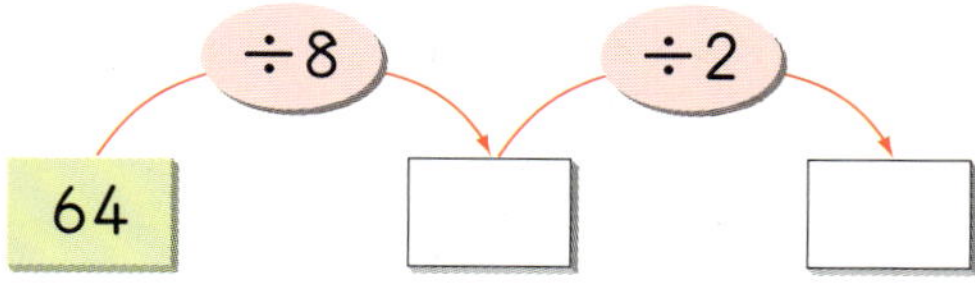

15 공책이 49권 있습니다. 7명이 똑같이 나누어 가지면 한 명이 공책을 몇 권씩 가질 수 있을까요?

(   )

16 □ 안에 알맞은 수를 써넣으세요.

$$63 \div \boxed{} = 9$$

서술형
17 채연이네 반은 남학생이 18명, 여학생이 17명입니다. 한 모둠에 5명씩으로 나누어 공놀이를 하려고 합니다. 모두 몇 모둠이 되는지 풀이 과정을 쓰고 답을 구해 보세요.

풀이 ___________________________

____

____

답 ___________________________

18 빈칸에 알맞은 수를 써넣으세요.

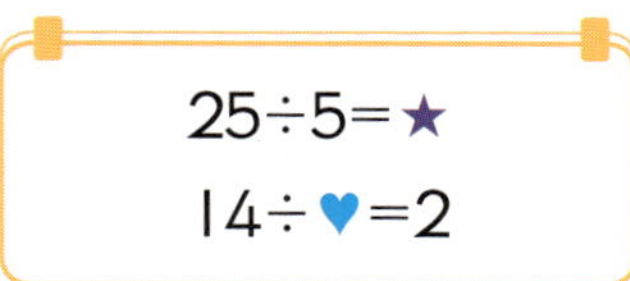

72		24	
	7		5

(÷8)

19 어떤 수를 3으로 나누어야 할 것을 잘못하여 어떤 수에 3을 곱하였더니 27이 되었습니다. 바르게 계산한 값은 얼마인지 구해 보세요.

(   )

서술형
20 다음에서 ★+♥의 값은 얼마인지 풀이 과정을 쓰고 답을 구해 보세요.

$$25 \div 5 = ★$$
$$14 \div ♥ = 2$$

풀이 ___________________________

____

____

답 ___________________________

스마트 **단원 마무리** 2회 

01 다음을 나눗셈식으로 나타내 보세요.

> 24 나누기 6은 4와 같습니다.

식 ________________________________

 다음을 읽고 물음에 답해 보세요.

> 진수는 친구들과 과수원에서 사과 20개를 땄습니다. 사과 20개를 한 사람에게 4개씩 나누어 주면 몇 명에게 나누어 줄 수 있을까요?

02 사과 20개를 4개씩 묶어 보세요.

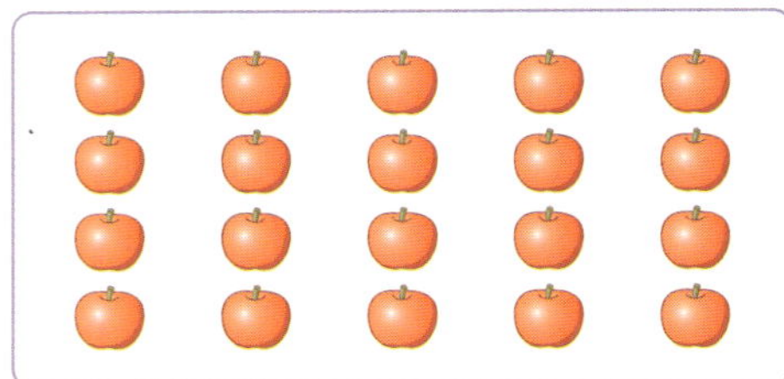

03 사과를 몇 명에게 나누어 줄 수 있는지 구해 보세요.

식 ________________________________

답 ________________________________

04 $18 \div 6 = 3$을 뺄셈식으로 바르게 나타낸 것을 찾아 기호를 써 보세요.

> ㉠ $18-3-3-3-3-3-3=0$
> ㉡ $18-6-6-6=0$
> ㉢ $18-9-9=0$

(   )

05 참외 15개를 한 봉지에 3개씩 담아 판매하려고 합니다. 봉지는 모두 몇 개 필요할까요?

식 ________________________________

답 ________________________________

 포도 10송이를 상자에 똑같이 나누어 담으려고 합니다. 물음에 답해 보세요.

06 2상자에 똑같이 나누어 담으면 한 상자에 몇 송이씩 담을 수 있을까요?

식 ________________________________

답 ________________________________

07 한 상자에 2송이씩 담으려면 몇 상자가 필요할까요?

식 ________________________________

답 ________________________________

08 곱셈식을 나눗셈식으로 나타내 보세요.

$7×8=56$

$$\boxed{} ÷ \boxed{} = \boxed{}$$

$$\boxed{} ÷ \boxed{} = \boxed{}$$

09 그림을 보고 곱셈식과 나눗셈식으로 나타내 보세요.

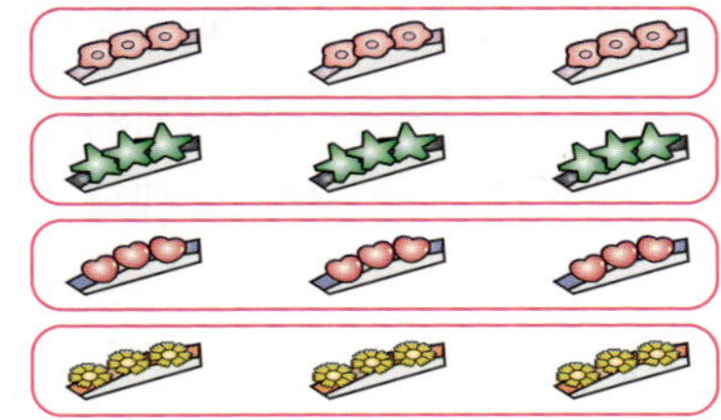

곱셈식 __________________________

나눗셈식 __________________________

10 □ 안에 알맞은 수를 써넣으세요.

$$72÷9=\boxed{} \longleftrightarrow 9×\boxed{}=72$$

11 나눗셈의 몫을 구해 보세요.

(1) $12÷6$

(2) $36÷9$

12 빈칸에 알맞은 수를 써넣으세요.

$÷5$

15	
25	
35	

13 몫이 같은 것끼리 이어 보세요.

(1) $16÷4$ •　　• ㉠ $16÷2$

(2) $72÷9$ •　　• ㉡ $24÷6$

(3) $10÷2$ •　　• ㉢ $35÷7$

14 몫이 <u>다른</u> 하나는 어느 것일까요?　(　　　)

① $21÷3$ 　 ② $49÷7$

③ $42÷6$ 　 ④ $54÷9$

⑤ $35÷5$

15 사과가 48개 있습니다. 한 명에게 8개씩 나누어 주면 몇 명에게 줄 수 있을까요?

(   )

16 두 나눗셈의 몫의 합을 구해 보세요.

> ㉠ 40÷5   ㉡ 28÷4

(   )

17 빈칸에 알맞은 수를 써넣으세요.

72 → ÷8 → □ → ÷ → 3

18 □ 안에 들어갈 수 있는 수가 가장 큰 나눗셈식은 어느 것일까요? (   )

① 15÷□=5   ② 18÷2=□
③ 25÷□=5   ④ 32÷4=□
⑤ 64÷□=8

서술형 19 사과가 73개 있습니다. 사과 19개는 낱개로 팔고 남은 사과는 6개씩 상자에 담아서 팔려고 합니다. 상자는 몇 상자가 필요한지 풀이 과정을 쓰고 답을 구해 보세요.

풀이 ___________________________

답 ___________________________

서술형 20 어떤 수를 5로 나누면 몫이 ▲이고, ▲를 4로 나누면 몫이 2가 됩니다. 어떤 수는 얼마인지 풀이 과정을 쓰고 답을 구해 보세요.

풀이 ___________________________

답 ___________________________

4

곱셈

이 단원에서는 무엇을 배울까요?

- (몇십)×(몇)을 구해 볼까요

- 십의 자리에서 올림이 있는 (몇십몇)×(몇)을 구해 볼까요

- 십의 자리와 일의 자리에서 올림이 있는 (몇십몇)×(몇)을 구해 볼까요

- 올림이 없는 (몇십몇)×(몇)을 구해 볼까요

- 일의 자리에서 올림이 있는 (몇십몇)×(몇)을 구해 볼까요

(몇십)×(몇)

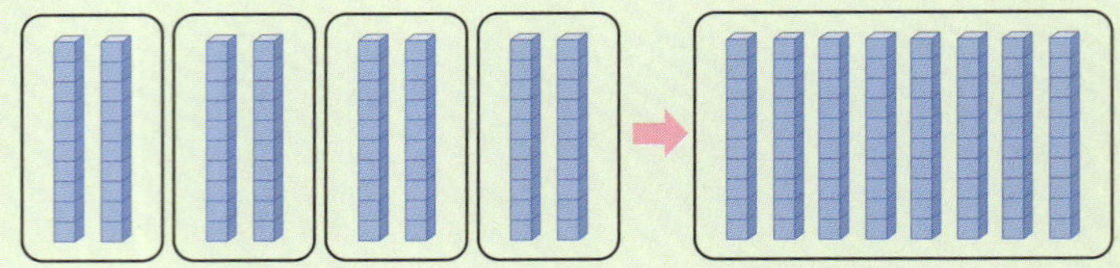

❀ **20×4의 계산**

십 모형의 개수: $2 \times 4 = 8$(개)

십 모형이 8개이면 80입니다.

2×4를 이용하여 20×4를 계산합니다.

10배
$$2 \times 4 = 8 \Rightarrow 20 \times 4 = 80$$
10배

---

01 ☐ 안에 알맞은 수를 써넣으세요.

(1) $20 \times 3 = \boxed{}0$

$2 \times \boxed{} = \boxed{}$

(2) $10 \times 4 = \boxed{}0$

$1 \times \boxed{} = \boxed{}$

02 ☐ 안에 알맞은 수를 써넣으세요.

(1) $30 \times 2 = 3 \times 10 \times 2$

$= \boxed{} \times 10$

$= \boxed{}$

(2) $40 \times 2 = 4 \times 10 \times 2$

$= \boxed{} \times 10$

$= \boxed{}$

03 계산해 보세요.

(1) 10×7

(2) 10×5

(3) 30×3

(4) 20×2

올림이 없는 (몇십몇)×(몇)

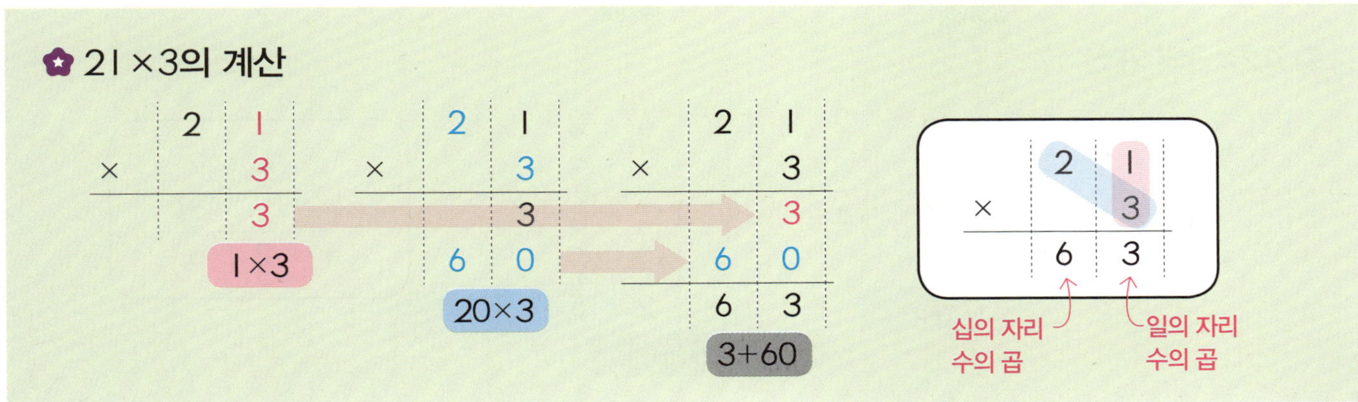

04 □ 안에 알맞은 수를 써넣으세요.

$$22+22+22+22=\boxed{} \Rightarrow 22\times4=\boxed{}$$

05 □ 안에 알맞은 수를 써넣으세요.

(1) 31×3 — $\begin{cases} 30\times3=\boxed{} \\ 1\times3=\boxed{} \end{cases}$ → $\boxed{}$

(2) 12×4 — $\begin{cases} 10\times4=\boxed{} \\ 2\times4=\boxed{} \end{cases}$ → $\boxed{}$

06 계산해 보세요.

(1)
$$\begin{array}{r} 2\ 3 \\ \times\ \ \ 2 \\ \hline \boxed{} \end{array}$$

(2)
$$\begin{array}{r} 1\ 4 \\ \times\ \ \ 2 \\ \hline \boxed{} \end{array}$$

(3)
$$\begin{array}{r} 4\ 3 \\ \times\ \ \ 2 \\ \hline \boxed{} \end{array}$$

(4)
$$\begin{array}{r} 1\ 3 \\ \times\ \ \ 3 \\ \hline \boxed{} \end{array}$$

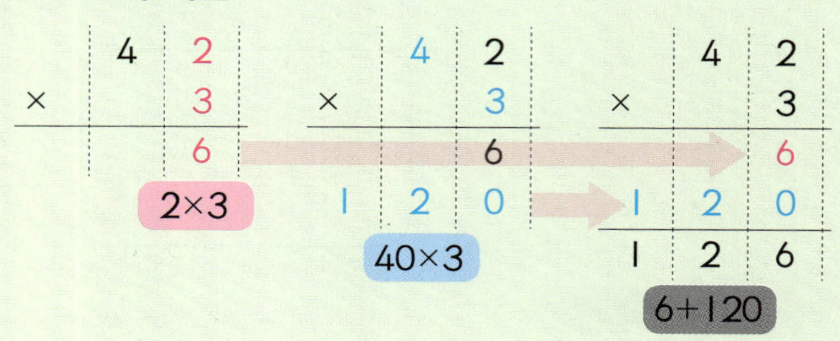

★ 42×3의 계산

일의 자리, 십의 자리 수의 곱을 구하여 알맞은 자리에 씁니다.

07 □ 안에 알맞은 수를 써넣으세요.

$$53+53+53=\boxed{} \Rightarrow 53\times3=\boxed{}$$

08 □ 안에 알맞은 수를 써넣으세요.

(1)
$$60\times3=\boxed{}$$
$$2\times3=\boxed{}$$
$$62\times3=\boxed{}$$

(2)
$$50\times2=\boxed{}$$
$$4\times2=\boxed{}$$
$$54\times2=\boxed{}$$

09 계산해 보세요.

(1)
$$\begin{array}{r} 4\ 1 \\ \times\quad 4 \\ \hline \end{array}$$

(2)
$$\begin{array}{r} 8\ 2 \\ \times\quad 3 \\ \hline \end{array}$$

(3)
$$\begin{array}{r} 7\ 2 \\ \times\quad 4 \\ \hline \end{array}$$

(4)
$$\begin{array}{r} 4\ 3 \\ \times\quad 3 \\ \hline \end{array}$$

일의 자리에서 올림이 있는 (몇십몇)×(몇)

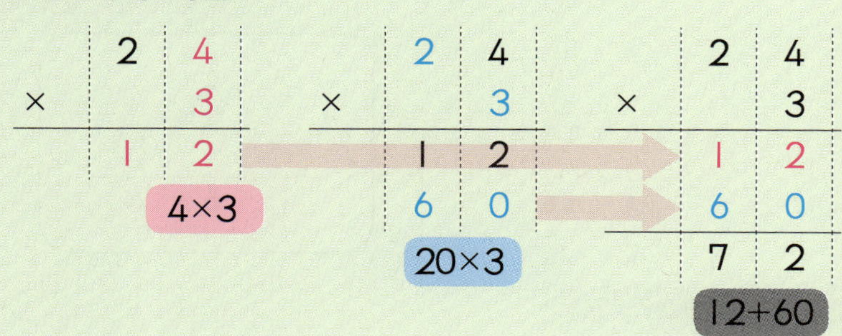

★ 24×3의 계산

4×3=12에서 1을 십의 자리 위에 작게 쓰고 십의 자리 수의 곱과 더합니다.

10 □ 안에 알맞은 수를 써넣으세요.

$$15+15+15+15=\boxed{} \Rightarrow 15\times4=\boxed{}$$

11 보기 와 같이 계산해 보세요.

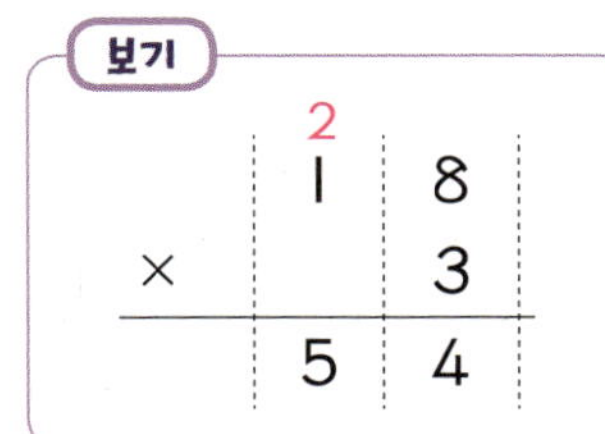

보기

```
  2
  1  8
×    3
  5  4
```

(1)
```
     2  7
×       3
  ┌──────┐
  └──────┘
```

(2)
```
     1  5
×       6
  ┌──────┐
  └──────┘
```

12 계산해 보세요.

(1)
```
     2  6
×       3
  ┌──────┐
  └──────┘
```

(2)
```
     1  9
×       5
  ┌──────┐
  └──────┘
```

(3)
```
     3  6
×       2
  ┌──────┐
  └──────┘
```

(4)
```
     1  7
×       4
  ┌──────┐
  └──────┘
```

십의 자리와 일의 자리에서 올림이 있는 (몇십몇)×(몇)

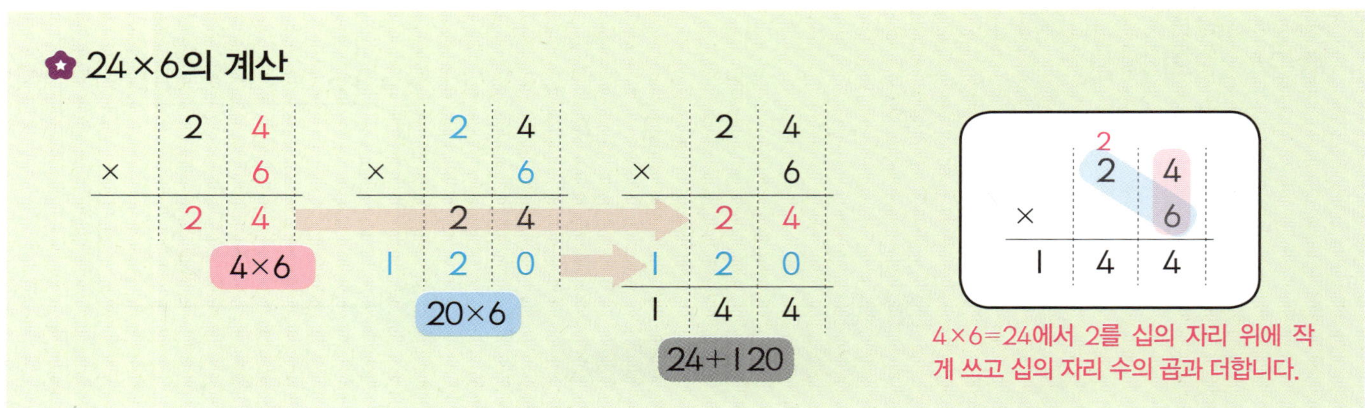

13 □ 안에 알맞은 수를 써넣으세요.

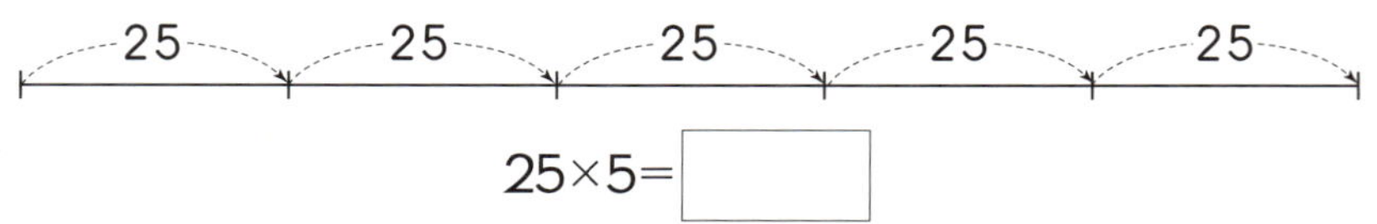

$$25 \times 5 = \boxed{}$$

14 □ 안에 알맞은 수를 써넣으세요.

(1) $46 \times 3 = \boxed{}$

$40 \times 3 = \boxed{}$

$6 \times 3 = \boxed{}$

$+$

(2) $63 \times 7 = \boxed{}$

$60 \times 7 = \boxed{}$

$3 \times 7 = \boxed{}$

$+$

15 계산해 보세요.

(1)
```
    3 5
  ×   4
  ─────
```

(2)
```
    5 2
  ×   7
  ─────
```

(3)
```
    4 3
  ×   6
  ─────
```

(4)
```
    8 7
  ×   3
  ─────
```

유형 01 (몇십)×(몇), 올림이 없는 (몇십몇)×(몇)

01 수직선을 보고 □ 안에 알맞은 수를 써넣으세요.

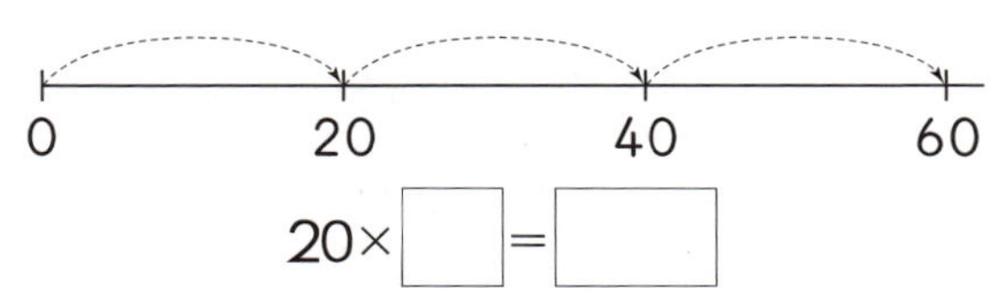

$$20 \times \boxed{} = \boxed{}$$

02 빈칸에 알맞은 수를 써넣으세요.

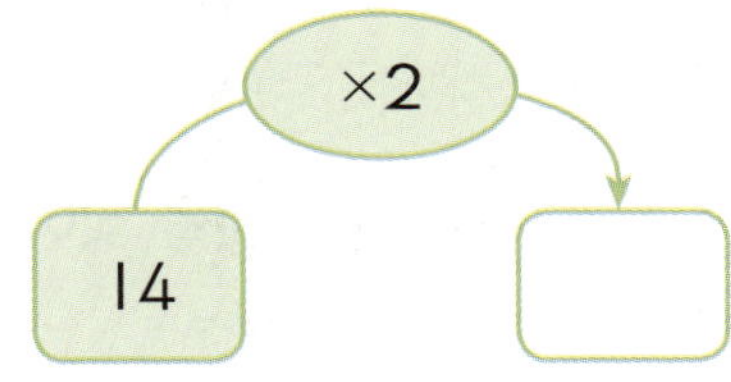

03 빈칸에 알맞은 수를 써넣으세요.

11	×3	×4	×5

04 30×2와 4×2의 합과 계산 결과가 같은 곱셈 식을 찾아 기호를 써 보세요.

㉠ 32×4   ㉡ 34×2   ㉢ 23×3

(   )

유형 02 올림이 있는 (몇십몇)×(몇)

05 □ 안의 숫자 2가 실제로 나타내는 값은 얼마 인지 구해 보세요.

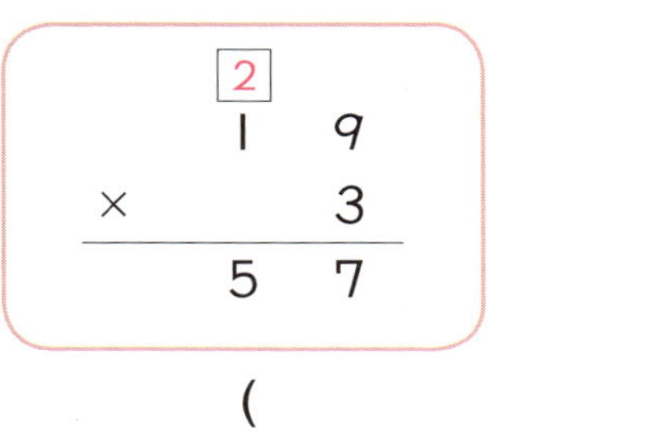

(   )

06 계산 결과가 같은 것끼리 이어 보세요.

(1) 32×6 •

(2) 58×3 •

• ㉠ 29×6

• ㉡ 24×8

㉢ 34×6

07 가장 큰 수와 가장 작은 수의 곱을 구해 보세요.

68   49   5   7

(   )

08 ㉠+㉡을 구해 보세요.

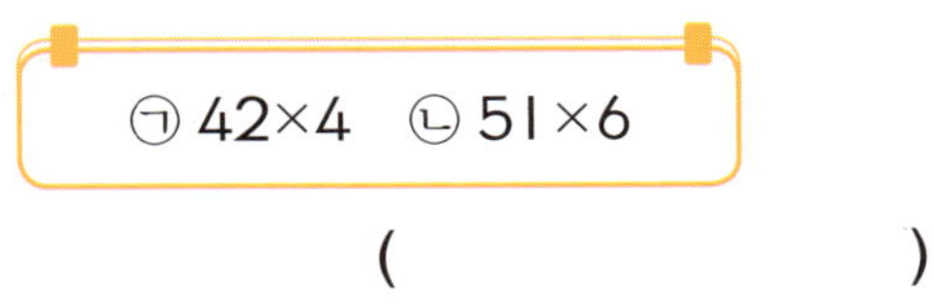

(   )

09 37개의 캐러멜이 들어 있는 상자가 있습니다. 2상자에 들어 있는 캐러멜의 수에 더 가깝게 어림한 것을 찾아 ◯표 하세요.

⊙ 30×2로 생각하여 60개로 어림합니다. (   )

ⓒ 40×2로 생각하여 80개로 어림합니다. (   )

10 곱이 나머지와 <u>다른</u> 하나를 찾아 기호를 써 보세요.

⊙ 36×4   ⓒ 16×9   ⓒ 22×7

(   )

11 곱셈을 이용하여 풀 수 있는 문제를 골라 ◯표 하고, 계산해 보세요.

⊙ 책꽂이에 동화책이 37권, 과학책이 8권 있습니다. 책은 모두 몇 권일까요?

(   )

ⓒ 책꽂이 한 칸에 책이 37권씩 8칸에 꽂혀 있습니다. 책은 모두 몇 권일까요?

(   )

ⓒ 책꽂이에 있던 책 37권 중 8권을 가져갔습니다. 남은 책은 몇 권일까요?

(   )

식 ______________________________

답 ______________________________

---

12 곱의 크기를 비교하여 ◯ 안에 >, =, <를 알맞게 써넣으세요.

(1) 10×6 ◯ 30×2

(2) 72×3 ◯ 51×5

13 계산 결과가 더 작은 것을 찾아 기호를 써 보세요.

⊙ 92×4   ⓒ 81×7

(   )

14 계산 결과가 가장 큰 것을 찾아 기호를 써 보세요.

⊙ 65+65+65+65

ⓒ 42×7

ⓒ 35의 8배

(   )

유형 04 잘못된 곳을 고쳐 바르게 계산하기

15 잘못 계산한 곳을 찾아 바르게 계산해 보세요.

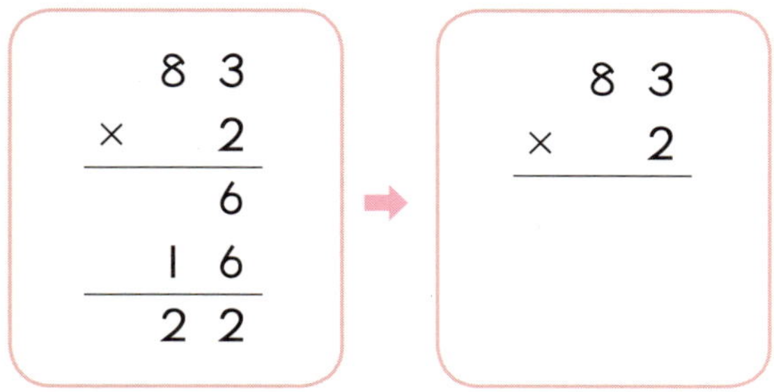

16 잘못 계산한 곳을 찾아 바르게 계산해 보세요.

17 계산에서 잘못된 부분을 찾아 이유를 쓰고, 바르게 계산해 보세요.

이유 _________________________________

____

____

유형 05 세 수의 곱 구하기

18 세 수의 곱을 구해 보세요.

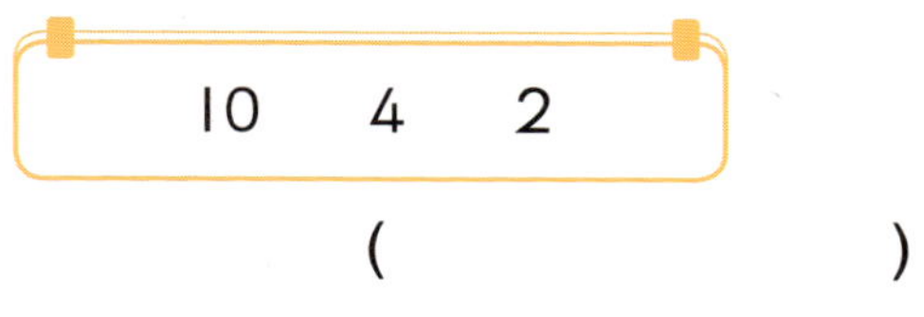

(   )

19 세 수의 곱을 구해 보세요.

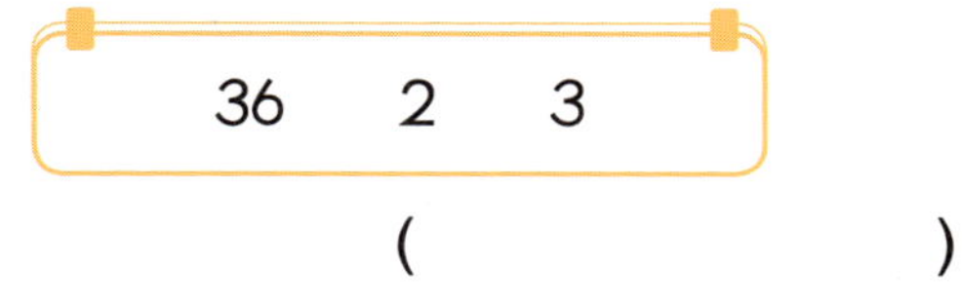

(   )

20 ☐ 안에 알맞은 수를 써넣으세요.

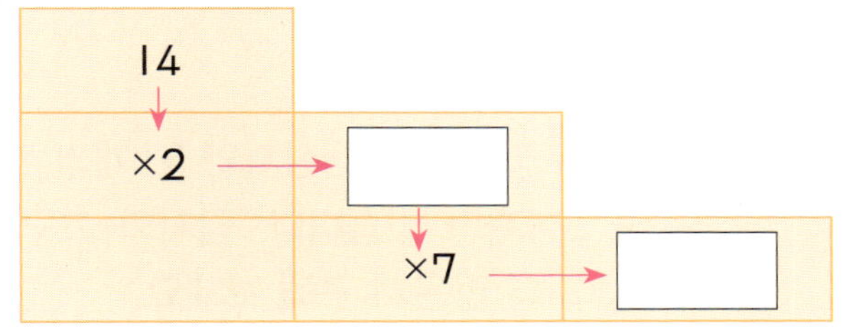

21 빈칸에 알맞은 수를 써넣으세요.

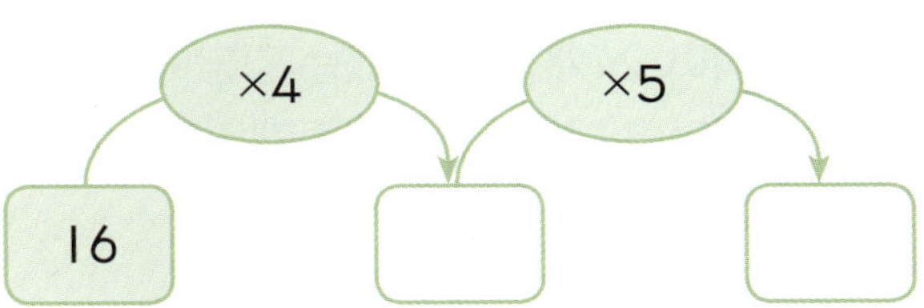

유형 06 곱셈의 활용

22 음료수가 한 묶음에 10병씩 있습니다. 음료수 5묶음은 모두 몇 병인지 구해 보세요.

식 ____________________

답 ____________________

23 준호는 동화책을 매일 12쪽씩 읽었습니다. 준호가 3일 동안 읽은 동화책은 모두 몇 쪽인지 구해 보세요.

식 ____________________

답 ____________________

24 52개씩 포장된 감자 3상자와 31개씩 포장된 고구마 5상자가 있습니다. 감자와 고구마 중 어느 것이 더 많은지 구해 보세요.

(   )

25 좌석이 24개씩 6줄 있는 강당에 107명이 입장했다면 남는 좌석은 몇 개일까요?

(   )

유형 07 □ 안에 알맞은 수 구하기

26 □ 안에 알맞은 수를 구하려고 합니다. 물음에 답해 보세요.

$$\begin{array}{r} 1\ \square \\ \times\qquad 4 \\ \hline 7\ 2 \end{array}$$

(1) □×4의 일의 자리 숫자가 2가 되는 □를 모두 구해 보세요.

(   )

(2) (1)에서 찾은 □ 중 계산 결과가 72가 되는 □는 얼마일까요?

(   )

27 □ 안에 알맞은 수를 써넣으세요.

(1)
$$\begin{array}{r} 2\ \square \\ \times\qquad 6 \\ \hline 1\ 6\ 2 \end{array}$$

(2)
$$\begin{array}{r} 4\ 8 \\ \times\qquad \square \\ \hline 2\ 8\ 8 \end{array}$$

28 ㉠에 알맞은 수를 구해 보세요.

$$\begin{array}{r} ㉠\ 7 \\ \times\qquad 5 \\ \hline 2\ 3\ 5 \end{array}$$

(   )

유형 08 어떤 수에 가장 가까운 수 만들기

29 곱이 300에 가장 가까운 것을 찾아 기호를 써 보세요.

> ㉠ 32×8 ㉡ 38×2
> ㉢ 81×3 ㉣ 83×2

( )

30 곱이 100에 가장 가까운 수가 되도록 □ 안에 알맞은 수를 써넣으세요.

$$1\boxed{}\times 7$$

31 곱이 200에 가장 가까운 수가 되도록 □ 안에 알맞은 수를 써넣으세요.

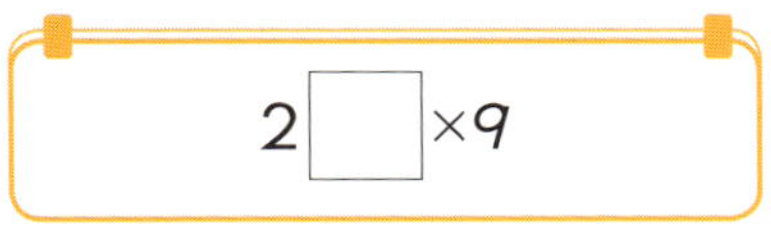

유형 09 어떤 수를 구하여 계산하기

32 어떤 수에 5를 곱해야 할 것을 잘못하여 더했더니 62가 되었습니다. 어떤 수와 바르게 계산한 값을 각각 구해 보세요.

어떤 수 ( )
바르게 계산한 값 ( )

33 어떤 수에 5를 곱해야 할 것을 잘못하여 뺐더니 33이 되었습니다. 어떤 수와 바르게 계산한 값을 각각 구해 보세요.

어떤 수 ( )
바르게 계산한 값 ( )

34 어떤 수에 7을 곱해야 할 것을 잘못하여 7을 뺐더니 59가 되었습니다. 바르게 계산한 값은 얼마인지 구해 보세요.

( )

대표 01 그림과 같이 도로의 한쪽에 처음부터 끝까지 19 m 간격으로 나무를 8그루 심었습니다. 도로의 길이는 몇 m인지 구해 보세요. (단, 나무의 두께는 생각하지 않습니다.)

(1) 나무 사이의 간격 수는 모두 몇 군데일까요?

(   )

풀이

(2) 도로의 길이는 몇 m일까요?

(   )

풀이

예제 1-1 도로의 한쪽에 처음부터 끝까지 23 m 간격으로 나무를 9그루 심었습니다. 도로의 길이는 몇 m인지 구해 보세요. (단, 나무의 두께는 생각하지 않습니다.)

(   )

✎ 나무 사이의 간격이 모두 몇 군데인지 먼저 알아봅니다.

변형 1-2 도로의 양쪽에 처음부터 끝까지 16 m 간격으로 나무를 16그루 심었습니다. 도로의 길이는 몇 m인지 구해 보세요. (단, 나무의 두께는 생각하지 않습니다.)

(   )

✎ 도로 한쪽에 심은 나무의 수를 먼저 구해 봅니다.

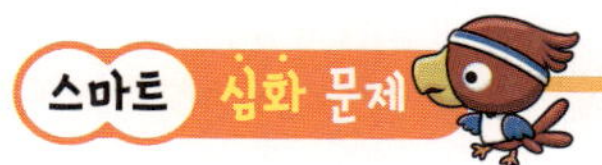

대표 02 길이가 28 cm인 색 테이프 7장을 6 cm씩 겹치게 이어 붙였습니다. 이어 붙인 색 테이프의 전체 길이를 구해 보세요.

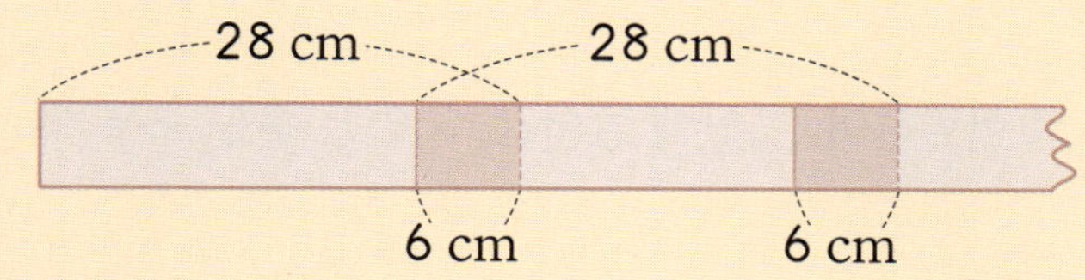

(1) 색 테이프 7장의 길이의 합은 몇 cm일까요?

(   )

풀이

(2) 겹치게 이어 붙인 부분은 모두 몇 군데일까요?

(   )

풀이

(3) 이어 붙인 색 테이프의 전체 길이는 몇 cm일까요?

(   )

풀이

예제 2-1 길이가 18 cm인 색 테이프 9장을 7 cm씩 겹치게 이어 붙였습니다. 이어 붙인 색 테이프의 전체 길이를 구해 보세요.

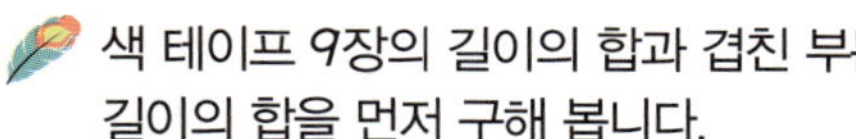

(   )

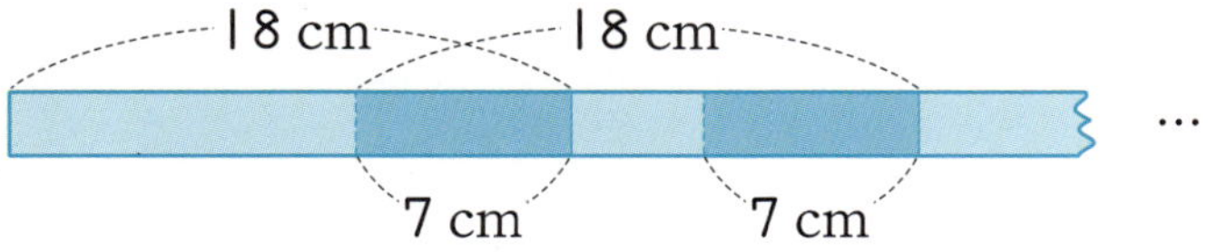

🖋 색 테이프 9장의 길이의 합과 겹친 부분의 길이의 합을 먼저 구해 봅니다.

변형 2-2 길이가 34 cm인 색 테이프 8장을 일정한 간격으로 겹치게 이어 붙였더니 전체 길이가 237 cm가 되었습니다. 색 테이프를 몇 cm씩 겹치게 이어 붙였는지 구해 보세요.

(   )

🖋 겹치는 부분의 길이를 □로 하여 식을 만들어 구해 봅니다.

대표 03 1에서 9까지의 수 중 □ 안에 들어갈 수 있는 수를 모두 구해 보세요.

$$13 \times \square < 70$$

(1) $10 \times \square < 70$으로 어림하여 □ 안에 들어갈 수 있는 수를 모두 써 보세요.

( )

풀이 (2) $13 \times \square < 70$에서 □ 안에 들어갈 수 있는 가장 큰 수는 얼마일까요?

( )

풀이 (3) $13 \times \square < 70$에서 □ 안에 들어갈 수 있는 수를 모두 구해 보세요.

( )

예제 3-1 1에서 9까지의 수 중 □ 안에 들어갈 수 있는 수를 모두 구해 보세요.

$$27 \times \square > 140$$

( )

27을 20과 30 중 더 가까운 수로 어림하여 □의 값을 예상해 봅니다.

변형 3-2 1에서 9까지의 수 중 □ 안에 들어갈 수 있는 수를 모두 구해 보세요.

$$17 \times 3 > 12 \times \square$$

( )

계산할 수 있는 식은 먼저 계산하여 수로 나타낸 다음 □의 값을 구해 봅니다.

대표 04 3장의 수 카드를 한 번씩만 사용하여 (몇십몇)×(몇)의 곱셈식을 만들려고 합니다. 곱이 가장 큰 곱셈식을 만들어 보세요.

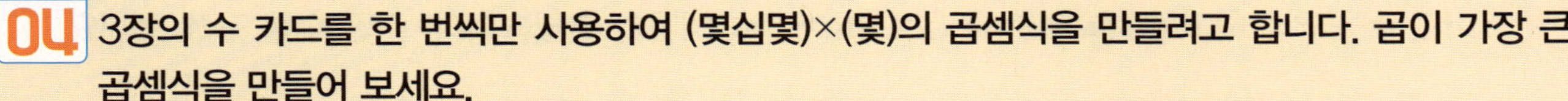

(1) ①의 자리에 가장 큰 수, ②의 자리에 두 번째로 큰 수를 놓아 곱을 구해 보세요.

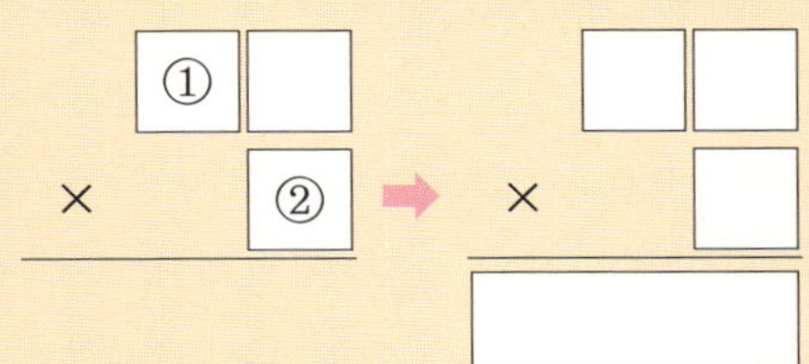

(2) ②의 자리에 가장 큰 수, ①의 자리에 두 번째로 큰 수를 놓아 곱을 구해 보세요.

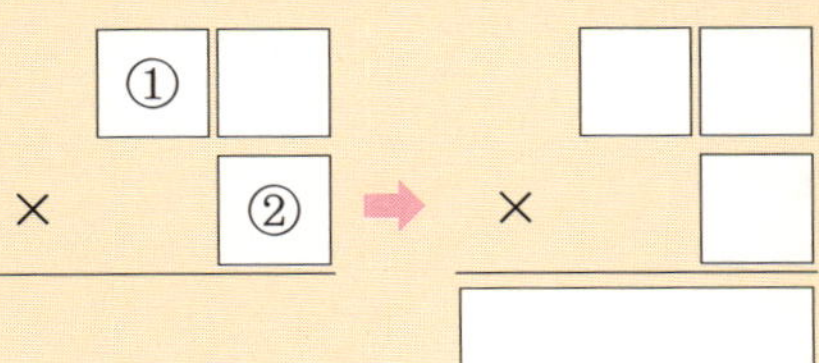

(3) 곱이 가장 큰 곱셈식은 ☐☐ × ☐ 입니다.

풀이

예제 4-1 3장의 수 카드를 한 번씩만 사용하여 (몇십몇)×(몇)의 곱셈식을 만들려고 합니다. 곱이 가장 큰 곱셈식을 만들고 계산해 보세요.

 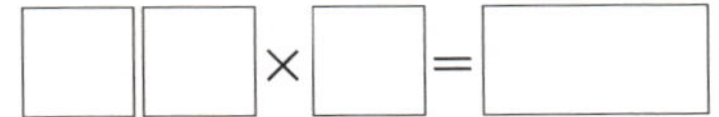

가장 큰 수, 두 번째로 큰 수를 놓아야 할 자리를 생각해 봅니다.

변형 4-2 3장의 수 카드를 한 번씩만 사용하여 (몇십몇)×(몇)의 곱셈식을 만들려고 합니다. 곱이 가장 작은 곱셈식을 만들고 계산해 보세요.

곱이 가장 크게 되는 경우와 반대로 생각하여 수를 놓는 자리를 알아봅니다.

대표 05 어떤 수를 3배 하고 39를 더한 후 5로 나누었더니 12가 되었습니다. 어떤 수를 구해 보세요.

$$\boxed{\text{어떤 수}} \xrightarrow[\div\square]{\times3} \boxed{?} \xrightarrow[-\square]{+39} \boxed{?} \xrightarrow[\times\square]{\div5} \boxed{12}$$

(1) 5로 나누기 전의 수는 얼마일까요?

(   )

풀이

(2) 39를 더하기 전의 수는 얼마일까요?

(   )

풀이

(3) 3배 하기 전의 어떤 수는 얼마일까요?

(   )

풀이

예제 5-1 어떤 수에 5를 곱하고 52를 더한 후 4로 나누었더니 18이 되었습니다. 어떤 수를 구해 보세요.

(   )

🖋 계산한 방법과 순서를 거꾸로 하여 처음 수를 구합니다.

변형 5-2 준하는 어떤 수를 생각하여 6배 했습니다. 그리고 16을 뺀 뒤 2로 나누었더니 19가 되었습니다. 준하가 처음 생각한 수를 구해 보세요.

(   )

🖋 곱셈을 하기 전의 수는 나눗셈으로, 뺄셈을 하기 전의 수는 덧셈으로 구합니다.

01 그림을 보고 □ 안에 알맞은 수를 써넣으세요.

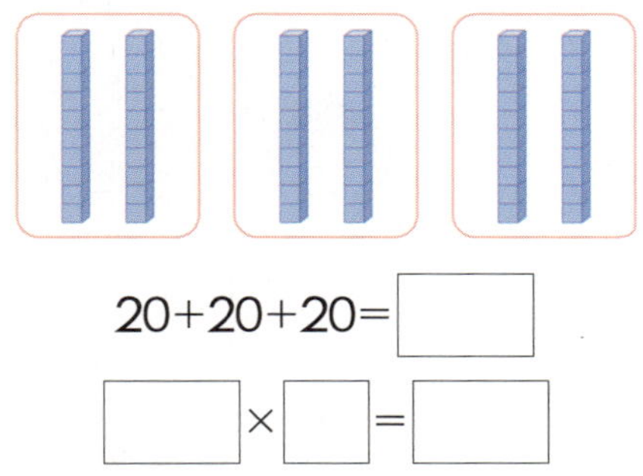

$$20+20+20=\boxed{}$$

$$\boxed{} \times \boxed{} = \boxed{}$$

02 계산해 보세요.

(1) 40×4 (2) 50×5

(3) 30×9 (4) 60×2

03 나타내는 값이 <u>다른</u> 하나는 어느 것일까요?

(   )

① 30씩 4묶음   ② $30+30+30$

③ 30의 4배   ④ 30과 4의 곱

⑤ 30×4

04 젤리가 한 봉지에 50개씩 들어 있습니다. 9봉지에 들어 있는 젤리는 모두 몇 개일까요?

 식 _______________________________

답 _______________________________

05 수직선을 보고 □ 안에 알맞은 수를 써넣으세요.

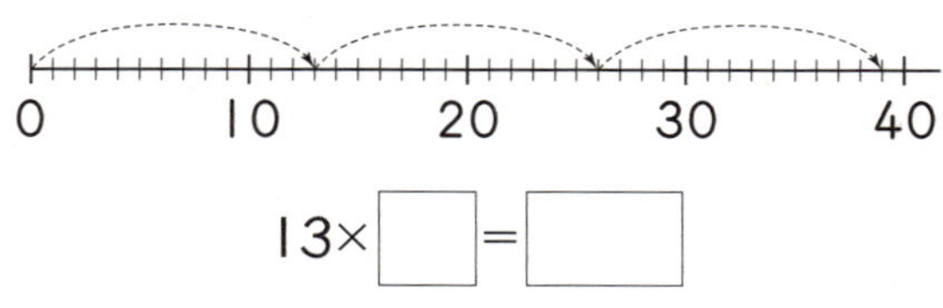

$$13 \times \boxed{} = \boxed{}$$

06 빈칸에 알맞은 수를 써넣으세요.

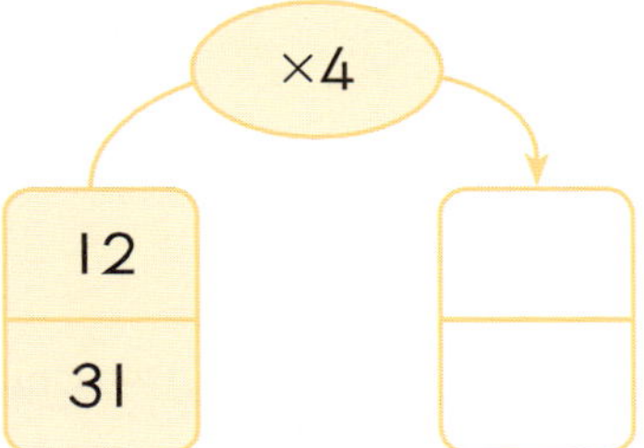

07 곱의 크기를 비교하여 ○ 안에 >, =, <를 알맞게 써넣으세요.

(1) 14×2 ○ 12×3

(2) 34×2 ○ 11×8

08 보기 에서 규칙을 찾아 빈 곳에 알맞은 수를 써넣으세요.

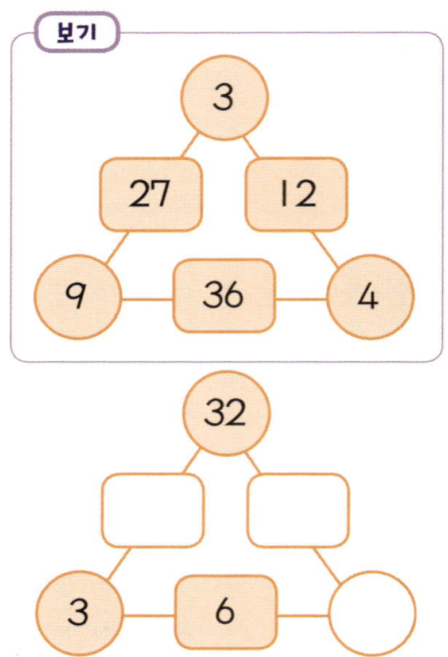

09 □ 안에 알맞은 수를 써넣으세요.

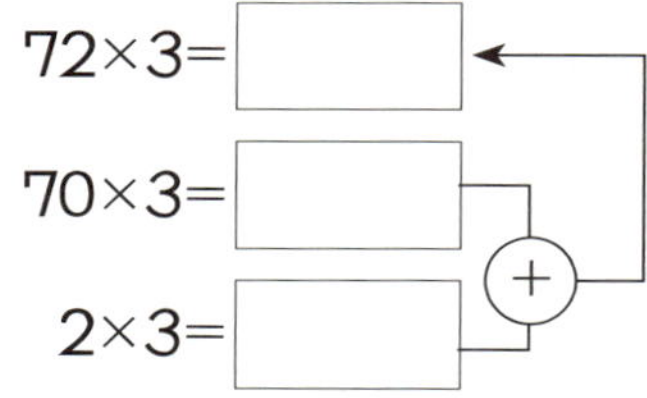

$72 \times 3 =$

$70 \times 3 =$

$2 \times 3 =$

10 계산해 보세요.

(1) 81×6

(2) 91×5

(3)
$$\begin{array}{r} 7\ 1 \\ \times\quad 4 \\ \hline \end{array}$$

(4)
$$\begin{array}{r} 6\ 2 \\ \times\quad 4 \\ \hline \end{array}$$

11 정우가 말하는 수는 얼마인지 곱셈식으로 나타내 보세요.

곱셈식 ______________________________

12 수 카드 3 , 5 , 8 , 9 중에서 □ 안에 들어갈 수 있는 수를 모두 찾아 써 보세요.

$$63 \times 3 < 31 \times \square$$

(   )

13 보기 와 같이 계산해 보세요.

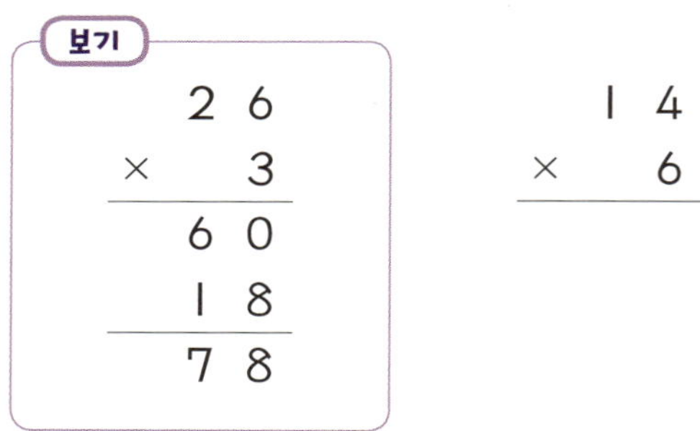

14 빈칸에 알맞은 수를 써넣으세요.

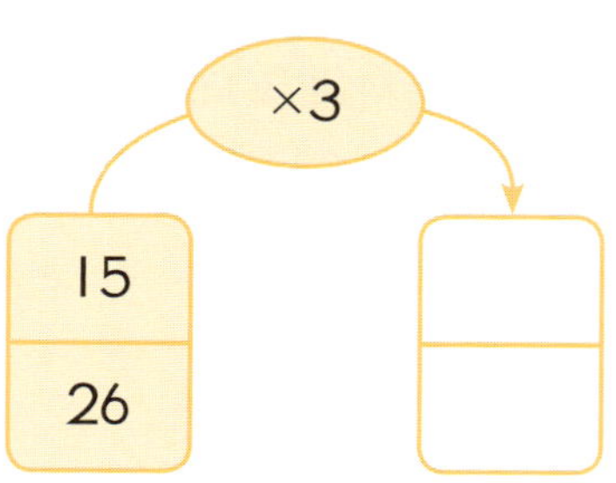

15 계산에서 잘못된 부분을 찾아 이유를 쓰고 바르게 계산해 보세요.

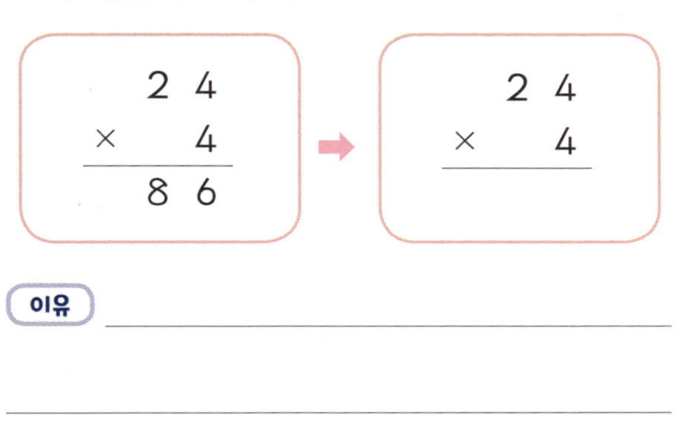

이유 _______________________________

____

____

16 어떤 수를 3으로 나누었더니 몫이 29였습니다. 어떤 수를 구해 보세요.

(   )

17 곱이 62×4보다 큰 것을 모두 찾아 기호를 써 보세요.

> ㉠ 83×3   ㉡ 78×2
> ㉢ 37×7   ㉣ 75×3

(   )

18 주어진 곱셈에 알맞은 문제를 만들고, 계산해 보세요.

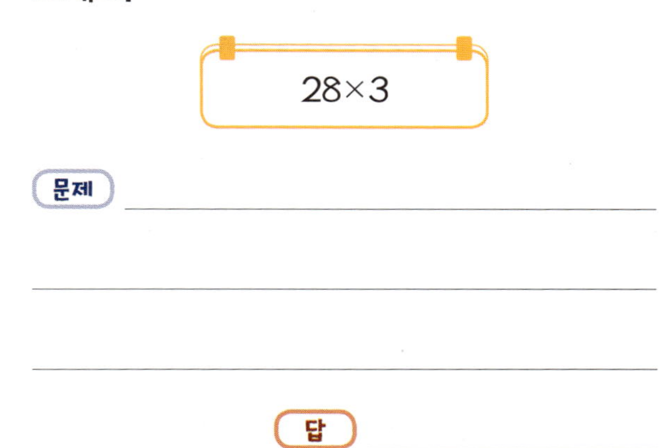

문제 _______________________________

____

____

답 _______________________________

19 윗몸 일으키기를 지후는 하루에 46번씩 3일 동안 하였고, 수민이는 하루에 32번씩 4일 동안 하였습니다. 누가 윗몸 일으키기를 몇 번 더 많이 했을까요?

(,   )

20 그림과 같이 도로의 한쪽에 처음부터 끝까지 14 m 간격으로 나무를 10그루 심었습니다. 도로의 길이는 몇 m인지 구해 보세요. (단, 나무의 두께는 생각하지 않습니다.)

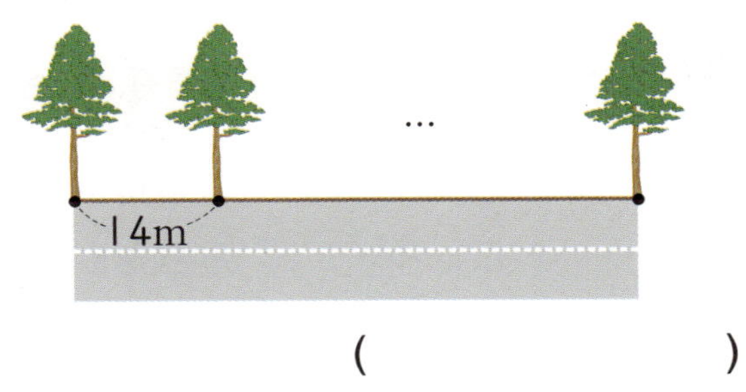

(   )

01 다음을 덧셈식과 곱셈식으로 나타내 보세요.

> 20씩 4묶음

덧셈식 ___________________________

곱셈식 ___________________________

02 빈칸에 알맞은 수를 써넣으세요.

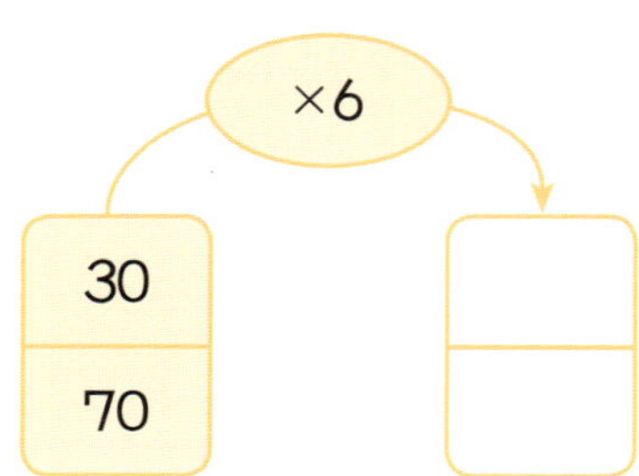

03 곱이 가장 큰 것을 찾아 기호를 써 보세요.

| ㉠ 20×3 | ㉡ 40×4 |
| ㉢ 40×3 | ㉣ 30×5 |

(   )

04 종이 팩 1개당 10점이 적립되는 종이 팩 수거함이 있습니다. 지난주에는 3개의 종이 팩을, 이번 주에는 5개의 종이 팩을 수거함에 넣었다면 받을 수 있는 점수는 모두 몇 점인지 구해 보세요.

(   )

05 계산해 보세요.

(1)
```
    3 2
  ×   3
  ─────
```

(2)
```
    2 4
  ×   2
  ─────
```

06 귤이 한 상자에 12개씩 4줄 들어 있습니다. 한 상자에 들어 있는 귤은 모두 몇 개일까요?

(   )

07 □ 안에 알맞은 수를 써넣으세요.

```
      3 4
  ×     □
  ───────
    2 3 8
```

08 성민이네 집에서 문구점까지의 거리는 34 m 입니다. 성민이가 문구점에 다녀오려면 모두 몇 m를 걸어야 할까요?

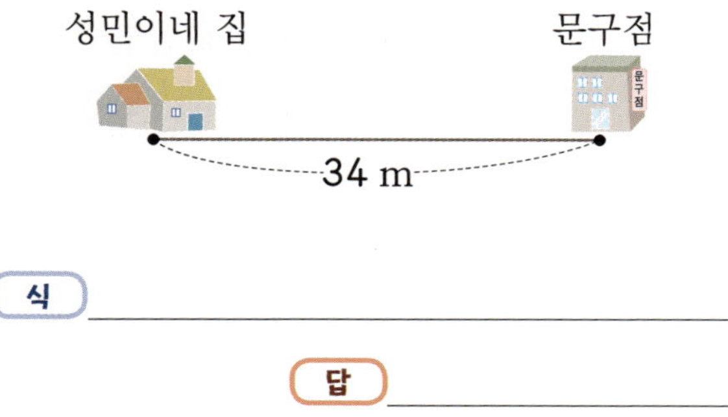

식 _______________________

답 _______________________

09 □ 안에 알맞은 수를 써넣으세요.

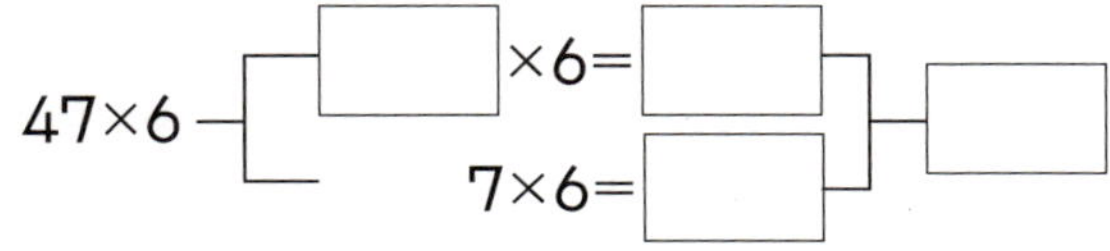

서술형
10 가장 큰 수와 가장 작은 수의 곱은 얼마인지 풀이 과정을 쓰고 답을 구해 보세요.

26 4 32 9

풀이 _______________________

____

____

답 _______________________

11 계산이 <u>잘못된</u> 것은 어느 것일까요? (   )

① 14×2=28
② 24×3=62
③ 49×2=98
④ 33×4=132
⑤ 53×3=159

서술형
12 1부터 9까지의 수 중 □ 안에 들어갈 수 있는 가장 큰 수는 얼마인지 풀이 과정을 쓰고 답을 구해 보세요.

38×□ < 111

풀이 _______________________

____

____

답 _______________________

13 계산 결과를 찾아 이어 보세요.

(1) 17×3 •   • ㉠ 56

(2) 15×3 •   • ㉡ 51

(3) 28×2 •   • ㉢ 45

14 빈칸에 알맞은 수를 써넣으세요.

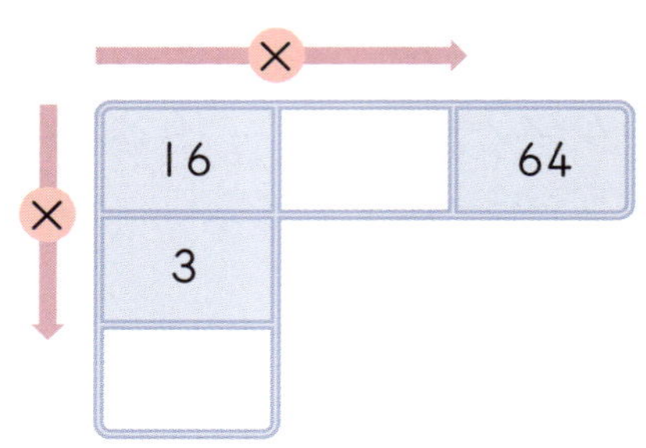

15 어떤 수에 3을 곱해야 하는 것을 잘못하여 3을 뺐더니 24가 되었습니다. 바르게 계산하면 얼마일까요?

( )

16 경민이는 꽃밭에 봉숭아를 19포기씩 5줄 심었습니다. 봉숭아를 모두 몇 포기 심었는지 구해 보세요.

식 _______________

답 _______________

17 곱이 가장 큰 것은 어느 것일까요? ( )

① 20×8 　　② 13×6
③ 22×4 　　④ 52×3
⑤ 24×9

18 상자에 색종이가 들어 있습니다. (가)와 (나) 상자 중에서 어느 상자의 색종이가 몇 장 더 많을까요?

> (가) 상자: 35장씩 4묶음
> (나) 상자: 48장씩 3묶음

(,)

19 1부터 9까지의 수 중에서 □ 안에 들어갈 수 있는 수는 모두 몇 개인지 구해 보세요.

> 34×2 < 17×□

( )

20 4장의 수 카드 중 3장을 골라 한 번씩만 사용하여 곱이 가장 큰 (몇십몇)×(몇)의 곱셈식을 만들고 계산해 보세요.

□□ × □ = □

5

길이와 시간

- 1 cm보다 작은 단위를 알아볼까요
- 1 m보다 큰 단위를 알아볼까요
- 길이와 거리를 어림하고 재어 볼까요
- 1분보다 작은 단위를 알아볼까요
- 시간의 덧셈을 알아볼까요
- 시간의 뺄셈을 알아볼까요

1 cm보다 작은 단위

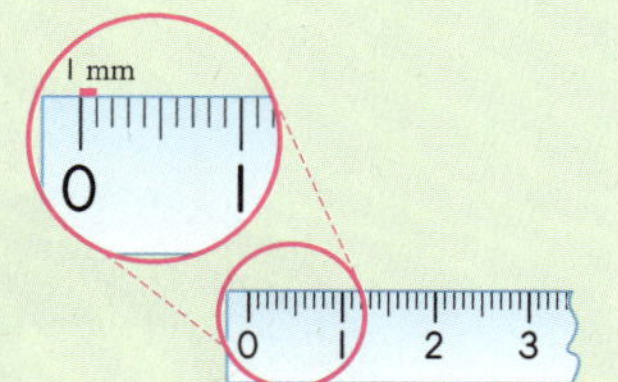

✿ mm 알아보기

1 cm를 10칸으로 똑같이 나누었을 때 작은 눈금 한 칸의 길이(●)를 1 mm라 쓰고 1 밀리미터라고 읽습니다.

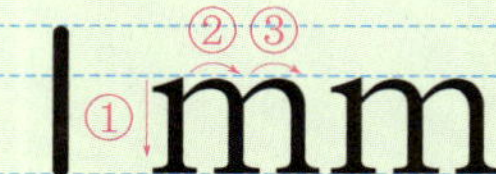

1 cm=10 mm

✿ 몇 cm 몇 mm로 나타내기

5 cm보다 4 mm 더 긴 것을 5 cm 4 mm라 쓰고 5 센티미터 4 밀리미터라고 읽습니다.
5 cm 4 mm는 54 mm입니다.

5 cm 4 mm=54 mm

5 cm 4 mm
=50 mm+4 mm
=54 mm

---

01 그림을 보고, □ 안에 알맞은 수를 써넣으세요.

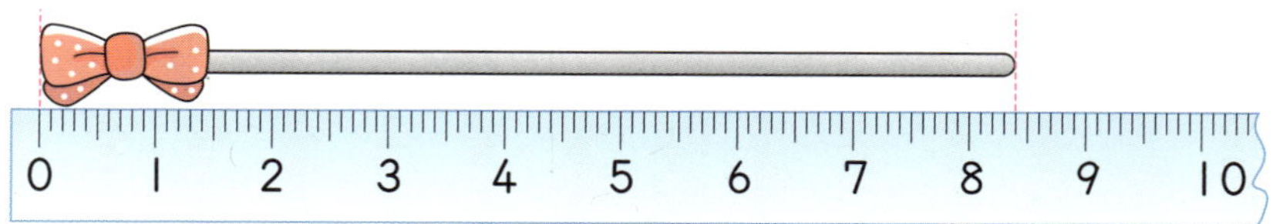

(1) 리본의 길이는 8 cm보다 ☐ mm만큼 더 깁니다.

(2) 리본의 길이는 ☐ cm ☐ mm=☐ mm입니다.

---

02 길이를 바르게 쓰고, 읽어 보세요.

7 cm 3 mm 　쓰기 ____________ 　읽기 ____________

---

03 철사의 길이를 재어 보세요.

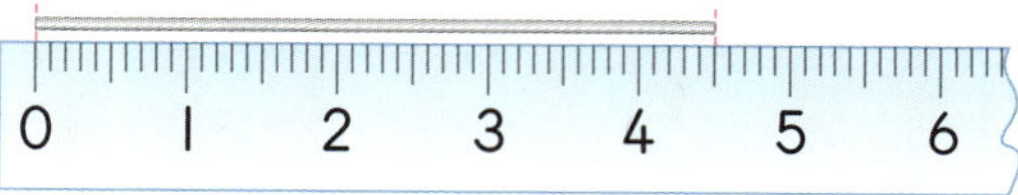

☐ cm ☐ mm=☐ mm

1 m보다 큰 단위

✿ km 알아보기

1000 m를 **1 km**라 쓰고 **1 킬로미터**라고 읽습니다.

> 1000 m=1 km

✿ 몇 km 몇 m로 나타내기

3 km보다 700 m 더 긴 것을 **3 km 700 m**라 쓰고
3 킬로미터 700 미터라고 읽습니다.

3 km 700 m는 3700 m입니다.

> 3 km 700 m=3700 m

> 3 km 700 m
> =3000 m+700 m
> =3700 m

---

04 수직선을 보고, □ 안에 알맞은 수를 써넣으세요.

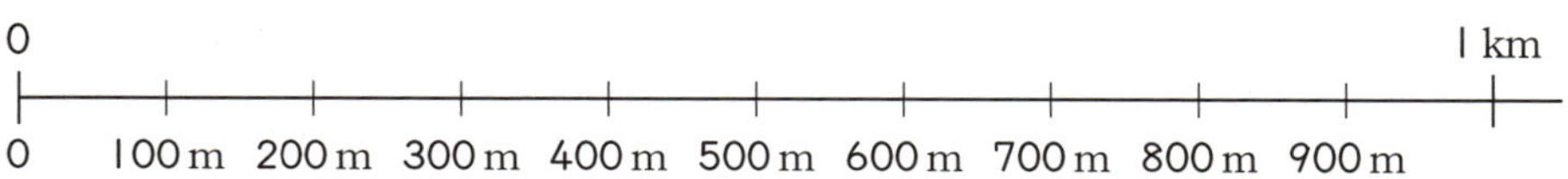

(1) 눈금 한 칸의 크기는 ☐ m입니다.

(2) 900 m에서 100 m 더 간 곳은 ☐ m=1 km입니다.

05 □ 안에 알맞은 수를 써넣으세요.

> 3 km보다 670 m 더 긴 것을 ☐ km ☐ m라고 씁니다.

06 □ 안에 알맞은 수를 써넣으세요.

(1) 5 km 300 m

= ☐ m+ ☐ m

= ☐ m

(2) 8270 m

= ☐ m+270 m

= ☐ km 270 m

길이와 거리를 어림하고 재어 보기

✿ 길이를 어림하고 재어 보기

> 길이를 어림하여 말할 때에는 '약 몇 cm 몇 mm' 또는 '약 몇 mm'라고 나타냅니다.

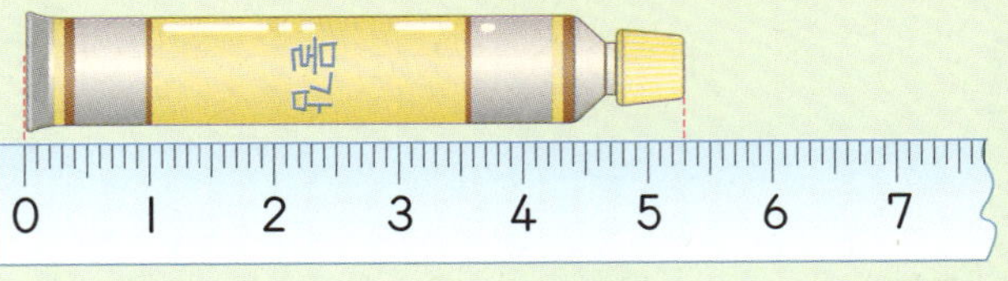

➡ 어림한 길이: 약 5 cm

➡ 자로 잰 길이: 5 cm 3 mm

✿ 거리 어림하기

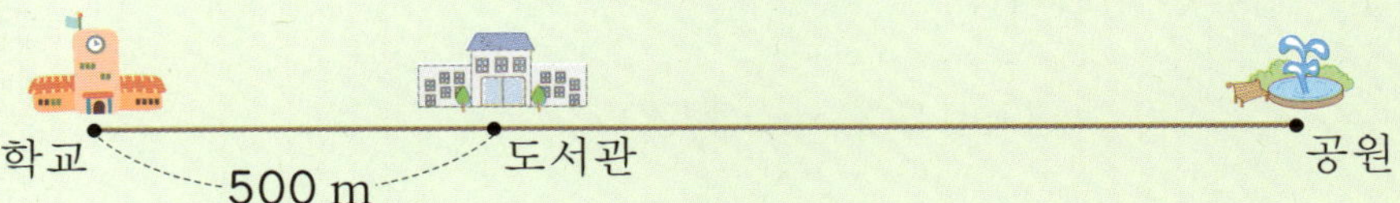

학교에서 도서관까지의 거리는 500 m이고

학교에서 공원까지의 거리는 학교에서 도서관까지의 거리의 3배쯤 되므로

약 1500 m 또는 약 1 km 500 m입니다.

---

07 색 테이프의 길이는 8 cm입니다. 못의 길이를 어림하고 자로 재어 보세요.

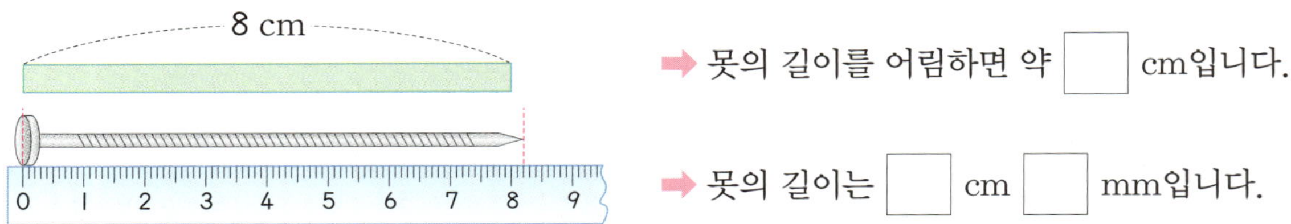

➡ 못의 길이를 어림하면 약 [ ] cm입니다.

➡ 못의 길이는 [ ] cm [ ] mm입니다.

---

08 그림을 보고 □ 안에 알맞은 수를 써넣으세요.

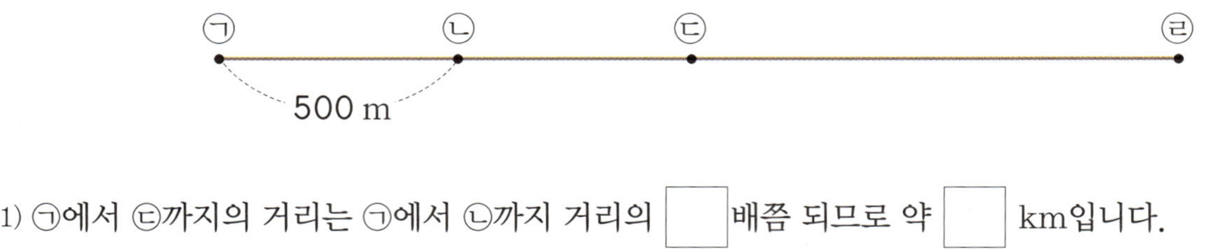

(1) ㉠에서 ㉢까지의 거리는 ㉠에서 ㉡까지 거리의 [ ] 배쯤 되므로 약 [ ] km입니다.

(2) ㉠에서 ㉣까지의 거리는 ㉠에서 ㉢까지 거리의 [ ] 배쯤 되므로 약 [ ] km입니다.

1분보다 작은 단위

✿ 1초, 60초 알아보기

- 초바늘이 작은 눈금 한 칸을 가는 동안 걸리는 시간을 1초라고 합니다.

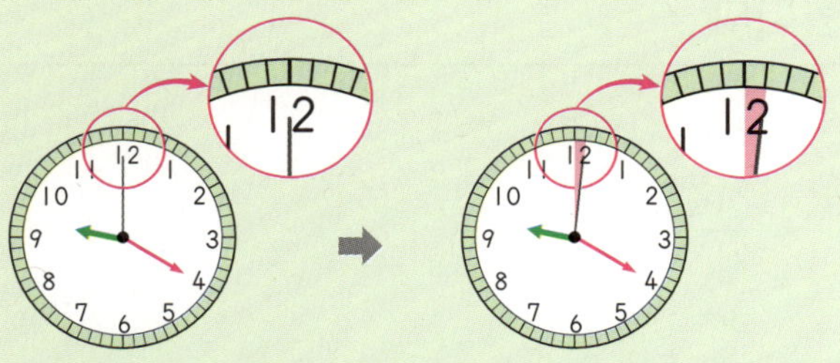

- 초바늘이 시계를 한 바퀴 도는 데 걸리는 시간은 60초입니다.

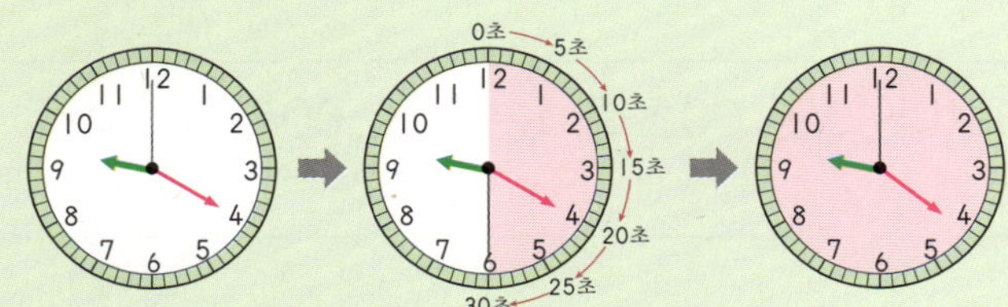

60초=1분

✿ 시각 읽기

- 짧은바늘: 2와 3 사이 → 2시
- 긴바늘: 8을 조금 지남 → 40분
- 초바늘: 2 → 10초
➡ 2시 40분 10초

09 시계를 보고 □ 안에 알맞은 수를 써넣으세요.

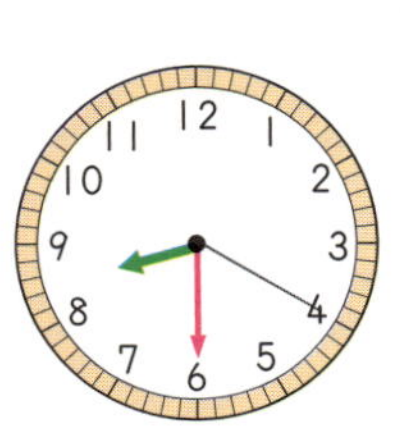

(1) 짧은바늘은 8과 9 사이를 가리키고, 긴바늘은 6을 조금 지났으므로

　□ 시 □ 분입니다.

(2) 초바늘은 □ 를 가리킵니다.

(3) 시계가 나타내는 시각은 □ 시 □ 분 □ 초입니다.

10 시계의 시각을 읽어 보세요.

(1)

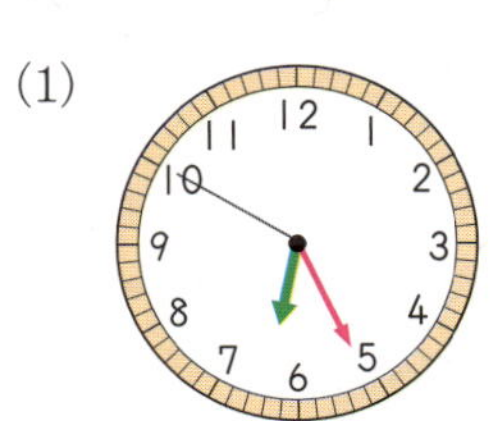
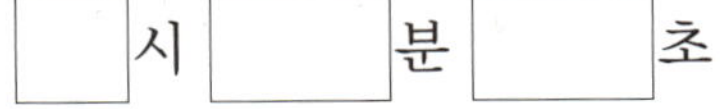

□ 시 □ 분 □ 초

(2)

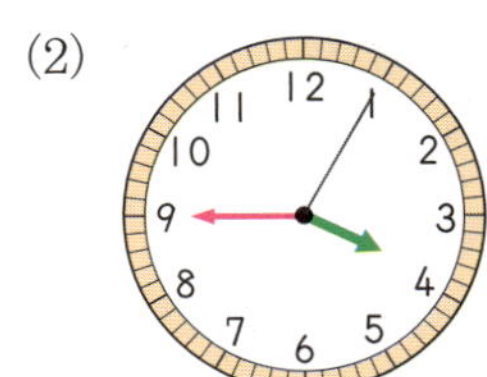

□ 시 □ 분 □ 초

시간의 덧셈

 **받아올림이 없는 시간의 덧셈**

> 시는 시끼리, 분은 분끼리, 초는 초끼리 더합니다.

$$
\begin{array}{rrr}
 & 32분 & 14초 \\
+ & 15분 & 9초 \\
\hline
 & 47분 & 23초
\end{array}
\qquad
\begin{array}{rrr}
4시 & 19분 & 27초 \\
+\ 1시간 & 25분 & 13초 \\
\hline
5시 & 44분 & 40초
\end{array}
$$

 **받아올림이 있는 시간의 덧셈**

> 같은 단위 수끼리의 합이 60이거나 60보다 크면 60초를 1분으로, 60분을 1시간으로 받아올림합니다.

$$
\begin{array}{rr}
1 & \\
41분 & 38초 \\
+\ 6분 & 26초 \\
\hline
48분 & 4초
\end{array}
\qquad
\begin{array}{rrr}
1 & 1 & \\
5시 & 14분 & 45초 \\
+\ 2시간 & 58분 & 37초 \\
\hline
8시 & 13분 & 22초
\end{array}
$$

11 시계를 보고 5분 20초 후의 시각을 구하려고 합니다. ☐ 안에 알맞은 수를 써넣으세요.

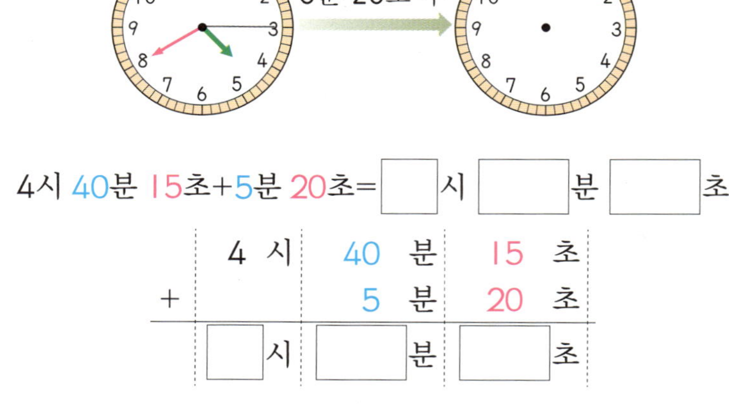

4시 40분 15초 + 5분 20초 = ☐ 시 ☐ 분 ☐ 초

$$
\begin{array}{rrrr}
 & 4\ 시 & 40\ 분 & 15\ 초 \\
+ & & 5\ 분 & 20\ 초 \\
\hline
 & \square\ 시 & \square\ 분 & \square\ 초
\end{array}
$$

12 ☐ 안에 알맞은 수를 써넣으세요.

(1)
$$
\begin{array}{rr}
 & \square \\
25\ 분 & 58\ 초 \\
+\ 6\ 분 & 30\ 초 \\
\hline
\square\ 분 & \square\ 초
\end{array}
$$

(2)
$$
\begin{array}{rrr}
 & \square & \square \\
1\ 시 & 35\ 분 & 34\ 초 \\
+ & 46\ 분 & 40\ 초 \\
\hline
\square\ 시 & \square\ 분 & \square\ 초
\end{array}
$$

시간의 뺄셈

받아내림이 없는 시간의 뺄셈

시는 시끼리, 분은 분끼리, 초는 초끼리 뺍니다.

```
     40분  23초              7시   38분   41초
  −  19분  16초          −   2시간  15분   29초
     21분   7초              5시   23분   12초
```

받아내림이 있는 시간의 뺄셈

같은 단위 수끼리 뺄 수 없을 때에는 1분을 60초로, 1시간을 60분으로 받아내림 합니다.

```
     24   60                  9    4    60
     25분  11초             10시   5분   24초
  −  14분  50초          −   4시간  36분  33초
     10분  21초              5시   28분  51초
```

13 시계를 보고 3분 15초 전의 시각을 구하려고 합니다. □ 안에 알맞은 수를 써넣으세요.

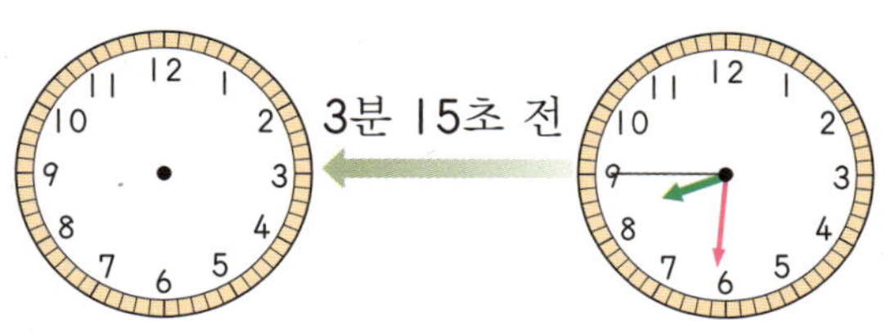

8시 31분 45초−3분 15초=□시 □분 □초

```
       8 시   31 분   45 초
  −          3 분   15 초
      □시    □분    □초
```

14 □ 안에 알맞은 수를 써넣으세요.

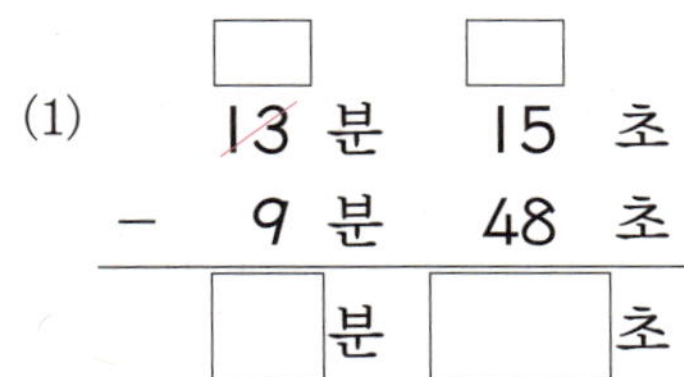

(1)
```
      □분    □초
      13 분   15 초
  −    9 분   48 초
      □분    □초
```

(2)
```
      □시    □분    □초
       8 시   21 분   15 초
  −    4 시간  33 분   43 초
      □시    □분    □초
```

유형 01 | 1 cm보다 작은 단위

01 크레파스의 길이를 재어 □ 안에 알맞은 수를 써넣으세요.

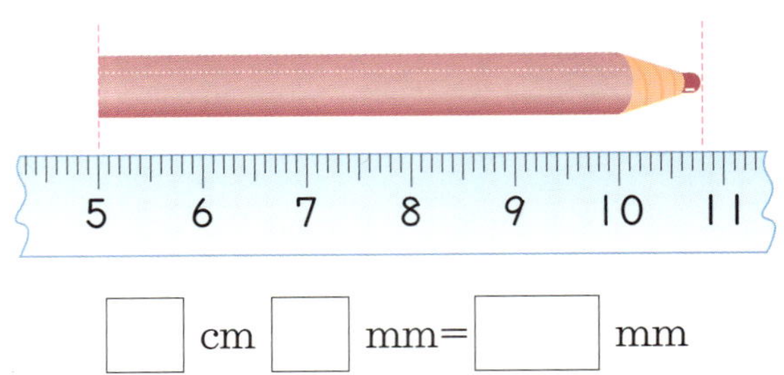

□ cm □ mm= □ mm

02 빈칸에 알맞게 써넣으세요.

cm와 mm로 나타내기	mm로 나타내기
8 cm	
	150 mm
7 cm 6 mm	
	102 mm

03 길이를 잘못 나타낸 것을 찾아 기호를 쓰고, 바르게 고쳐 보세요.

> ㉠ 160 mm=16 cm
> ㉡ 8 cm=80 mm
> ㉢ 9 cm 4 mm=904 mm

( )

➡ __________________________

유형 02 | 1 m보다 큰 단위

04 수직선을 보고, □ 안에 알맞은 수를 써넣으세요.

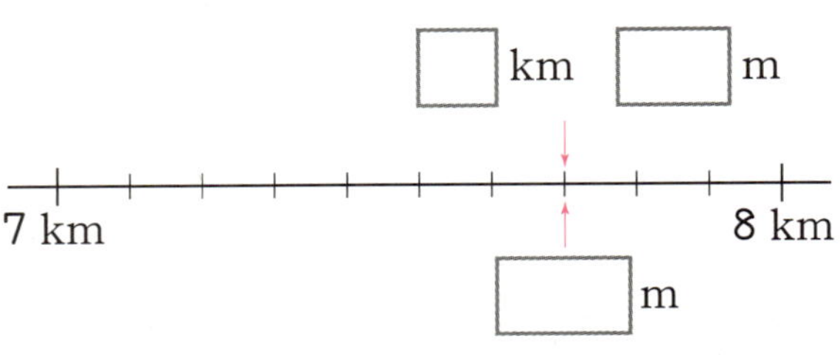

05 길이가 같은 것끼리 이어 보세요.

(1) 9 km 430 m • • ㉠ 4030 m

(2) 9 km 40 m • • ㉡ 9430 m

(3) 4 km 30 m • • ㉢ 9040 m

06 km 단위를 사용하여 길이를 나타내기에 적절한 것을 찾아 기호를 써 보세요.

> ㉠ 버스의 길이
> ㉡ 책장의 높이
> ㉢ 지하철을 타고 세 정거장 간 거리

( )

07 집에서 약 1 km 떨어진 곳에는 어떤 장소가 있는지 써 보세요.

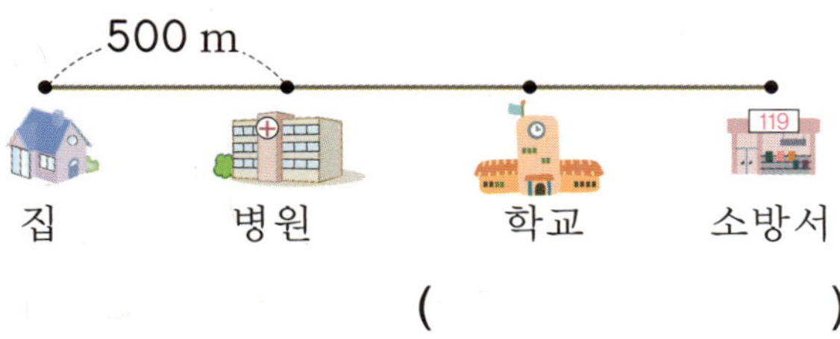

(   )

유형 03 길이 비교하기

08 길이를 비교하여 ○ 안에 >, =, <를 알맞게 써넣으세요.

(1) 25 mm ○ 3 cm 2 mm

(2) 11 cm 6 mm ○ 109 mm

---

09 학교와 서점 중에서 미소네 집에서 더 가까운 곳은 어느 곳일까요?

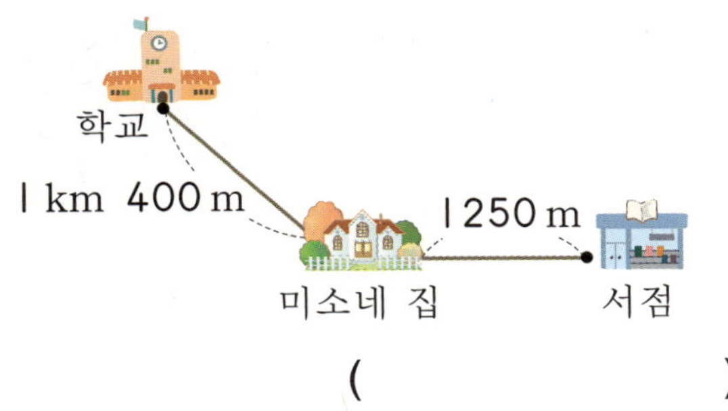

(   )

---

10 길이가 긴 것부터 차례대로 기호를 써 보세요.

> ㉠ 3 km 800 m   ㉡ 4200 m
> ㉢ 4 km 20 m   ㉣ 3090 m

(   )

유형 04 알맞은 단위로 나타내기

11 알맞은 단위를 찾아 □ 안에 써넣으세요.

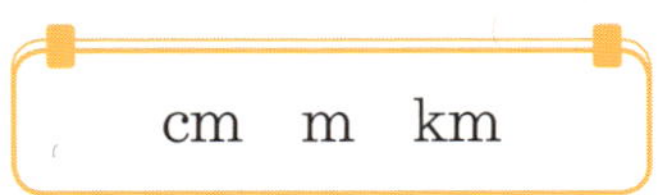

(1) 서울에서 부산까지의 거리는 약 400 □ 입니다.

(2) 클립의 긴 쪽의 길이는 약 3 □ 입니다.

---

12 단위를 잘못 사용하여 말한 사람을 찾아 이름을 써 보세요.

> 준영: 교실의 긴 쪽의 길이는 약 5 m야.
> 유나: 버스를 타고 12 cm만큼 갔어.
> 민영: 모래사장의 길이가 2 km야.

(   )

13 단위를 잘못 사용한 문장을 찾아 바르게 고쳐 보세요.

> ㉠ 손바닥의 길이는 약 15 mm입니다.
> ㉡ 칠판의 긴 쪽의 길이는 약 3 m입니다.

➡ _______________________________

유형 05 길이의 합과 차

14 계산해 보세요.

(1)
```
    4 cm   7 mm
+   8 cm   9 mm
```

(2)
```
    3 km  160 m
+  10 km  870 m
```

(3)
```
   15 cm   3 mm
-   9 cm   5 mm
```

(4)
```
   11 km  250 m
-   2 km  540 m
```

15 그림을 보고 □ 안에 알맞은 수를 써넣으세요.

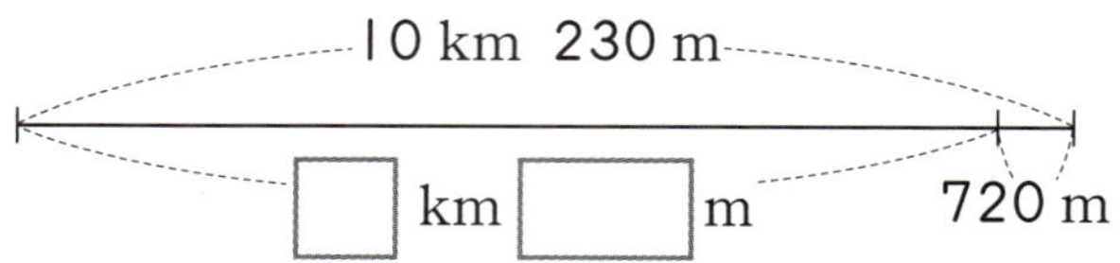

16 빈칸에 알맞은 길이를 써넣으세요.

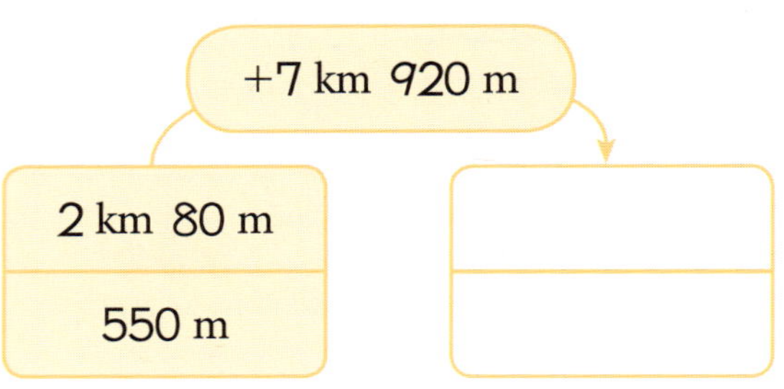

17 두 색 테이프의 길이의 합은 몇 cm 몇 mm일까요?

(   )

18 지후네 집에서 과학관까지 가는 경로는 2가지입니다. 〈경로1〉과 〈경로2〉 중 어느 경로의 거리가 더 짧을까요?

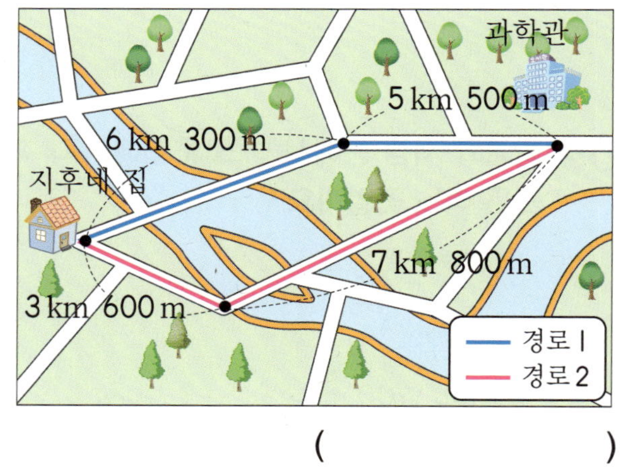

(   )

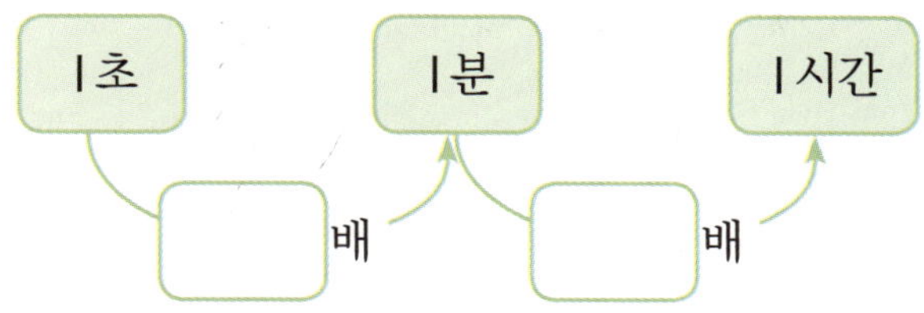

유형 06 1분보다 작은 단위

19 시각을 읽어 보세요.

(1)
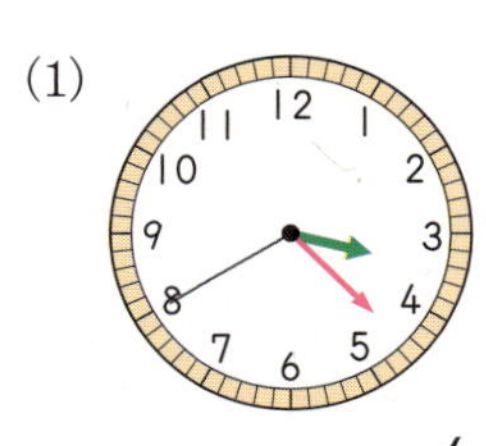

(   )

(2)

`9:23:48`

(   )

20 시계에서 초바늘이 가리키는 숫자와 나타내는 초를 알맞게 써넣으세요.

숫자	1		4		10	
초		15		35		55

21 시각에 맞게 초바늘을 그려 넣으세요.

(1)
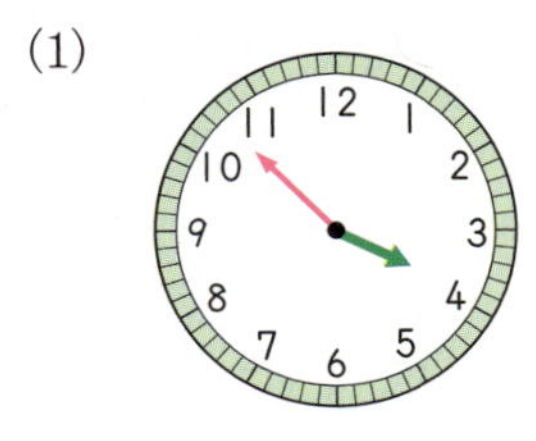

3시 52분 45초

(2)
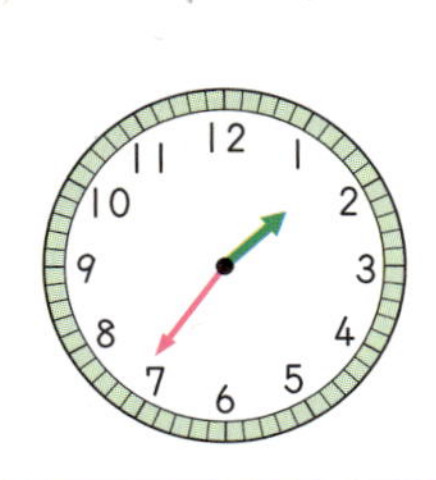

1시 36분 18초

22 빈칸에 알맞은 수를 써넣으세요.

1초   ⬚ 배   1분   ⬚ 배   1시간

23 같은 시간끼리 이어 보세요.

(1) 9분 40초 •   • ㉠ 530초

(2) 8분 50초 •   • ㉡ 560초

(3) 9분 20초 •   • ㉢ 580초

유형 07 시간의 덧셈과 뺄셈

24 계산해 보세요.

(1)
```
    14분   27초
 +   6분   32초
```

(2)
```
    7시   20분   10초
 -  3시   45분   30초
```

25 3시 49분 54초에서 6초 후의 시각은 몇 시 몇 분인지 구해 보세요.

(   )

26 지금은 5시 3분 20초입니다. 8분 15초 전의 시각을 시계에 나타내 보세요.

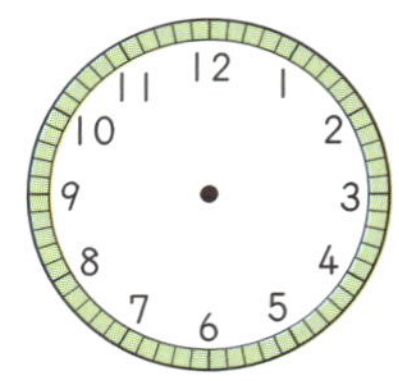

27 영주와 재준이의 오래 매달리기 기록입니다. 누가 얼마나 더 오래 매달렸는지 구해 보세요.

영주	2분 51초
재준	3분 8초

(,   )

28 어느 열차가 출발한 시각과 목적지까지 가는 데 걸린 시간을 나타낸 것입니다. 열차가 목적지에 도착한 시각을 구해 보세요.

출발 시각	7시 45분 30초
걸린 시간	3시간 35분 50초

(   )

29 김포 공항에서 비행기를 타고 9시 15분에 출발하여 제주 공항에 10시 10분에 도착했습니다. 김포에서 제주까지 가는 데 걸린 시간을 구해 보세요.

(   )

유형 08 잘못 계산한 부분 바르게 고치기

30 잘못 계산한 부분을 찾아 바르게 계산해 보세요.

	5시	31분
+		8분	16초
		13분	47초

↓

31 잘못 계산한 부분을 찾아 바르게 계산해 보세요.

	11시	20분	55초
−	8시	34분	9초
	3시간	46분	46초

↓

32 잘못된 부분을 찾아 바르게 고쳐 보세요.

5시 47분 36초에서 1시 12분 25초를 빼면 4시 35분 11초입니다.

↓

유형 09 어떤 시각, 시간 구하기

33 □ 안에 알맞은 수를 써넣으세요.

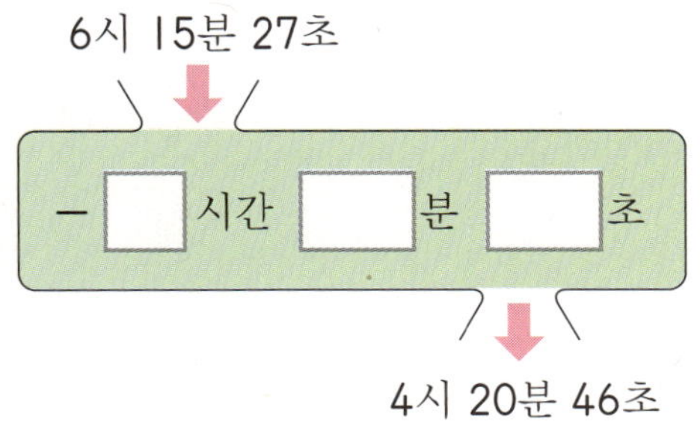

6시 15분 27초

$$- \boxed{} 시간 \boxed{} 분 \boxed{} 초$$

4시 20분 46초

34 선우는 7시 14분 20초부터 동화책을 읽기 시작했습니다. 동화책을 다 읽고 나서 시계를 보니 8시 10분 35초였습니다. 선우가 동화책을 읽은 시간을 구해 보세요.

( )

35 어떤 시각에서 5시간 27분 전의 시각을 구해야 하는데 잘못하여 5시간 27분 후의 시각을 구했더니 12시 12분 10초였습니다. 바르게 구했을 때의 시각을 구해 보세요.

( )

유형 10 낮과 밤의 시간 구하기

36 오후의 시각은 다음과 같이 나타낼 수 있습니다. 빈칸에 알맞은 시각을 써넣으세요.

오후 1시	오후 2시	오후 3시	오후 4시	오후 5시	오후 6시
13시	14시				

37 어느 날 해가 뜬 시각과 해가 진 시각을 나타낸 표입니다. 이 날 해가 떠 있던 시간은 몇 시간 몇 분 몇 초일까요?

해가 뜬 시각	6시 27분 34초
해가 진 시각	18시 54분 53초

( )

38 어느 날 낮의 길이는 12시간 45분 12초였습니다. 이 날 밤의 길이는 몇 시간 몇 분 몇 초일까요?

( )

대표 01 □ 안에 들어갈 수 있는 가장 큰 자연수를 구해 보세요.

$$6\ km\ 720\ m > 4\ km\ 300\ m + \square\ m$$

(1) 6 km 720 m=4 km 300 m+□ m일 때, □는 얼마일까요?

( )

풀이

(2) □ 안에 들어갈 수 있는 가장 큰 자연수는 얼마일까요?

( )

풀이

예제 1-1 □ 안에 들어갈 수 있는 가장 큰 자연수를 구해 보세요.

$$5\ km\ 210\ m > 3\ km\ 450\ m + \square\ m$$

( )

 ＞를 ＝로 바꾸었을 때 □가 얼마인지 먼저 구해 봅니다.

변형 1-2 □ 안에 들어갈 수 있는 가장 작은 자연수를 구해 보세요.

$$8\ km\ 590\ m + \square\ m > 11\ km\ 110\ m$$

( )

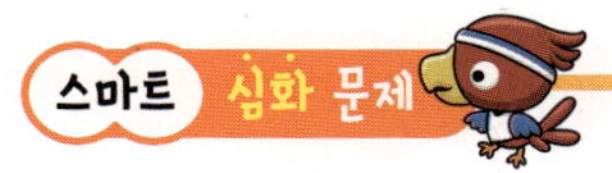

대표 02 ㉠에서 ㉡까지의 거리는 몇 km 몇 m인지 구해 보세요.

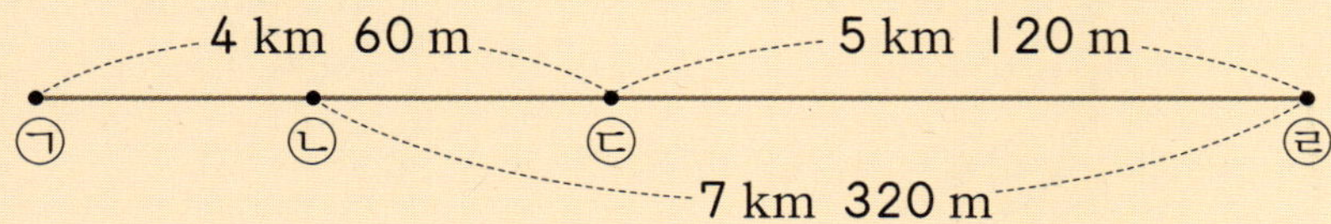

(1) ㉠에서 ㉣까지의 거리는 몇 km 몇 m일까요?

( )

풀이

(2) ㉠에서 ㉡까지의 거리는 몇 km 몇 m일까요?

( )

풀이

예제 2-1 ㉡에서 ㉣까지의 거리는 몇 km 몇 m인지 구해 보세요.

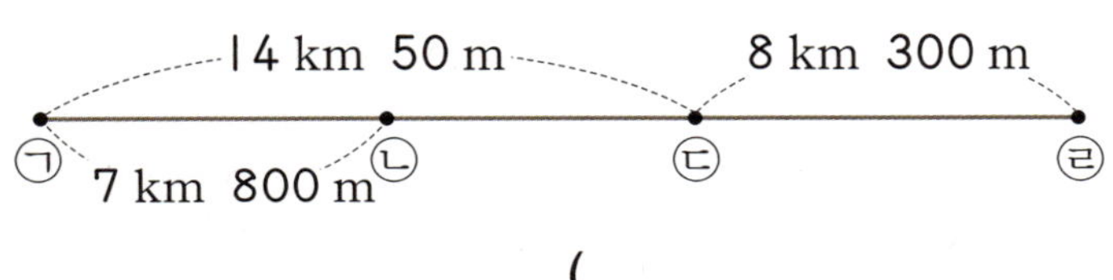

( )

🪶 전체 길이를 먼저 구해 봅니다.

변형 2-2 ㉠에서 ㉣까지의 거리가 4 km 90 m일 때, ㉡에서 ㉣까지의 거리는 몇 km 몇 m인지 구해 보세요.

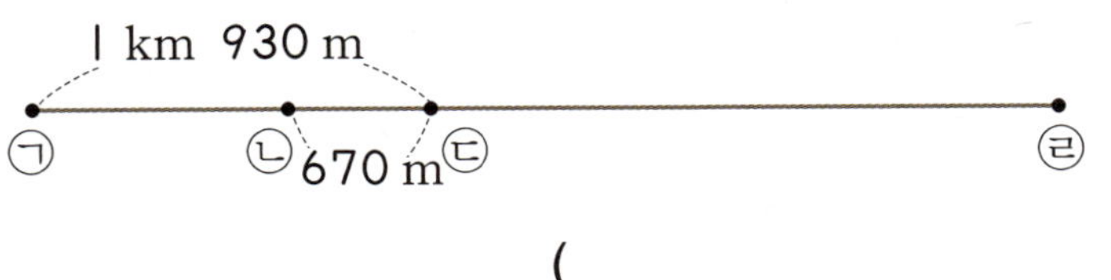

( )

🪶 (㉡∼㉣까지의 거리)
  =(㉡∼㉢까지의 거리)
   +(㉢∼㉣까지의 거리)

대표 03 하루에 10초씩 일정하게 늦어지는 시계가 있습니다. 이 시계를 오늘 오전 9시에 정확히 맞추어 놓았습니다. 5일 후 오전 9시에 이 시계가 가리키는 시각은 오전 몇 시 몇 분 몇 초인지 구해 보세요.

⑴ 5일 동안 이 시계가 늦어지는 시간은 모두 몇 초일까요?

(   )

풀이

⑵ 5일 후 오전 9시에 이 시계가 가리키는 시각은 오전 몇 시 몇 분 몇 초일까요?

(   )

풀이

예제 3-1 하루에 25초씩 일정하게 늦어지는 시계가 있습니다. 이 시계를 오늘 오전 10시에 정확히 맞추어 놓았습니다. 일주일 후 오전 10시에 이 시계가 가리키는 시각은 오전 몇 시 몇 분 몇 초인지 구해 보세요.

(   )

일주일 동안 늦어지는 시간을 먼저 구해 봅니다.

변형 3-2 하루에 15초씩 일정하게 빨라지는 시계가 있습니다. 이 시계를 오늘 오전 8시 59분에 정확히 맞추어 놓았습니다. 일주일 후 오전 8시 59분에 이 시계가 가리키는 시각은 오전 몇 시 몇 분 몇 초인지 구해 보세요.

(   )

늦어지는 시계가 가리키는 시각은 뺄셈으로, 빨라지는 시계가 가리키는 시각은 덧셈으로 구합니다.

대표 04

4분 동안 12 km 20 m를 달리는 자동차가 있습니다. 이 자동차가 같은 빠르기로 달린다면 14분 동안에는 몇 km 몇 m를 달릴 수 있는지 구해 보세요.

(1) 1분 동안 달릴 수 있는 거리는 몇 km 몇 m일까요?

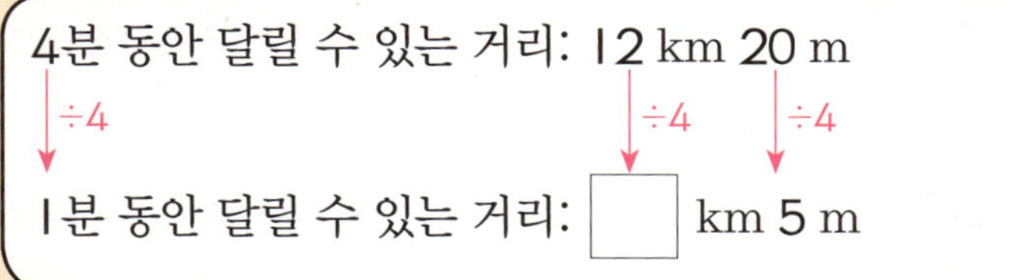

(2) 14분 동안 달릴 수 있는 거리는 몇 km 몇 m일까요?

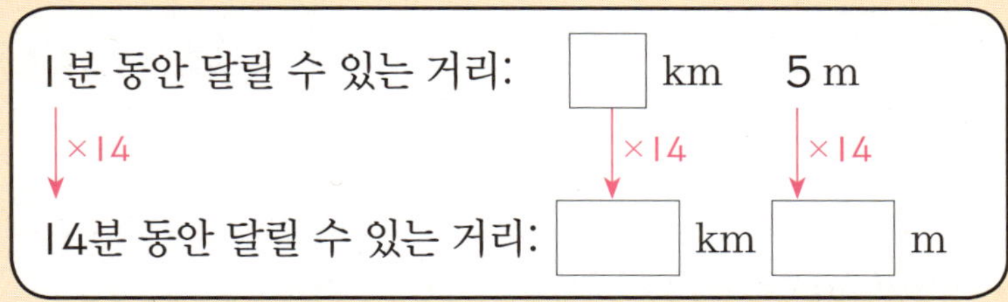

풀이

예제 4-1

5분 동안 15 km 45 m를 달리는 자동차가 있습니다. 이 자동차가 같은 빠르기로 달린다면 12분 동안에는 몇 km 몇 m를 달릴 수 있는지 구해 보세요.

(   )

1분 동안 달릴 수 있는 거리를 먼저 구해 봅니다.

변형 4-2

8분 동안 16 km 40 m를 달리는 자동차가 있습니다. 이 자동차가 같은 빠르기로 달린다면 1시간 동안에는 몇 km 몇 m를 달릴 수 있는지 구해 보세요.

(   )

1시간＝60분입니다.

대표 05 어느 전철역에서는 5분 20초마다 전철이 출발한다고 합니다. 첫 번째 전철이 출발한 시각이 오전 5시 40분 30초라면 세 번째 전철이 출발한 시각은 오전 몇 시 몇 분 몇 초인지 구해 보세요.

(1) 첫 번째 전철에서 세 번째 전철까지의 출발 간격은 모두 몇 번일까요?

(   )

풀이

(2) 출발 간격의 시간을 모두 더하면 몇 분 몇 초일까요?

(   )

풀이

(3) 세 번째 전철이 출발한 시각은 오전 몇 시 몇 분 몇 초일까요?

(   )

풀이

예제 5-1 어느 터미널에서는 대전행 버스가 12분 40초마다 출발한다고 합니다. 첫 번째 대전행 버스가 출발한 시각이 오전 9시 45분 40초라면 네 번째 대전행 버스가 출발한 시각은 오전 몇 시 몇 분 몇 초인지 구해 보세요.

(   )

첫 번째 버스에서 네 번째 버스까지의 출발 간격 수를 먼저 구합니다.

변형 5-2 어느 제과점에서는 1시간 25분 30초마다 식빵이 나온다고 합니다. 첫 번째 식빵이 나온 시각이 오전 10시 35분 20초라면 세 번째 식빵이 나오는 시각은 오후 몇 시 몇 분인지 구해 보세요.

(   )

오전은 낮 12시 이전, 오후는 낮 12시 이후입니다.

01 □ 안에 알맞은 수를 써넣으세요.

> 초바늘이 시계를 한 바퀴 도는 데 걸리는 시간은 □초입니다.
>
> 1분= □초

02 □ 안에 알맞은 수를 써넣으세요.

(1) 45 mm= □ cm □ mm

(2) 7 cm 8 mm= □ mm

03 클립의 길이는 몇 mm일까요?

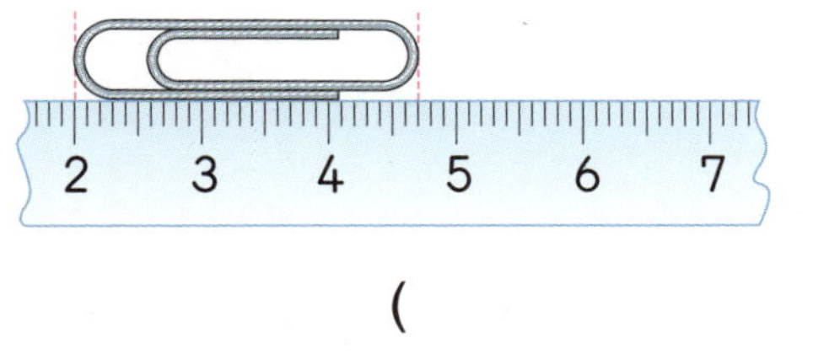

(   )

04 □ 안에 알맞은 수를 써넣고 읽어 보세요.

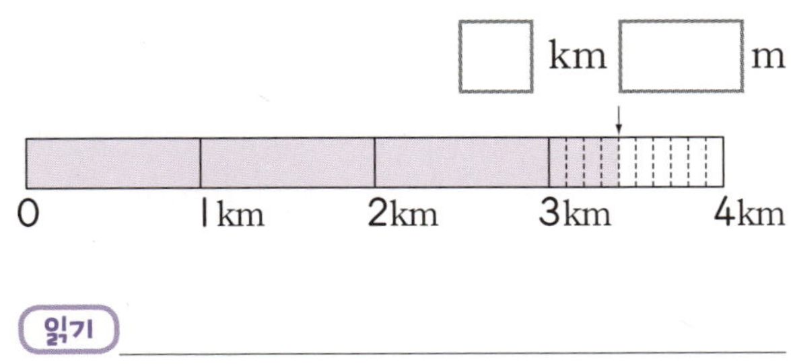

읽기 ____

05 길이를 잘못 나타낸 것은 어느 것일까요?

(   )

① 7 m=700 cm

② 2400 m=24 km

③ 6004 m=6 km 4 m

④ 3 cm 2 mm=32 mm

⑤ 2 km 300 m=2300 m

06 길이를 비교하여 ○ 안에 >, =, <를 알맞게 써넣으세요.

(1) 540 mm ◯ 50 cm 4 mm

(2) 2260 m ◯ 2 km 270 m

07 우체국과 약국 중에서 다혜네 집에서 더 먼 곳은 어느 곳일까요?

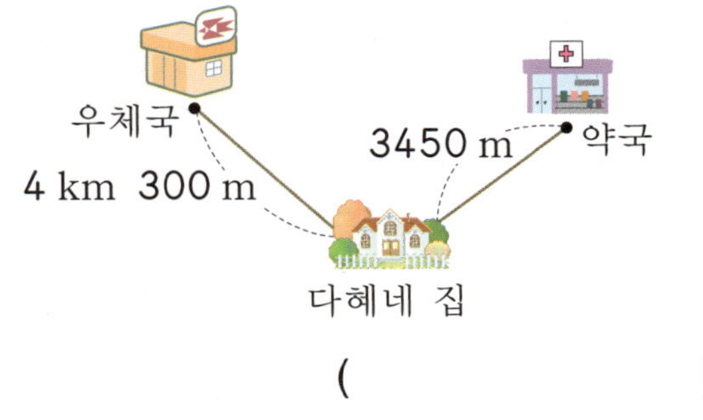

(   )

서술형

08 두 길이의 합은 몇 cm인지 풀이 과정을 쓰고 답을 구해 보세요.

4 cm 3 mm	37 mm

풀이 ____________________

____

____

답 ____________________

09 학교에서 우체국까지의 거리는 500 m입니다. 학교에서 약 1 km 500 m 떨어진 곳에 있는 장소를 써 보세요.

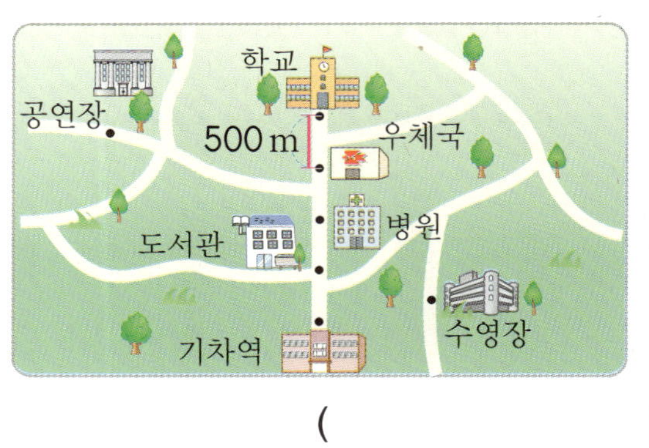

( )

10 ㉠에서 ㉣까지의 거리는 몇 km 몇 m인지 구해 보세요.

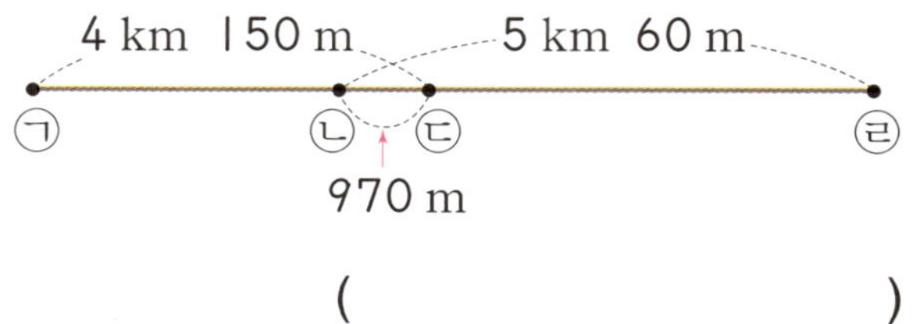

( )

11 시각을 읽어 보세요.

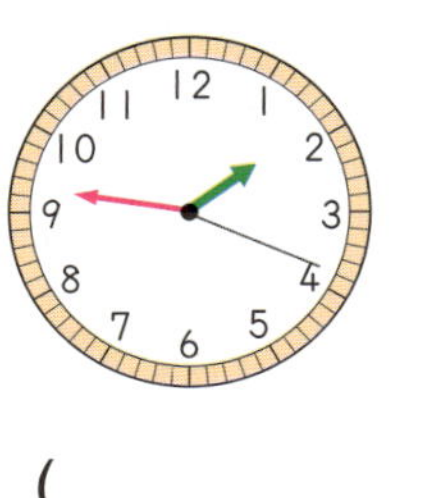

( )

12 시계에서 초바늘이 2바퀴 돌았습니다. 몇 초가 지난 것일까요?

( )

13 옳은 것을 모두 찾아 기호를 써 보세요.

> ㉠ 1분=60초
>
> ㉡ 1분 40초=140초
>
> ㉢ 210초=2분 10초
>
> ㉣ 2분 50초=170초

( )

14 단위를 잘못 사용한 사람을 모두 찾아 이름을 써 보세요.

> 시우: 지우개의 길이는 5 m야.
>
> 윤아: 30초는 3분보다 짧은 시간이야.
>
> 주영: 1 km는 1000 m야.
>
> 현수: 145분은 1시간 45분이야.

( )

15 예나는 종이 접기를 7분 20초 동안 했고, 지원이는 420초 동안 했습니다. 누가 종이 접기를 더 오래 했는지 풀이 과정을 쓰고 답을 구해 보세요.

풀이 ___________________________

____

답 ___________________________

16 계산해 보세요.

(1)
```
    2시간   24분   47초
 +  3시간   34분   19초
```

(2)
```
    7시     17분   37초
 -  2시간   45분   12초
```

17 1시 45분 40초에서 90분 후의 시각은 몇 시 몇 분 몇 초인지 구해 보세요.

( )

18 두 사람이 운동을 시작한 시각과 끝낸 시각을 나타낸 표입니다. 운동을 더 오래한 사람은 누구일까요?

이름	시작한 시각	끝낸 시각
재희	1시	2시 30분
윤서	3시 30분	4시 50분

( )

19 서울에서 부산까지 가는 데 KTX로 2시간 43분 16초가 걸렸습니다. 부산에 도착한 시각이 오후 1시 8분 14초일 때, 서울에서 출발한 시각을 구해 보세요.

( )

20 □ 안에 알맞은 수를 써넣으세요.

```
    3시     35분   □초
 +  □시간   28분   55초
    6시     □분    35초
```

01 볼펜의 길이를 재어 □ 안에 알맞은 수를 써넣으세요.

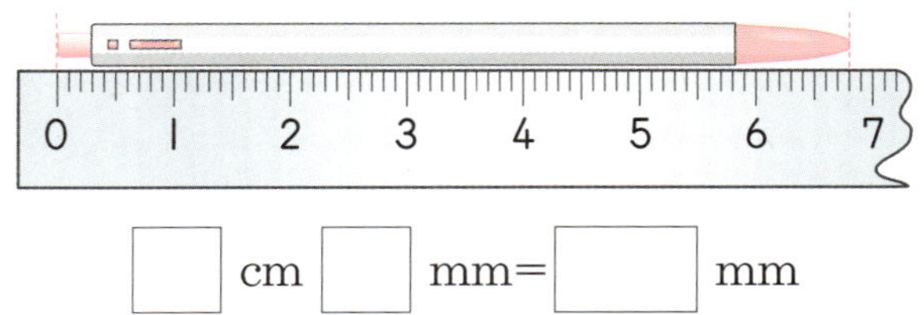

□ cm □ mm = □ mm

02 길이가 더 긴 물건은 어느 것일까요?

> 풀: 134 mm   가위: 13 cm 7 mm

(   )

03 동화책의 긴 쪽의 길이를 자로 재어 보았더니 25 cm보다 작은 눈금 7칸만큼 더 길었습니다. 동화책의 긴 쪽의 길이는 몇 mm일까요?

(   )

04 길이가 1 km보다 더 긴 것은 어느 것일까요?

(   )

① 버스의 길이   ② 지리산의 높이
③ 5층 건물의 높이   ④ 책상의 긴 쪽의 길이
⑤ 운동장의 긴 쪽의 길이

05 수직선을 보고 □ 안에 알맞은 수를 써넣으세요.

2 km 200 m

2 km   3 km

□ m

06 길이를 <u>잘못</u> 나타낸 것을 찾아 기호를 써 보세요.

> ㉠ 12 mm = 1 cm 2 mm
> ㉡ 2046 m = 2 km 460 m
> ㉢ 9 km 700 m = 9700 m

(   )

서술형 07 단위를 잘못 사용한 사람을 찾아 이름을 쓰고, 문장을 바르게 고쳐 보세요.

(   )

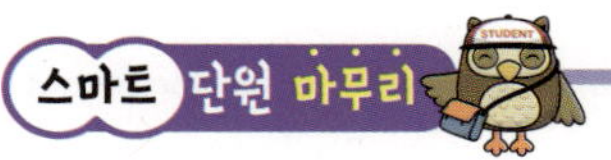

08 두 길이의 차를 구해 보세요.

10500 m	10 km 50 m

(   )

09 그림을 보고 (가)와 (나) 중 출발점에서 놀이터까지 가는 더 가까운 길을 찾아 써 보세요.

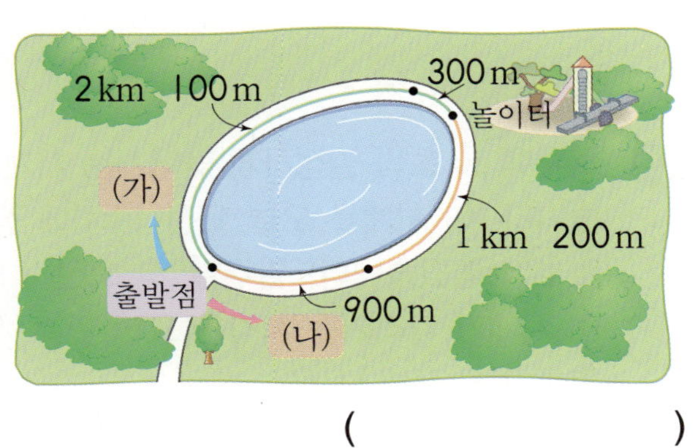

(   )

10 □ 안에 들어갈 수 있는 가장 큰 자연수를 구해 보세요.

$$7 \text{ km } 40 \text{ m} > 5 \text{ km } 910 \text{ m} + \square \text{ m}$$

(   )

11 시각에 맞게 시계에 초바늘을 그려 넣으세요.

6시 22분 47초

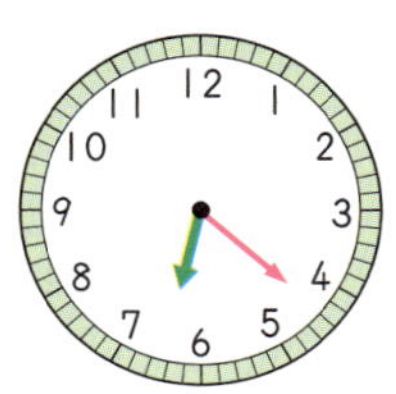

12 같은 시각끼리 선으로 이어 보세요.

(1) 170초

(2) 4분 10초

(3) 200초

ㄱ 410초

ㄴ 3분 20초

ㄷ 2분 50초

ㄹ 250초

13 시간을 비교하여 ○ 안에 >, =, <를 알맞게 써넣으세요.

400초 ◯ 6분 50초

14 빈칸에 알맞은 시간을 써넣으세요.

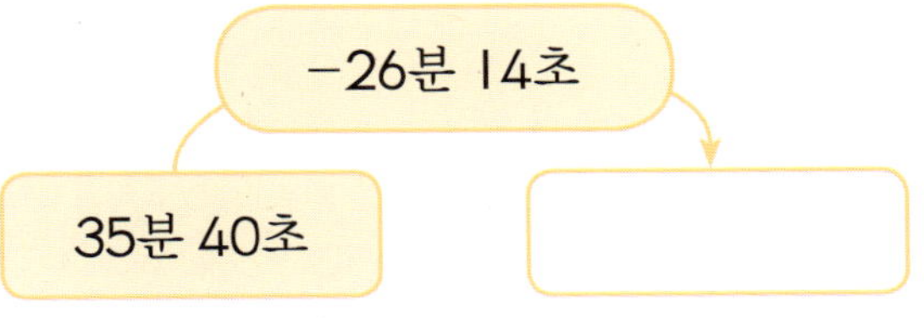

15 시계가 나타내는 시각에서 15분 전의 시각은 몇 시 몇 분일까요?

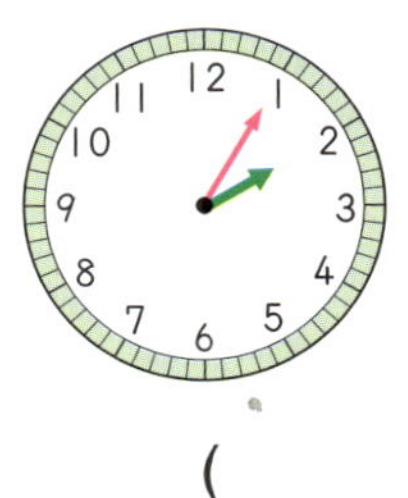

( )

16~17 그림을 보고 물음에 답해 보세요.

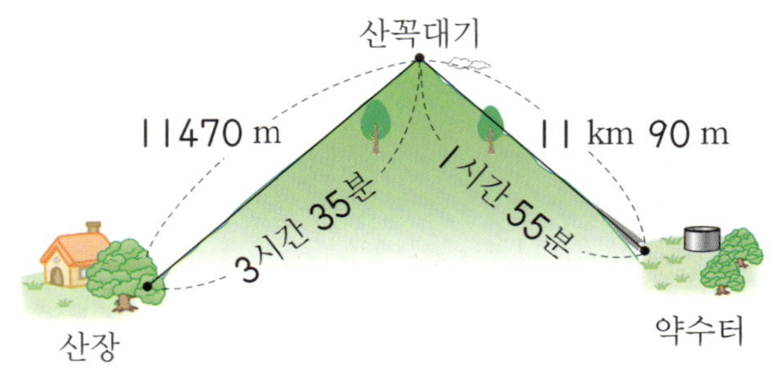

16 산장과 약수터 중 산꼭대기까지 가는 길이 더 먼 곳은 어디일까요?

( )

서술형
17 산장에서 산꼭대기를 지나 약수터까지 가는 데 걸리는 시간은 몇 시간 몇 분인지 풀이 과정을 쓰고 답을 구해 보세요.

풀이 _______________________

____

____

____

답 _______________________

18 연극이 시작한 시각과 끝난 시각입니다. 연극의 상영 시간을 □ 안에 써넣으세요.

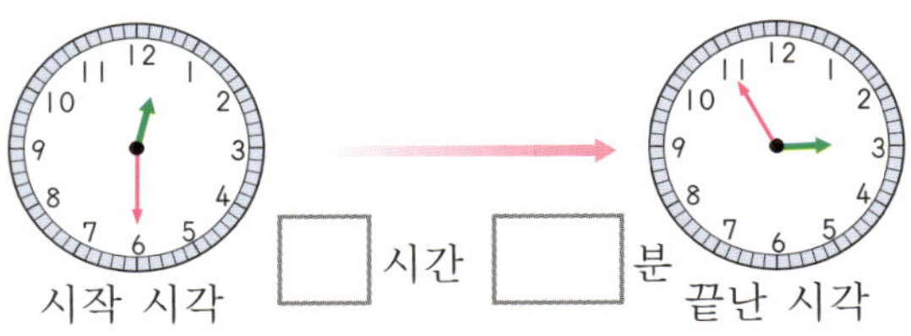

19 하루에 14초씩 일정하게 늦어지는 시계가 있습니다. 이 시계를 오늘 오전 11시에 정확히 맞추어 놓았습니다. 일주일 후 오전 11시에 이 시계가 가리키는 시각은 오전 몇 시 몇 분 몇 초인지 구해 보세요.

( )

20 서울은 런던보다 8시간 빠릅니다. 어느 날 서울이 오전 11시 25분일 때 런던은 오전 몇 시 몇 분인지 구해 보세요.

( )

6

분수와 소수

이 단원에서는 무엇을 배울까요?

- 똑같이 나누어 볼까요
- 분수를 알아볼까요(1)
- 분수를 알아볼까요(2)
- 분모가 같은 분수의 크기를 비교해 볼까요
- 단위분수의 크기를 비교해 볼까요
- 소수를 알아볼까요(1)
- 소수를 알아볼까요(2)
- 소수의 크기를 비교해 볼까요

똑같이 나누기

⭐ **똑같이 둘로 나누기**

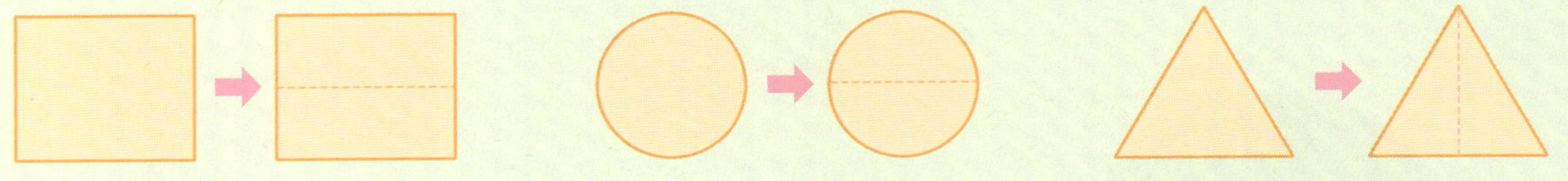

⭐ **똑같이 셋으로 나누기**

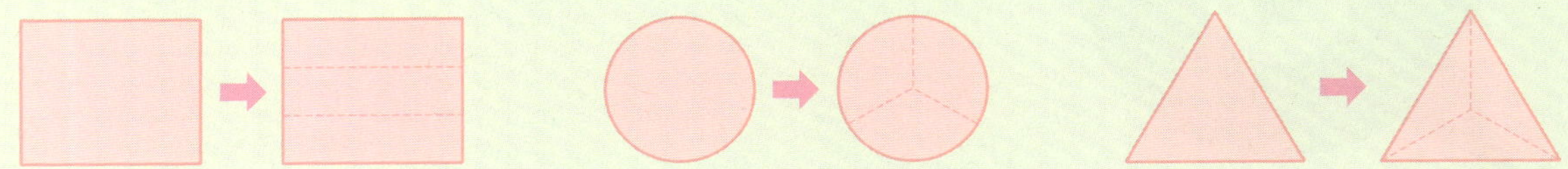

⭐ **똑같이 넷으로 나누기**

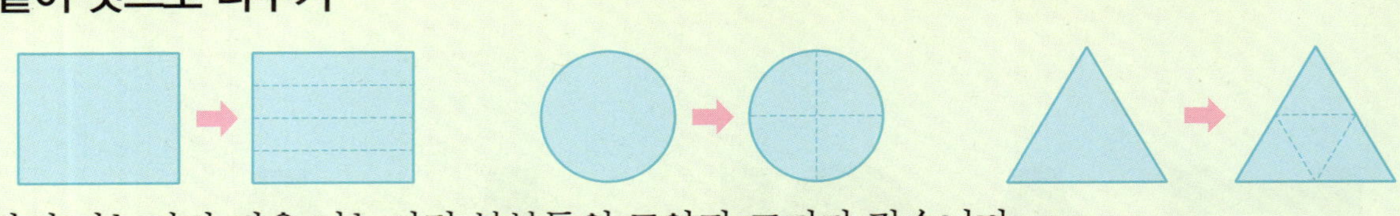

똑같이 나누어진 것은 나누어진 부분들의 모양과 크기가 같습니다.

01 그림을 보고 ☐ 안에 알맞은 기호를 써넣으세요.

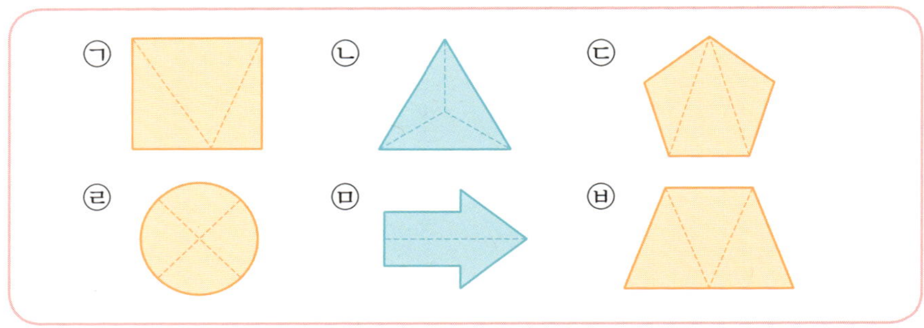

(1) 똑같이 나누어진 도형은 ☐, ☐, ☐, ☐ 입니다.

(2) 똑같이 셋으로 나누어진 도형은 ☐, ☐ 이고, 똑같이 넷으로 나누어진 도형은 ☐ 입니다.

02 주어진 점을 이용하여 도형을 똑같이 셋으로 나누어 보세요.

(1) 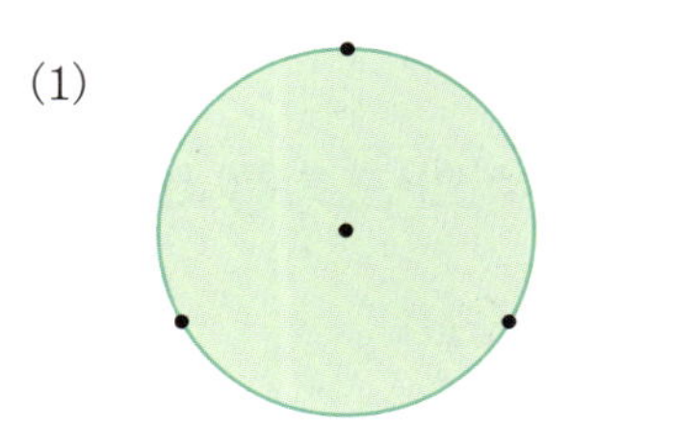

(2) 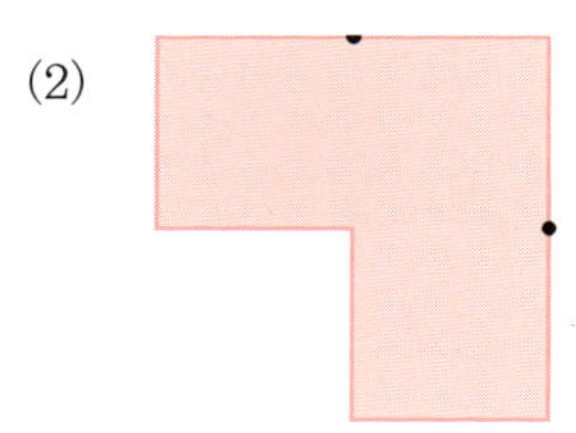

분수 알아보기(1)

✿ 전체에 대한 부분의 크기

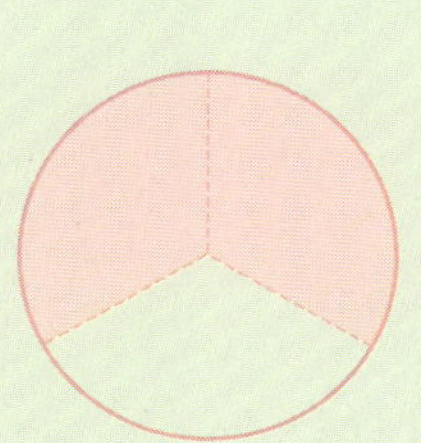

- 색칠한 부분은 전체를 똑같이 3으로 나눈 것 중의 2입니다.

  ➡ 색칠한 부분은 전체의 $\dfrac{2}{3}$입니다.

- 색칠하지 않은 부분은 전체를 똑같이 3으로 나눈 것 중의 1입니다.

  ➡ 색칠하지 않은 부분은 전체의 $\dfrac{1}{3}$입니다.

✿ 분수

전체를 똑같이 3으로 나눈 것 중의 2를 $\dfrac{2}{3}$ 라 쓰고 3분의 2라고 읽습니다.

$\dfrac{2}{3}$, $\dfrac{3}{5}$과 같은 수를 분수라고 합니다.

$$\dfrac{2}{3}\ \begin{matrix}\leftarrow분자\rightarrow\\ \leftarrow분모\rightarrow\end{matrix}\ \dfrac{3}{5}$$

---

03 색칠한 부분을 분수로 쓰고 읽어 보세요.

(1)

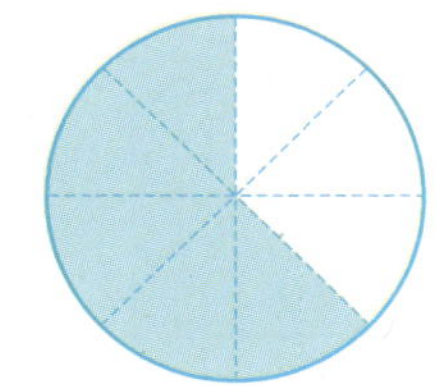

쓰기 ___________________

읽기 ___________________

(2)

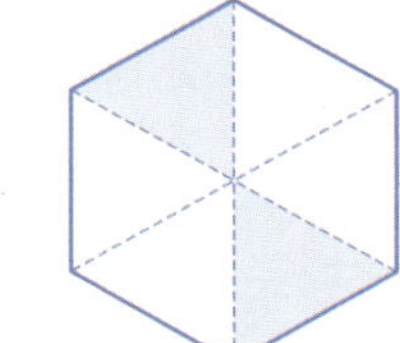

쓰기 ___________________

읽기 ___________________

---

04 색칠한 부분과 색칠하지 <u>않은</u> 부분을 분수로 나타내 보세요.

(1)

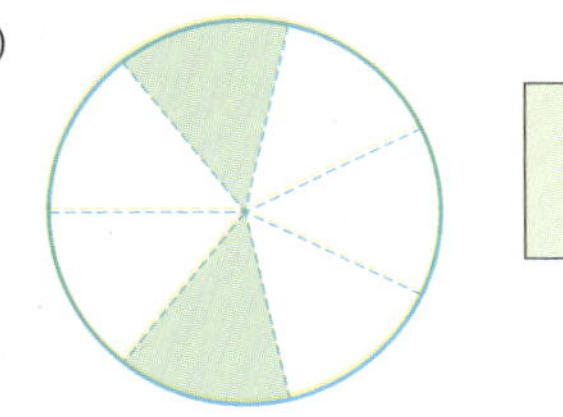

(2)

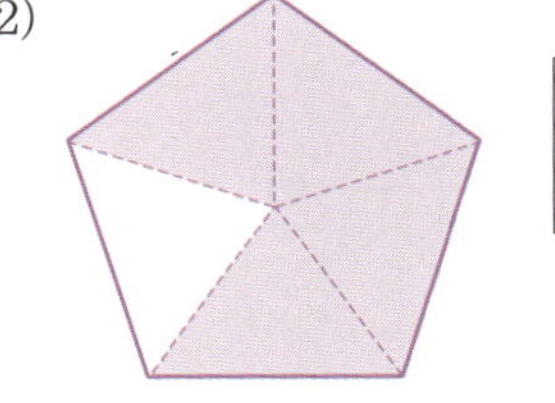
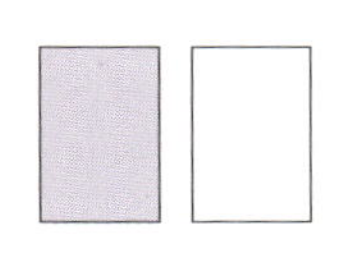

분수 알아보기(2)

🌸 **단위분수**

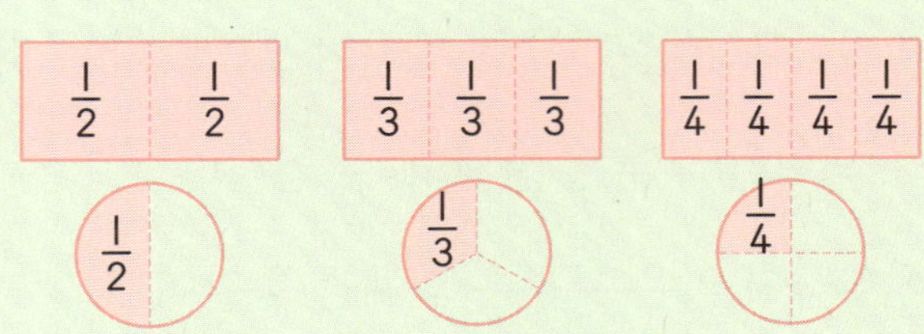

분수 중에서 $\frac{1}{2}$, $\frac{1}{3}$, $\frac{1}{4}$, $\frac{1}{5}$과 같이 분자가 1인 분수를 **단위분수**라고 합니다.

🌸 **단위분수로 전체 만들기**

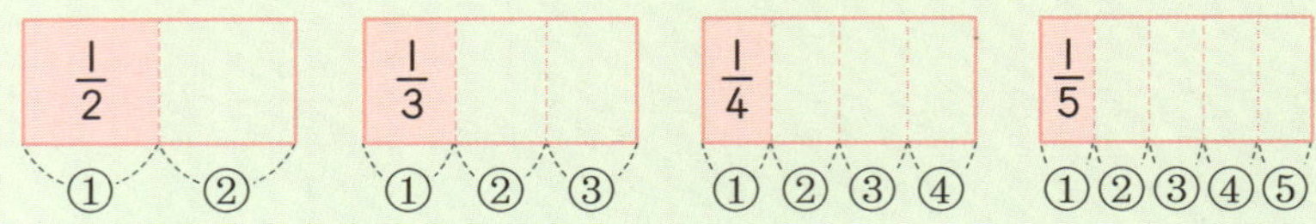

$\frac{1}{2}$이 2개, $\frac{1}{3}$이 3개, $\frac{1}{4}$이 4개, $\frac{1}{5}$이 5개이면 전체(1)를 만들 수 있습니다.

05 주어진 분수만큼 색칠하고 분수로 나타내 보세요.

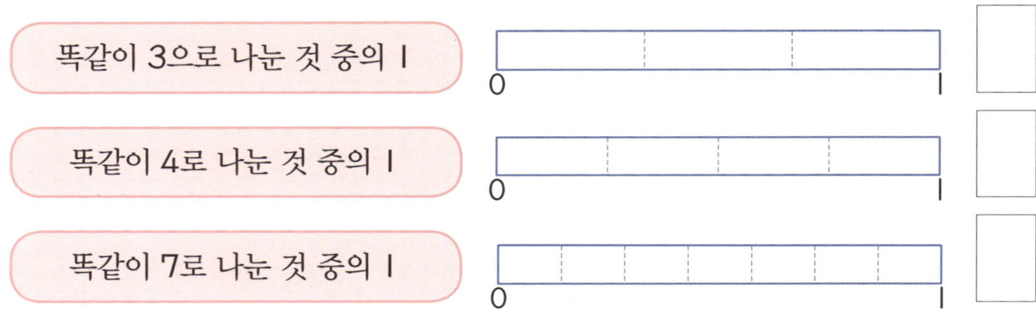

06 주어진 분수만큼 색칠하고 ☐ 안에 알맞은 수를 써넣으세요.

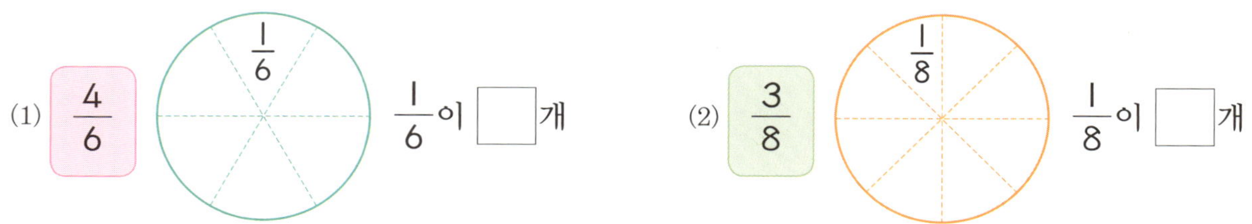

분모가 같은 분수의 크기 비교하기

★ 단위분수의 개수로 분수의 크기 비교하기

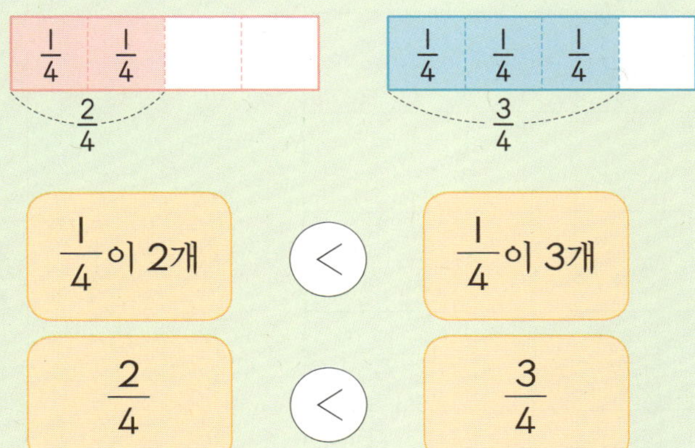

분모가 같은 분수는 단위분수의 개수가 많을수록 더 큰 분수입니다.

분모가 같은 분수는 분자가 클수록 더 큰 분수입니다.

07 주어진 분수만큼 색칠하고 분수의 크기를 비교해 보세요.

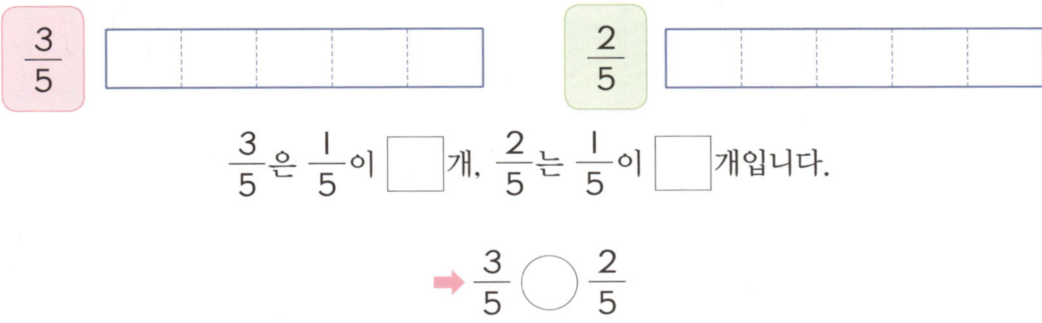

$\dfrac{3}{5}$ 은 $\dfrac{1}{5}$ 이 ☐ 개, $\dfrac{2}{5}$ 는 $\dfrac{1}{5}$ 이 ☐ 개입니다.

➡ $\dfrac{3}{5}$ ◯ $\dfrac{2}{5}$

08 ☐ 안에 알맞은 수를 써넣고 분수의 크기를 비교해 보세요.

$\dfrac{5}{8}$ 는 $\dfrac{1}{8}$ 이 ☐ 개, $\dfrac{7}{8}$ 은 $\dfrac{\square}{8}$ 이 7개입니다. ➡ $\dfrac{5}{8}$ ◯ $\dfrac{7}{8}$

09 두 분수의 크기를 비교하여 ◯ 안에 >, =, <를 알맞게 써넣으세요.

(1) $\dfrac{6}{9}$ ◯ $\dfrac{4}{9}$ (2) $\dfrac{3}{11}$ ◯ $\dfrac{8}{11}$

단위분수의 크기 비교하기

★ 단위분수의 크기 비교

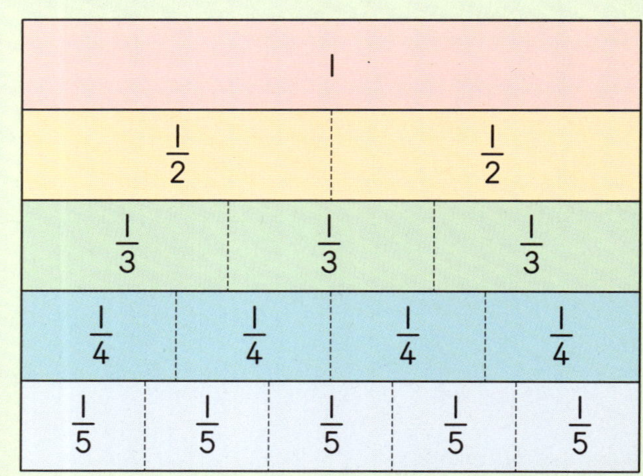

➡ $\dfrac{1}{2} > \dfrac{1}{3} > \dfrac{1}{4} > \dfrac{1}{5}$

단위분수는 분모가 작을수록 더 큰 분수입니다.

10 $\dfrac{1}{4}$ 과 $\dfrac{1}{6}$ 의 크기를 비교하려고 합니다. 물음에 답하세요.

(1) $\dfrac{1}{4}$ 과 $\dfrac{1}{6}$ 을 수직선에 ▬ 로 나타내 보세요.

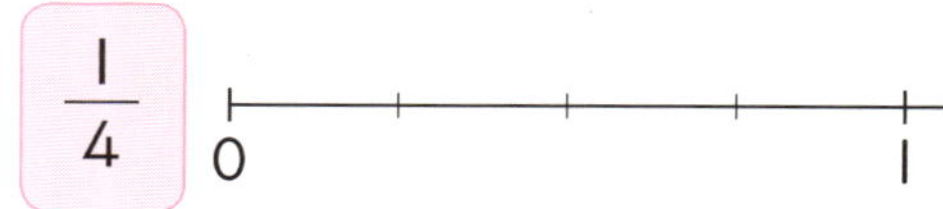

(2) 두 분수의 크기를 비교하여 ○ 안에 >, =, <를 알맞게 써넣으세요.

$$\dfrac{1}{4} \bigcirc \dfrac{1}{6}$$

(3) 알맞은 말에 ○표 하세요.

> 단위분수는 분모가 작을수록 더 (큽니다 , 작습니다).

11 두 분수의 크기를 비교하여 ○ 안에 >, =, <를 알맞게 써넣으세요.

(1) $\dfrac{1}{2} \bigcirc \dfrac{1}{8}$

(2) $\dfrac{1}{7} \bigcirc \dfrac{1}{9}$

소수 알아보기(1)

✿ **0.1 알아보기**

전체를 똑같이 10으로 나눈 것 중의 1은 $\dfrac{1}{10}$

➡ $\dfrac{1}{10}$＝0.1(영 점 일)

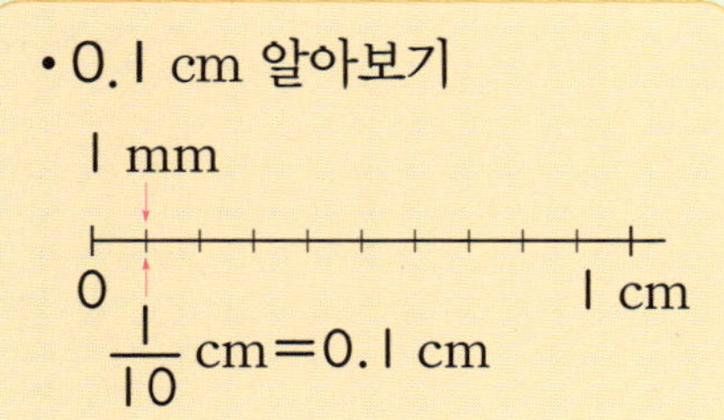

✿ **소수 알아보기**

분수 $\dfrac{1}{10}$, $\dfrac{2}{10}$, $\dfrac{3}{10}$, ..., $\dfrac{8}{10}$, $\dfrac{9}{10}$ 를 0.1, 0.2, 0.3, ..., 0.8, 0.9라 쓰고

영 점 일, 영 점 이, 영 점 삼, ..., 영 점 팔, 영 점 구라고 읽습니다.

0.1, 0.2, 0.3과 같은 수를 소수라 하고 ' . '을 소수점이라고 합니다.

12 그림을 보고 □ 안에 알맞은 수를 써넣으세요.

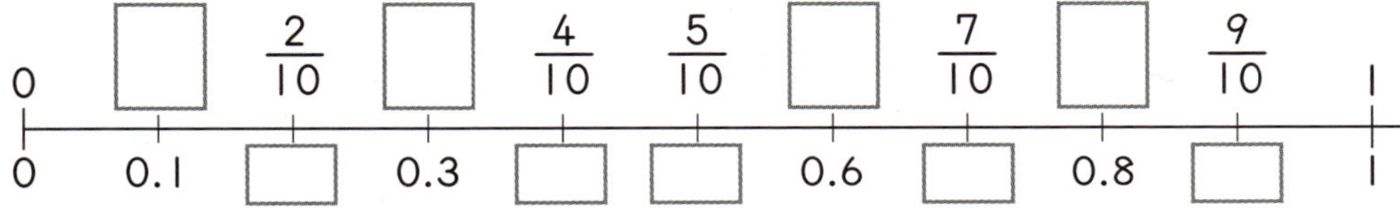

13 색칠한 부분을 분수와 소수로 각각 나타내 보세요.

(1) 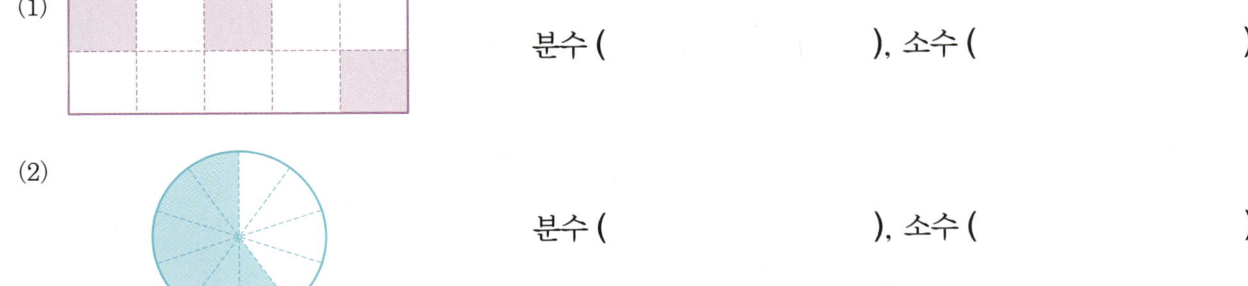

분수 (   ), 소수 (   )

(2)

분수 (   ), 소수 (   )

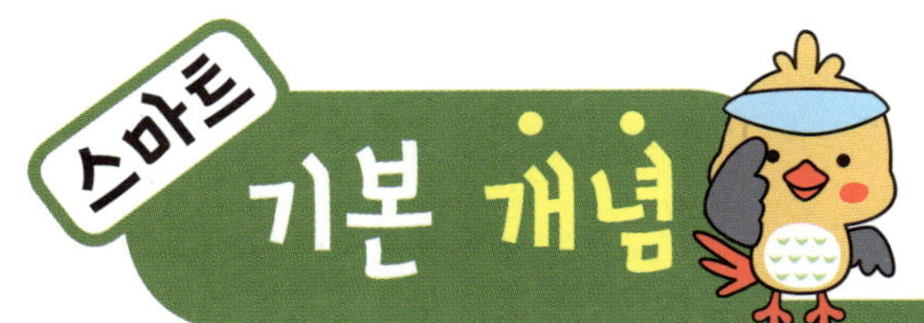

소수 알아보기(2)

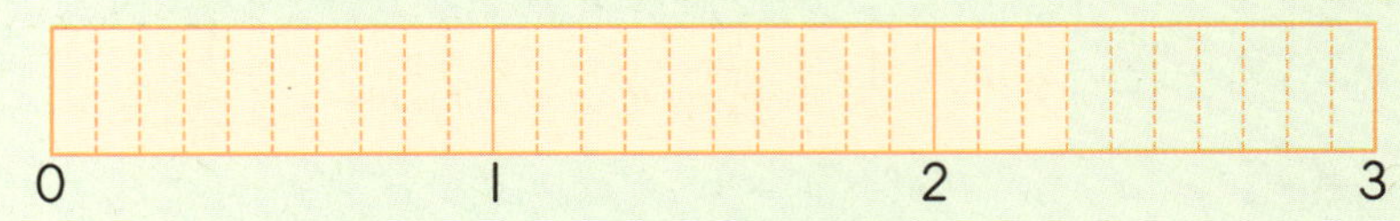

✿ **자연수와 소수로 이루어진 소수**

2와 0.3만큼을 2.3이라 쓰고 이 점 삼이라고 읽습니다.

✿ **길이를 소수로 나타내기**

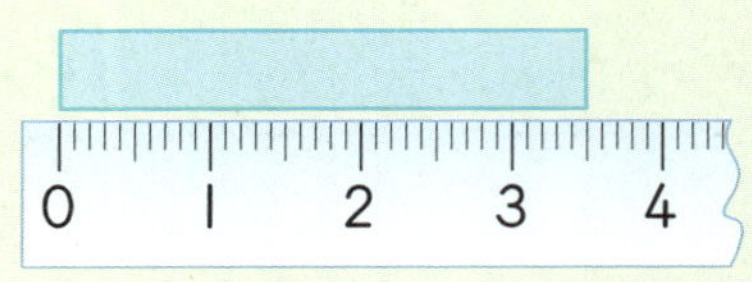

1 cm =10 mm ➡ 1 mm=0.1 cm

3 cm 5 mm ➡ 3 cm보다 5 mm만큼 더 긴 길이

➡ 3 cm와 0.5 cm만큼인 길이

➡ 3.5 cm

14 □ 안에 알맞은 소수를 쓰고 읽어 보세요.

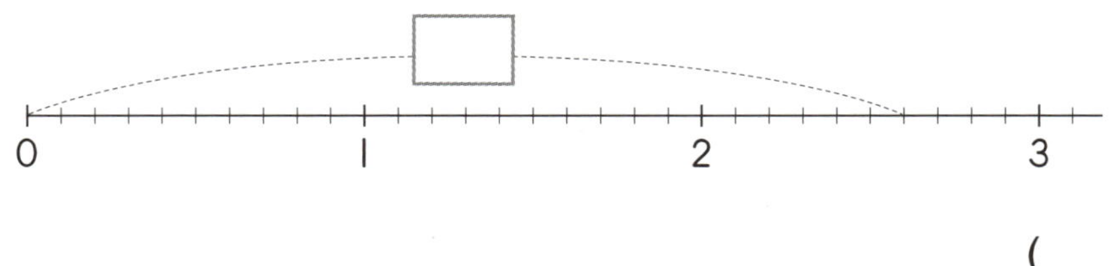

(   )

15 리본의 길이를 소수로 나타내 보세요.

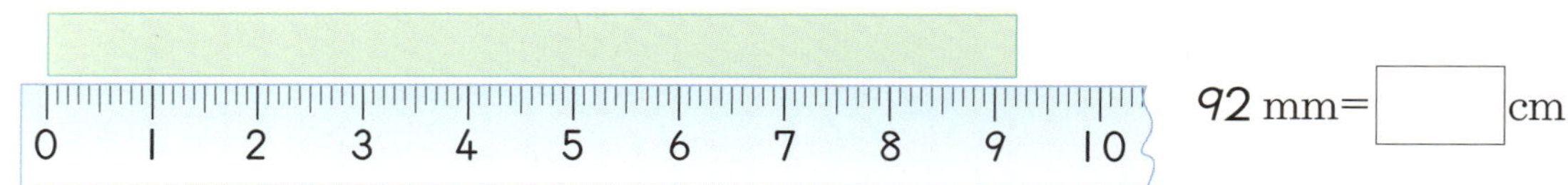

92 mm= □ cm

16 그림을 보고 □ 안에 알맞은 수를 써넣으세요.

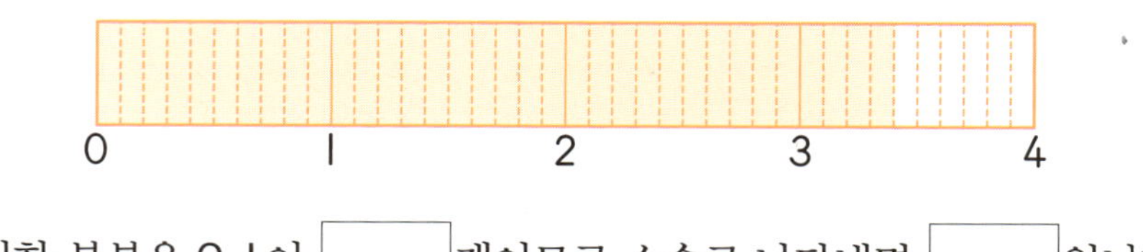

색칠한 부분은 0.1이 □ 개이므로 소수로 나타내면 □ 입니다.

소수의 크기 비교하기

⭐ 소수의 크기 비교

0.7 ➡ 0.7은 0.1이 7개

0.4 ➡ 0.4는 0.1이 4개

0.7 > 0.4

⭐ 자연수와 소수로 이루어진 소수의 크기 비교

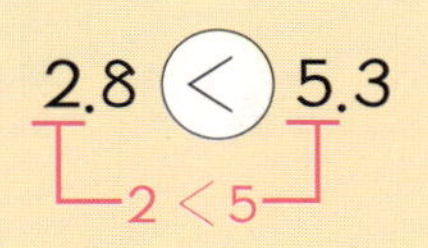 2.8 < 5.3
2 < 5

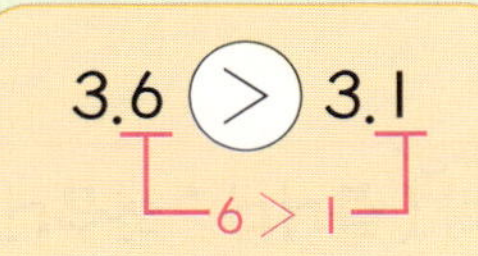 3.6 > 3.1
6 > 1

① 자연수의 크기를 먼저 비교합니다.

② 자연수의 크기가 같으면 소수의 크기를 비교합니다.

17 소수를 수직선에 ▭로 나타내고, ◯ 안에 >, =, <를 알맞게 써넣으세요.

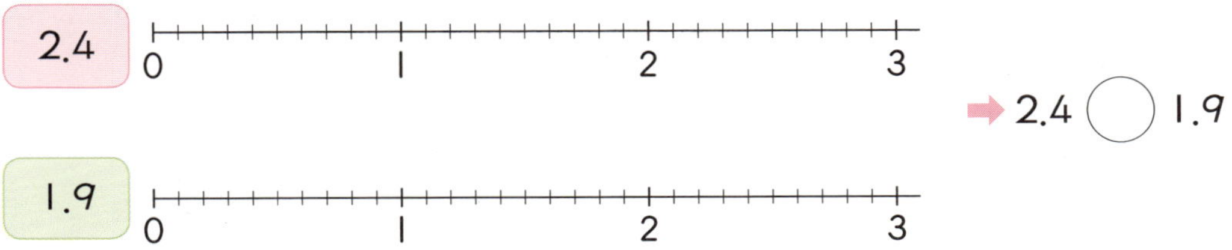

2.4

1.9

➡ 2.4 ◯ 1.9

18 □ 안에 알맞은 수를 써넣고, ◯ 안에 >, =, <를 알맞게 써넣으세요.

(1) 0.8은 0.1이 ☐ 개

0.2는 0.1이 ☐ 개

➡ 0.8 ◯ 0.2

(2) 2.7은 0.1이 ☐ 개

3.3은 0.1이 ☐ 개

➡ 2.7 ◯ 3.3

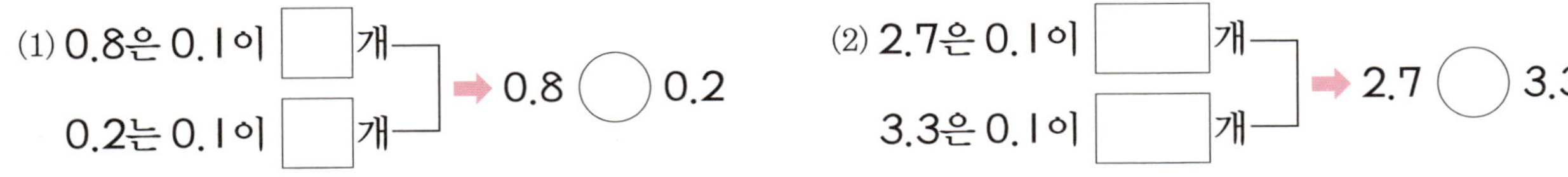

19 두 소수의 크기를 비교하여 ◯ 안에 >, =, <를 알맞게 써넣으세요.

(1) 4.3 ◯ 4.1

(2) 5.9 ◯ 6.2

유형 01 똑같이 나누기

01 도형을 똑같이 넷으로 나누지 <u>않은</u> 것을 찾아 기호를 써 보세요.

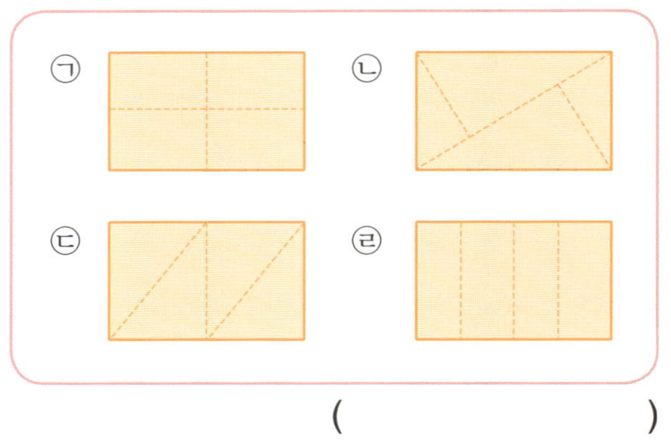

(   )

02 도형을 똑같이 둘로 나눌 수 <u>없는</u> 선을 찾아 기호를 써 보세요.

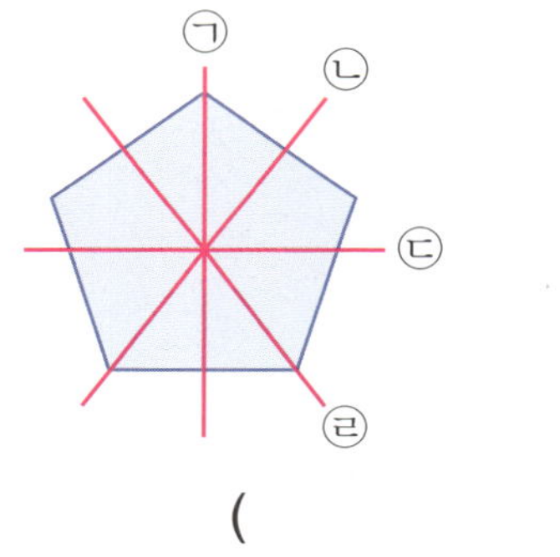

(   )

03 그림과 같이 색종이를 두 번 접었다 펼쳐서 접힌 선을 따라 잘랐습니다. 전체를 똑같이 몇으로 나눈 것일까요?

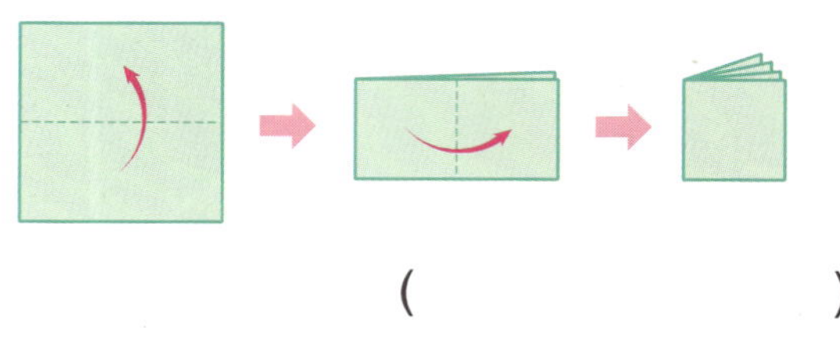

(   )

유형 02 분수 알아보기

04 남은 부분과 먹은 부분을 분수로 나타내 보세요.

남은 부분: 전체의 ☐

먹은 부분: 전체의 ☐

05 색칠한 부분이 나타내는 분수가 $\dfrac{4}{9}$ 인 것을 모두 찾아 기호를 써 보세요.

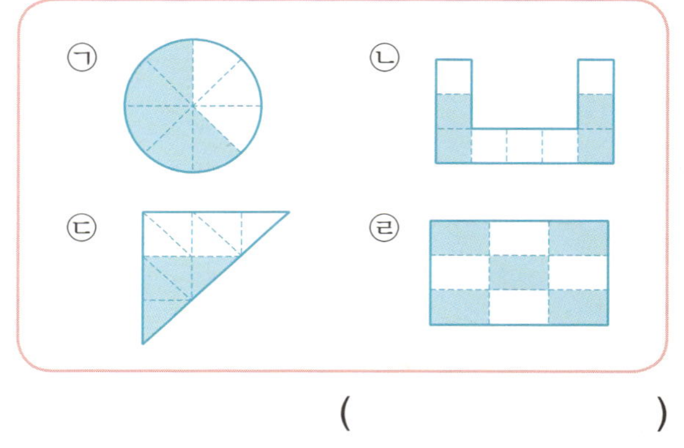

(   )

06 ☐ 안에 알맞은 수를 써넣으세요.

(1) $\dfrac{3}{5}$ 은 $\dfrac{1}{5}$ 이 ☐ 개입니다.

(2) $\dfrac{7}{10}$ 은 ☐ 이 7개입니다.

(3) ☐ 는 $\dfrac{1}{13}$ 이 5개입니다.

07 그림을 보고 □ 안에 알맞은 수를 써넣으세요.

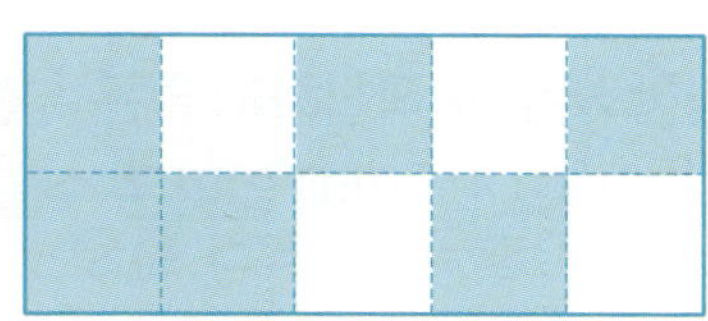

(1) 단위분수는 □ 입니다.

(2) 단위분수 □ 이 □ 개이면 전체입니다.

(3) 색칠된 부분은 단위분수 □ 이 □ 개, 색칠되지 않은 부분은 단위분수 □ 이 □ 개입니다.

08 $\frac{3}{8}$ 을 <u>잘못</u> 설명한 것을 찾아 기호를 써 보세요.

> ㉠ 분자는 3이고 분모는 8입니다.
> ㉡ 8분의 3이라고 읽습니다.
> ㉢ 전체를 똑같이 3으로 나눈 것 중의 8입니다.

( )

09 서아는 포장지 한 장을 똑같이 6조각으로 나누어 전체의 $\frac{4}{6}$ 만큼을 사용했습니다. 서아가 사용한 포장지는 몇 조각일까요?

( )

10 우유 한 병의 $\frac{2}{4}$ 를 경수가 먹고, 남은 우유의 반을 연아가 먹었습니다. 연아가 먹은 우유의 양은 전체의 얼마인지 분수로 나타내 보세요.

( )

11 도형을 각각 똑같이 나누어 $\frac{1}{3}$ 만큼 색칠해 보세요.

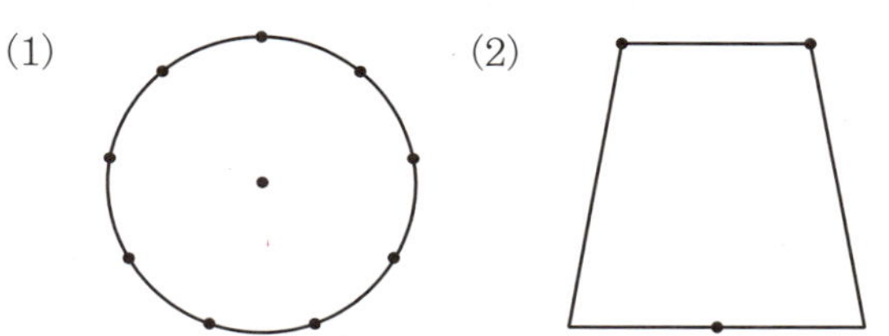

12 도형을 각각 똑같이 나누어 주어진 분수만큼 색칠해 보세요.

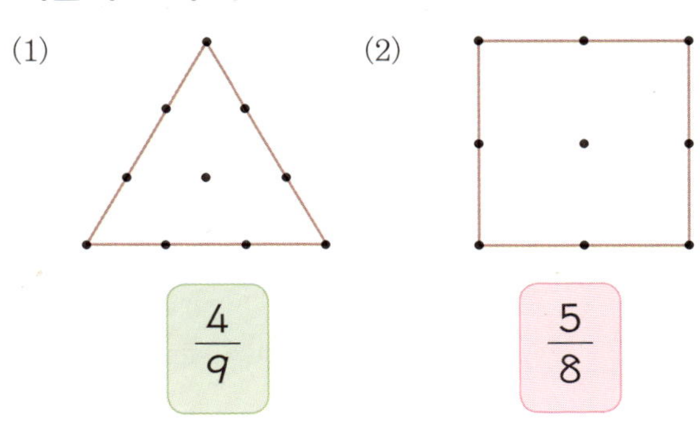

(1) $\frac{4}{9}$

(2) $\frac{5}{8}$

유형 04 부분을 보고 전체 알아보기

13 부분을 보고 전체를 완성해 보세요.

(1)
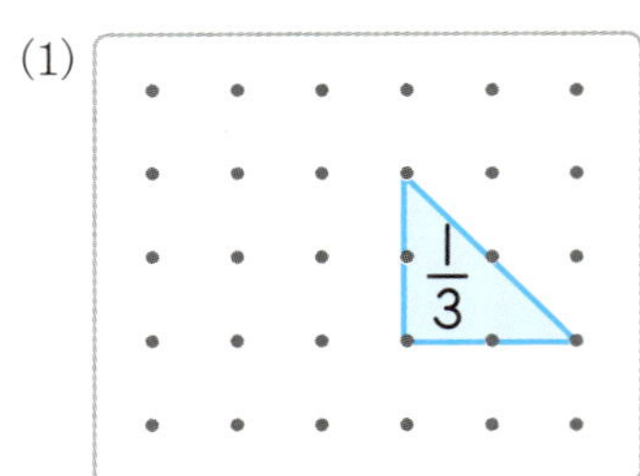

(2)
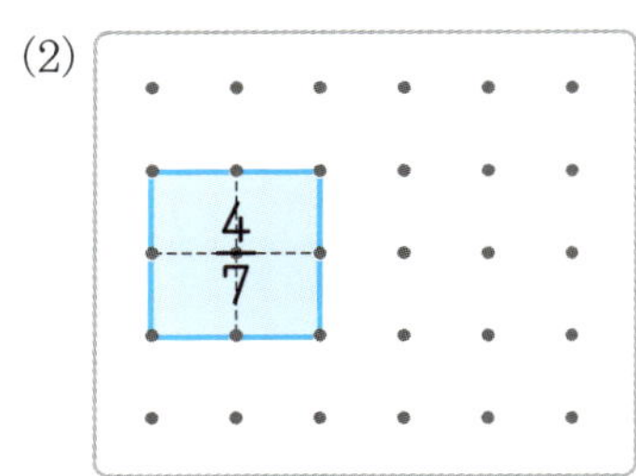

14 전체에 알맞은 도형을 찾아 기호를 써 보세요.

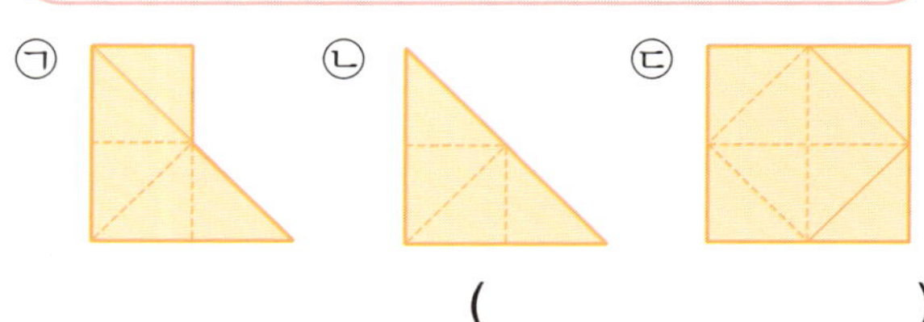

(　　　　　　　)

15 리본의 $\dfrac{1}{8}$ 의 길이가 5 cm이면 전체 리본의 길이는 몇 cm일까요?

(　　　　　　　)

유형 05 몇 배인지 구하기

16 색칠한 부분과 색칠하지 <u>않은</u> 부분을 각각 분수로 나타내고, □ 안에 알맞은 수를 써넣으세요.

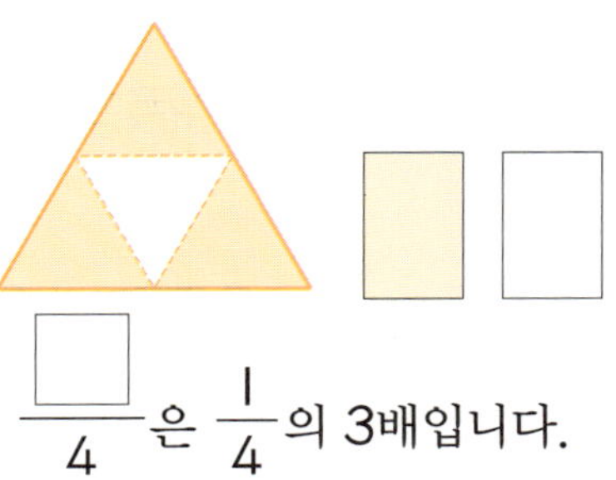

$\dfrac{\square}{4}$ 은 $\dfrac{1}{4}$ 의 3배입니다.

17 주연이는 음료수 전체의 $\dfrac{1}{7}$ 을 마셨습니다. 남은 음료수는 마신 음료수의 몇 배일까요?

(　　　　　　　)

18 동호는 빵 전체의 $\dfrac{1}{13}$ 을 먹었습니다. 남은 빵은 먹은 빵의 몇 배일까요?

(　　　　　　　)

유형 06 분모가 같은 분수의 크기 비교하기

19 □ 안에 알맞은 분수를 써넣고, ○ 안에 >, =, <를 알맞게 써넣으세요.

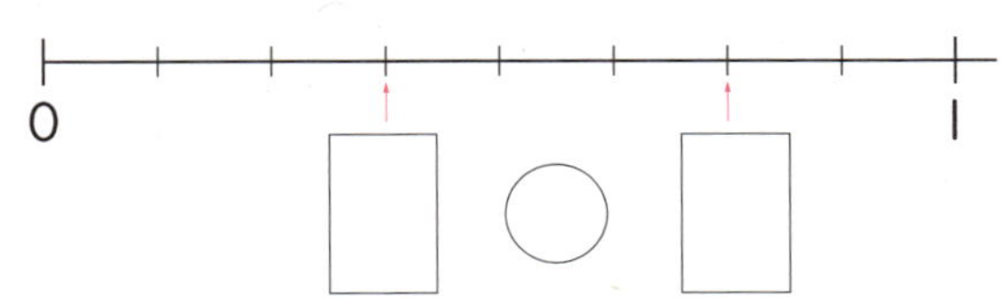

20 두 분수의 크기를 비교하여 ○ 안에 >, =, <를 알맞게 써넣으세요.

(1) $\dfrac{1}{12}$이 5개인 수 ○ $\dfrac{7}{12}$

(2) $\dfrac{13}{20}$ ○ $\dfrac{1}{20}$이 11개인 수

21 가장 큰 분수를 찾아 기호를 써 보세요.

> ㉠ 11분의 5
>
> ㉡ $\dfrac{1}{11}$이 8개인 수
>
> ㉢ ▨▨▨▨ 의 색칠한 부분

( )

22 두 분수의 크기를 바르게 비교한 것을 찾아 기호를 써 보세요.

> ㉠ $\dfrac{1}{2} > \dfrac{1}{7}$ ㉡ $\dfrac{1}{6} < \dfrac{1}{8}$ ㉢ $\dfrac{1}{17} > \dfrac{1}{15}$

( )

23 가장 큰 분수에 ○표, 가장 작은 분수에 △표 하세요.

> $\dfrac{1}{25}$ $\dfrac{1}{50}$ $\dfrac{1}{5}$ $\dfrac{1}{100}$

24 $\dfrac{1}{24}$보다 크고 $\dfrac{1}{17}$보다 작은 단위분수는 모두 몇 개일까요?

( )

유형 07 분수의 크기 비교 활용

25 같은 동화책을 현주는 전체의 $\dfrac{2}{7}$만큼 읽었고 윤아는 전체의 $\dfrac{5}{7}$만큼 읽었습니다. 동화책을 더 적게 읽은 사람의 이름을 써 보세요.

( )

26 보아는 피자 한 판의 $\dfrac{1}{6}$만큼을 먹었고 지수는 같은 피자 한 판의 $\dfrac{1}{10}$만큼을 먹었습니다. 누가 피자를 더 많이 먹었을까요?

( )

27 케이크를 똑같이 12조각으로 나누어 민주는 전체의 $\dfrac{8}{12}$만큼 먹었고, 나머지를 동생이 먹었습니다. 케이크를 더 많이 먹은 사람은 누구일까요?

(   )

28 (가) 테이프와 (나) 테이프가 각각 1 m씩 있습니다. (가) 테이프는 전체의 $\dfrac{3}{4}$만큼을 사용하고, (나) 테이프는 전체의 $\dfrac{5}{6}$만큼을 사용했습니다. 어느 테이프가 더 많이 남았을까요?

(   )

유형 08 분수의 크기 비교에서 □ 안에 알맞은 수 구하기

29 1부터 9까지의 수 중 □ 안에 들어갈 수 있는 수를 모두 구해 보세요.

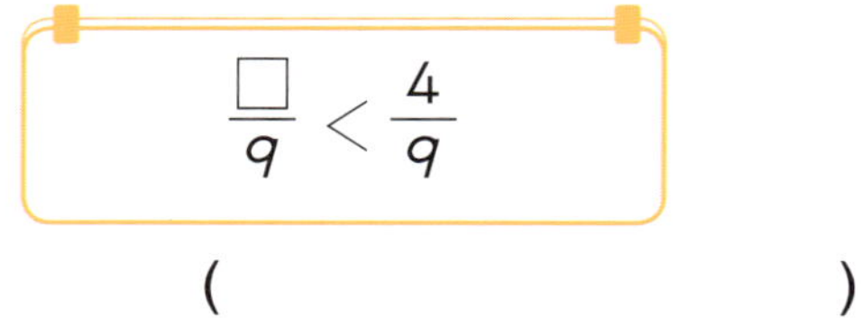
$$\dfrac{\square}{9} < \dfrac{4}{9}$$

(   )

30 □ 안에 들어갈 수 있는 수는 모두 몇 개인지 구해 보세요.

$$\dfrac{7}{13} < \dfrac{\square}{13} < \dfrac{11}{13}$$

(   )

31 2부터 9까지의 수 중 □ 안에 들어갈 수 있는 수를 모두 구해 보세요.

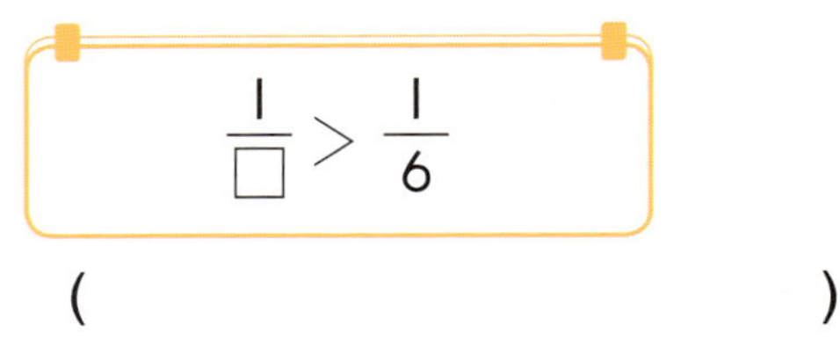
$$\dfrac{1}{\square} > \dfrac{1}{6}$$

(   )

유형 09 조건에 맞는 분수 구하기

32 조건에 알맞은 분수는 모두 몇 개인지 구해 보세요.

- 분모가 16인 분수입니다.
- $\dfrac{9}{16}$보다 크고 $\dfrac{13}{16}$보다 작습니다.

(   )

33 조건에 알맞은 분수를 모두 써 보세요.

- 단위분수입니다.
- $\dfrac{1}{7}$보다 작은 분수입니다.
- 분모는 10보다 작습니다.

(   )

34 조건에 알맞은 분수를 모두 써 보세요.

> • 분자는 5보다 큽니다.
> • 분모는 19입니다.
> • 분자와 분모의 합은 28보다 작습니다.

(   )

유형 10   소수 알아보기

35 관계있는 것끼리 이어 보세요.

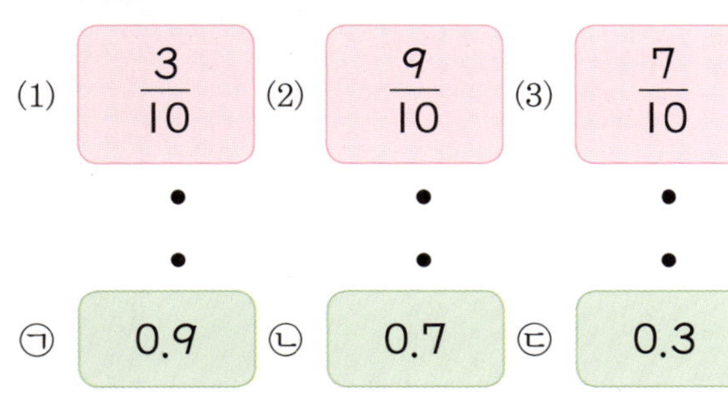

36 ☐ 안에 알맞은 수를 써넣으세요.

(1) 0.2는 ☐ 이 2개입니다.

(2) 0.1이 4개이면 ☐ 입니다.

(3) 3.9는 0.1이 ☐ 개입니다.

(4) 0.1이 ☐ 개이면 4.1입니다.

---

37 ☐ 안에 알맞은 소수를 써넣으세요.

(1) 3 cm 8 mm= ☐ cm

(2) 57 mm= ☐ cm

38 ☐ 안에 알맞은 소수를 써넣으세요.

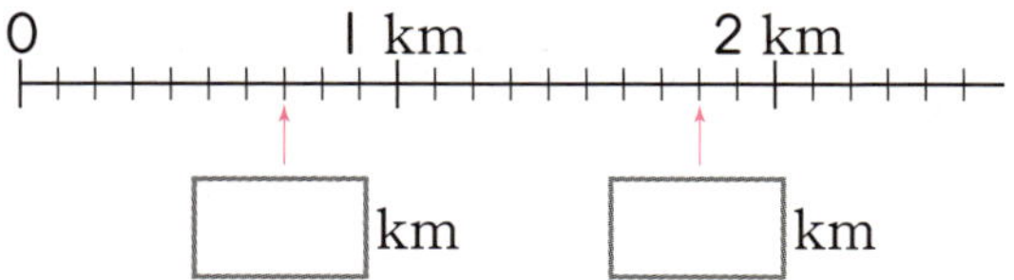

39 다음 수를 소수로 나타내 보세요.

$$7\text{과 } \frac{6}{10}$$

(   )

40 재민이는 색 테이프를 8 cm보다 3 mm만큼 더 길게 잘랐습니다. 재민이가 자른 색 테이프는 몇 cm인지 소수로 나타내 보세요.

(   )

41 파이를 똑같이 10조각으로 나누어 그중 소현이는 3조각, 예준이는 5조각을 먹었습니다. 소현이와 예준이가 먹은 파이의 양을 각각 소수로 나타내 보세요.

소현 (　　　　　　　)

예준 (　　　　　　　)

42 준하는 색 테이프 1 m를 똑같이 10도막으로 나누어 그중 2도막을 사용했습니다. 준하에게 남은 색 테이프는 몇 m인지 소수로 나타내 보세요.

(　　　　　　　)

유형 11　소수의 크기 비교하기

43 두 수의 크기를 비교하여 ○ 안에 >, =, <를 알맞게 써넣으세요.

(1) 0.8 ◯ 0.1이 11개인 수

(2) 0.1이 75개인 수 ◯ 7.3

44 가장 큰 수에 ◯표, 가장 작은 수에 △표 하세요.

5.6　6.1　4.9　0.3　0.7

45 크기가 큰 소수부터 순서대로 기호를 써 보세요.

㉠ 3과 0.4만큼인 수
㉡ 0.1이 19개인 수
㉢ 이 점 팔
㉣ 0.7

(　　　　　　　)

46 수첩의 가로의 길이는 10.2 cm, 세로의 길이는 89 mm입니다. 수첩의 가로와 세로 중 길이가 더 긴 것은 어느 쪽일까요?

(　　　　　　　)

47 집에서 우체국까지의 거리는 0.7 km, 병원까지의 거리는 2.3 km, 도서관까지의 거리는 1.8 km입니다. 세 장소 중 집에서 가장 먼 곳은 어느 곳일까요?

(　　　　　　　)

유형 12　소수의 크기 비교에서 □ 안에 알맞은 수 구하기

48 1부터 9까지의 수 중 □ 안에 들어갈 수 있는 수를 모두 써 보세요.

0.5 < 0.□

(　　　　　　　)

49 I부터 9까지의 수 중 □ 안에 들어갈 수 있는 수는 모두 몇 개일까요?

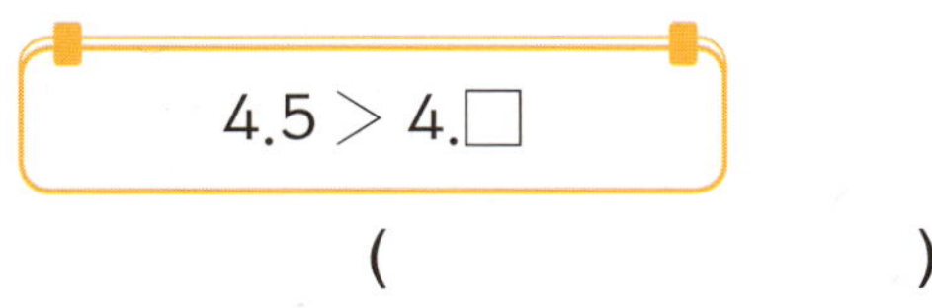

( )

---

50 두 수의 크기를 비교하여 ○ 안에 >, =, <를 알맞게 써넣으세요.

(1) $\dfrac{8}{10}$ ◯ 0.5

(2) 0.7 ◯ $\dfrac{3}{10}$

51 더 큰 수의 기호를 써 보세요.

> ㉠ $\dfrac{1}{10}$이 9개인 수 ㉡ 0.1이 11개인 수

( )

52 유정이는 케이크의 $\dfrac{3}{10}$을 먹었고, 동생은 같은 케이크의 0.4를 먹었습니다. 케이크를 더 많이 먹은 사람은 누구일까요?

( )

---

53 수 카드 중 두 장을 골라 만들 수 있는 가장 작은 단위분수를 써 보세요.

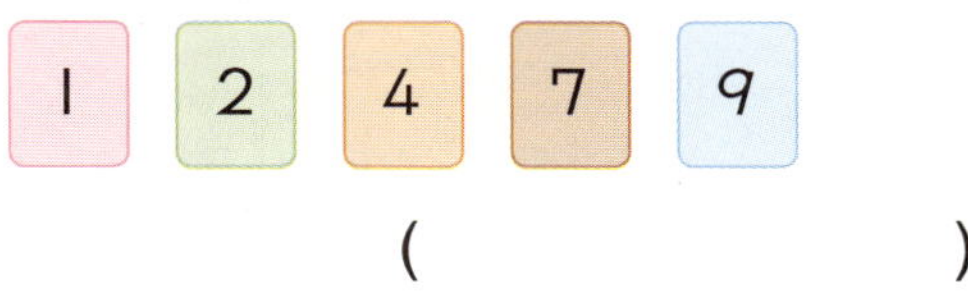

( )

54 4장의 수 카드 중 2장을 뽑아 만들 수 있는 가장 큰 소수를 써 보세요.

3 7 5 8

( )

55 수 카드 중 2장을 뽑아 만들 수 있는 소수 중 가장 작은 소수와 두 번째로 작은 소수를 각각 써 보세요.

6 9 4

가장 작은 소수 ( )

두 번째로 작은 소수 ( )

대표 01 1부터 9까지의 수 중 □ 안에 들어갈 수 있는 수를 모두 구해 보세요.

$$\frac{7}{10} < 0.\square$$

(1) 분수를 소수로 바꾸어 보세요.

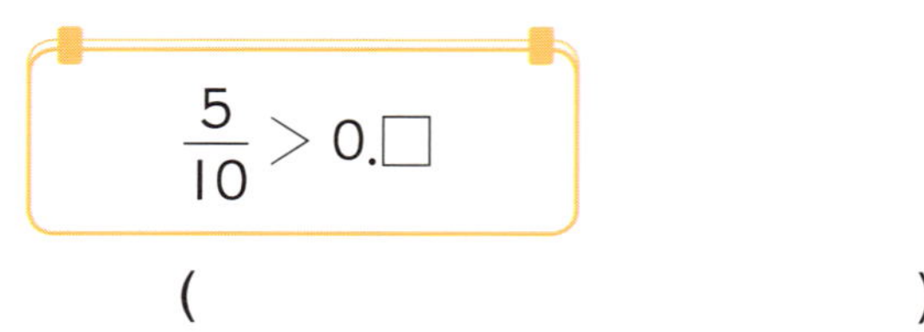

$$\frac{7}{10} = \boxed{} \;\rightarrow\; \boxed{} < 0.\square$$

풀이

(2) □ 안에 들어갈 수 있는 수를 모두 구해 보세요.

(   )

풀이

예제 1-1 1부터 9까지의 수 중 □ 안에 들어갈 수 있는 수를 모두 구해 보세요.

$$\frac{5}{10} > 0.\square$$

(   )

✎ 분수를 소수로 바꾸어 비교해 봅니다.

변형 1-2 1부터 9까지의 수 중 □ 안에 들어갈 수 있는 수를 모두 구해 보세요.

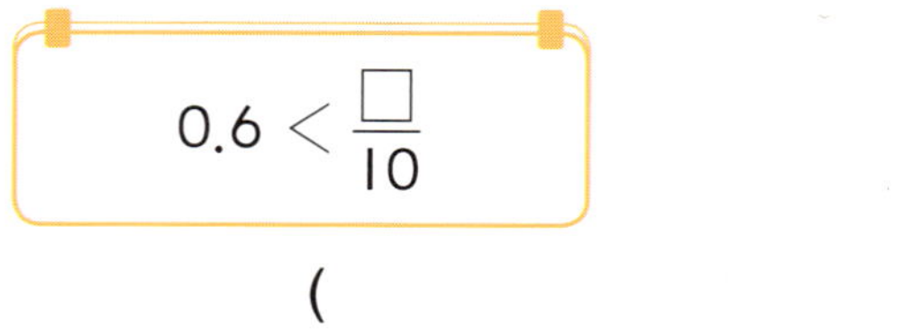

$$0.6 < \frac{\square}{10}$$

(   )

✎ 소수를 분수로 바꾸어 분자의 크기를 비교해 봅니다.

대표 02 케이크 한 개를 똑같이 7조각으로 나누어 정호가 전체의 $\dfrac{3}{7}$ 만큼 먹었고, 유아가 전체의 $\dfrac{2}{7}$ 만큼 먹었습니다. 남은 케이크의 양은 전체의 얼마인지 분수로 나타내 보세요.

(1) 전체 7조각 중 정호와 유아가 먹은 케이크 조각의 수를 구해 보세요.

정호 (   ), 유아 (   )

풀이

(2) 전체 7조각 중 남은 케이크 조각의 수를 구해 보세요.

(   )

풀이

(3) 남은 케이크의 양은 전체의 얼마인지 분수로 나타내 보세요.

(   )

풀이

예제 2-1 예서 어머니는 텃밭에 채소를 심었습니다. 전체의 $\dfrac{2}{9}$ 에는 가지를 심었고, 전체의 $\dfrac{5}{9}$ 에는 고추를 심었습니다. 남은 밭은 전체의 얼마인지 분수로 나타내 보세요.

(   )

$\dfrac{●}{■}$ 는 전체를 똑같이 ■로 나눈 것 중의 ●이므로 전체를 ■개의 부분으로 나누어 생각합니다.

변형 2-2 시우는 받은 용돈 전체의 $\dfrac{4}{15}$ 로 학용품을 사고, 전체의 $\dfrac{3}{15}$ 으로 간식을 샀습니다. 남은 용돈은 학용품을 산 금액의 몇 배인지 구해 보세요.

(   )

$\dfrac{●}{■}$ 은 $\dfrac{1}{■}$ 이 ●개이므로 $\dfrac{●}{■}$ 은 $\dfrac{1}{■}$ 의 ●배입니다.

대표 03 색칠한 부분은 전체의 얼마인지 분수로 나타내 보세요.

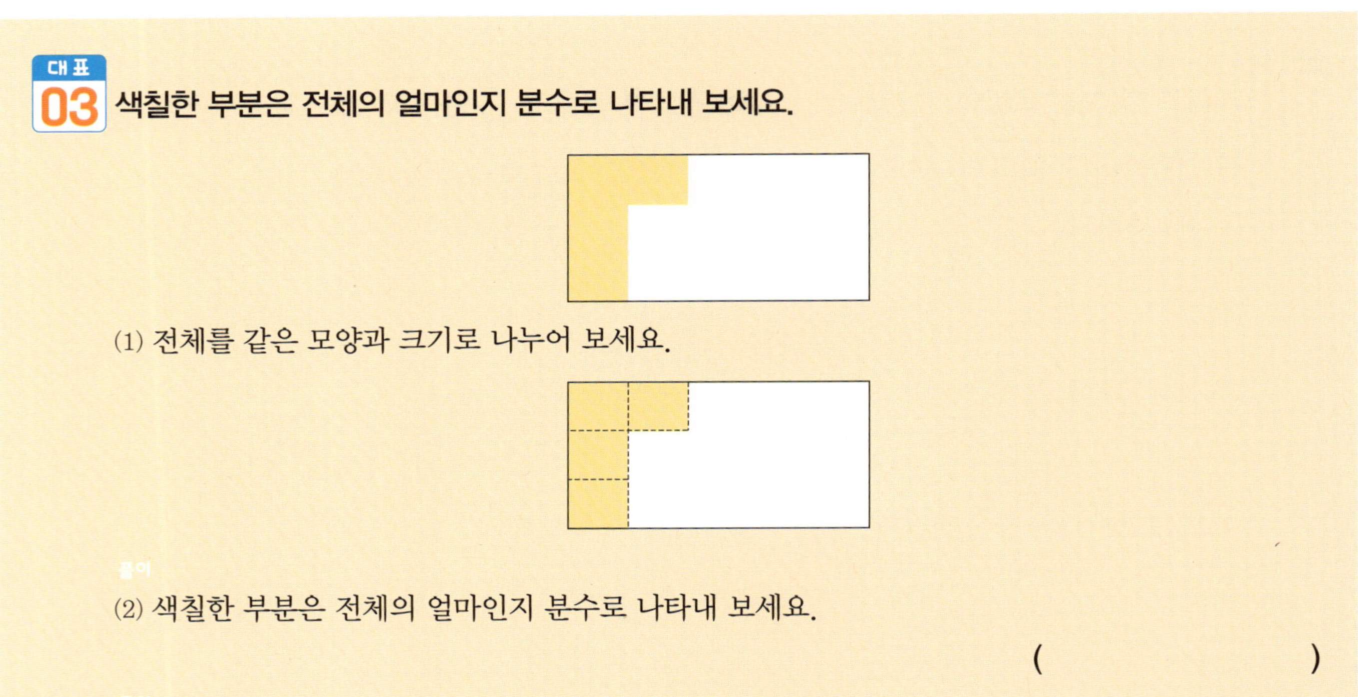

(1) 전체를 같은 모양과 크기로 나누어 보세요.

(2) 색칠한 부분은 전체의 얼마인지 분수로 나타내 보세요.

(   )

예제 3-1 색칠한 부분은 전체의 얼마인지 분수로 나타내 보세요.

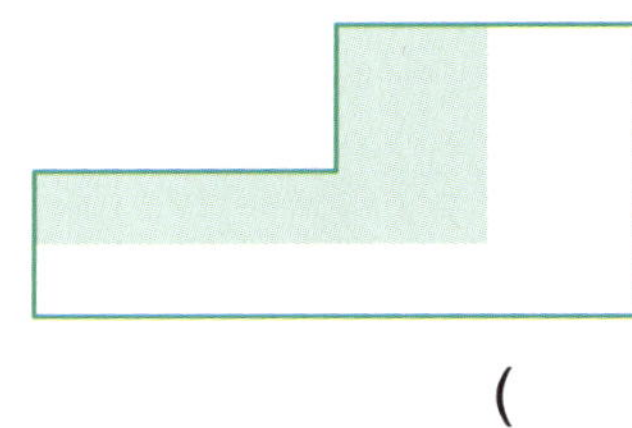

(   )

전체를 같은 모양과 크기로 나누어 색칠한 부분은 전체의 얼마인지 알아봅니다.

변형 3-2 색칠한 부분은 전체의 얼마인지 분수로 나타내 보세요.

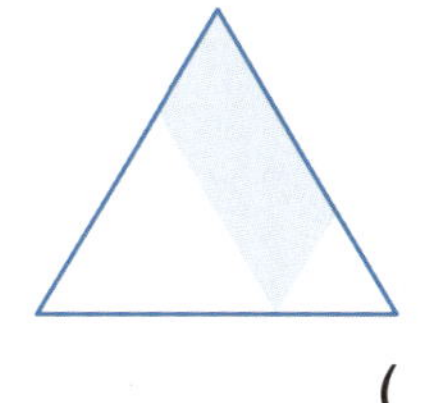

(   )

전체를 똑같이 ■로 나눈 것 중의 ●만큼은 분수 $\dfrac{●}{■}$로 나타냅니다.

대표 04 0.5보다 크고 $\frac{8}{10}$ 보다 작은 수를 모두 찾아 써 보세요.

$$\frac{4}{10} \quad 0.6 \quad \frac{7}{10} \quad 0.8 \quad 1.6$$

(1) 분수를 각각 소수로 바꾸어 보세요.

$$\frac{8}{10}=\boxed{} \qquad \frac{4}{10}=\boxed{} \qquad \frac{7}{10}=\boxed{}$$

풀이

(2) 조건에 맞는 수를 모두 찾아 써 보세요.

(   )

풀이

예제 4-1 $\frac{7}{10}$ 보다 크고 1.2보다 작은 수를 모두 찾아 써 보세요.

$$0.9 \quad \frac{5}{10} \quad 3.1 \quad \frac{8}{10} \quad 1$$

(   )

🖋 분수를 소수로 바꾸어 비교해 봅니다.

변형 4-2 $\frac{5}{10}$ 와 2.5 사이의 수는 모두 몇 개일까요?

$$1.6 \quad \frac{3}{10} \quad 2.9 \quad \frac{7}{10} \quad \frac{1}{10} \quad 0.5$$

(   )

🖋 ■와 ● 사이의 수는 ■보다 크고 ●보다 작은 수입니다.

대표 05 전체 거리의 $\dfrac{1}{8}$만큼을 가는 데 10분이 걸렸습니다. 같은 빠르기로 전체의 $\dfrac{5}{8}$만큼을 간다면 몇 분이 걸리는지 구해 보세요.

(1) $\dfrac{5}{8}$는 $\dfrac{1}{8}$의 몇 배일까요?

(   )

풀이

(2) 같은 빠르기로 전체의 $\dfrac{5}{8}$만큼을 간다면 몇 분이 걸릴까요?

(   )

풀이

예제 5-1 벽의 $\dfrac{1}{5}$을 페인트로 칠하는 데 25분이 걸렸습니다. 같은 빠르기로 전체의 $\dfrac{3}{5}$을 칠하는 데 걸리는 시간은 몇 시간 몇 분일까요?

(   )

🖋 칠해야 하는 벽의 크기가 ●배가 되면 걸리는 시간도 ●배가 됩니다.

변형 5-2 전체 요리의 $\dfrac{6}{13}$을 하는 데 24분이 걸렸습니다. 같은 빠르기로 남은 요리를 하는 데 걸리는 시간은 몇 분인지 구해 보세요.

(   )

🖋 전체 요리의 $\dfrac{1}{\blacksquare}$을 하는 데 걸리는 시간을 먼저 구해 봅니다.

01 똑같이 둘로 나누어진 도형을 모두 찾아 기호를 써 보세요.

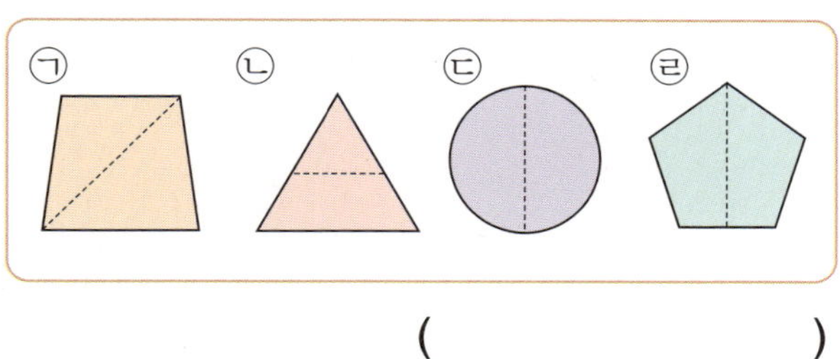

(   )

02 도형을 똑같이 넷으로 나누어 보세요.

03 다음을 분수로 나타내 보세요.

> 전체를 똑같이 11로 나눈 것 중의 7

(   )

04 주어진 분수만큼 색칠하고 분수를 읽어 보세요.

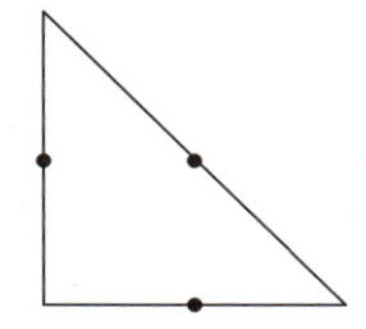

(   )

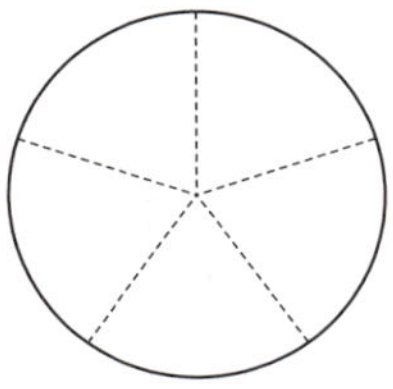

05 재하가 빵을 똑같이 4조각으로 나누어 전체의 $\frac{1}{2}$ 만큼 먹었습니다. 재하는 빵을 몇 조각 먹었을까요?

(   )

06 □ 안에 알맞은 수를 써넣으세요.

(1) $\frac{1}{5}$ 이 2개이면 $\frac{\square}{\square}$ 입니다.

(2) $\frac{\square}{9}$ 는 $\frac{1}{9}$ 이 4개입니다.

07 단위분수가 <u>아닌</u> 것은 어느 것일까요?

(   )

① $\frac{1}{11}$　　② $\frac{1}{40}$　　③ $\frac{11}{20}$

④ $\frac{1}{8}$　　⑤ $\frac{1}{100}$

08 두 분수의 크기를 비교하여 ○ 안에 >, =, < 를 알맞게 써넣으세요.

(1) $\dfrac{2}{9}$ ○ $\dfrac{4}{9}$　　(2) $\dfrac{1}{11}$ ○ $\dfrac{1}{3}$

09 $\dfrac{3}{7}$ 보다 큰 분수는 모두 몇 개일까요?

$$\dfrac{1}{7},\ \dfrac{3}{7},\ \dfrac{6}{7},\ \dfrac{4}{7},\ \dfrac{2}{7}$$

(　　　　　　　)

서술형 10 예한이는 피자 한 판의 $\dfrac{3}{8}$ 을 먹었고, 민수는 피자 한 판의 $\dfrac{5}{8}$ 를 먹었습니다. 누가 피자를 더 많이 먹었는지 풀이 과정을 쓰고 답을 구해 보세요.

풀이 ________________________

답 ________________________

11 가장 큰 분수를 찾아 써 보세요.

$$\dfrac{1}{7}\quad \dfrac{1}{3}\quad \dfrac{1}{4}$$

(　　　　　　　)

서술형 12 다음 조건에 알맞은 분수를 모두 구하려고 합니다. 풀이 과정을 쓰고 답을 구해 보세요.

풀이 ________________________

답 ________________________

13 1부터 9까지의 수 중에서 □ 안에 들어갈 수 있는 수를 모두 구해 보세요.

$$\dfrac{\square}{7} < \dfrac{3}{7}$$

(　　　　　　　)

14 $\frac{8}{10}$보다 크고 2.1보다 작은 수는 모두 몇 개일까요?

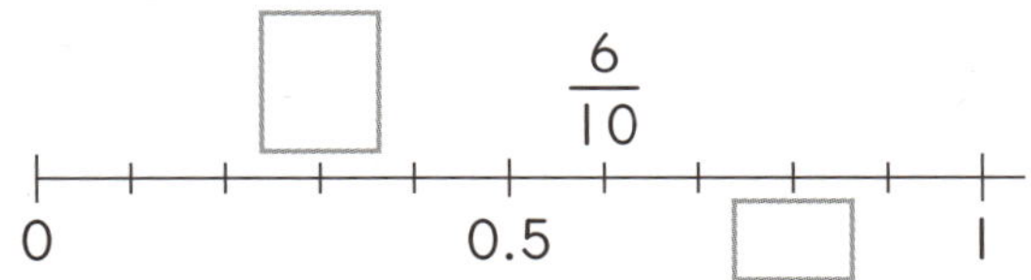

$$0.2 \quad \frac{5}{10} \quad 1.5 \quad 0.8 \quad \frac{9}{10}$$

(   )

15 ☐ 안에 알맞은 분수나 소수를 각각 써넣으세요.

$$\frac{6}{10}$$

0   0.5   1

16 4 mm는 몇 cm인지 분수와 소수로 각각 나타내 보세요.

분수 (   )

소수 (   )

17 ☐ 안에 들어갈 수가 가장 작은 것을 찾아 기호를 써 보세요.

- 1.6은 0.1이 ㉠ 개입니다.
- 2.1은 0.1이 ㉡ 개입니다.
- 0.1이 83개이면 ㉢ 입니다.

(   )

18 가장 큰 수와 가장 작은 수를 찾아 써 보세요.

$$6.9 \quad 8.3 \quad 2.7 \quad 3.1 \quad 0.9$$

가장 큰 수 (   )

가장 작은 수 (   )

19 직사각형의 가로의 길이는 14 mm이고 세로의 길이는 1.2 cm입니다. 가로와 세로 중 어느 것의 길이가 더 긴지 구해 보세요.

(   )

20 1부터 9까지의 수 중 ☐ 안에 공통으로 들어갈 수 있는 수를 모두 구해 보세요.

$$3.4 < 3.\square$$
$$0.\square > 0.7$$

(   )

01 똑같이 셋으로 나누어진 것을 모두 고르세요.

(   )

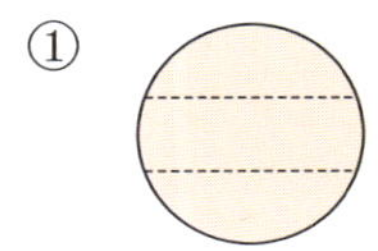 ①
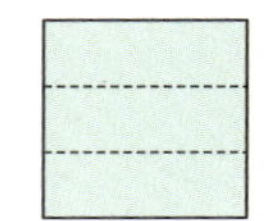 ②
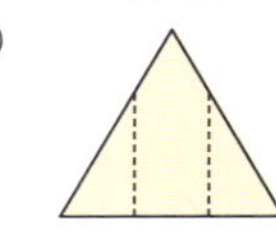 ③
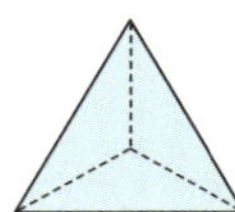 ④
⑤

02 다음 도형을 두 가지 방법으로 똑같이 나누어 $\dfrac{3}{4}$ 만큼 색칠해 보세요.

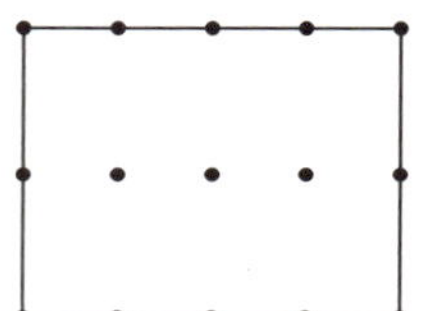 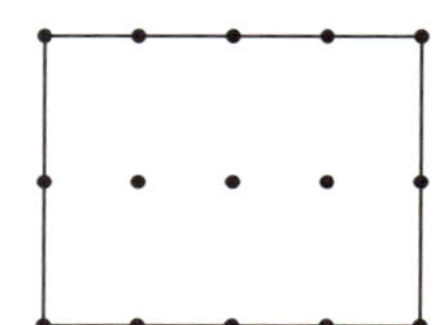

03 색칠한 부분과 색칠하지 <u>않은</u> 부분을 분수로 나타내 보세요.

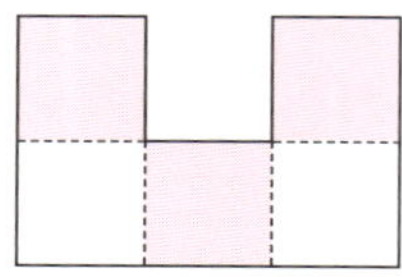 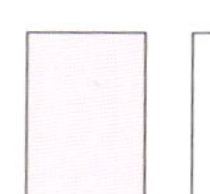 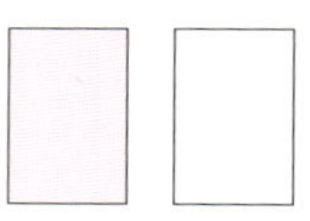

04 주미는 초콜릿 한 개를 사서 똑같이 12조각으로 나누었습니다. 그중의 5조각을 먹었다면 남은 초콜릿은 전체의 몇 분의 몇일까요?

(   )

05 왼쪽 도형의 색칠한 부분이 나타내는 분수와 크기가 같도록 오른쪽 도형을 나누고 색칠해 보세요.

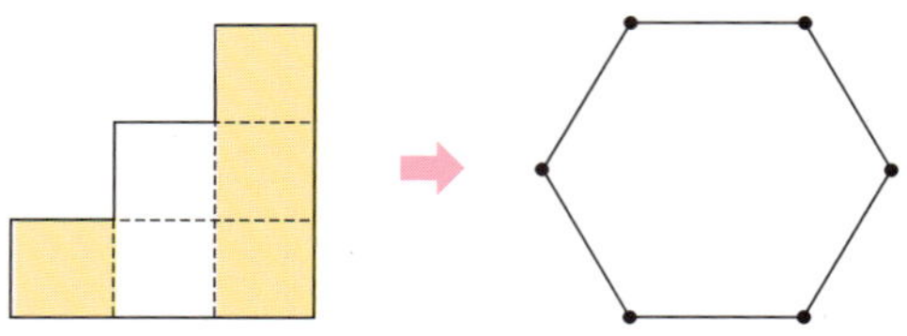

서술형
06 소훈이는 색 테이프를 똑같이 14조각으로 잘라 3조각은 리본을 만드는 데 사용하고, 2조각은 선물을 포장하는 데 사용하였습니다. 남은 색 테이프는 전체의 몇 분의 몇인지 풀이 과정을 쓰고 답을 구해 보세요.

풀이 ______________________________

____

____

답 ______________________________

07 은정이는 철사를 똑같이 7조각으로 잘라서 전체의 $\frac{6}{7}$ 만큼을 사용하였습니다. 은정이가 사용한 철사는 사용하고 남은 철사의 몇 배일까요?

(   )

08 ^{서술형} 더 큰 수를 찾아 기호를 쓰려고 합니다. 풀이 과정을 쓰고 답을 구해 보세요.

> ㉠ 전체를 11로 똑같이 나눈 것 중 7만큼인 수
>
> ㉡ $\frac{1}{11}$ 이 9개인 수

풀이 _______________________________

____

____

답 _______________________________

09 $\frac{2}{9}$ 보다 크고 $\frac{7}{9}$ 보다 작은 분수를 모두 고르세요. (   )

① $\frac{1}{9}$　　② $\frac{7}{9}$　　③ $\frac{4}{9}$

④ $\frac{8}{9}$　　⑤ $\frac{5}{9}$

10 조건에 알맞은 분수를 모두 써 보세요.

> • 단위분수입니다.
> • $\frac{1}{17}$ 보다 작은 분수입니다.
> • 분모는 20보다 작습니다.

(   )

11 큰 분수부터 차례대로 써 보세요.

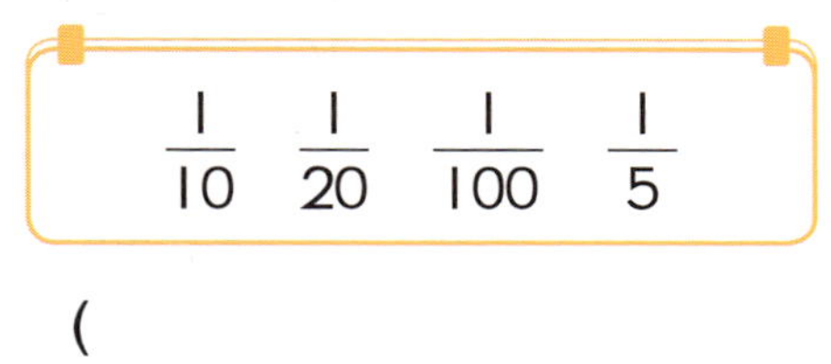

$$\frac{1}{10} \quad \frac{1}{20} \quad \frac{1}{100} \quad \frac{1}{5}$$

(   )

12 책꽂이에 꽂혀 있는 책 중에서 교과서가 전체의 $\frac{1}{9}$, 참고서가 전체의 $\frac{1}{4}$, 나머지는 동화책입니다. 교과서와 참고서 중에서 어느 책이 더 많이 꽂혀 있을까요?

(   )

13 밭 전체의 $\frac{1}{8}$ 에는 배추를 심었고, 배추를 심은 부분의 2배에는 무를 심었습니다. 남은 밭은 전체의 얼마인지 분수로 나타내 보세요.

(   )

14 관계있는 것끼리 이어 보세요.

(1) $\dfrac{4}{10}$ • • 0.5 • • 영점오

(2) $\dfrac{5}{10}$ • • 0.4 • • 영점팔

(3) $\dfrac{8}{10}$ • • 0.8 • • 영점사

15 □ 안에 알맞은 수가 가장 큰 것은 어느 것일까요? (　　　　)

① 1 mm=□ cm ② 5 mm=□ cm
③ 7 mm=□ cm ④ 3 mm=□ cm
⑤ 2 mm=□ cm

16 ㉠과 ㉡에 알맞은 두 수의 합은 얼마일까요?

> • 0.5는 0.1이 ㉠개입니다.
> • 0.1이 ㉡개이면 4.8입니다.

(　　　　　　)

17 8.7보다 크고 9.5보다 작은 수를 모두 찾아 기호를 써 보세요.

> ㉠ $\dfrac{1}{10}$이 87개인 수
> ㉡ 9와 0.4만큼인 수
> ㉢ 0.1이 79개인 수
> ㉣ 8과 $\dfrac{9}{10}$만큼인 수

(　　　　　　)

18 수 카드 중 2장을 골라 한 번씩만 사용하여 다음과 같은 소수를 만들려고 합니다. 만들 수 있는 소수 중에서 5보다 큰 수를 모두 구해 보세요.

2　5　8　➡　□ . □

(　　　　　　)

19 1부터 9까지의 수 중 □ 안에 들어갈 수 있는 수를 모두 구해 보세요.

$$\dfrac{6}{10} < 0.\square < 1.3$$

(　　　　　　)

20 피자 전체의 0.5는 현아가 먹고, 전체의 $\dfrac{3}{10}$은 동생이 먹었습니다. 나머지를 수지가 먹었다면 수지가 먹은 부분은 전체의 얼마인지 소수로 나타내 보세요.

(　　　　　　)

복습 BOOK

복습
BOOK

덧셈과 뺄셈

진도북 12쪽 유형01

유형 01 세 자리 수의 덧셈

01 두 수의 합을 구해 보세요.

| 345 | 413 |

( )

02 수 모형이 나타내는 수보다 338만큼 더 큰 수를 구해 보세요.

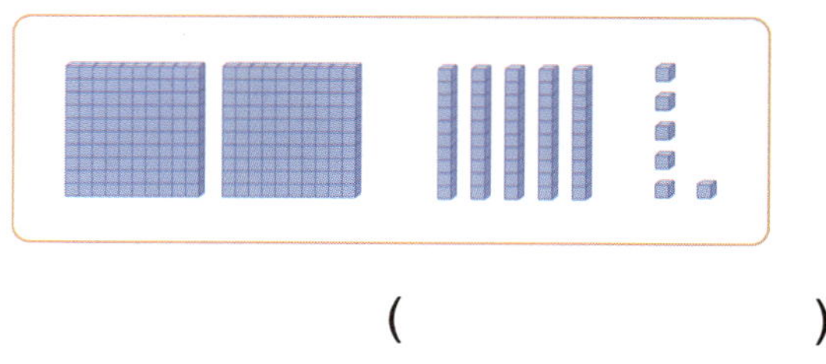

( )

03 다음 계산에서 숫자 $\boxed{1}$이 실제로 나타내는 수는 얼마일까요?

$$\begin{array}{r} \boxed{1} \\ 3\ 6\ 2 \\ +\ 5\ 7\ 4 \\ \hline 9\ 3\ 6 \end{array}$$

( )

04 빈칸에 두 수의 합을 써넣으세요.

567	
295	

05 계산 결과가 같은 것끼리 이어 보세요.

(1) 542+265 •　　　•　㉠ 807

(2) 384+479 •　　　•　㉡ 853

(3) 166+687 •　　　•　㉢ 863

06 빈칸에 알맞은 수를 써넣으세요.

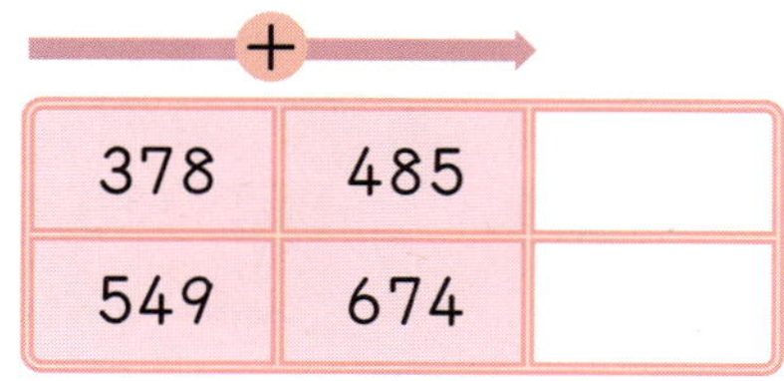

+		
378	485	
549	674	

07 그림을 보고 □ 안에 알맞은 수를 써넣으세요.

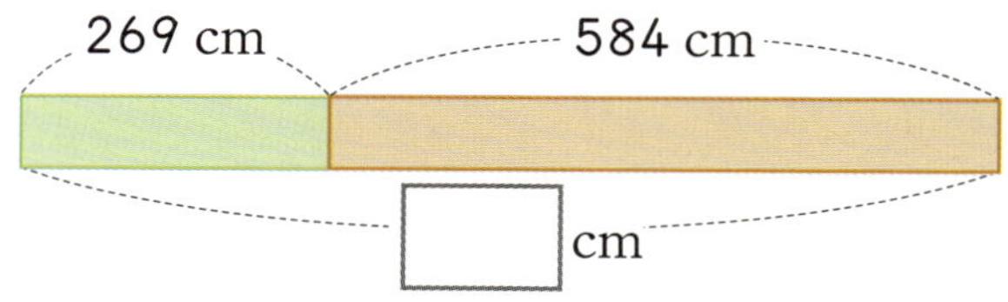

서술형
08 사각형에 있는 수의 합은 얼마인지 풀이 과정을 쓰고 답을 구해 보세요.

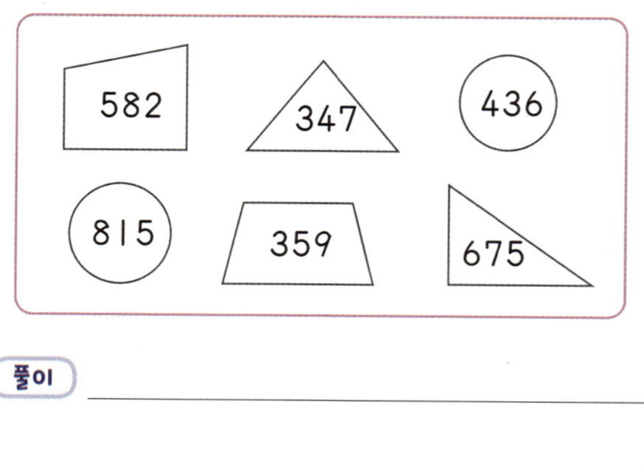

풀이 ________________________

____

답 ________________________

유형 **02** 실생활에서 세 자리 수의 덧셈 활용

09 정희네 학교 학생은 남학생이 361명이고 여학생이 327명입니다. 정희네 학교 학생은 모두 몇 명일까요?

식 ______________________

답 ______________________

10 마트에서 어제 판매한 라면은 384봉지이고 오늘은 어제보다 147봉지 더 많이 판매했습니다. 마트에서 오늘 판매한 라면은 몇 봉지일까요?

식 ______________________

답 ______________________

서술형
11 해준이네 집에서 우체국까지의 거리는 656 m입니다. 해준이가 우표를 사러 집에서 우체국까지 걸어서 갔다 왔습니다. 해준이가 걸은 거리는 모두 몇 m인지 풀이 과정을 쓰고 답을 구해 보세요.

풀이 ______________________

____

____

____

답 ______________________

유형 **03** 세 자리 수의 뺄셈

12 수 모형이 나타내는 수보다 154만큼 더 작은 수를 구해 보세요.

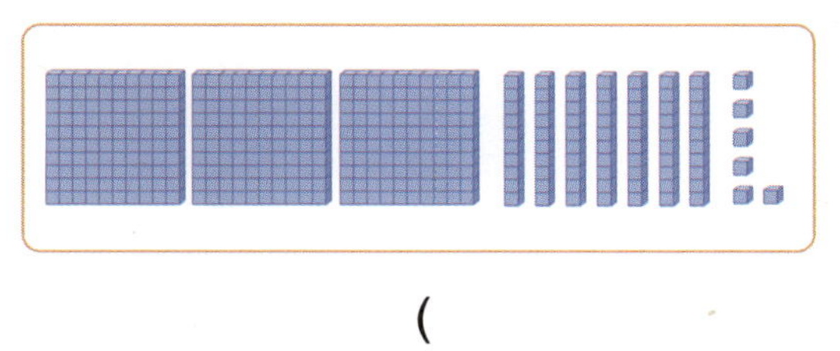

(   )

13 빈칸에 두 수의 차를 써넣으세요.

547	321

14 다음 계산에서 숫자 4 가 실제로 나타내는 수는 얼마일까요?

$$\begin{array}{r} \overset{4}{\cancel{5}}\ {}^{10} \\ 4\ 5\ 3 \\ -\ 1\ 2\ 7 \\ \hline 3\ 2\ 6 \end{array}$$

(   )

15 □ 안에 알맞은 수를 써넣으세요.

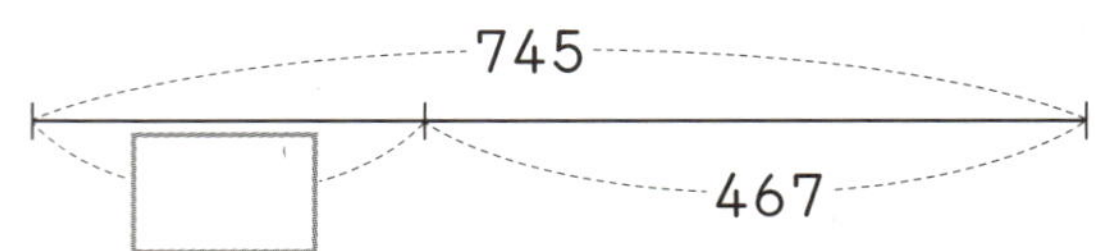

16 빈칸에 알맞은 수를 써넣으세요.

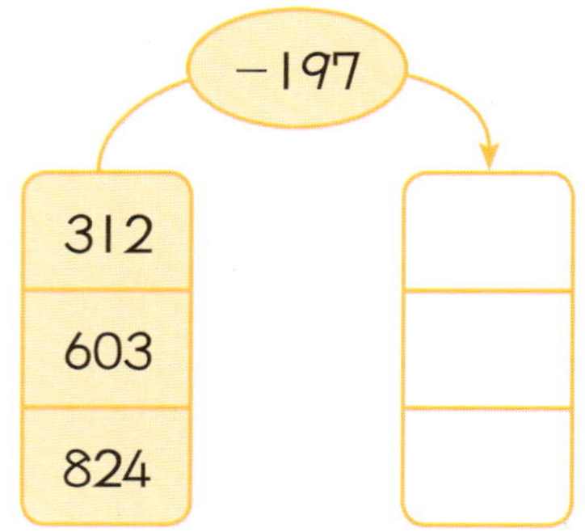

17 원에 있는 수의 차를 구해 보세요.

(   )

유형 04 **실생활에서 세 자리 수의 뺄셈 활용**

18 상자 안에 흰색 바둑돌이 457개, 검은색 바둑돌이 316개 있습니다. 흰색 바둑돌은 검은색 바둑돌보다 몇 개 더 많을까요?

식 ________________________

답 ________________________

19 길이가 7 m인 철사 중에서 164 cm를 사용했습니다. 남은 철사는 몇 cm일까요?

식 ________________________

답 ________________________

서술형
20 포도 맛 사탕은 265개 있고, 멜론 맛 사탕은 524개 있습니다. 어느 사탕이 몇 개 더 적은지 풀이 과정을 쓰고 답을 구해 보세요.

풀이 ________________________

____

____

답 ____________ , ____________

유형 05　틀린 부분을 찾아 바르게 고치기

21 잘못 계산한 곳을 찾아 바르게 계산해 보세요.

$$
\begin{array}{r}
4\ 5\ 3 \\
+\ 2\ 7\ 5 \\
\hline
6\ 2\ 8
\end{array}
\qquad\Rightarrow\qquad
\begin{array}{r}
4\ 5\ 3 \\
+\ 2\ 7\ 5 \\
\hline
\end{array}
$$

22 잘못 계산한 곳을 찾아 바르게 계산해 보세요.

$$
\begin{array}{r}
6\ 3\ 8 \\
-\ 2\ 5\ 4 \\
\hline
4\ 2\ 4
\end{array}
\qquad\Rightarrow\qquad
\begin{array}{r}
6\ 3\ 8 \\
-\ 2\ 5\ 4 \\
\hline
\end{array}
$$

23 (서술형) 잘못 계산한 곳을 찾아 이유를 쓰고, 바르게 계산해 보세요.

$$
\begin{array}{r}
7\ 0\ 5 \\
-\ 4\ 3\ 6 \\
\hline
2\ 7\ 9
\end{array}
\qquad\Rightarrow\qquad
\begin{array}{r}
7\ 0\ 5 \\
-\ 4\ 3\ 6 \\
\hline
\end{array}
$$

이유

____

____

____

유형 06　가장 큰 수와 가장 작은 수의 합(차) 구하기

24 가장 큰 수와 가장 작은 수의 합을 구해 보세요.

| 538 | 376 | 465 |

(　　　　　　　　　)

25 가장 큰 수와 가장 작은 수의 차를 구해 보세요.

| 367 | 820 | 735 |

(　　　　　　　　　)

26 가장 큰 수와 가장 작은 수의 합과 차를 구해 보세요.

| 296 | 419 | 174 | 658 |

합 (　　　　　　　)

차 (　　　　　　　)

유형 07 계산 결과 비교하기

27 계산 결과를 비교하여 ○ 안에 >, =, <를 알맞게 써넣으세요.

$$542+351 \bigcirc 427+452$$

28 계산 결과가 더 큰 것을 찾아 기호를 써 보세요.

⊙ 400−227   ⓒ 325−187

(   )

29 계산 결과가 작은 것부터 차례대로 기호를 써 보세요.

⊙ 826−274
ⓒ 294+276
ⓒ 467+176

(   )

유형 08 □ 안에 알맞은 수 구하기

30 □ 안에 알맞은 수를 써넣으세요.

```
    4  7  □
+   □  6  3
─────────────
    8  4  1
```

31 □ 안에 알맞은 수를 써넣으세요.

```
    □  1  2
−   5  □  6
─────────────
    2  3  6
```

서술형
32 ⊙, ⓒ에 알맞은 수의 차는 얼마인지 풀이 과정을 쓰고 답을 구해 보세요.

```
    ⊙  6  6
+   3  5  8
─────────────
    7  2  ⓒ
```

풀이 _______________________

____

____

답 _______________

유형 09 찢어진 종이에 적힌 세 자리 수 구하기

33 종이 2장에 세 자리 수를 각각 써 놓았는데 그중 한 장이 찢어져서 백의 자리 숫자만 보입니다. 두 수의 합이 823일 때 찢어진 종이에 적힌 세 자리 수를 구해 보세요.

3 5 4   4

(   )

34 종이 2장에 세 자리 수를 각각 써 놓았는데 그중 한 장이 찢어져서 백의 자리 숫자만 보입니다. 두 수의 차가 457일 때 찢어진 종이에 적힌 세 자리 수를 구해 보세요.

2 7 8   7

(   )

서술형
35 종이 2장에 세 자리 수를 각각 써 놓았는데 그중 한 장에 물감이 쏟아져서 백의 자리 숫자만 보입니다. 두 수의 합이 541일 때 얼룩진 종이에 적힌 세 자리 수는 얼마인지 풀이 과정을 쓰고 답을 구해 보세요.

1 6 8   3

풀이 _______________________

____

____

답 _______________________

1

유형 10 두 수를 골라 식 만들기

36 두 수를 골라 고른 두 수의 합이 가장 작은 식을 만들어 보세요.

| 645 | 197 | 476 | 384 |

☐ + ☐ = ☐

37 두 수를 골라 고른 두 수의 차가 가장 큰 식을 만들어 보세요.

| 572 | 641 | 385 | 264 |

☐ − ☐ = ☐

38 두 수를 골라 뺄셈식을 만들려고 합니다. ☐ 안에 알맞은 수를 써넣으세요.

| 720 | 640 | 385 | 268 |

☐ − ☐ = 372

01 하늘이네 과수원에서는 오늘 사과를 325개 땄고, 배를 사과보다 147개 더 적게 땄습니다. 하늘이네 과수원에서 오늘 딴 사과와 배는 모두 몇 개인지 구해 보세요.

( )

02 승희와 준수가 지난주와 이번 주에 푼 수학 문제의 수를 나타낸 표입니다. 2주 동안 누가 수학 문제를 몇 문제 더 많이 풀었는지 구해 보세요.

	승희	준수
지난주	187문제	264문제
이번 주	325문제	218문제

( ), ( )

03 수 카드를 한 번씩만 사용하여 만들 수 있는 세 자리 수 중에서 가장 큰 수와 가장 작은 수의 합을 구해 보세요.

5 7 4

( )

04 수 카드를 한 번씩만 사용하여 만들 수 있는 세 자리 수 중에서 가장 큰 수와 가장 작은 수의 차를 구해 보세요.

6 5 9

( )

05 수 카드 4장 중 3장을 골라 한 번씩만 사용하여 만들 수 있는 세 자리 수 중에서 두 번째로 큰 수와 두 번째로 작은 수의 차를 구해 보세요.

6 3 4 2

( )

06 세 자리 수끼리 빼어 크기를 비교했습니다. □ 안에 들어갈 수 있는 수는 모두 몇 개인지 구해 보세요.

$$184+\square63>547$$

(   )

07 □ 안에 들어갈 수 있는 세 자리 수 중에서 가장 큰 수를 구해 보세요.

$$587+\square<374+468$$

(   )

08 어떤 수에서 175를 빼야 할 것을 잘못하여 더했더니 528이 되었습니다. 바르게 계산한 값을 구해 보세요.

(   )

09 어떤 수에 192를 더해야 할 것을 잘못하여 뺐더니 457이 되었습니다. 바르게 계산한 값을 구해 보세요.

(   )

10 다음을 읽고 연준이가 계산한 값을 구해 보세요.

> 현민: 어떤 수에서 319를 뺐더니 186이 되었어.
> 연준: 그럼 나는 어떤 수에 258을 더해 볼래.

(   )

11 서점에서 도서관까지의 거리는 몇 m인지 구해 보세요.

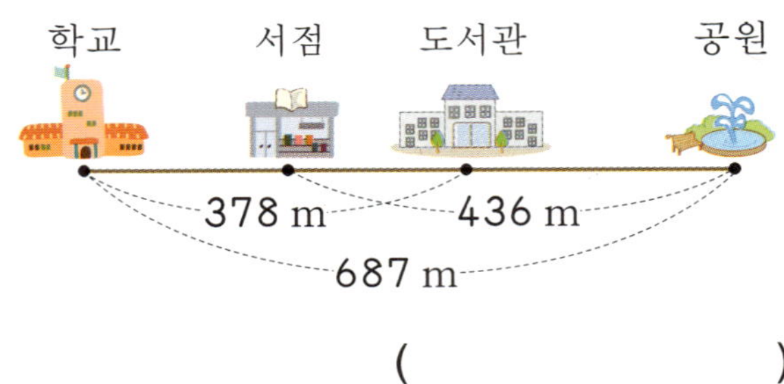

(   )

12 그림을 보고 ㉠에서 ㉣까지의 거리를 구해 보세요.

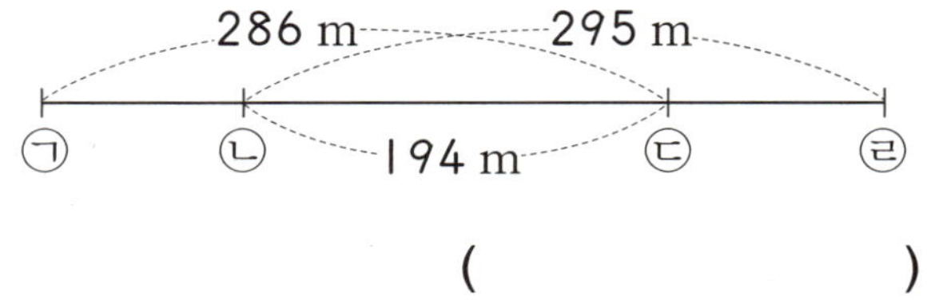

(   )

13 ●와 ◆의 합을 구해 보세요.

$$623 - ● = 375$$
$$◆ + 472 = 781$$

(   )

14 ■와 ▲의 차를 구해 보세요.

$$498 + ■ = 724$$
$$▲ - 285 = 537$$

(   )

15 ●에 알맞은 수를 구해 보세요.

$$651 - ■ = 284$$
$$■ + ● = 825$$

(   )

16 윤주네 집에서 서점을 거쳐 학교까지 가는 거리는 집에서 학교로 바로 가는 거리보다 몇 m 더 먼지 구해 보세요.

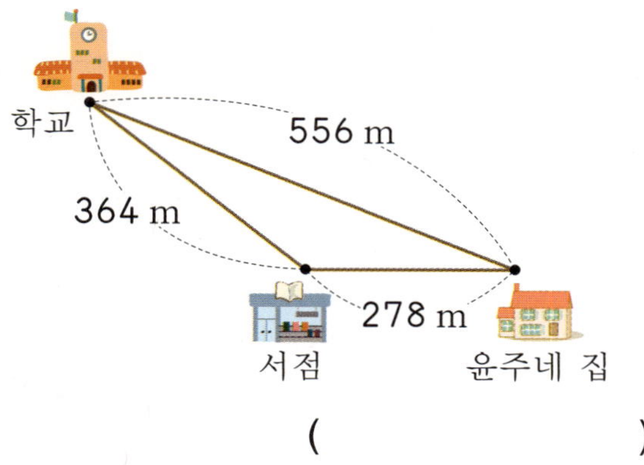

( )

17 수호는 집에서 도서관까지 가려고 합니다. 공원을 지나서 가는 길은 우체국을 지나서 가는 길보다 몇 m 더 가까운지 구해 보세요.

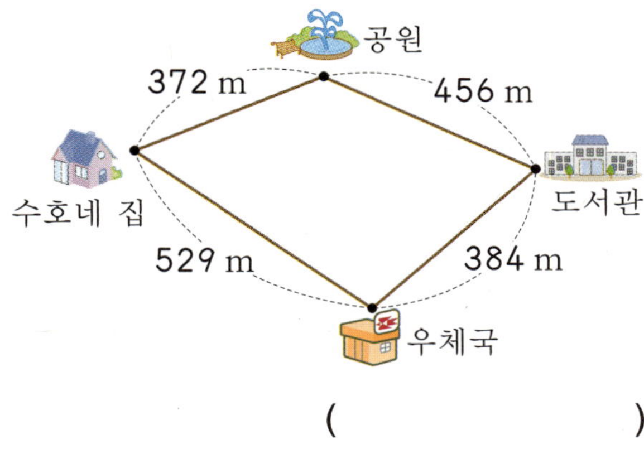

( )

18 길이가 376 cm인 색 테이프 2장을 168 cm가 겹치게 이어 붙였습니다. 이어 붙인 색 테이프 전체의 길이를 구해 보세요.

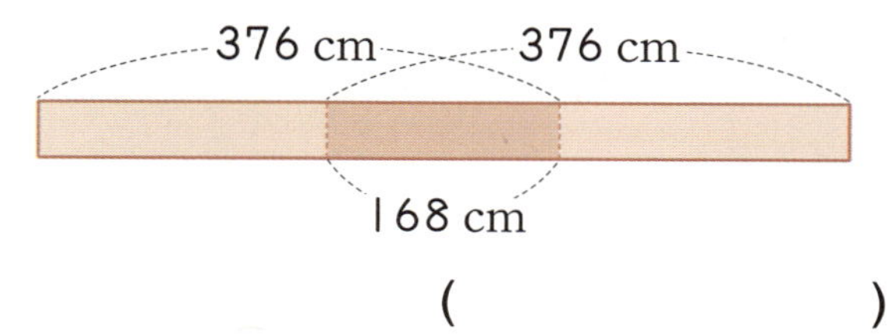

( )

19 길이가 245 cm인 색 테이프 3장을 86 cm씩 겹치게 이어 붙였습니다. 이어 붙인 색 테이프 전체의 길이를 구해 보세요.

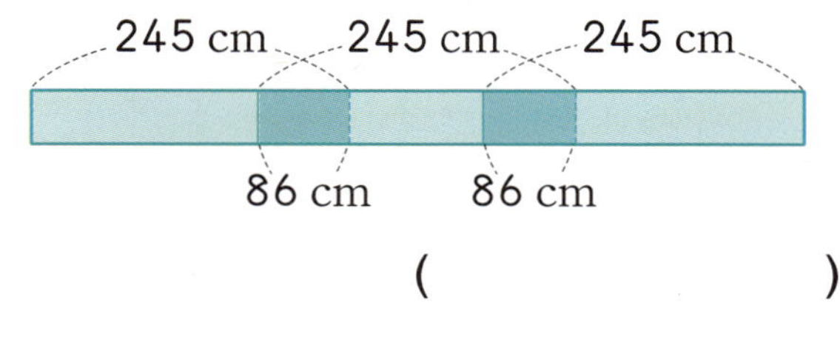

( )

01 그림을 보고 □ 안에 알맞은 수를 써넣으세요.

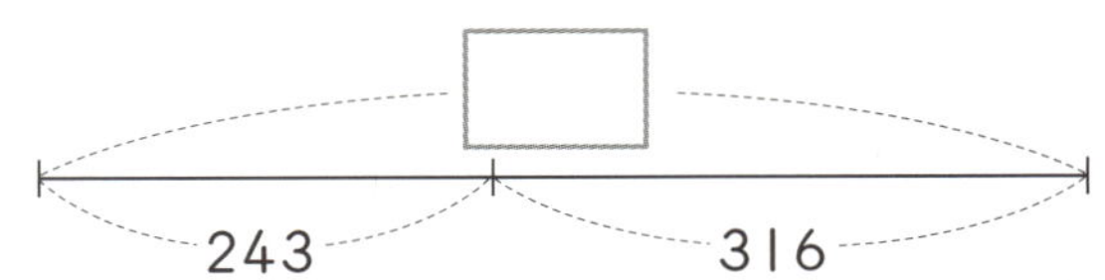

02 관계있는 것끼리 이어 보세요.

(1) 149+836 • • ㉠ 908

(2) 366+542 • • ㉡ 985

(3) 226+544 • • ㉢ 770

03 빈칸에 알맞은 수를 써넣으세요.

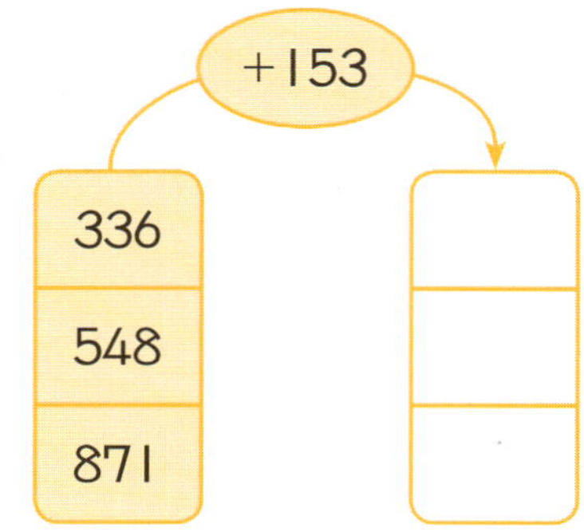

04 윤지네 농장에서 작년에는 수박을 467통 수확했고, 올해는 작년보다 175통 더 많이 수확했습니다. 윤지네 농장에서 올해 수확한 수박은 모두 몇 통일까요?

( )

05 계산이 잘못된 부분을 찾아 바르게 계산해 보세요.

```
    5 3 7
+   2 9 5
─────────
    7 2 2
```
→
```
    5 3 7
+   2 9 5
```

06 다음 중 계산이 틀린 것은 어느 것일까요?

( )

① 376+778=1154
② 447+669=1116
③ 404+597=1001
④ 545+476=1011
⑤ 315+908=1223

07 가장 큰 수와 가장 작은 수의 합을 구해 보세요.

| 358 | 573 | 549 |

( )

08 박물관의 누리집 방문자가 어제는 764명, 오늘은 575명입니다. 어제와 오늘 이틀 동안의 누리집 방문자는 모두 몇 명일까요?

( )

09 □ 안에 알맞은 수를 써넣으세요.

$$
\begin{array}{r}
\boxed{}\ 5\ 6 \\
+\ 2\ 6\ \boxed{} \\
\hline
1\ 1\ \boxed{}\ 3
\end{array}
$$

10 주말농장에서 예정이는 딸기를 156개 땄고, 어머니는 예정이보다 175개 더 많이 땄습니다. 예정이와 어머니가 딴 딸기는 모두 몇 개인지 풀이 과정을 쓰고 답을 구해 보세요.

풀이 ___________________

____

____

답 ___________________

11 수 모형이 나타내는 수보다 214만큼 더 작은 수를 구해 보세요.

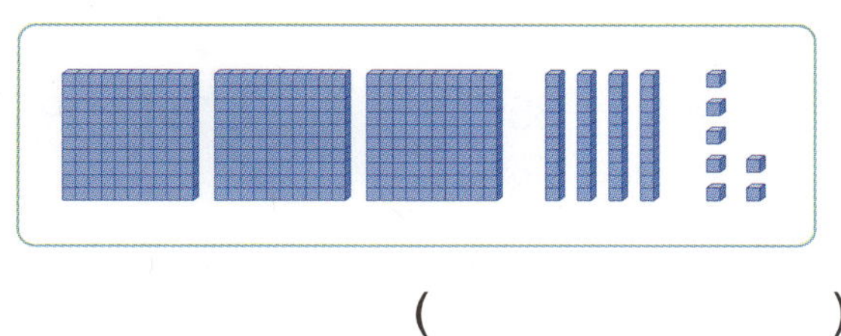

( )

12 빈칸에 알맞은 수를 써넣으세요.

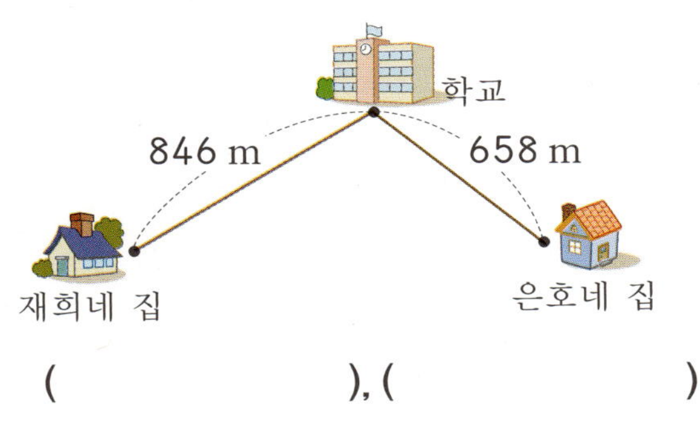

13 재희와 은호 중 누가 학교에서 몇 m 더 먼 곳에 살고 있는지 구해 보세요.

( ), ( )

14 계산 결과가 가장 큰 것은 어느 것일까요?

( )

① 147+379   ② 257+258
③ 711−359   ④ 268+299
⑤ 530−182

15 어떤 수에서 239를 빼야 할 것을 잘못하여 더하였더니 893이 되었습니다. 바르게 계산하면 얼마인지 풀이 과정을 쓰고 답을 구해 보세요.

풀이 ______________________________

____

____

답 ____________

16 두 수를 골라 뺄셈식을 만들려고 합니다. □ 안에 알맞은 수를 써넣으세요.

803   178   624

□ − □ =446

17 □ 안에 알맞은 수를 써넣으세요.

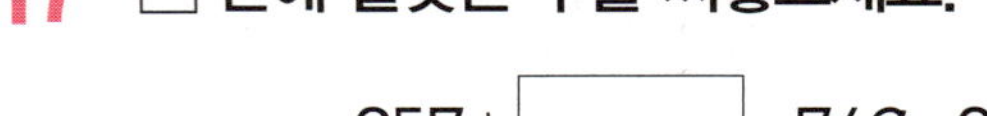
257+ □ =749−284

18 어느 꽃가게에 장미, 튤립, 백합이 모두 600송이 있습니다. 그중에서 장미와 튤립의 수를 더하면 431송이이고, 백합은 튤립보다 52송이 더 많습니다. 장미는 몇 송이일까요?

( )

19 그림을 보고 ㉡에서 ㉢까지의 거리를 구해 보세요.

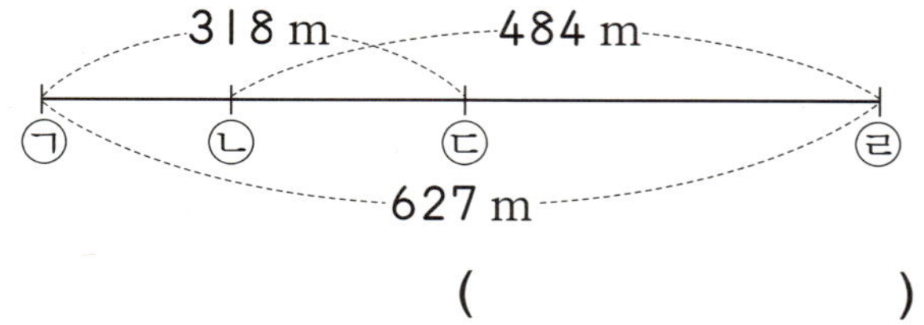

( )

20 수 카드를 한 번씩만 사용하여 세 자리 수를 만들 때, 만들 수 있는 가장 큰 수와 가장 작은 수의 차를 구해 보세요.

( )

2

평면도형

진도북 36쪽 유형01

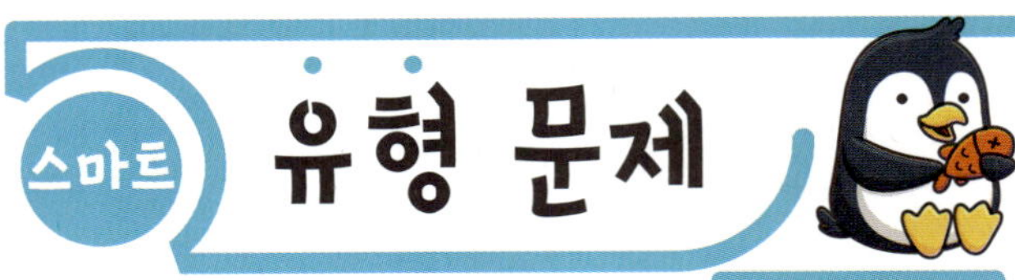

유형 01 선의 종류 알아보기

01 직선을 찾아 기호를 써 보세요.

( )

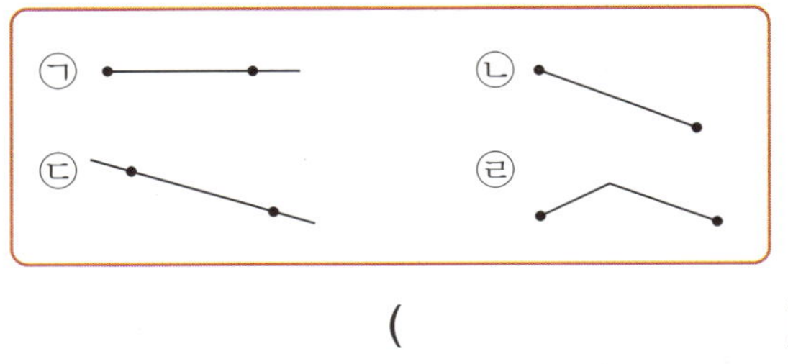

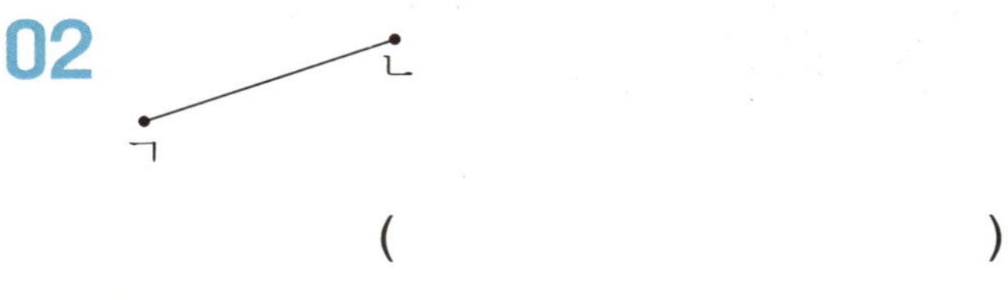

02~03 도형의 이름을 써 보세요.

02

( )

03

( )

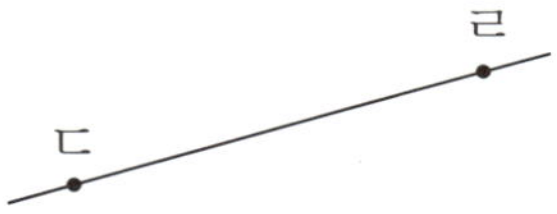

04 반직선을 모두 찾아 이름을 써 보세요.

( )

진도북 36쪽 유형02

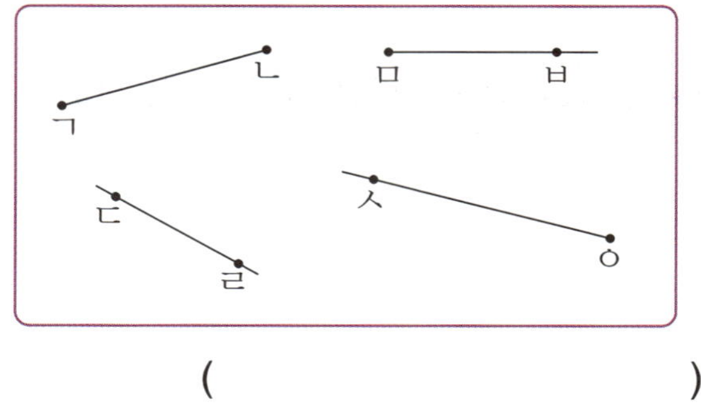

유형 02 각 알아보기

05 각을 찾아 기호를 써 보세요.

( )

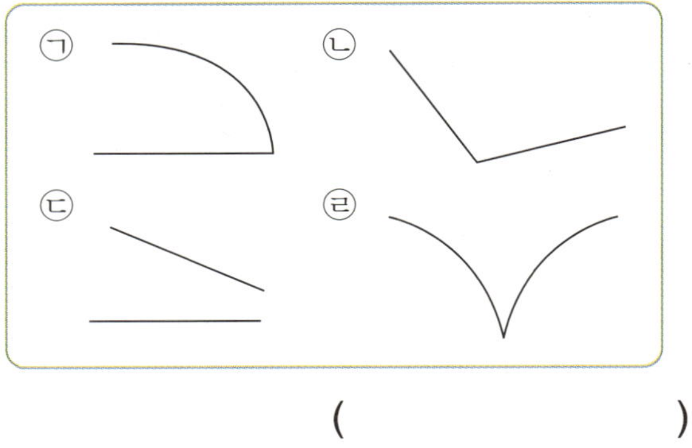

06 도형을 보고 각의 이름과 각의 변을 써 보세요.

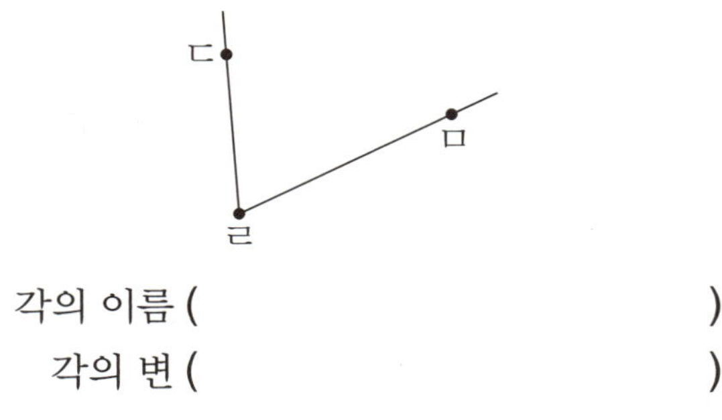

각의 이름 ( )

각의 변 ( )

서술형

07 도형에서 찾을 수 있는 각은 모두 몇 개인지 풀이 과정을 쓰고 답을 구해 보세요.

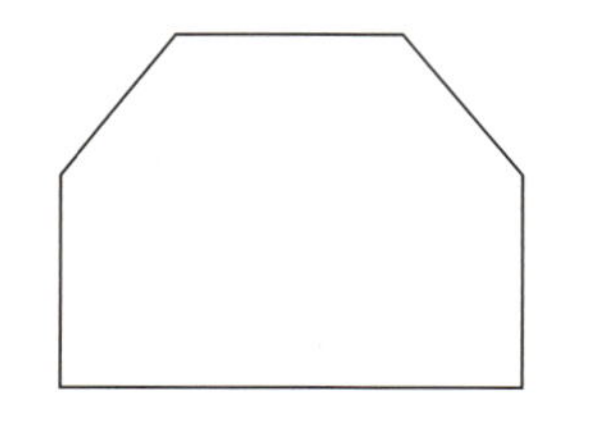

풀이 ______________________

____

답 ______________________

유형 03 직각 알아보기

08 다음 중 직각이 있는 도형을 모두 찾아 기호를 써 보세요.

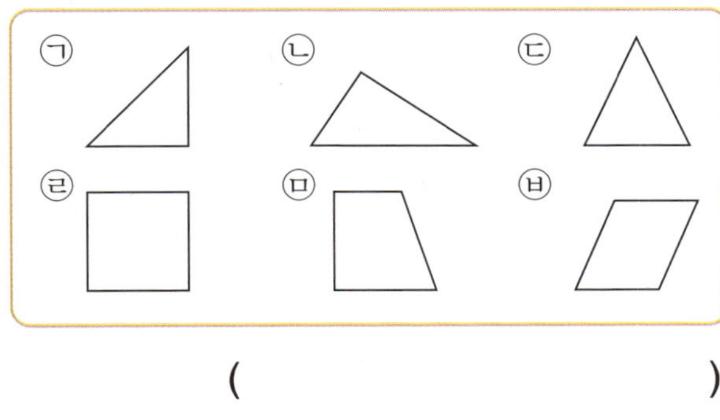

( )

09 다음과 같이 색종이를 접었다 펼쳤을 때 생기는 각 ㅇㅈㅂ을 무엇이라고 하는지 써 보세요.

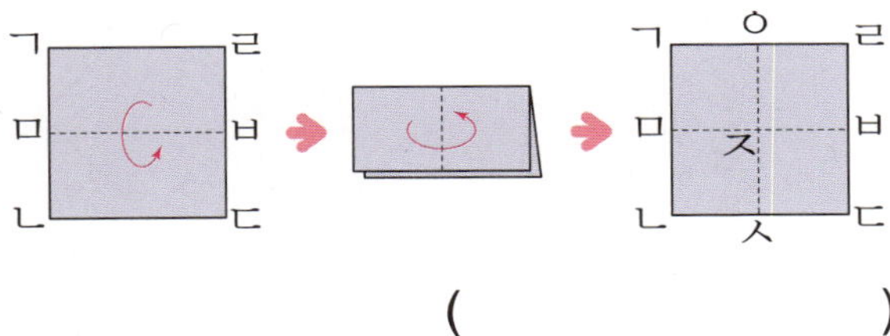

( )

10 그림에서 직각은 모두 몇 개일까요?

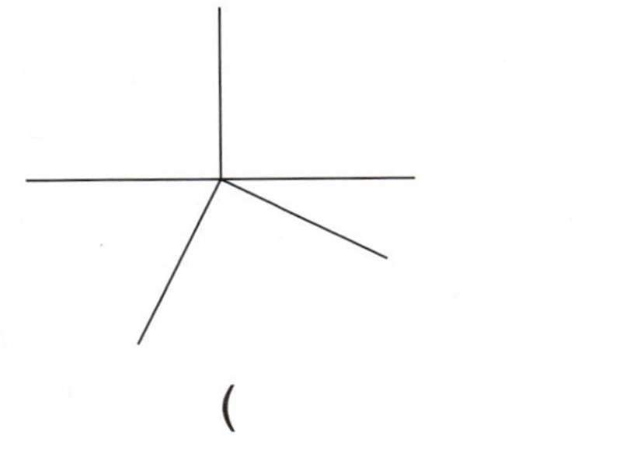

( )

유형 04 직각삼각형 알아보기

11 직각삼각형을 모두 찾아 기호를 써 보세요.

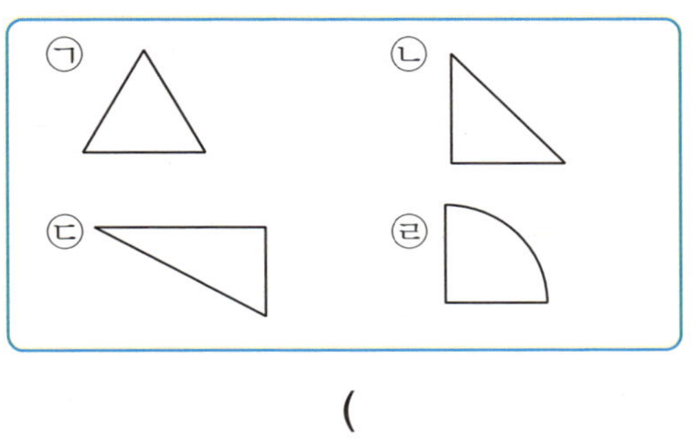

( )

서술형
12 다음 도형판에는 직각삼각형이 모두 몇 개 있는지 써 보세요.

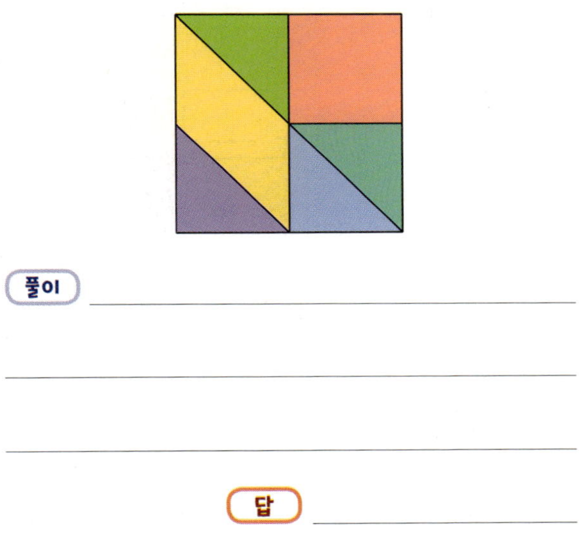

풀이 _______________________________

____

____

답 _______________

13 직각삼각형을 그리려고 합니다. 점 ㄱ과 점 ㄴ을 어느 점과 이어야 할까요? ( )

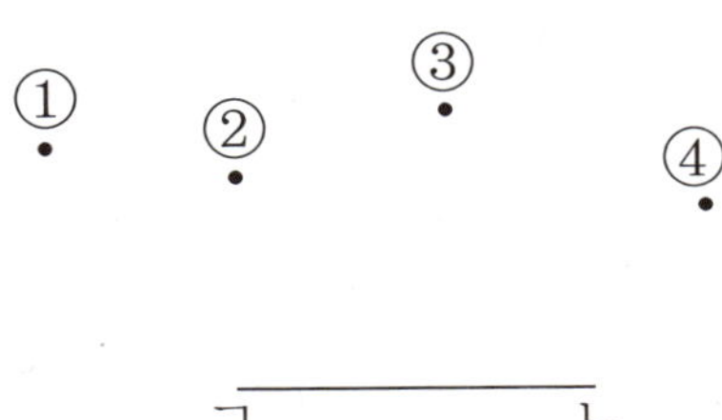

2. 평면도형 **17**

유형 05 **직사각형 알아보기**

14 직사각형을 모두 고르세요.　　(　　　　　)

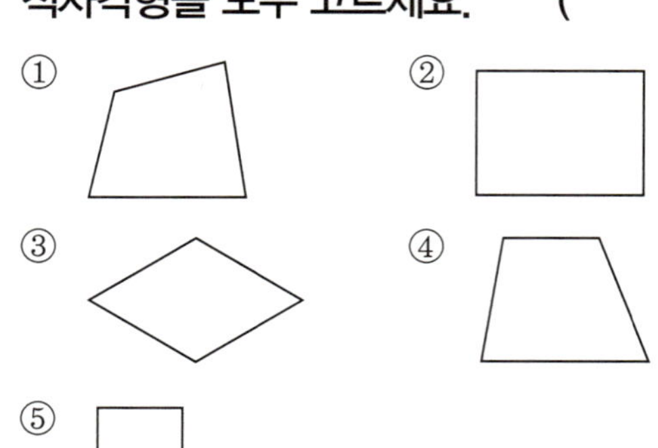

15 직사각형입니다. □ 안에 알맞은 수를 써넣으세요.

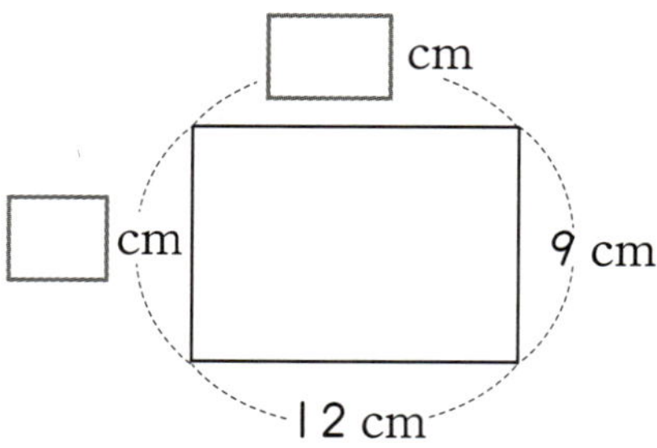

서술형
16 ㉠과 ㉡의 합은 얼마인지 풀이 과정을 쓰고 답을 구해 보세요.

> 직사각형은 각이 ㉠개이고, 직각이 ㉡개입니다.

풀이 ______________________________

____

____

답 ______________________________

유형 06 **정사각형 알아보기**

17 직사각형 모양의 종이를 다음과 같이 접었다 펼쳤습니다. 사각형 ㅁㅂㄷㄹ의 이름을 써 보세요.

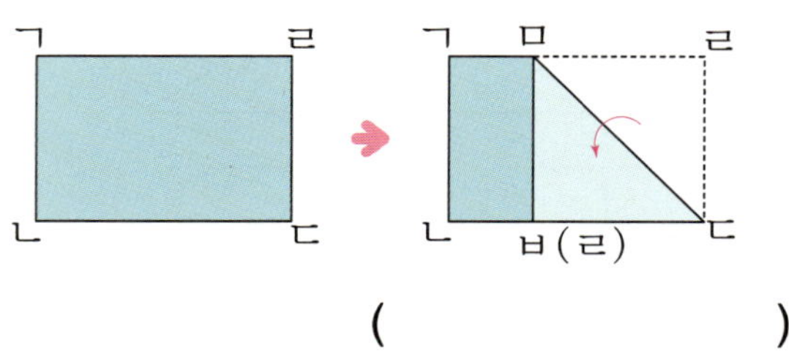

（　　　　　）

18 정사각형을 모두 고르세요.　　(　　　　　)

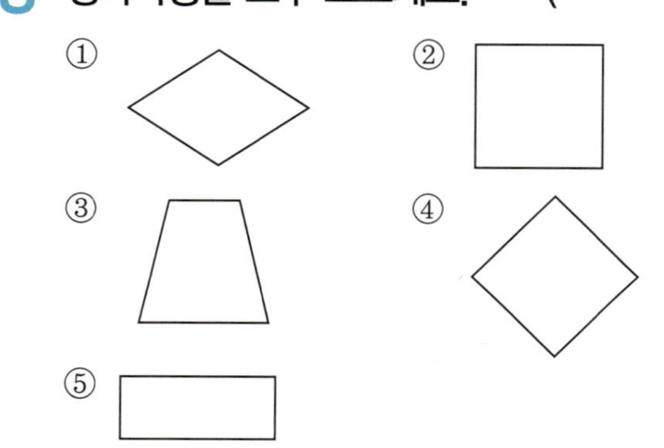

19 정사각형입니다. □ 안에 알맞은 수를 써넣으세요.

유형 **07** 도형 그리기

20 삼각자를 이용하여 점 ㄱ을 꼭짓점으로 하는 직각을 그려 보세요.

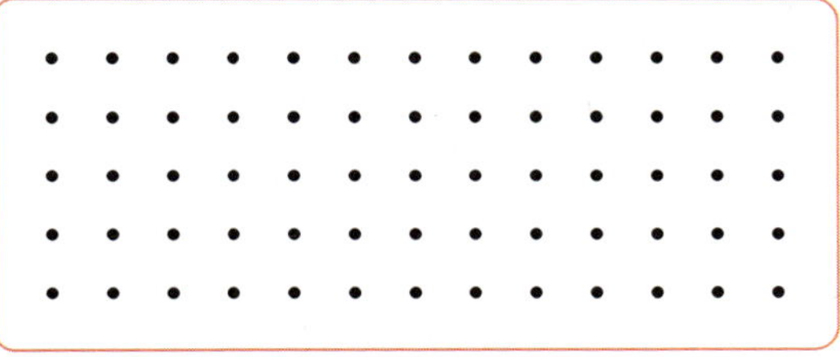

21 점 종이에 서로 <u>다른</u> 직각삼각형을 2개 그려 보세요.

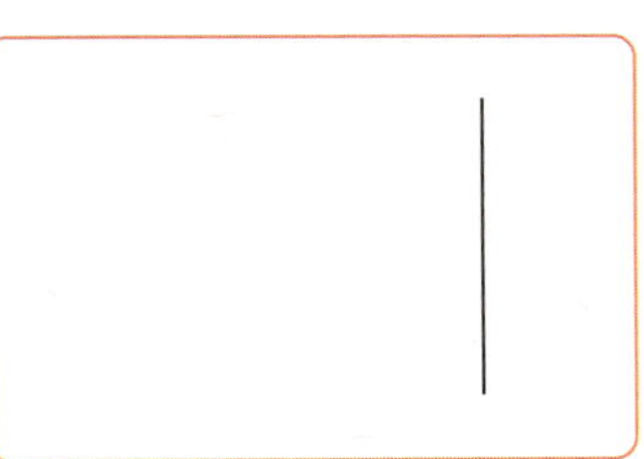

22 삼각자를 이용하여 주어진 선분을 한 변으로 하는 정사각형을 그려 보세요.

유형 **08** 어떤 도형이 아닌 이유 찾기

23 다음 도형을 각이라고 할 수 <u>없는</u> 이유를 써 보세요.

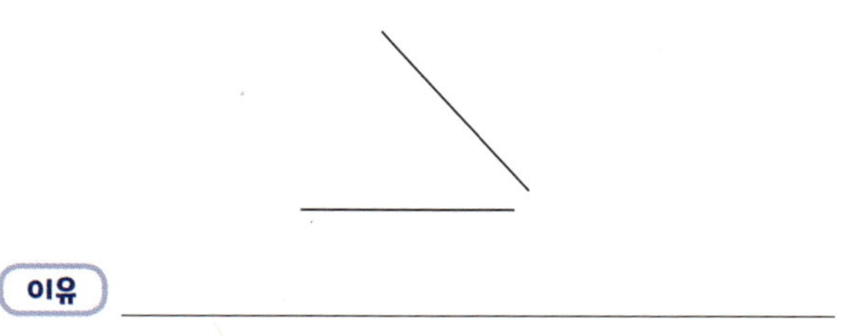

이유 ____________________________

서술형
24 다음 도형이 직사각형이 <u>아닌</u> 이유를 써 보세요.

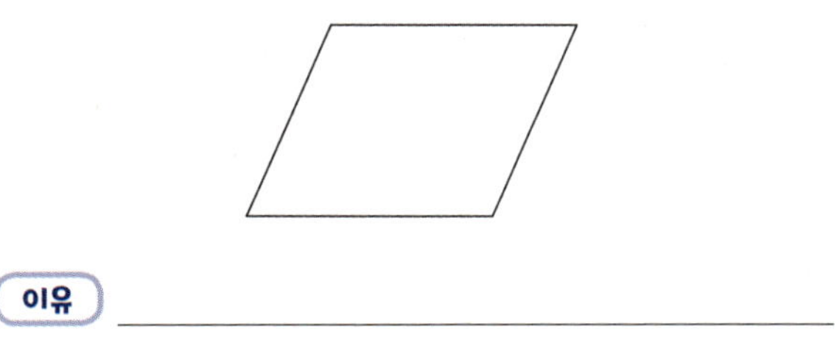

이유 ____________________________

25 다음 도형이 정사각형이 <u>아닌</u> 이유를 바르게 설명한 사람의 이름을 써 보세요.

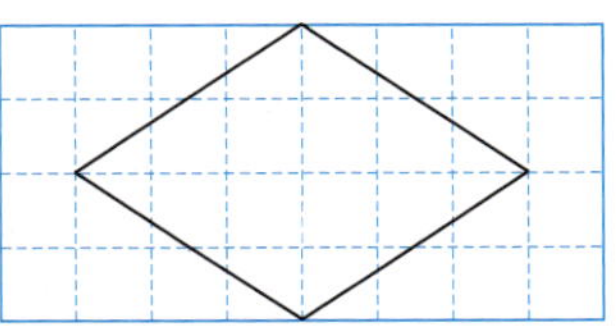

지은: 네 변의 길이가 모두 같기 때문이야.
소미: 네 각이 모두 직각이 아니기 때문이야.

(   )

유형 09 도형의 특징 알아보기

26 다음에서 설명하는 도형의 이름을 써 보세요.

> • 3개의 선분으로 둘러싸인 도형입니다.
> • 꼭짓점이 3개입니다.
> • 한 각이 직각입니다.

(   )

27 직사각형에 대한 설명으로 옳은 것을 모두 고르세요. (   )

① 꼭짓점이 3개입니다.
② 변이 4개입니다.
③ 각이 3개입니다.
④ 네 각이 모두 직각입니다.
⑤ 변의 길이가 모두 다릅니다.

28 다음에서 설명하는 도형의 이름을 써 보세요.

> • 4개의 선분으로 둘러싸여 있습니다.
> • 네 각이 모두 직각입니다.
> • 네 변의 길이가 모두 같습니다.

(   )

유형 10 각의 수 비교하기

29 각이 더 많은 도형을 찾아 기호를 써 보세요.

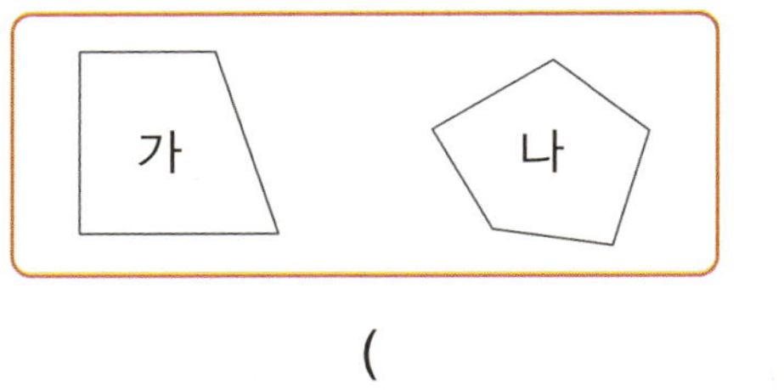

(   )

30 직각의 수가 많은 도형부터 차례대로 기호를 써 보세요.

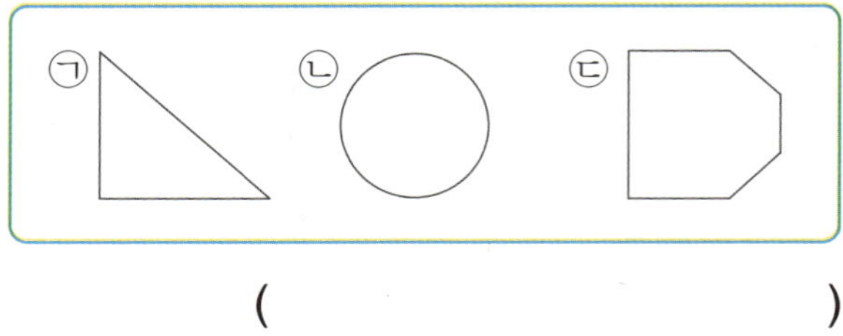

(   )

서술형
31 각의 수가 많은 도형부터 차례대로 기호를 쓰려고 합니다. 풀이 과정을 쓰고 답을 구해 보세요.

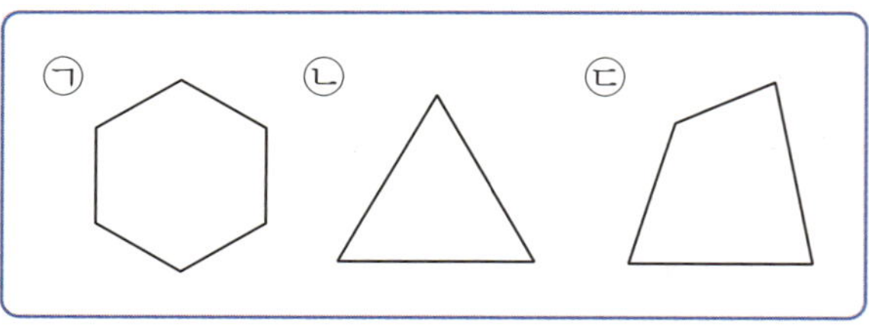

풀이 _______________________

____

____

____

답 _______________________

유형 11 잘랐을 때 생기는 도형의 개수 구하기

32 종이를 점선을 따라 모두 자르면 직각삼각형이 몇 개 만들어질까요?

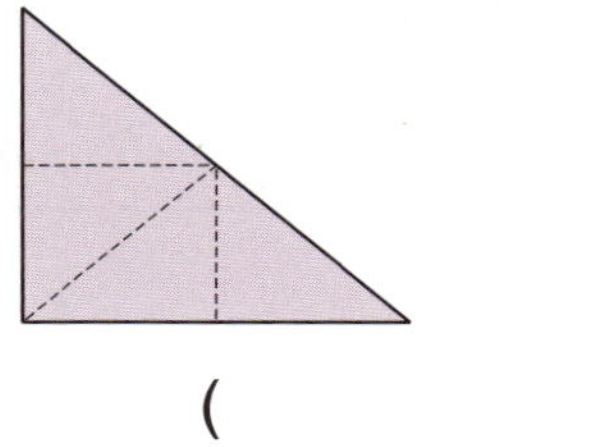

( )

33 종이를 점선을 따라 모두 자르면 직사각형이 몇 개 만들어질까요?

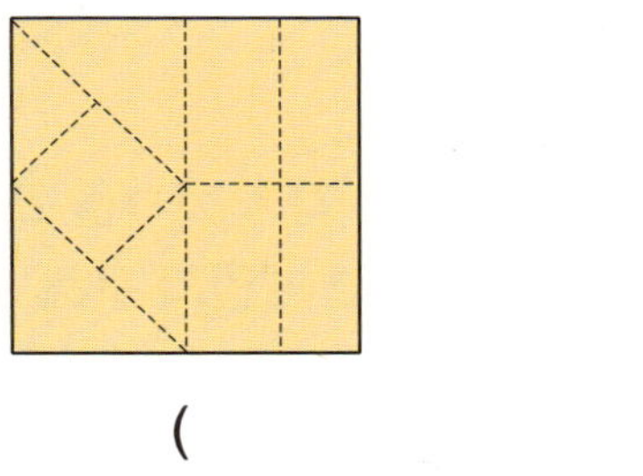

( )

34 종이를 점선을 따라 모두 자르면 정사각형이 몇 개 만들어질까요?

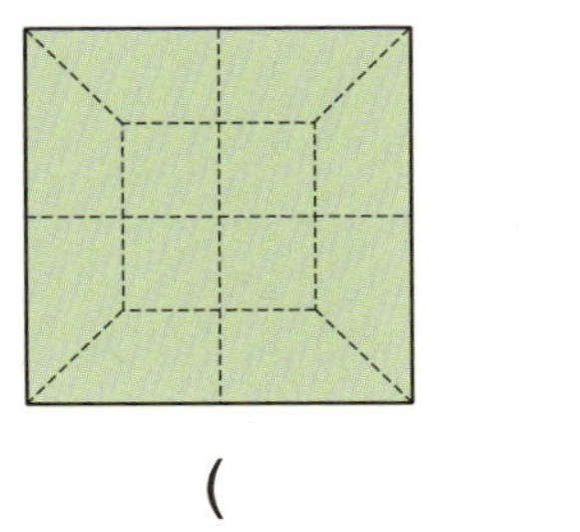

( )

유형 12 직(정)사각형의 네 변의 길이의 합 구하기

35 직사각형입니다. 네 변의 길이의 합을 구해 보세요.

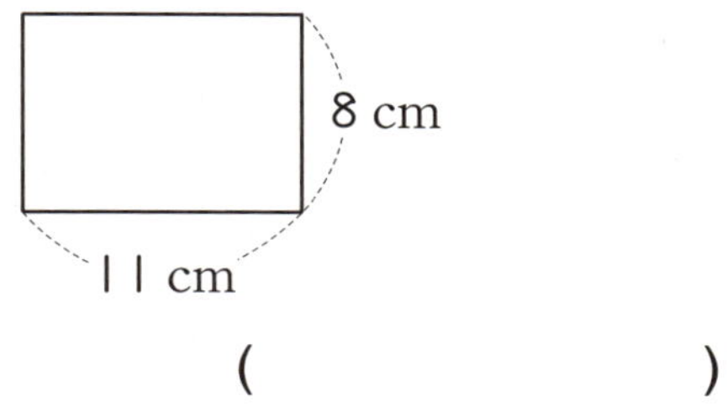

( )

서술형
36 정사각형입니다. 네 변의 길이의 합은 몇 cm인지 풀이 과정을 쓰고 답을 구해 보세요.

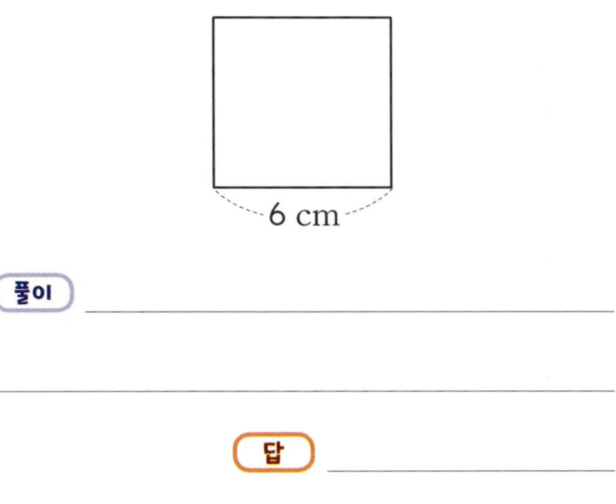

풀이 ________________________

____

답 ________________

37 직사각형의 네 변의 길이의 합이 28 cm일 때 □ 안에 알맞은 수를 구해 보세요.

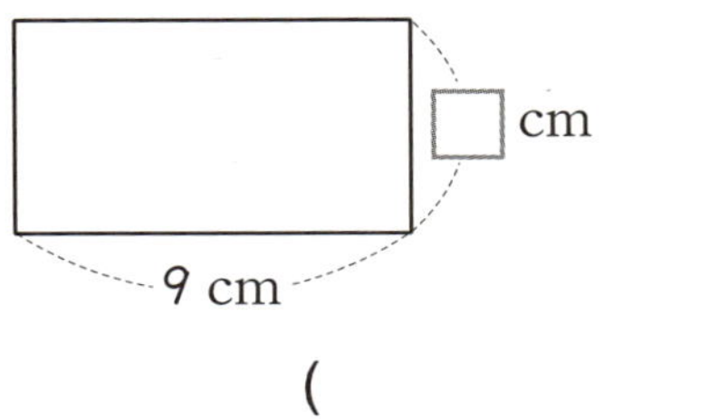

( )

01 5개의 점 중에서 2개의 점을 이용하여 그을 수 있는 직선은 모두 몇 개인지 구해 보세요.

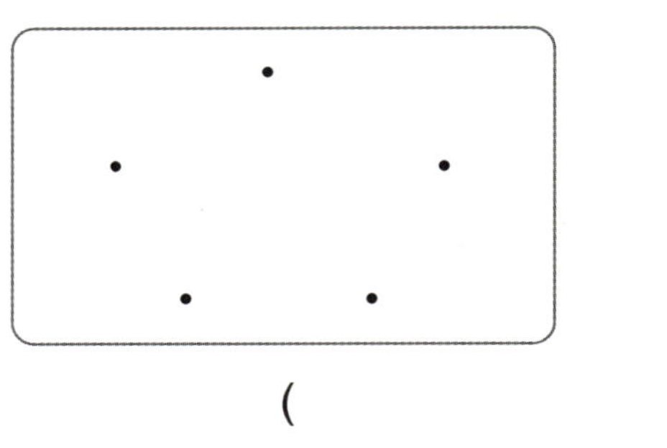

(   )

02 4개의 점 중에서 2개의 점을 이용하여 그을 수 있는 반직선은 모두 몇 개인지 구해 보세요.

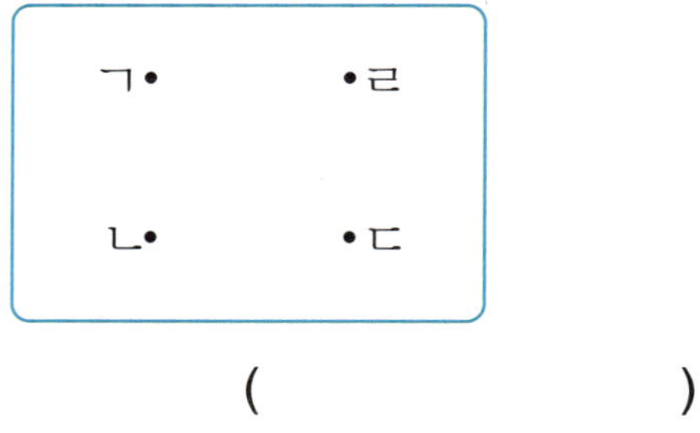

(   )

03 도형에서 찾을 수 있는 크고 작은 각은 모두 몇 개인지 구해 보세요.

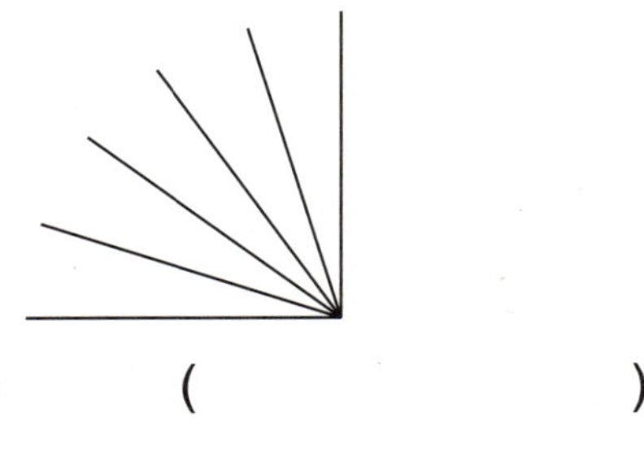

(   )

04 도형에서 각 ㄷㄱㄹ을 포함하는 크고 작은 각은 모두 몇 개인지 구해 보세요.

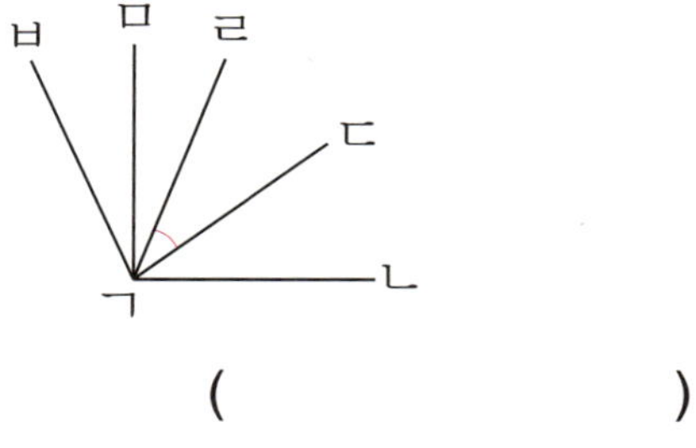

(   )

05 직사각형과 정사각형의 네 변의 길이의 합이 같을 때 정사각형의 한 변의 길이는 몇 cm인지 구해 보세요.

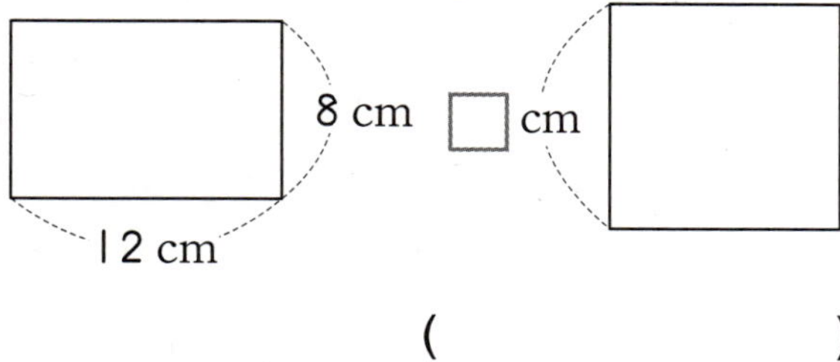

( )

06 한 변의 길이가 6 cm인 정사각형과 네 변의 길이의 합이 같은 다음 직사각형에서 □ 안에 알맞은 수를 구해 보세요.

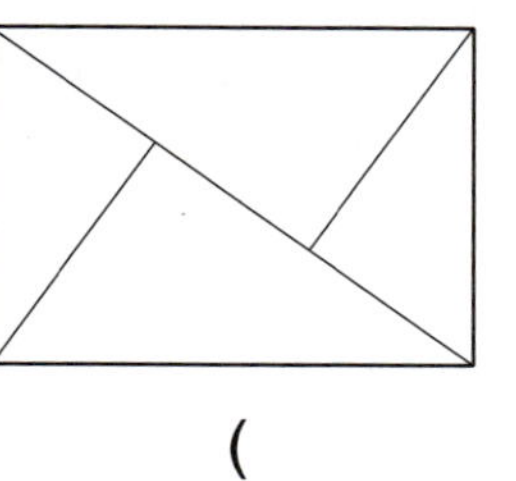

( )

07 도형에서 찾을 수 있는 크고 작은 직각삼각형은 모두 몇 개인지 구해 보세요.

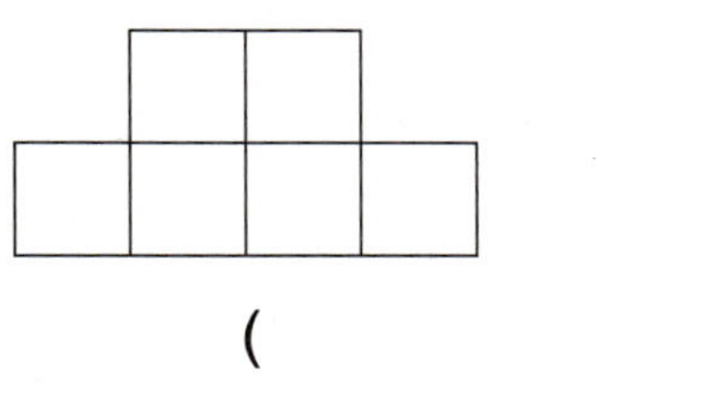

( )

08 도형에서 찾을 수 있는 크고 작은 직사각형은 모두 몇 개인지 구해 보세요.

( )

09 한 변의 길이가 6 cm인 정사각형 2개를 겹치지 않게 이어 붙여 만든 직사각형입니다. 만든 직사각형의 네 변의 길이의 합을 구해 보세요.

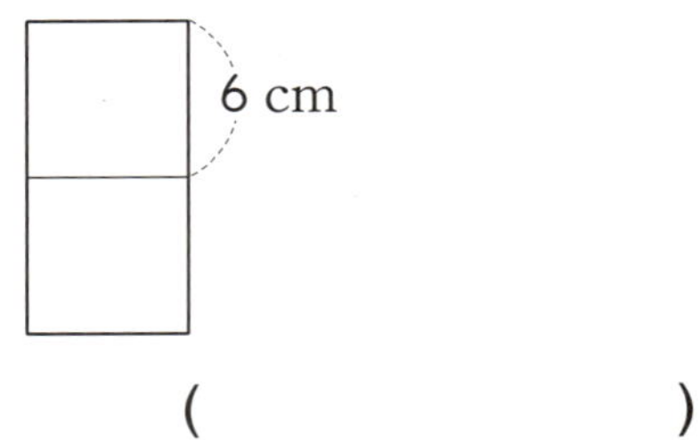

(   )

10 직사각형 모양의 종이에 선을 그어 정사각형 4개를 만들었습니다. 처음 직사각형의 네 변의 길이의 합은 몇 cm인지 구해 보세요.

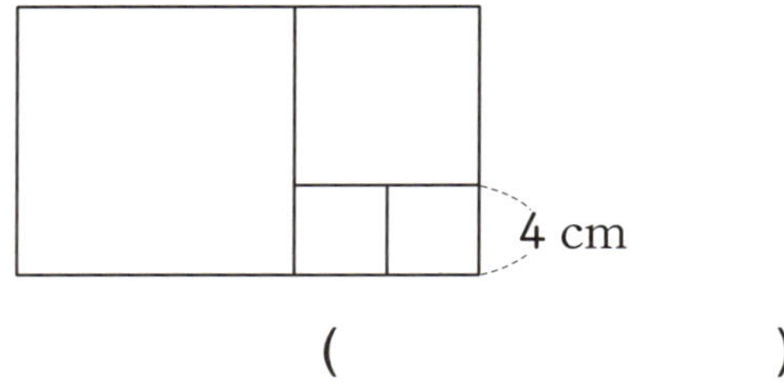

(   )

11 가로가 8 cm, 세로가 5 cm인 직사각형 4개로 다음과 같은 도형을 만들었습니다. 도형에서 빨간색 선의 길이의 합은 몇 cm인지 구해 보세요.

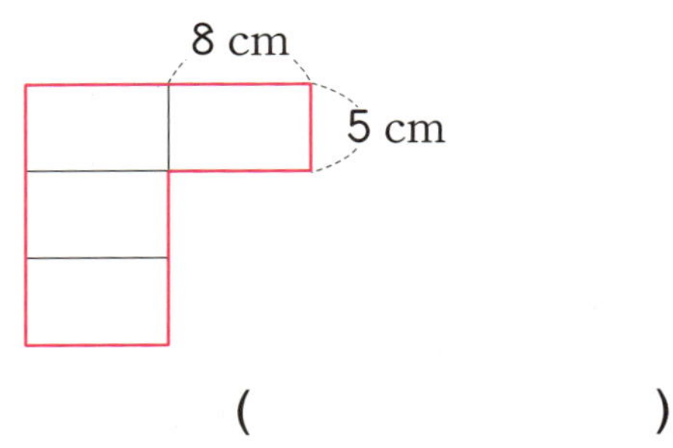

(   )

12 가로가 6 cm, 세로가 4 cm인 직사각형 5개로 다음과 같은 도형을 만들었습니다. 도형에서 파란색 선의 길이의 합은 몇 cm인지 구해 보세요.

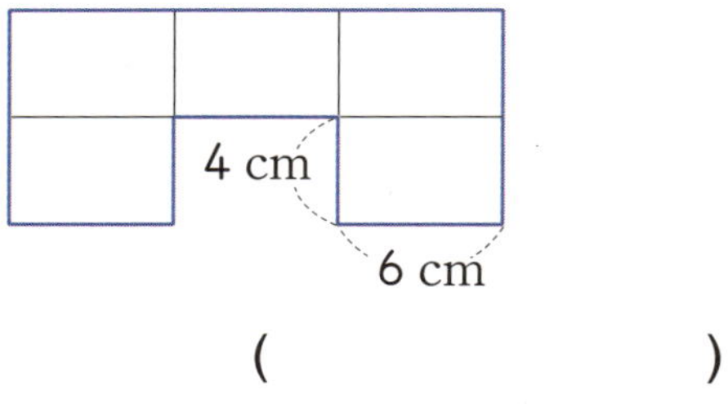

(   )

13 두 도형에서 찾을 수 있는 직각의 개수의 차를 구해 보세요.

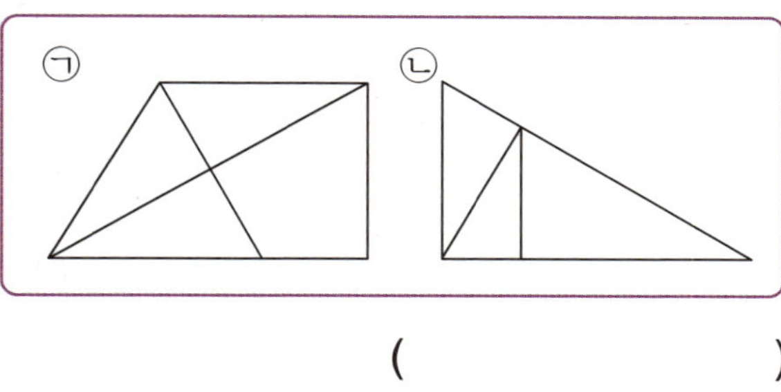

(   )

14 두 도형에서 찾을 수 있는 직각의 개수의 차를 구해 보세요.

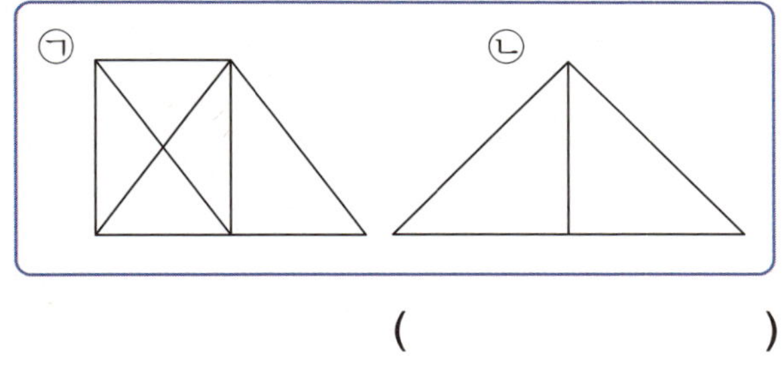

(   )

15 길이가 70 cm인 철사를 겹치지 않게 사용하여 다음과 같은 직사각형을 만들었습니다. 사용하고 남은 철사는 몇 cm인지 구해 보세요.

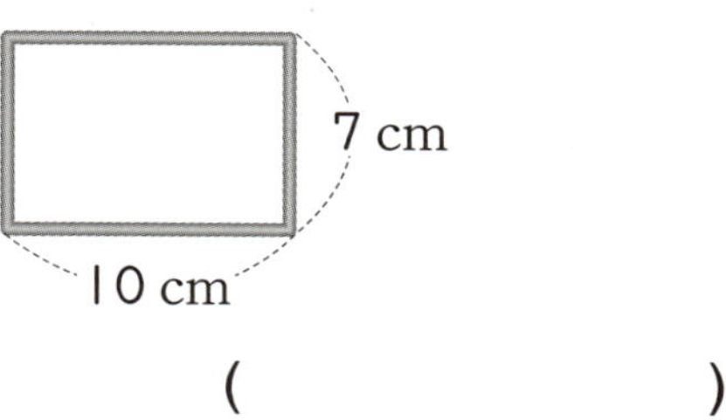

(   )

16 철사를 겹치지 않게 사용하여 다음과 같은 정사각형 모양을 만들었더니 18 cm가 남았습니다. 처음에 있던 철사는 몇 cm인지 구해 보세요.

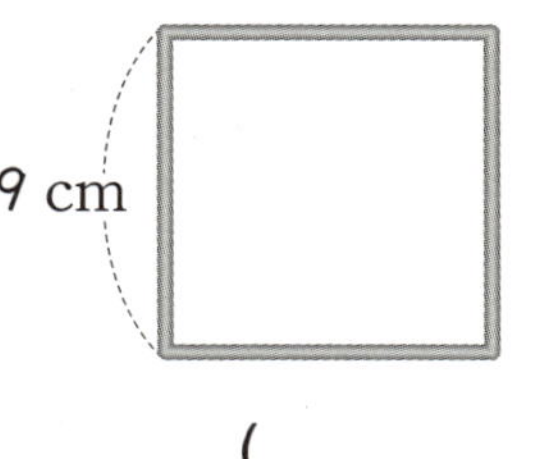

(   )

01 반직선 ㄱㄴ을 찾아 기호를 써 보세요.

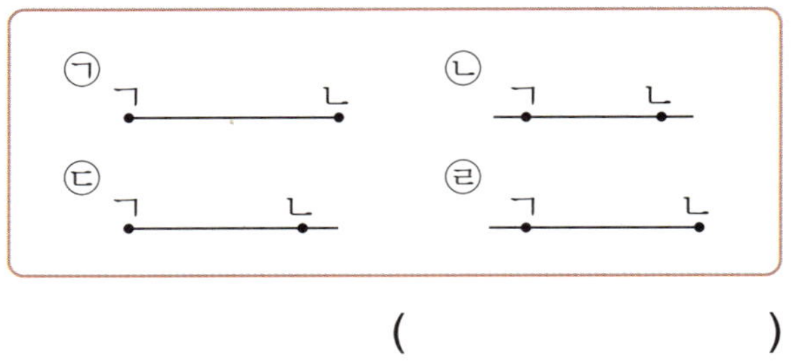

(   )

02 도형의 이름을 써 보세요.

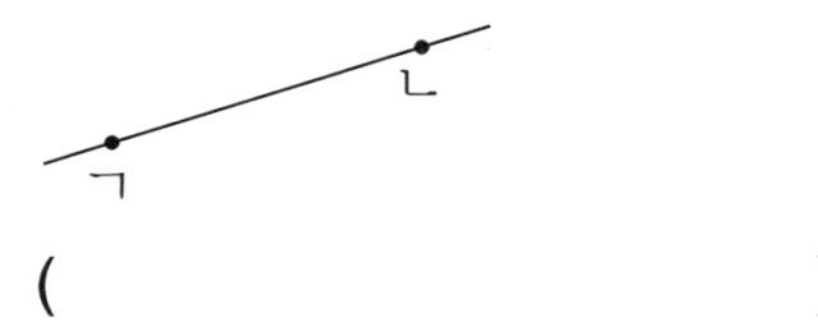

(   )

03 3개의 점 중에서 2개의 점을 이용하여 그을 수 있는 선분은 모두 몇 개인지 구해 보세요.

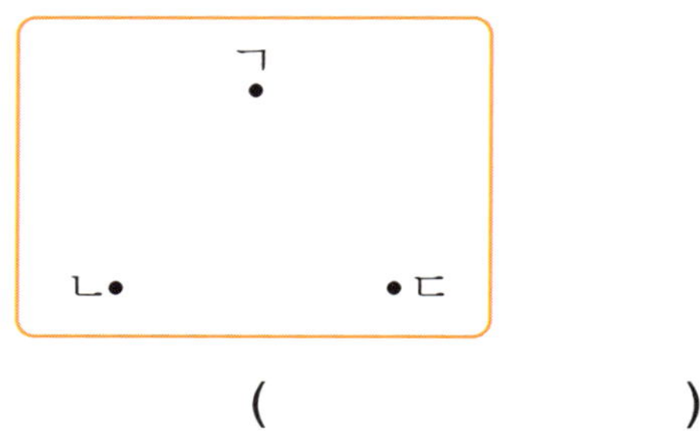

(   )

04 각이 있는 도형을 모두 찾아 기호를 써 보세요.

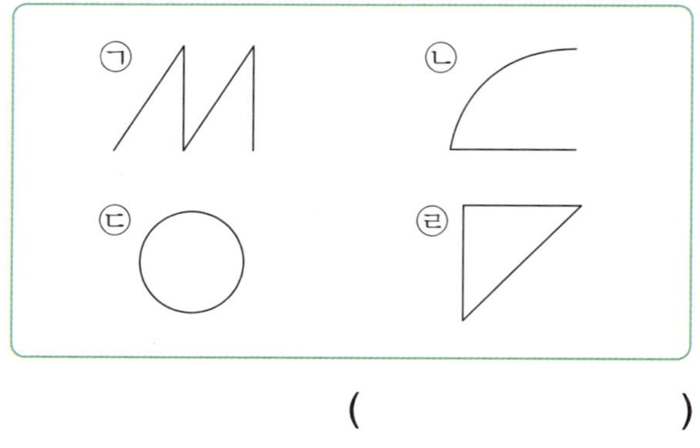

(   )

05 오른쪽 그림을 보고 □ 안에 알맞은 말을 써넣으세요.

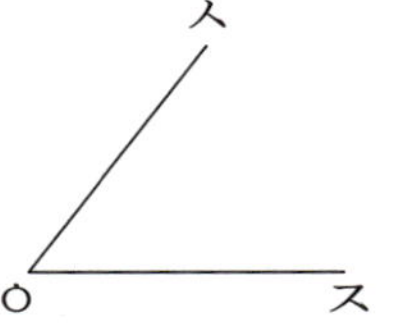

각 ㅅㅇㅈ에서 점 ㅇ을 각의 [　　　](이)라 하고, 반직선 ㅇㅅ과 반직선 ㅇㅈ을 각의 [　　](이)라고 합니다.

06 도형에서 찾을 수 있는 각은 모두 몇 개일까요?

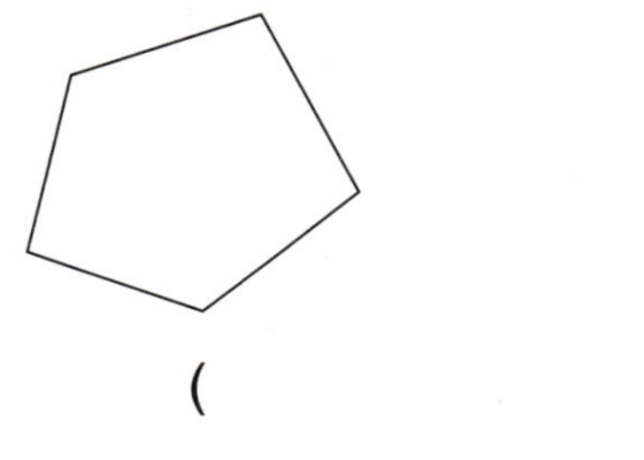

(   )

07 점 ㄱ을 꼭짓점으로 하는 각은 모두 몇 개인지 구해 보세요.

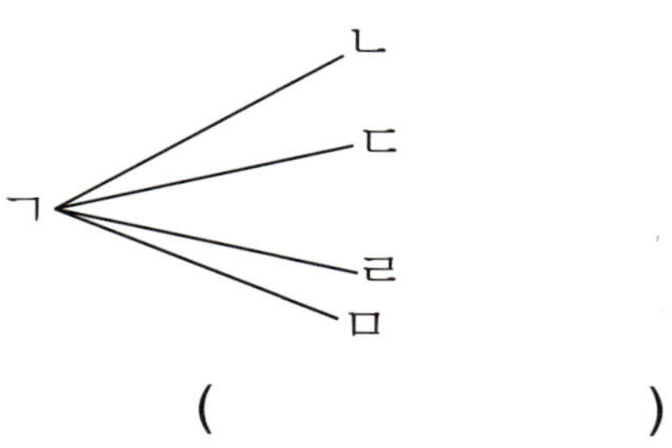

(   )

08 도형에서 찾을 수 있는 직각은 모두 몇 개일까요?

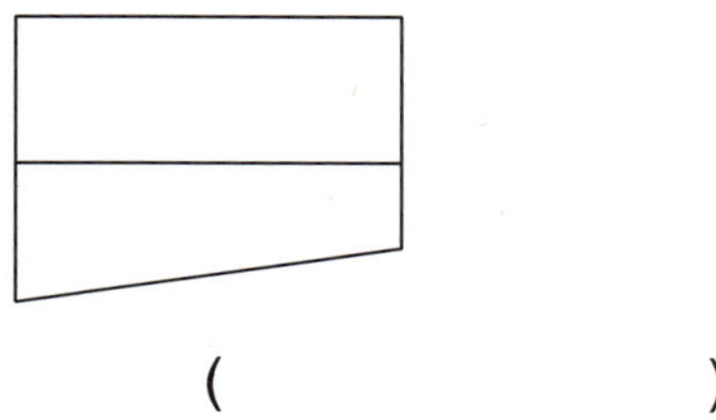

(   )

09 직각이 가장 많은 도형은 어느 것인가요?

(   )

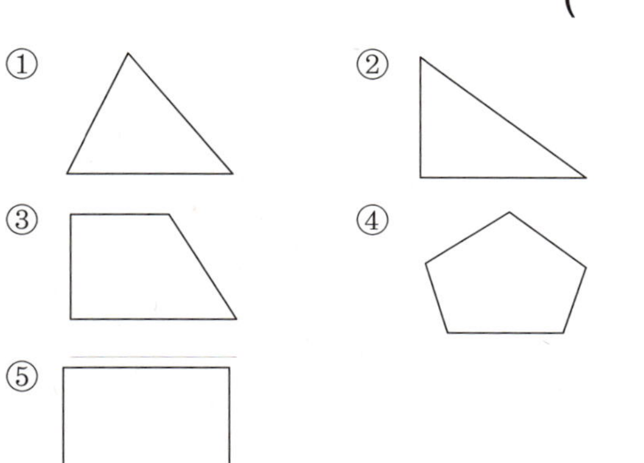

10 직각삼각형을 모두 찾아 기호를 써 보세요.

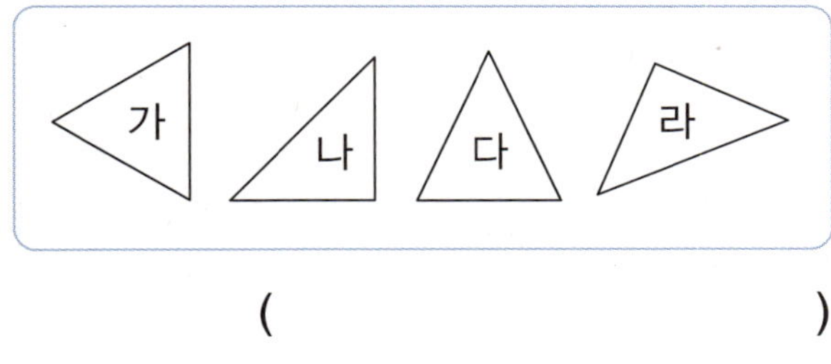

(   )

11 수민이는 색종이를 다음과 같이 잘라서 도형을 만들었습니다. 수민이가 만든 도형의 이름을 써 보세요.

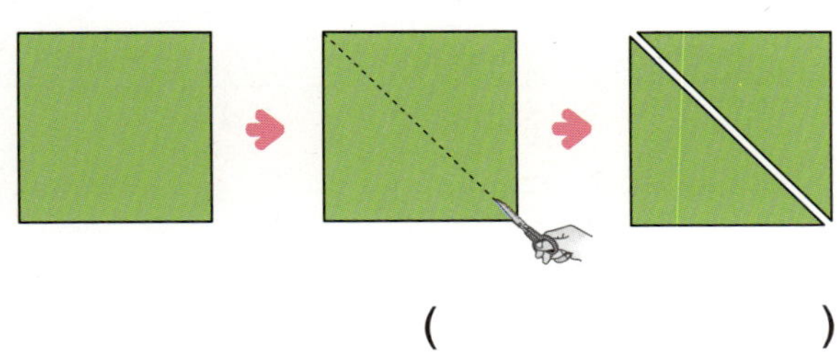

(   )

12 직각삼각형에 대한 설명으로 옳은 것을 모두 고르세요. (   )

① 한 각이 직각입니다.
② 꼭짓점이 4개 있습니다.
③ 세 각이 모두 직각입니다.
④ 세 변의 길이가 모두 같습니다.
⑤ 3개의 선분으로 둘러싸여 있습니다.

13 그림에서 찾을 수 있는 크고 작은 직각삼각형은 모두 몇 개인지 구해 보세요.

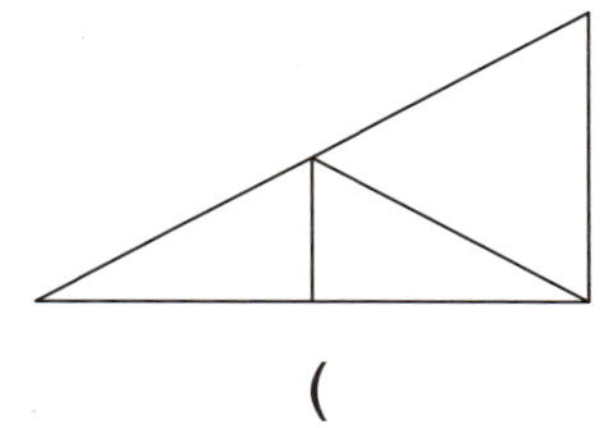

(   )

14 직사각형에 대한 설명으로 옳은 것을 모두 찾아 기호를 써 보세요.

㉠ 네 변의 길이가 항상 모두 같습니다.
㉡ 네 각의 크기가 같습니다.
㉢ 정사각형이라고 할 수 있습니다.
㉣ 마주 보는 변의 길이가 같습니다.

(   )

15 점 종이에 모양과 크기가 다른 직사각형을 2개 그려 보세요.

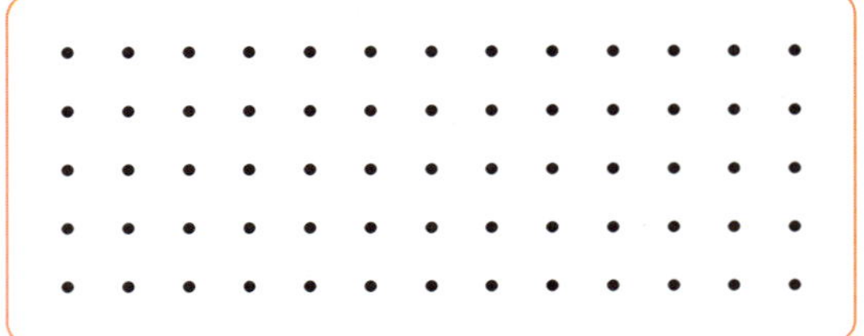

16 다음 직사각형의 네 변의 길이의 합이 44 cm일 때, □ 안에 알맞은 수를 써넣으세요.

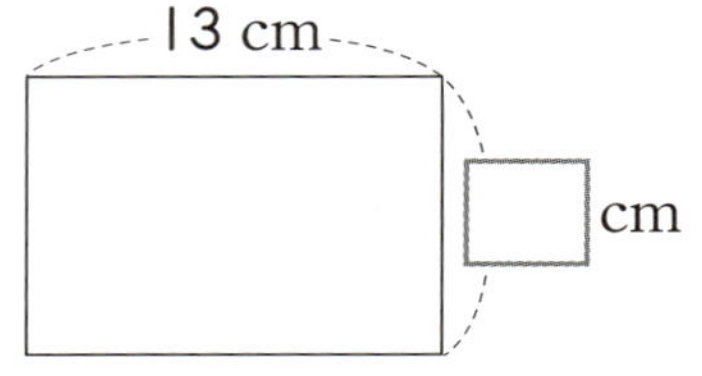

17 ㉠과 ㉡에 알맞은 수의 합을 구해 보세요.

> • 직각삼각형은 직각이 ㉠개입니다.
> • 정사각형은 길이가 같은 변이 ㉡개 있습니다.

(   )

서술형 18 크기가 다른 두 정사각형을 겹치지 않게 이어 붙여서 만든 도형입니다. 선분 ㄱㄴ의 길이는 몇 cm인지 풀이 과정을 쓰고 답을 구해 보세요.

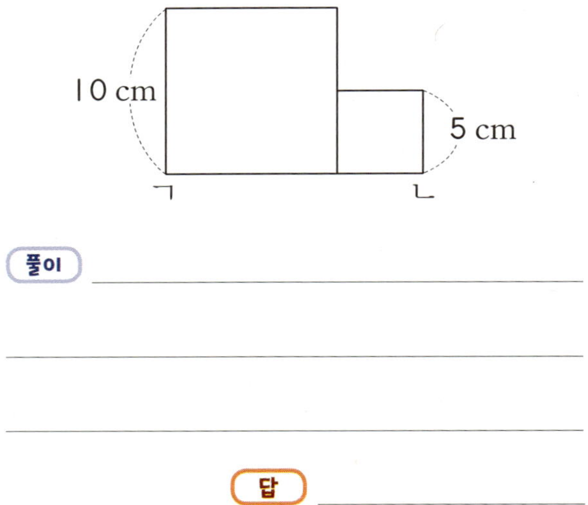

풀이 ___________________________

____

____

답 ___________________________

19 그림에서 크고 작은 정사각형은 모두 몇 개인지 구해 보세요.

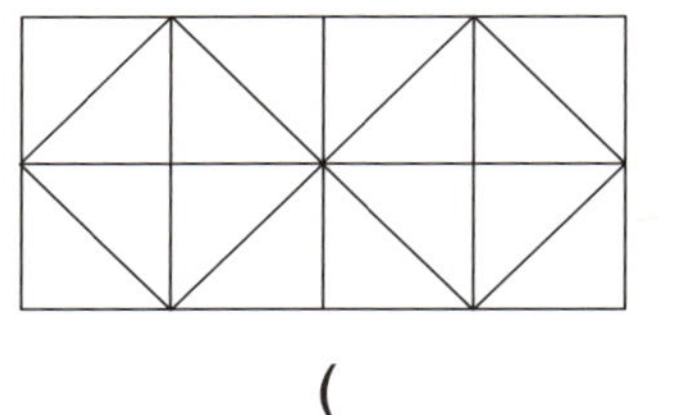

(   )

서술형 20 다음과 같은 직사각형 모양의 철사를 남김없이 사용하여 가장 큰 정사각형을 만들려고 합니다. 정사각형의 한 변의 길이를 몇 cm로 해야 하는지 풀이 과정을 쓰고 답을 구해 보세요.

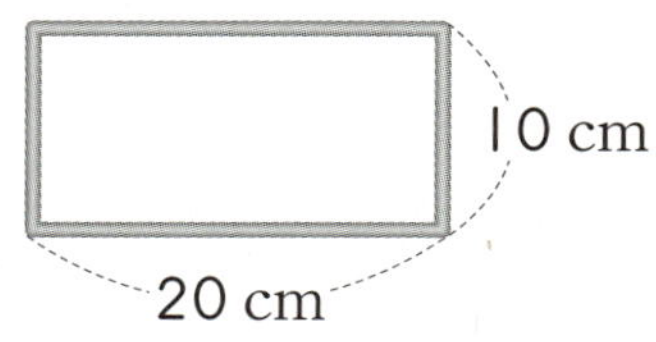

풀이 ___________________________

____

____

답 ___________________________

3

나눗셈

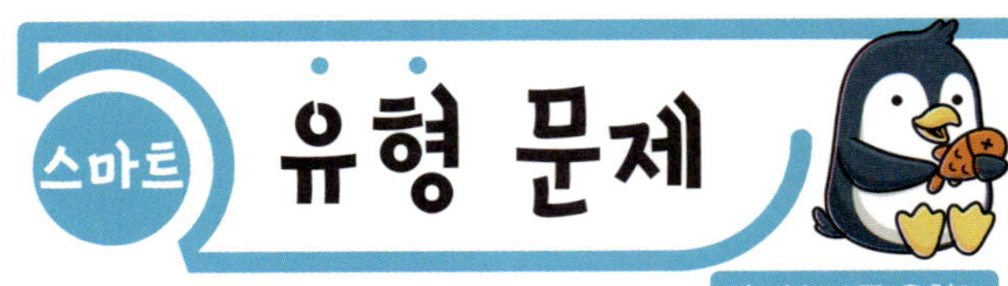

진도북 59쪽 유형01

유형 01 ■명에게 똑같이 나누어 주기

01 귤 18개를 3개의 접시에 똑같이 나누어 담으려고 합니다. 한 접시에 귤을 몇 개씩 담아야 하는지 접시 위에 ○를 그려 알아보세요.

귤을 ☐ 개씩 담을 수 있습니다.

02 배구공 10개를 2상자에 똑같이 나누어 담으려고 합니다. 한 상자에 배구공을 몇 개씩 담을 수 있을까요?

식 ____________________

답 ____________________

03 딸기를 접시에 똑같이 나누어 담으려고 합니다. 접시의 수에 따라 담을 수 있는 딸기의 수를 구해 보세요.

접시 3개에 담을 때: 한 접시에 ☐ 개

접시 9개에 담을 때: 한 접시에 ☐ 개

04 구슬 24개를 6명이 똑같이 나누어 가지려고 합니다. 한 명이 구슬을 몇 개씩 가질 수 있을까요?

식 ____________________

답 ____________________

진도북 59쪽 유형02

유형 02 ■개씩 나누기

05 연필 20자루를 한 명에게 5자루씩 나누어 주려고 합니다. 몇 명에게 줄 수 있는지 연필을 5자루씩 묶어 알아보세요.

☐ 명에게 줄 수 있습니다.

서술형

06 빈 병 12개를 한 상자에 6개씩 담으려고 합니다. 상자는 몇 상자 필요한지 풀이 과정을 쓰고 답을 구해 보세요.

풀이 ____________________

____

____

답 ____________________

07 초콜릿 21개를 한 봉지에 7개씩 담으려고 합니다. 봉지는 몇 장 필요할까요?

식 ________________________

답 ________________________

08 수박 16통을 한 상자에 4개씩 담으려고 합니다. 상자는 몇 상자 필요한지 두 가지 방법으로 해결해 보세요.

뺄셈식 ________________________

나눗셈식 ________________________

답 ________________________

진도북 60쪽 유형03

유형 **03** 문장을 나눗셈식으로 나타내기

09 ☐ 안에 알맞은 수를 써넣어 나눗셈식을 완성해 보세요.

> 꽃 28송이를 꽃병 4개에 똑같이 나누어 꽂으면 꽃병 한 개에 7송이씩 꽂게 됩니다.

☐ ÷ ☐ = ☐

10 문장을 나눗셈식으로 나타내 보세요.

> 수호네 반 학생 24명을 한 모둠에 6명씩 나누면 4모둠이 됩니다.

나눗셈식 ________________________

③

11 나눗셈식을 보고 문장을 완성해 보세요.

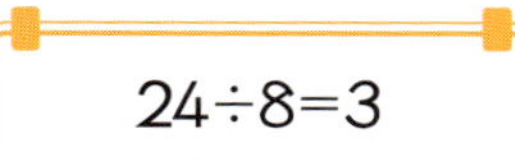

$24 \div 8 = 3$

> 사과 ☐ 개를 바구니 ☐ 개에 똑같이 나누어 담으면 바구니 한 개에 ☐ 개씩 담을 수 있습니다.

서술형 **12** 나눗셈식을 보고 문장을 완성해 보세요.

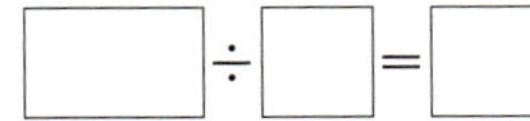

$30 \div 6 = 5$

> 초콜릿 30개를 ________________________
> ________________________
> ________________________

유형 04 뺄셈식을 나눗셈식으로 나타내기

13 뺄셈식을 보고 나눗셈식으로 나타내 보세요.

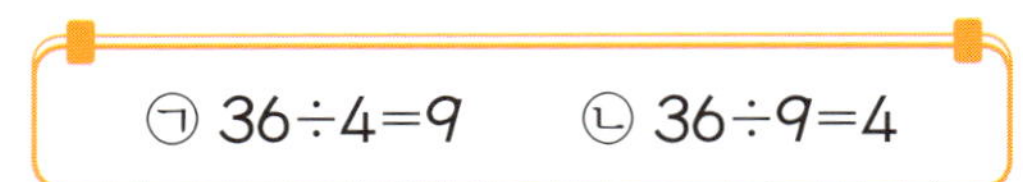

나눗셈식 ______________________

서술형
14 36-9-9-9-9=0을 나눗셈식으로 바르게 나타낸 것을 찾아 기호를 쓰려고 합니다. 풀이 과정을 쓰고 답을 구해 보세요.

> ㉠ $36 \div 4 = 9$ ㉡ $36 \div 9 = 4$

풀이 ______________________

____

답 ______________________

15 $20 \div 5 = 4$를 뺄셈식으로 나타낸 것입니다. 바르게 나타낸 사람의 이름을 써 보세요.

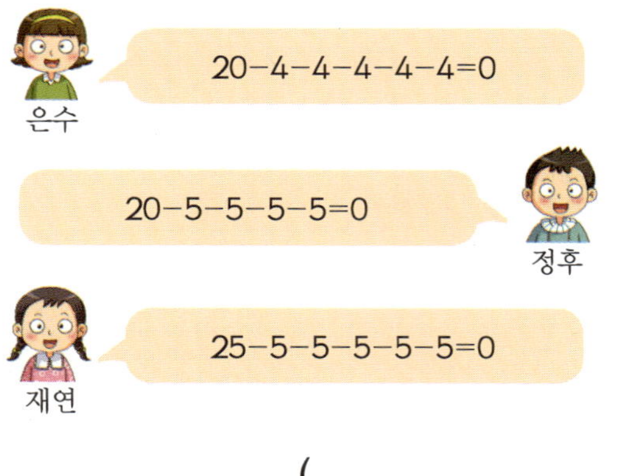

(   )

유형 05 곱셈과 나눗셈의 관계

16 그림을 보고 곱셈식과 나눗셈식으로 나타내 보세요.

곱셈식 ______________________

나눗셈식 ______________________

17 □ 안에 알맞은 수를 써넣으세요.

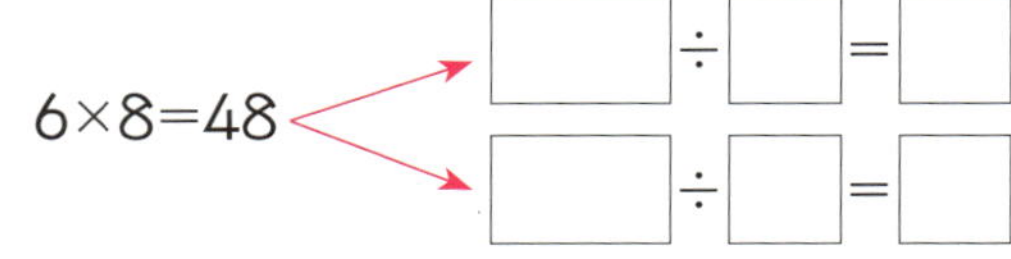

$6 \times 8 = 48$
$\boxed{} \div \boxed{} = \boxed{}$
$\boxed{} \div \boxed{} = \boxed{}$

18 지우개 30개를 한 상자에 5개씩 담으면 몇 상자가 필요한지 알아보려고 합니다. 곱셈식을 나눗셈식으로 나타내 보세요.

곱셈식 $5 \times 6 = 30$

나눗셈식 ______________________

19 관계있는 것끼리 이어 보세요.

(1) $18 \div 2 = 9$ • • ㉠ $8 \times 2 = 16$

(2) $14 \div 2 = 7$ • • ㉡ $9 \times 2 = 18$

(3) $16 \div 8 = 2$ • • ㉢ $2 \times 7 = 14$

20 다음 수 카드를 이용하여 곱셈식과 나눗셈식을 만들어 보세요.

| 5 | 6 | 8 | 40 | 48 |

곱셈식 _______________________

나눗셈식 _______________________

진도북 61쪽 유형06

유형 06 나눗셈의 몫을 곱셈식으로 구하기

21 $24 \div 8$의 몫을 구하는 데 필요한 곱셈식은 어느 것일까요? ( )

① $3 \times 7 = 21$ ② $6 \times 4 = 24$

③ $4 \times 5 = 20$ ④ $8 \times 3 = 24$

⑤ $8 \times 4 = 32$

22 나눗셈의 몫은 얼마인지 풀이 과정을 쓰고 답을 구해 보세요.

$$63 \div 7$$

풀이 _______________________

____

____

답 _______________________

3

23 관계있는 것끼리 이어 보세요.

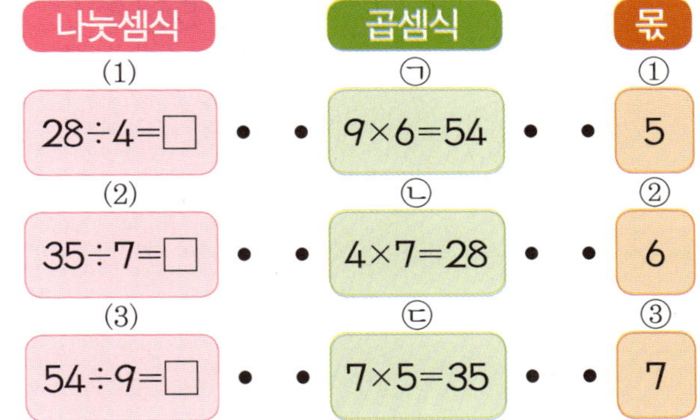

진도북 62쪽 유형07

유형 07 나눗셈의 몫 구하기

24 빈칸에 알맞은 수를 써넣으세요.

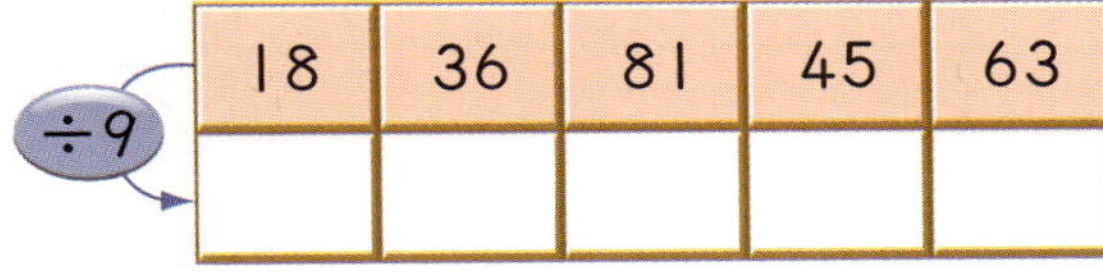

25 몫이 6인 나눗셈을 모두 찾아 기호를 써 보세요.

> ㉠ 12÷3   ㉡ 24÷4
> ㉢ 36÷6   ㉢ 48÷6

(   )

26 몫이 다른 것을 찾아 기호를 써 보세요.

> ㉠ 49÷7   ㉡ 32÷4
> ㉢ 35÷5   ㉢ 56÷8

(   )

서술형
27 두 나눗셈의 몫의 합은 얼마인지 풀이 과정을 쓰고 답을 구해 보세요.

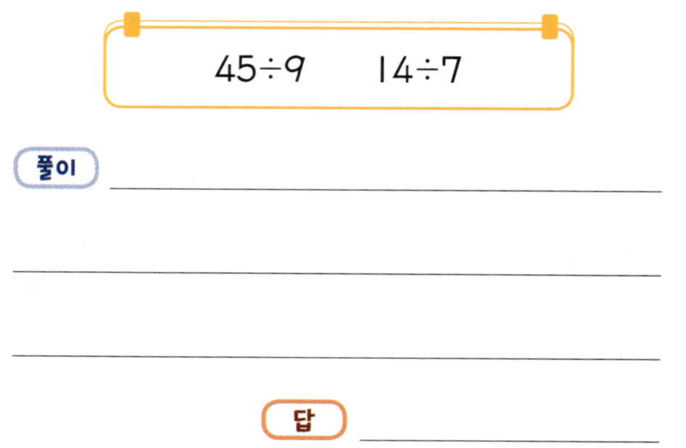

풀이 ______________________________

____

____

답 ______________________________

유형 08 몫의 크기 비교하기

28 몫의 크기를 비교하여 ○ 안에 >, =, <를 알맞게 써넣으세요.

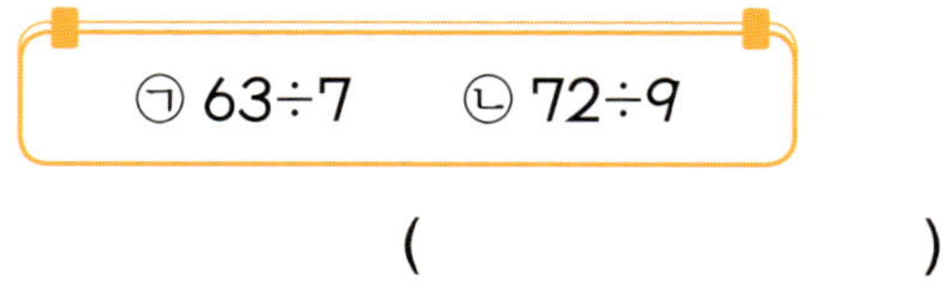

29 몫이 더 작은 것을 찾아 기호를 써 보세요.

> ㉠ 63÷7   ㉡ 72÷9

(   )

30 몫이 가장 큰 것을 찾아 기호를 써 보세요.

> ㉠ 18÷3
> ㉡ 54÷9
> ㉢ 36÷4

(   )

31 몫이 큰 것부터 차례대로 기호를 써 보세요.

> ㉠ 9÷3   ㉡ 10÷2
> ㉢ 20÷5   ㉢ 16÷2

(   )

유형09 □ 안에 알맞은 수 구하기

32 □ 안에 알맞은 수를 써넣으세요.

(1) $35 \div \boxed{} = 5$

(2) $72 \div \boxed{} = 9$

서술형
33 □ 안에 알맞은 수의 차는 얼마인지 풀이 과정을 쓰고 답을 구해 보세요.

$$ ㉠\ 45 \div \Box = 5 \qquad ㉡\ 30 \div \Box = 6 $$

풀이 ________________________

____

____

답 ________________________

34 □ 안에 들어갈 수가 가장 큰 식은 어느 것일까요? ( )

① $\Box \times 2 = 16$ ② $4 \times \Box = 36$
③ $24 \div 8 = \Box$ ④ $32 \div \Box = 4$
⑤ $42 \div \Box = 6$

유형10 나눗셈의 몫 활용하기

35 유림이네 농장에 있는 돼지의 다리를 세어 보았더니 모두 28개였습니다. 돼지는 모두 몇 마리일까요?

식 ________________________

답 ________________________

36 참외 36개를 한 상자에 6개씩 담으려면 몇 상자가 필요할까요?

식 ________________________

답 ________________________

37 빵 42개를 친구들에게 똑같이 나누어 주려고 합니다. 한 명에게 몇 개씩 주어야 하는지 구해 보세요.

(1) 친구 6명에게 똑같이 나누어 주려면 한 명에게 빵을 몇 개씩 주어야 할까요?

식 ________________________

답 ________________________

(2) 한 명이 더 와서 7명에게 똑같이 나누어 주려면 한 명에게 빵을 몇 개씩 주어야 할까요?

식 ________________________

답 ________________________

01 □ 안에 알맞은 수를 구해 보세요.

$$63 \div \square = 54 \div 6$$

(   )

02 □ 안에 알맞은 수를 구해 보세요.

$$\square \div 6 = 32 \div 8$$

(   )

03 ㉠과 ㉡에 알맞은 수의 차를 구해 보세요.

$$49 \div ㉠ = 7 \qquad ㉡ \div 3 = 4$$

(   )

04 수 카드를 한 번씩만 사용하여 만들 수 있는 두 자리 수 중에서 가장 작은 수를 남은 수 카드의 수로 나눈 몫을 구해 보세요.

| 6 | 1 | 8 |

(   )

05 수 카드를 한 번씩만 사용하여 만들 수 있는 두 자리 수 중에서 가장 작은 수를 남은 수 카드의 수로 나눈 몫을 구해 보세요.

| 5 | 4 | 9 |

(   )

06 4장의 수 카드 중에서 3장을 골라 몫이 가장 작은 나눗셈식 (두 자리 수)÷(한 자리 수)를 만들었을 때, 몫을 구해 보세요.

| 2 | 7 | 8 | 4 |

(   )

07 어떤 수를 6으로 나누었더니 몫이 4가 되었습니다. 어떤 수를 3으로 나눈 몫을 구해 보세요.

(   )

08 어떤 수를 6으로 나누어야 할 것을 잘못하여 3으로 나누었더니 몫이 6이 되었습니다. 바르게 계산한 값을 구해 보세요.

(   )

09 대화를 읽고 정후가 말한 수를 구해 보세요.

(   )

10 과수원에서 재영이가 딴 복숭아 15개와 미혜가 딴 복숭아 12개를 3상자에 똑같이 나누어 담았습니다. 한 상자에 복숭아를 몇 개씩 담았는지 구해 보세요.

(   )

11 크림빵 24개와 팥빵 21개를 9명에게 똑같이 나누어 주려고 합니다. 한 명이 빵을 몇 개씩 받을 수 있는지 구해 보세요.

(   )

12 어머니께서 자두를 35개 사 오셨습니다. 3개를 남겨 두고 4명의 가족이 똑같이 나누어 먹으려고 합니다. 한 명이 자두를 몇 개씩 먹을 수 있는지 구해 보세요.

(   )

13 사과 35개와 배 18개가 있습니다. 사과는 5 상자에 똑같이 나누어 담고, 배는 3상자에 똑같이 나누어 담았습니다. 한 상자에 더 많이 들어 있는 과일은 무엇인지 구해 보세요.

(   )

14 현수와 지혜는 일정한 빠르기로 종이학을 접었습니다. 1분 동안 종이학을 누가 몇 마리 더 많이 접었는지 구해 보세요.

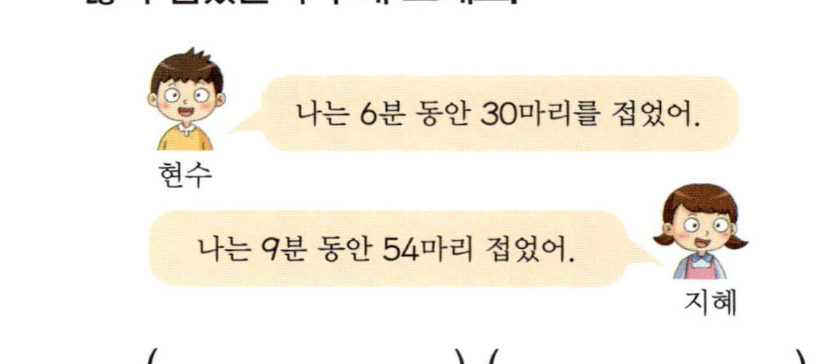

(   ), (   )

15 1부터 9까지의 수 중에서 □ 안에 들어갈 수 있는 가장 큰 수를 구해 보세요.

$$\square < 63 \div 7$$

(   )

16 1부터 9까지의 수 중에서 □ 안에 들어갈 수 있는 수는 모두 몇 개인지 구해 보세요.

$$45 \div 9 < \square$$

(   )

17 1부터 9까지의 수 중에서 □ 안에 들어갈 수 있는 수는 모두 몇 개인지 구해 보세요.

$$28 \div 7 < \square < 64 \div 8$$

(   )

18 조건을 만족하는 두 수를 구해 보세요.

> • 두 수의 합은 15입니다.
> • 큰 수를 작은 수로 나눈 몫은 4입니다.

(   )

19 조건을 만족하는 두 수를 구해 보세요.

> • 두 수의 합은 20입니다.
> • 큰 수를 작은 수로 나눈 몫은 3입니다.

(   )

20 ▲와 ■에 알맞은 수를 각각 구해 보세요.

> • ♥÷2=4
> • ▲와 ♥의 합은 56입니다.
> • ▲를 ■로 나눈 몫은 ♥입니다.

▲ (   )

■ (   )

21 길이가 21 m인 도로의 한쪽에 처음부터 끝까지 3 m 간격으로 가로등을 세우려고 합니다. 필요한 가로등은 모두 몇 개일까요?

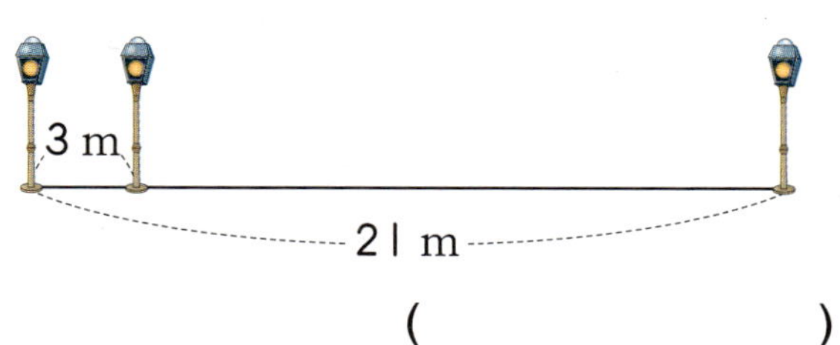

(   )

22 길이가 45 m인 도로의 양쪽에 처음부터 끝까지 5 m 간격으로 나무를 심으려고 합니다. 필요한 나무는 모두 몇 그루일까요?

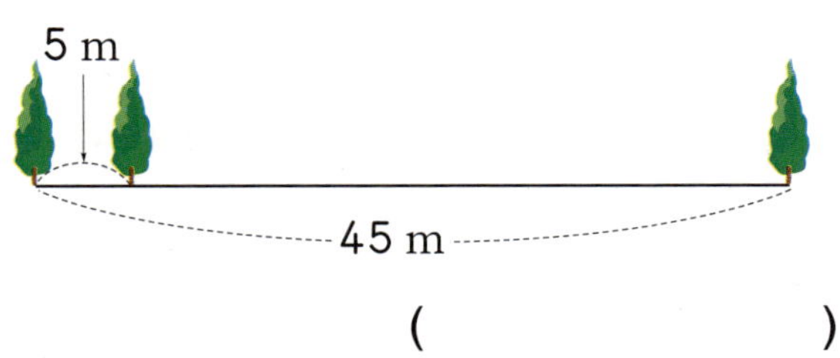

(   )

01 야구공 21개를 3명에게 똑같이 나누어 주려고 합니다. 한 명이 몇 개씩 가질 수 있는지 빈 칸에 ○를 그려 알아보세요.

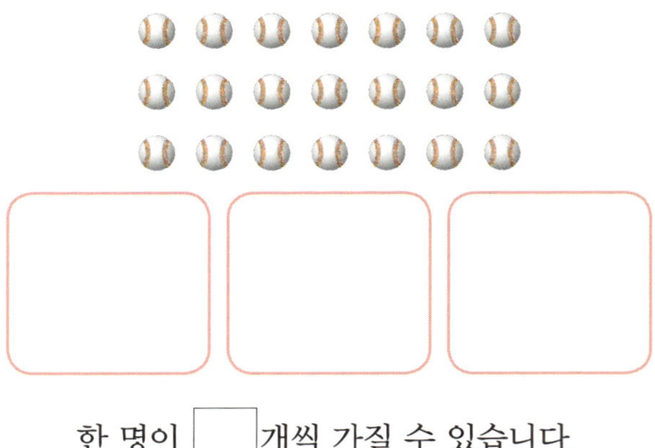

한 명이 ☐ 개씩 가질 수 있습니다.

02 나눗셈식을 읽어 보세요.

$$36 \div 4 = 9$$

➡ ______________________

03 별 모양 붙임 딱지 16장을 한 명에게 2장씩 나누어 주려고 합니다. 몇 명에게 나누어 줄 수 있을까요?

☐ ÷ ☐ = ☐

☐ 명에게 나누어 줄 수 있습니다.

04 뺄셈식을 보고 나눗셈식으로 나타내 보세요.

$$56-7-7-7-7-7-7-7-7=0$$

나눗셈식 ______________________

05 곱셈식을 나눗셈식으로 나타내 보세요.

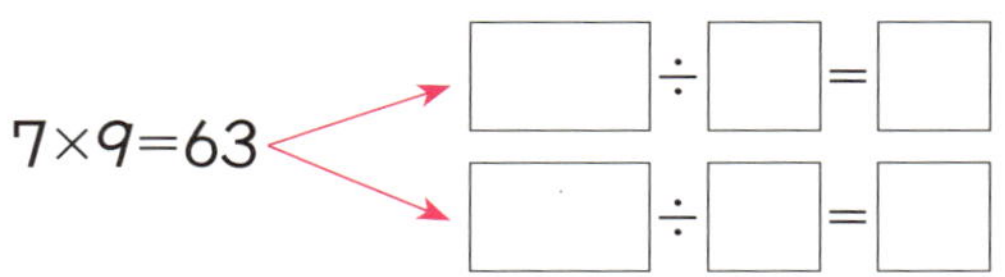
$7 \times 9 = 63$
☐ ÷ ☐ = ☐
☐ ÷ ☐ = ☐

06 그림을 보고 곱셈식과 나눗셈식으로 나타내 보세요.

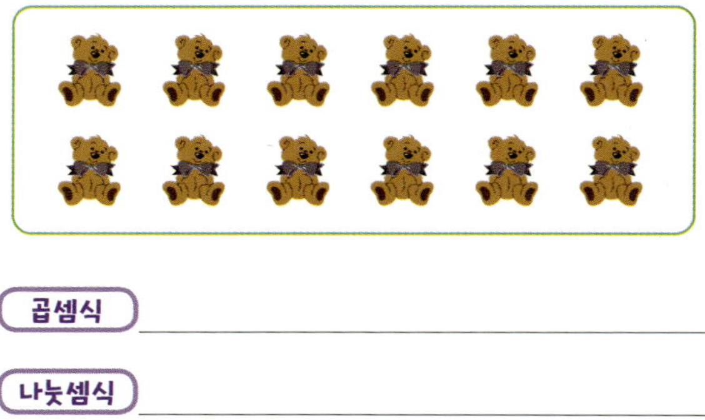

곱셈식 ______________________

나눗셈식 ______________________

07 곱셈식을 나눗셈식으로 나타낸 것을 찾아 이어 보세요.

(1) $5 \times 9 = 45$ •　　• ㉠ $36 \div 4 = 9$

(2) $7 \times 5 = 35$ •　　• ㉡ $35 \div 7 = 5$

(3) $9 \times 4 = 36$ •　　• ㉢ $45 \div 9 = 5$

08 □ 안에 알맞은 수를 써넣으세요.

$$6 \times \boxed{} = 30 \;\rightarrow\; 30 \div 6 = \boxed{}$$

09 한 모둠에 학생이 3명씩 있습니다. 전체 학생이 15명이면 모두 몇 모둠일까요?

( )

10 참외 72개를 상자에 담으려고 살펴보았더니 8개가 썩어 있었습니다. 썩은 참외는 버리고 나머지를 한 상자에 8개씩 담으면 몇 상자가 되는지 풀이 과정을 쓰고 답을 구해 보세요.

풀이 ________________________________

____

____

____

답 ________________

11 몫의 크기를 비교하여 ○ 안에 >, =, <를 알맞게 써넣으세요.

$$42 \div 6 \;\bigcirc\; 63 \div 9$$

12 몫이 4인 나눗셈을 모두 찾아 기호를 써 보세요.

㉠ $12 \div 3$	㉡ $20 \div 4$
㉢ $21 \div 7$	㉣ $24 \div 6$

( )

13 □ 안에 들어갈 수가 큰 것부터 차례대로 기호를 써 보세요.

㉠ $32 \div 8 = \square$	㉡ $5 \times \square = 45$
㉢ $6 \times \square = 36$	㉣ $56 \div \square = 7$

( )

14 빈칸에 알맞은 수를 써넣으세요.

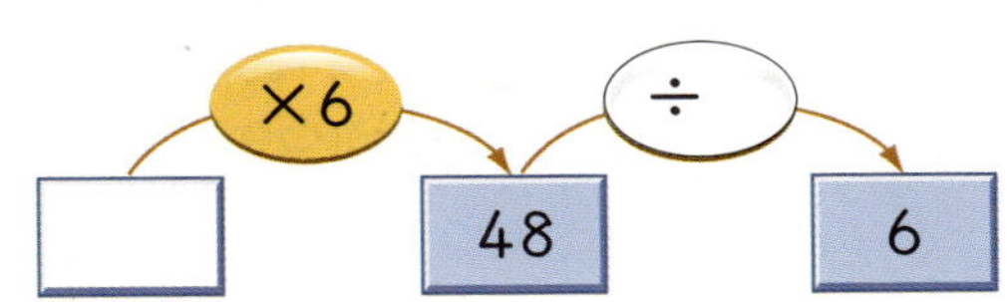

15 색종이 45장을 한 명에게 9장씩 나누어 주면 몇 명에게 줄 수 있을까요?

식

답

16 네 변의 길이의 합이 32 cm인 정사각형이 있습니다. 이 정사각형의 한 변의 길이는 몇 cm일까요?

식

답

17 기현이가 가진 카드에 적혀 있는 수를 9로 나누면 몫이 9가 됩니다. 기현이가 가진 카드에 적혀 있는 수는 얼마일까요?

( )

18 ☐ 안에 들어갈 수 있는 수를 구해 보세요.

$$40 \div 8 = 25 \div \square$$

( )

서술형
19 ★에 알맞은 수는 얼마인지 풀이 과정을 쓰고 답을 구해 보세요.

$$\bigstar \div 2 = \blacktriangle, \quad \blacktriangle \div 3 = 3$$

풀이

답

20 길이가 54 m인 도로의 한 쪽에 처음부터 끝까지 6 m 간격으로 나무를 심으려고 합니다. 필요한 나무는 모두 몇 그루일까요?

( )

곱셈

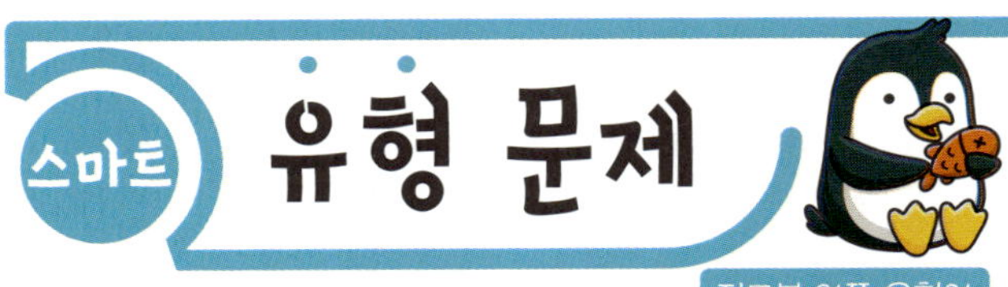

유형 01 (몇십)×(몇), 올림이 없는 (몇십몇)×(몇)

01 수직선을 보고 □ 안에 알맞은 수를 써넣으세요.

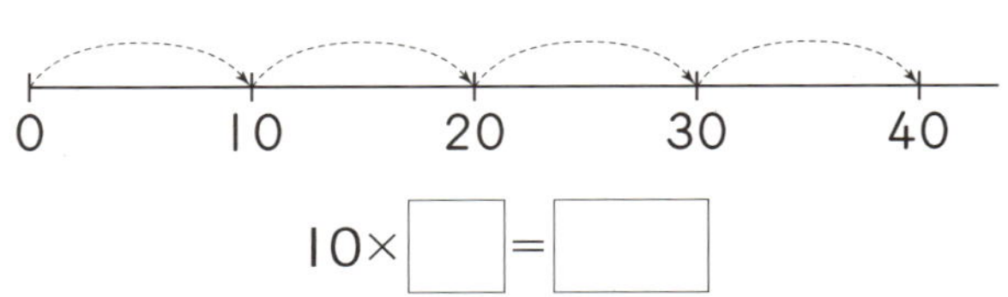

$$10 \times \boxed{} = \boxed{}$$

02 빈칸에 알맞은 수를 써넣으세요.

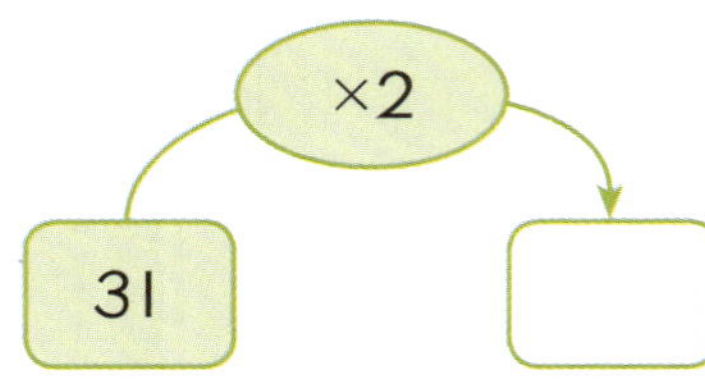

03 빈칸에 알맞은 수를 써넣으세요.

11	×7	×8	×9

04 20×3과 3×3의 합과 계산 결과가 같은 곱셈 식을 찾아 기호를 써 보세요.

> ㉠ 23×3　 ㉡ 33×2　 ㉢ 32×3

(　　　　　　　)

05 70×2를 나타내는 방법이 <u>아닌</u> 것을 모두 찾 아 기호를 써 보세요.

> ㉠ 70+2　　　　 ㉡ 70+70
> ㉢ 70의 2배　　 ㉣ 70과 2의 합
> ㉤ 70씩 2묶음　 ㉥ 70과 2의 곱

(　　　　　　　)

유형 02 올림이 있는 (몇십몇)×(몇)

서술형
06 □ 안의 숫자 3이 실제로 나타내는 값은 얼 마인지 풀이 과정을 쓰고 답을 구해 보세요.

$$
\begin{array}{ccc}
 & \boxed{3} & \\
 & 1 & 8 \\
\times & & 4 \\
\hline
 & 7 & 2 \\
\end{array}
$$

풀이 ______________________________

____

____

답 ______________________

07 계산 결과가 같은 것끼리 이어 보세요.

(1) 62×6 ·

(2) 36×4 ·

· ㉠ 18×8

· ㉡ 49×8

· ㉢ 93×4

08 가장 큰 수와 가장 작은 수의 곱을 구해 보세요.

77   92   8   6

( )

서술형
09 ㉠+㉡을 구하려고 합니다. 풀이 과정을 쓰고 답을 구해 보세요.

㉠ 64×2 ㉡ 83×3

풀이

____

____

답

10 28개의 옥수수가 들어 있는 상자가 있습니다. 3상자에 들어 있는 옥수수의 수에 더 가깝게 어림한 것을 찾아 ◯표 하세요.

㉠ 20×3으로 생각하여 60개로 어림합니다. ( )

㉡ 30×3으로 생각하여 90개로 어림합니다. ( )

11 곱이 나머지와 <u>다른</u> 하나를 찾아 기호를 써 보세요.

㉠ 24×7 ㉡ 42×4
㉢ 46×3 ㉣ 28×6

( )

12 바르게 계산한 것을 모두 찾아 ◯표 하세요.

82×3=246 51×9=495
73×2=144 31×4=124

13 곱셈을 이용하여 풀 수 있는 문제를 골라 ◯표 하고, 계산해 보세요.

㉠ 바구니에 귤이 58개, 복숭아가 9개 있습니다. 과일은 모두 몇 개일까요?

( )

㉡ 바구니에 있던 곶감 58개 중 9개를 먹었습니다. 남은 곶감은 몇 개일까요?

( )

㉢ 밤이 58개씩 들어 있는 바구니가 9개 있습니다. 밤은 모두 몇 개일까요?

( )

식

답

유형 03 계산 결과의 크기 비교하기

14 곱의 크기를 비교하여 ○ 안에 >, =, < 중 알맞은 것을 써넣으세요.

(1) 52×3 ◯ 71×4

(2) 16×6 ◯ 48×2

15 계산 결과가 가장 큰 것을 찾아 ◯표 하세요.

㉠	㉡	㉢
12×4	22×4	14×2
( )	( )	( )

16 계산 결과가 가장 큰 것을 찾아 기호를 써 보세요.

㉠ $15+15+15+15+15$
㉡ 39×2
㉢ 29의 3배

( )

유형 04 잘못된 곳을 고쳐 바르게 계산하기

17 잘못 계산한 곳을 찾아 바르게 계산해 보세요.

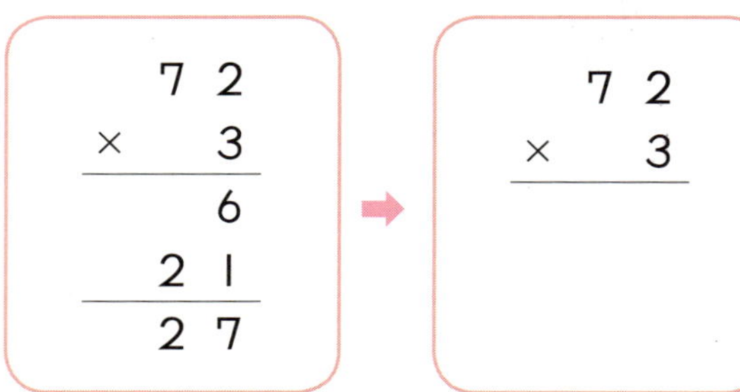

18 잘못 계산한 곳을 찾아 바르게 계산해 보세요.

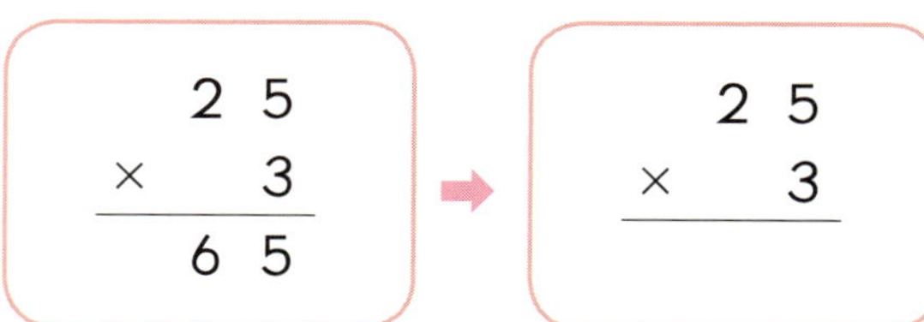

서술형
19 계산에서 잘못된 부분을 찾아 이유를 쓰고 바르게 계산해 보세요.

이유 ___________________________

____

____

유형 05 세 수의 곱 구하기

20 세 수의 곱을 구해 보세요.

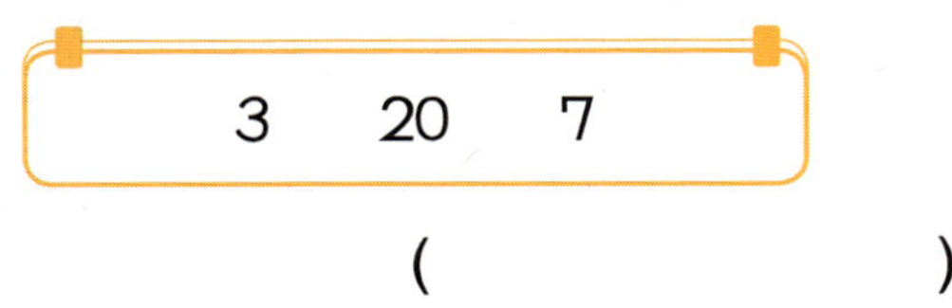

3 20 7

(   )

21 세 수의 곱을 구해 보세요.

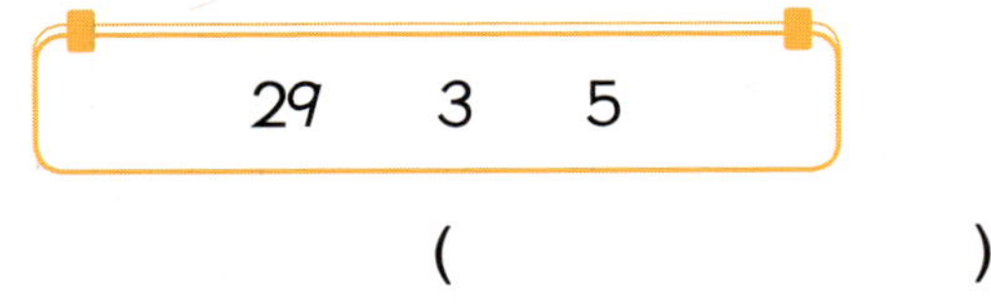

29 3 5

(   )

22 □ 안에 알맞은 수를 써넣으세요.

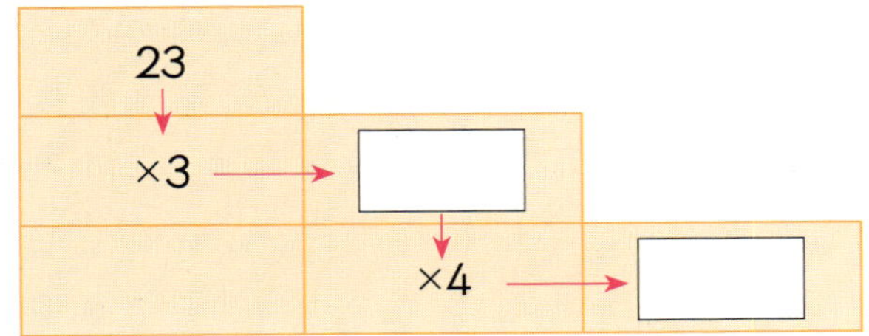

23 빈칸에 알맞은 수를 써넣으세요.

유형 06 곱셈의 활용

24 음료수가 한 묶음에 10병씩 있습니다. 음료수 8묶음은 모두 몇 병인지 구해 보세요.

식 ________________________

답 ________________________

25 미나는 동화책을 매일 12쪽씩 읽습니다. 미나가 4일 동안 읽은 동화책은 모두 몇 쪽인지 구해 보세요.

식 ________________________

답 ________________________

26 영우네 할머니 댁 농장에는 토끼가 26마리, 닭이 35마리 있습니다. 동물의 다리 수는 모두 몇 개인지 구해 보세요.

(   )

서술형
27 좌석이 28개씩 7줄 있는 콘서트홀에 99명이 입장했다면 남는 좌석은 몇 개인지 풀이 과정을 쓰고 답을 구해 보세요.

풀이 ________________________

____

____

답 ________________________

28 41개씩 포장된 사과 3상자와 32개씩 포장된 배 4상자가 있습니다. 사과와 배 중 어느 것이 더 많은지 구해 보세요.

(   )

유형 07 □ 안에 알맞은 수 구하기

29 □ 안에 들어갈 수 있는 수를 찾아 ○표 하세요.

$$\begin{array}{r} 3\ \square \\ \times\quad 2 \\ \hline 7\ 6 \end{array}$$

(3 , 4 , 6 , 8)

30 □ 안에 알맞은 수를 써넣으세요.

(1)
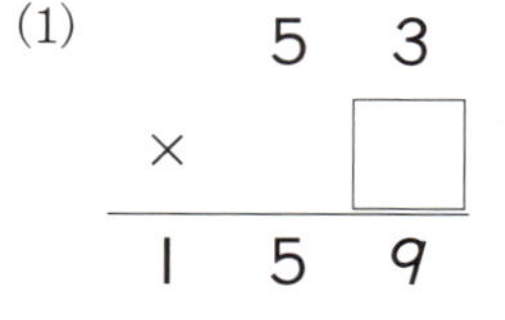

(2)
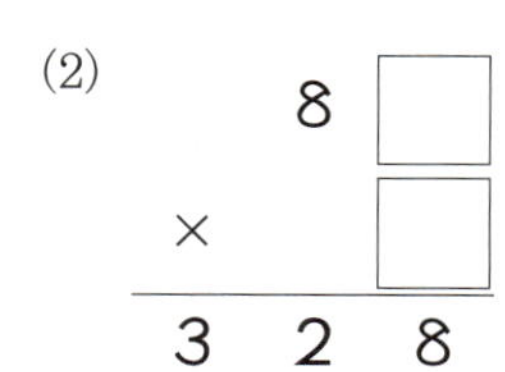

31 ㉠과 ㉡에 알맞은 수를 구해 보세요.

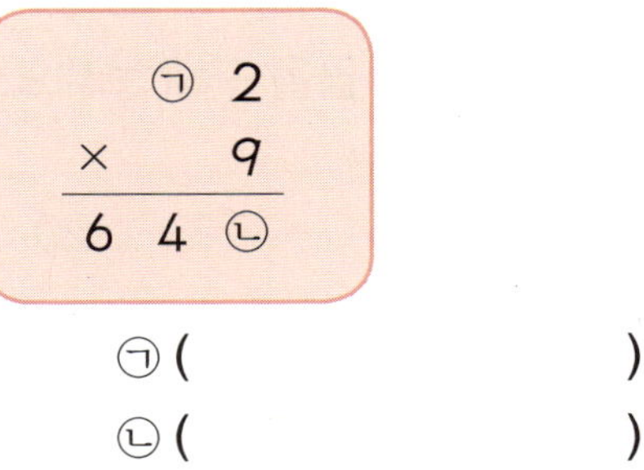

㉠ (   )

㉡ (   )

유형 08 어떤 수에 가장 가까운 수 만들기

32 곱이 400에 가장 가까운 것을 찾아 기호를 써 보세요.

㉠ 27×5   ㉡ 52×7
㉢ 57×2   ㉣ 72×5

(   )

33 곱이 300에 가장 가까운 수가 되도록 □ 안에 알맞은 수를 써넣으세요.

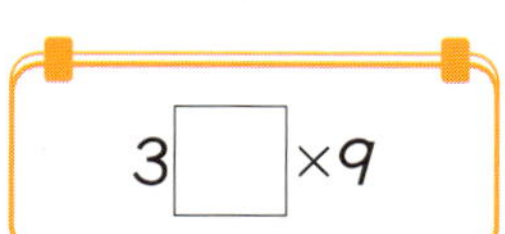

34 곱이 600에 가장 가까운 수가 되도록 □ 안에 알맞은 수를 써넣으세요.

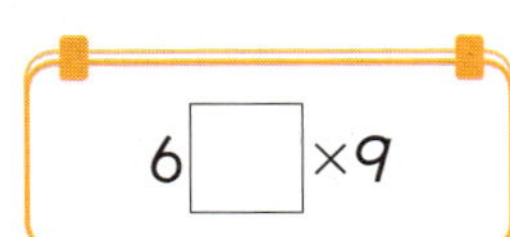

35 계산 결과가 100에 가장 가깝게 되도록 □ 안에 알맞은 수는 얼마인지 풀이 과정을 쓰고 답을 구해 보세요.

$$27 \times \square$$

풀이 ___________________________________

____

____

답 ___________________

진도북 85쪽 유형09

유형 09 어떤 수를 구하여 계산하기

36 어떤 수에 7을 곱해야 할 것을 잘못하여 더했더니 55가 되었습니다. 어떤 수와 바르게 계산한 값을 각각 구해 보세요.

어떤 수 (   )

바르게 계산한 값 (   )

37 어떤 수에 6을 곱해야 할 것을 잘못하여 6을 더했더니 30이 되었습니다. 바르게 계산한 값을 구해 보세요.

(   )

38 어떤 수에 8을 곱해야 할 것을 잘못하여 더했더니 62가 되었습니다. 바르게 계산한 값을 구해 보세요.

(   )

39 어떤 수에 9를 곱해야 할 것을 잘못하여 9를 뺐더니 73이 되었습니다. 바르게 계산한 값은 얼마인지 풀이 과정을 쓰고 답을 구해 보세요.

풀이 ___________________________________

____

____

답 ___________________

01 도로의 한쪽에 처음부터 끝까지 17 m 간격으로 나무를 8그루 심었습니다. 도로의 길이는 몇 m인지 구해 보세요. (단, 나무의 두께는 생각하지 않습니다.)

(   )

02 도로의 양쪽에 처음부터 끝까지 28 m 간격으로 나무를 18그루 심었습니다. 도로의 길이는 몇 m인지 구해 보세요. (단, 나무의 두께는 생각하지 않습니다.)

(   )

03 원 모양의 연못 둘레에 6 m 간격으로 나무를 심었습니다. 심은 나무가 모두 85그루라면 연못의 둘레는 몇 m일까요? (단, 나무의 두께는 생각하지 않습니다.)

(   )

04 길이가 37 cm인 색 테이프 5장을 4 cm씩 겹치게 이어 붙였습니다. 이어 붙인 색 테이프의 전체 길이를 구해 보세요.

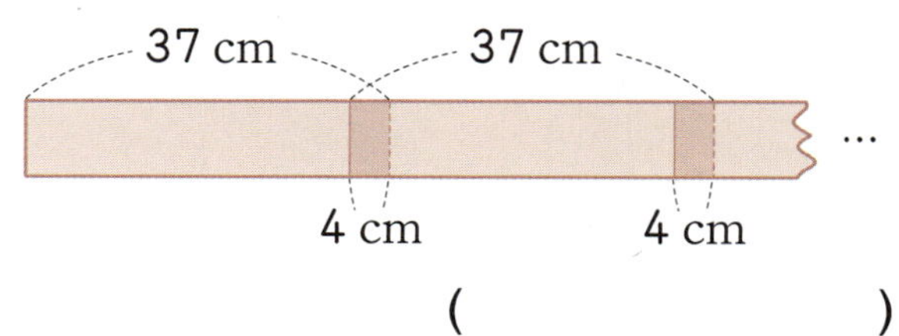

(   )

05 길이가 56 cm인 색 테이프 8장을 그림과 같이 일정한 간격으로 겹치게 이어 붙였더니 전체 길이가 385 cm가 되었습니다. 색 테이프를 몇 cm씩 겹치게 이어 붙였는지 구해 보세요.

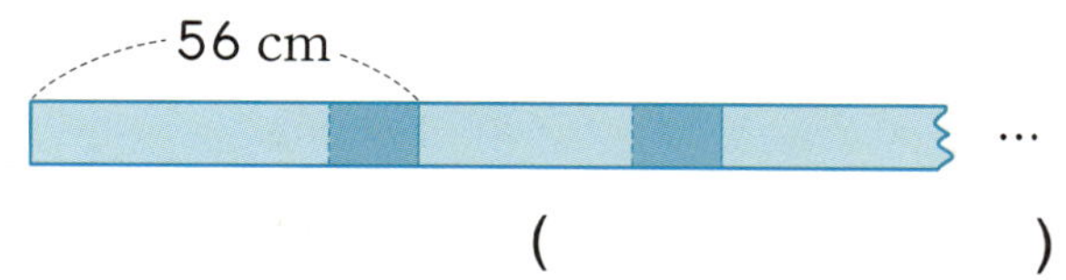

(   )

06 길이가 같은 테이프 8장을 그림과 같이 12 cm씩 겹치게 이어 붙여 전체 길이가 2 m 36 cm가 되었습니다. 테이프 한 장의 길이는 몇 cm인지 구해 보세요.

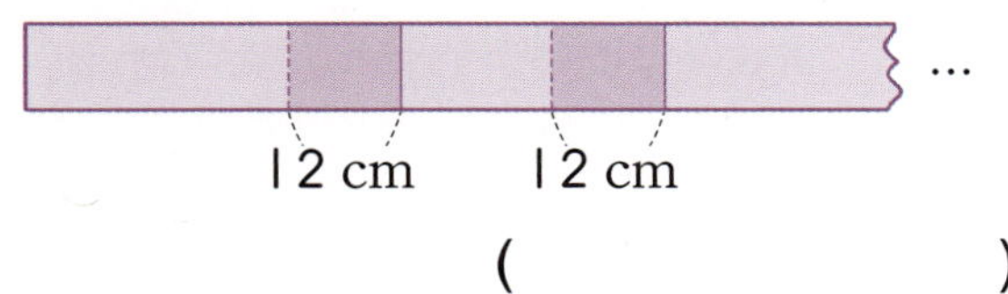

( )

07 그림과 같이 세 변의 길이가 같은 삼각형 모양의 공원 둘레에 일정한 간격으로 나무를 심으려고 합니다. 한 변에 20그루씩 나무를 심으려면 나무는 모두 몇 그루 필요할까요? (단, 세 꼭짓점에는 나무를 반드시 심습니다.)

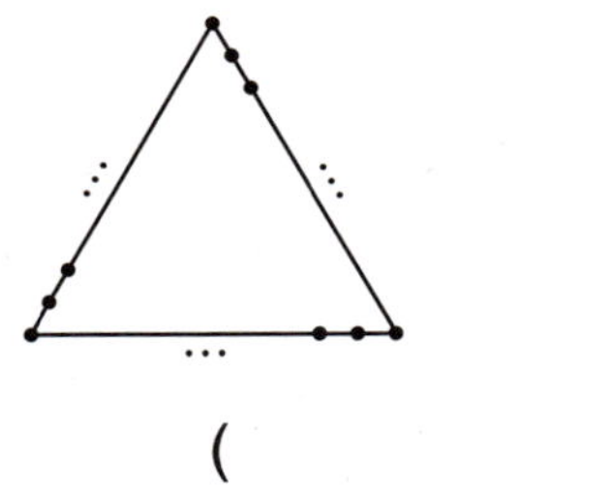

( )

08 지수는 길이가 25 cm인 색 끈 8개를 4 cm씩 겹쳐서 원 모양으로 이어 붙여 장식을 만들었습니다. 지수가 만든 장식의 둘레는 몇 cm일까요?

( )

09 1에서 9까지의 수 중 □ 안에 들어갈 수 있는 수를 모두 구해 보세요.

$$17 \times \square > 120$$

( )

10 1에서 9까지의 수 중 □ 안에 들어갈 수 있는 수는 모두 몇 개인지 구해 보세요.

$$36 \times \square > 149$$

( )

11 0에서 9까지의 수 중 □ 안에 들어갈 수 있는 가장 작은 수를 구해 보세요.

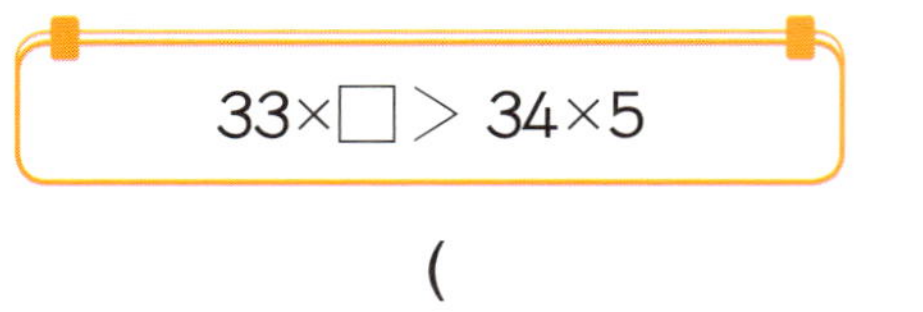

(   )

12 1부터 9까지의 수 중에서 □ 안에 들어갈 수 있는 수를 모두 구해 보세요.

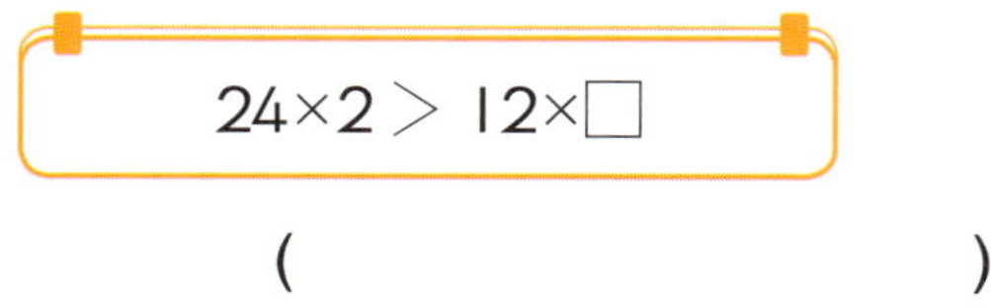

(   )

13 1부터 9까지의 수 중에서 □ 안에 들어갈 수 있는 가장 작은 수를 구해 보세요.

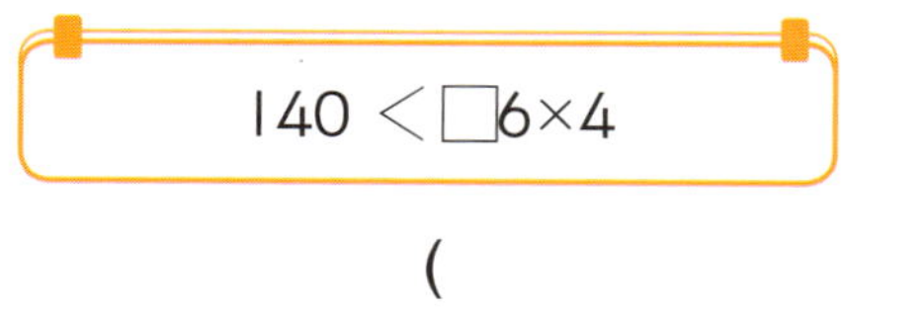

(   )

14 3장의 수 카드를 한 번씩만 사용하여 (몇십몇)×(몇)의 곱셈식을 만들려고 합니다. 곱이 가장 큰 곱셈식을 만들고 계산해 보세요.

□□ × □ = □

15 3장의 수 카드를 한 번씩만 사용하여 (몇십몇)×(몇)의 곱셈식을 만들려고 합니다. 곱이 가장 작은 곱셈식을 만들고 계산해 보세요.

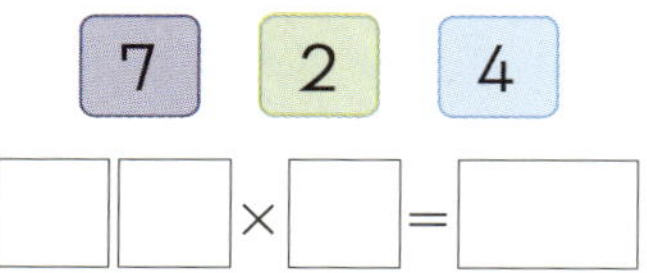

□□ × □ = □

16 4장의 수 카드 중에서 3장을 뽑아 (몇십몇)×(몇)의 곱셈식을 만들 때, 두 번째로 큰 곱을 구해 보세요.

| 1 | 3 | 8 | 5 |

(   )

17 서로 다른 수가 적힌 수 카드 3장이 있습니다. 이 수 카드를 한 번씩 사용하여 (몇십몇)×(몇)의 곱셈식을 만들 때, 가장 큰 곱이 387이었습니다. ㉠에 알맞은 수를 구해 보세요.

| 4 | ㉠ | 3 |

(   )

18 어떤 수에 9를 곱하고 18을 더한 후 3으로 나누었더니 24가 되었습니다. 어떤 수를 구해 보세요.

(   )

19 세형이는 어떤 수를 생각하여 7배 했습니다. 그리고 21을 뺀 뒤 7로 나누었더니 17이 되었습니다. 세형이가 처음 생각한 수를 구해 보세요.

(   )

20 어떤 수 ■에 ■를 곱한 다음 4로 나누었습니다. 그리고 25를 더한 다음 2로 나누었더니 17이 되었습니다. 어떤 수 ■를 구해 보세요.

(   )

01 빈칸에 알맞은 수를 써넣으세요.

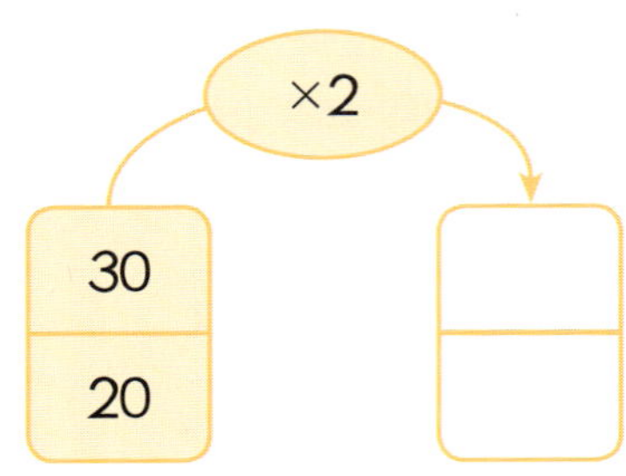

02 곱의 크기를 비교하여 ○ 안에 >, =, <를 알맞게 써넣으세요.

(1) $10×7$ ○ $20×4$

(2) $40×2$ ○ $10×8$

03 세발자전거가 20대 있습니다. 자전거 바퀴는 모두 몇 개일까요?

( )

04 계산해 보세요.

(1)
$$\begin{array}{r} 2\ 3 \\ \times\ \ \ 3 \\ \hline \end{array}$$

(2)
$$\begin{array}{r} 4\ 2 \\ \times\ \ \ 2 \\ \hline \end{array}$$

05 다음 수를 6배 한 수를 써 보세요.

70보다 1만큼 더 큰 수

( )

06 곱셈을 하고 곱이 큰 것부터 순서대로 ○ 안에 1, 2, 3을 써넣으세요.

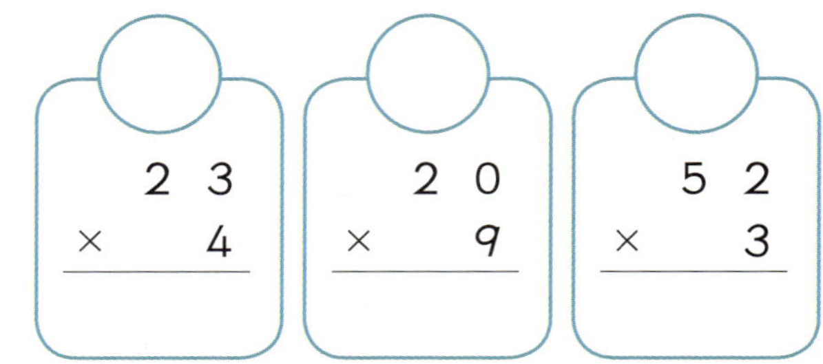

07 성민이네 반 학생 21명에게 색종이를 6장씩 나누어 주려면 색종이는 모두 몇 장이 필요한지 두 가지 방법으로 구해 보세요.

방법1 ___________________

방법2 ___________________

08 빈칸에 알맞은 수를 써넣으세요.

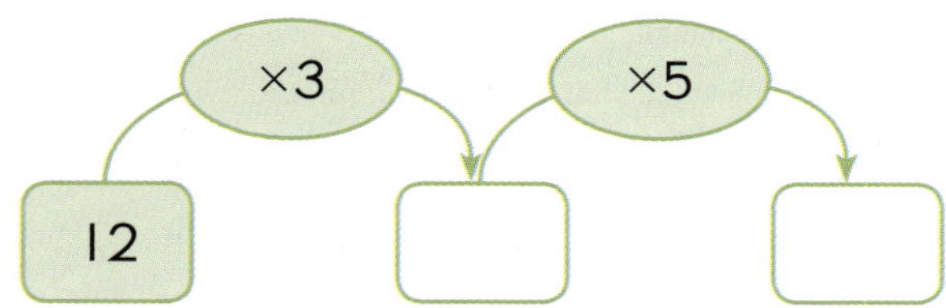

09 구슬을 각각 몇 개 가지고 있는지 □ 안에 알맞게 써넣으세요.

유나 □ 개   예한 □ 개   지민 □ 개

서술형
10 수호는 수학 문제를 하루에 24개씩 3일 동안 풀었고, 혜주는 하루에 43개씩 2일 동안 풀었습니다. 누가 수학 문제를 몇 문제 더 많이 풀었는지 풀이 과정을 쓰고 답을 구해 보세요.

풀이 _______________________________

____

____

답 _____________ , _____________

11 □ 안에 들어갈 자연수 중에서 가장 작은 수와 가장 큰 수를 각각 구해 보세요.

$$30 \times 4 < \square < 47 \times 3$$

가장 작은 수 (   )

가장 큰 수 (   )

12 □ 안에 알맞은 수를 써넣으세요.

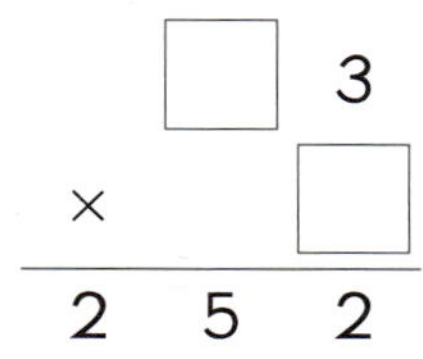

$$
\begin{array}{ccc}
 & \square & 3 \\
\times & & \square \\
\hline
2 & 5 & 2 \\
\end{array}
$$

13 공연장에 긴 의자가 46개 있습니다. 3학년 학생들이 의자 한 개에 5명씩 앉았더니 긴 의자가 2개 남았습니다. 3학년 학생들은 모두 몇 명일까요?

(   )

14 어떤 수에 5를 곱해야 할 것을 잘못하여 나누었더니 몫이 12가 되었습니다. 바르게 계산한 값을 구해 보세요.

(   )

승주네 학교 3학년은 한 반에 21명씩 5개 반이 있습니다. 승주는 연필을 12자루씩 9타 가지고 있습니다. 3학년 전체 학생들에게 연필을 한 자루씩 나누어 주려고 할 때, 연필이 충분한지 설명해 보세요.

설명 ___________________________

____

____

____

16 1부터 9까지의 수 중 □ 안에 들어갈 수 있는 수를 모두 써 보세요.

$$41 \times \square > 31 \times 8$$

(   )

17 3장의 수 카드를 한 번씩만 사용하여 곱이 가장 작은 곱셈식을 만들고 계산해 보세요.

| 2 | 9 | 4 |

□□ × □ = □

18 다음에서 설명하는 두 자리 수는 얼마인지 구해 보세요.

- 일의 자리 숫자는 5입니다.
- 4를 곱하면 180입니다.

(   )

19 기호 ♣에 대하여 다음과 같이 약속할 때, □ 안에 알맞은 수를 구해 보세요.

$$가♣나=가 \times 3 + 가 \times 나$$

□♣8=132

(   )

20 그림과 같이 성냥개비로 삼각형 모양을 만들었습니다. 삼각형 모양을 23개 만들려면 성냥개비는 모두 몇 개 필요할까요?

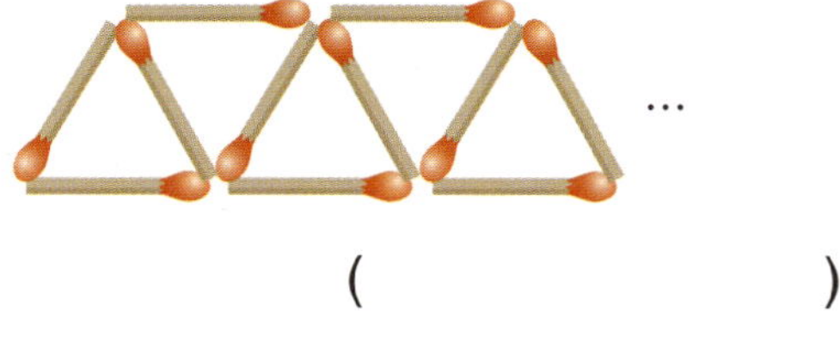

(   )

길이와 시간

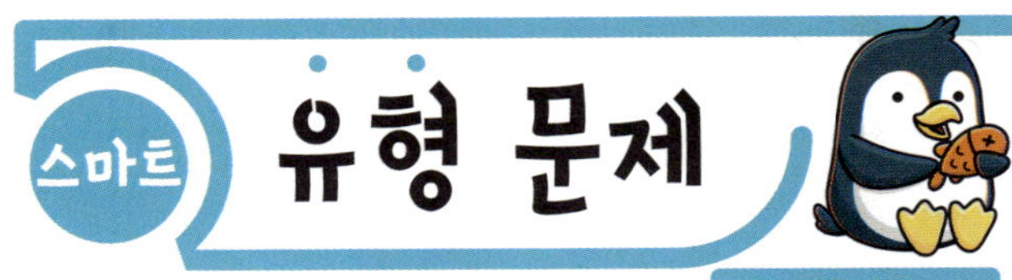

유형 01 1 cm보다 작은 단위

01 색 테이프의 길이를 재어 ☐ 안에 알맞은 수를 써넣으세요.

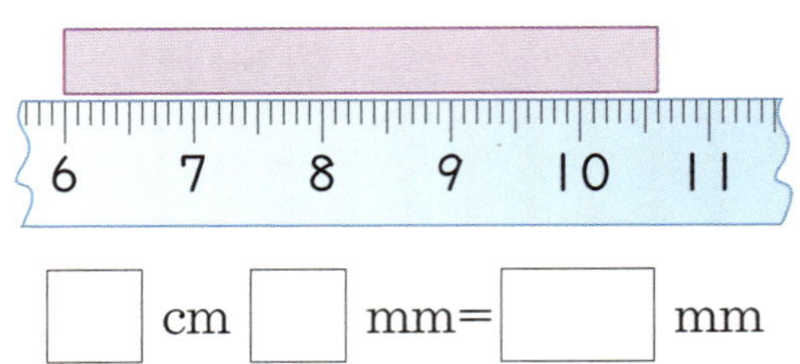

☐ cm ☐ mm = ☐ mm

02 빈칸에 알맞게 써넣으세요.

cm와 mm로 나타내기	mm로 나타내기
6 cm	
	170 mm
5 cm 5 mm	
	124 mm

03 길이를 잘못 나타낸 것을 찾아 기호를 쓰고, 바르게 고쳐 보세요.

> ㉠ 290 mm = 209 cm
> ㉡ 50 mm = 5 cm
> ㉢ 10 cm 3 mm = 103 mm

(   )

➡ _______________________

유형 02 1 m보다 큰 단위

04 수직선을 보고 ☐ 안에 알맞은 수를 써넣으세요.

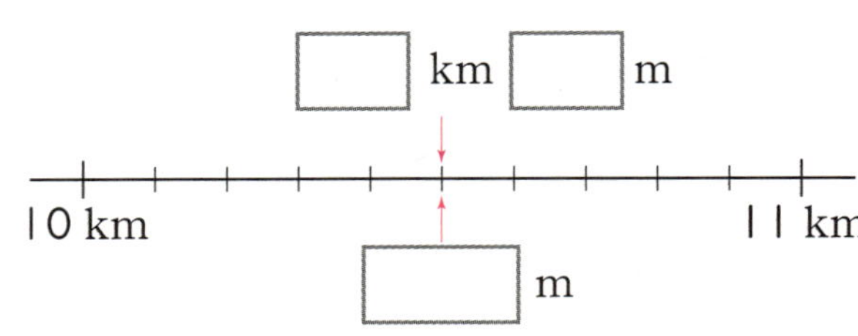

05 길이가 같은 것끼리 이어 보세요

(1) 7 km 620 m •   • ㉠ 6070 m

(2) 7 km 60 m •   • ㉡ 7060 m

(3) 6 km 70 m •   • ㉢ 7620 m

06 km 단위를 사용하여 길이를 나타내기에 적절한 것을 찾아 기호를 써 보세요.

> ㉠ 방문의 높이   ㉡ 한라산의 높이
> ㉢ 우산의 길이   ㉣ 칠판의 가로 길이

(   )

07 학교에서 약 1 km 떨어진 곳에 있는 장소를 써 보세요.

(   )

10 길이가 긴 것부터 차례대로 기호를 써 보세요.

㉠ 5 km 90 m	㉡ 7010 m
㉢ 7 km 100 m	㉣ 5900 m

(   )

진도북 105쪽 유형03

유형 03 길이 비교하기

08 길이를 비교하여 ○ 안에 >, =, <를 알맞게 써넣으세요.

(1) 48 mm ○ 3 cm 9 mm

(2) 13 cm 7 mm ○ 140 mm

서술형

09 편의점, 도서관, 학교 중 집에서 가장 가까운 장소는 어느 곳인지 풀이 과정을 쓰고 답을 구해 보세요.

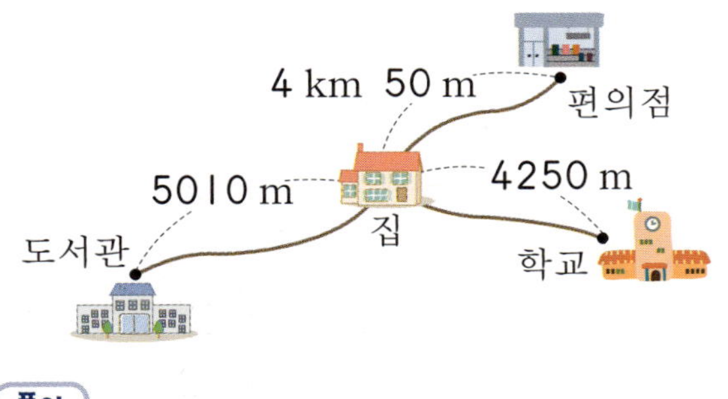

풀이 ________________________

____

____

답 ________________________

진도북 105쪽 유형04

유형 04 알맞은 단위로 나타내기

11 알맞은 단위를 찾아 □ 안에 써넣으세요.

cm   m   km

(1) 동화책의 긴 쪽의 길이는 약 20 [ ] 입니다.

(2) 하프 마라톤의 거리는 약 20 [ ] 입니다.

12 단위를 잘못 사용하여 말한 사람을 찾아 이름을 써 보세요.

> 준하: 내 발의 길이는 225 mm야.
> 정수: 나는 일년 동안 2 cm만큼 자랐어.
> 유진: 연필의 길이가 10 km야.

(   )

13 단위를 잘못 사용한 문장을 찾아 바르게 고쳐 보세요.

> ㉠ 손톱의 너비는 약 1 cm입니다.
> ㉡ 전철 한 량의 길이는 약 20 km입니다.

➡ ____________________________________

유형 05 길이의 합과 차

14 계산해 보세요.

(1) 5 cm 8 mm+2 cm 6 mm

(2) 9 km 30 m+4 km 970 m

(3) 46 cm 3 mm−15 cm 9 mm

(4) 17 km 60 m−3 km 600 m

15 그림을 보고 □ 안에 알맞은 수를 써넣으세요.

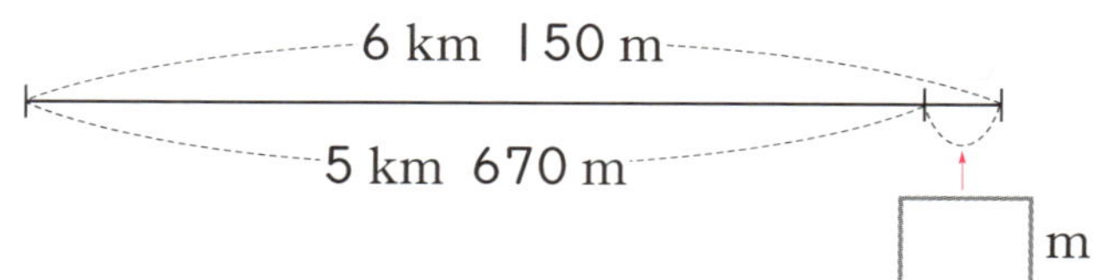

16 빈칸에 알맞은 길이를 써넣으세요.

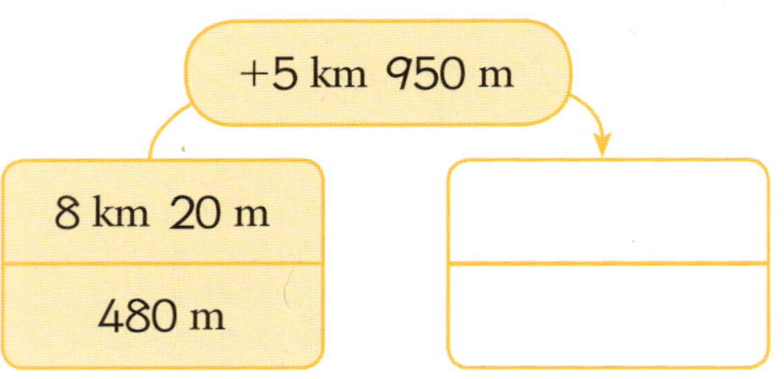

17 두 색 테이프의 길이의 차는 몇 cm 몇 mm일까요?

(   )

서술형 18 선호가 집에서 도서관까지 가려고 합니다. 학교와 공원 중에서 어느 곳을 거쳐 가는 길이 더 가까운지 풀이 과정을 쓰고 답을 구해 보세요.

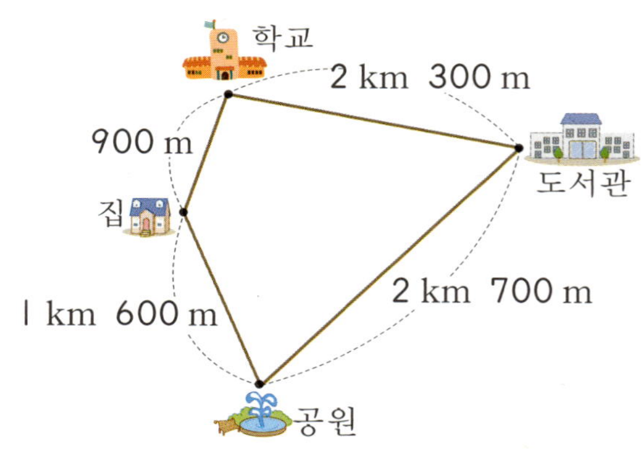

풀이 ____________________________________

____

____

____

답 ____________________________________

유형 06 1분보다 작은 단위

19 시각을 읽어 보세요.

(1)
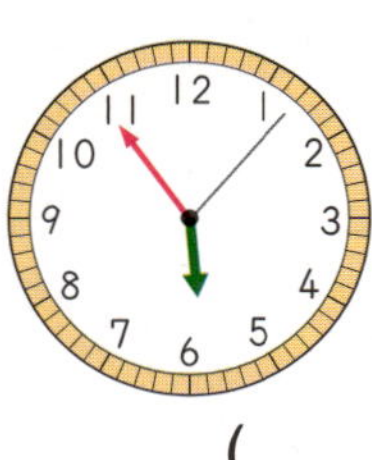

(　　　　　　)

(2)

4:52:17

(　　　　　　)

20 시계에서 초바늘이 가리키는 숫자와 나타내는 초를 알맞게 써넣으세요.

숫자		5		8		11
초	10		30		45	

21 시각에 맞게 초바늘을 그려 넣으세요.

(1)
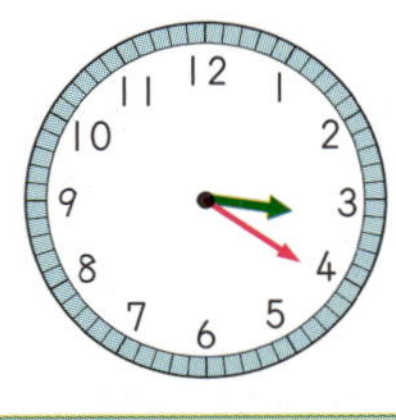

3시 20분 50초

(2)
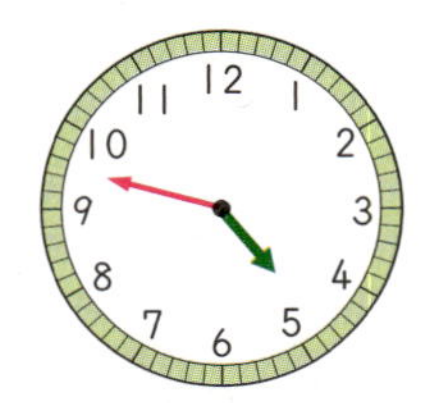

4시 47분 33초

22 빈칸에 알맞은 수를 써넣으세요.

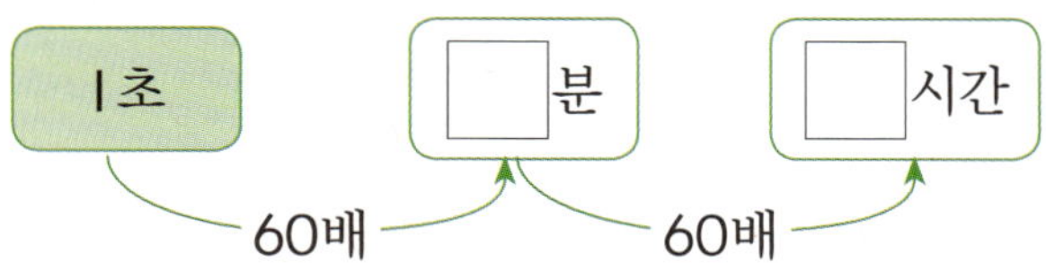

23 같은 시각끼리 이어 보세요.

(1) 6분 30초 •　　• ㉠ 350초

(2) 7분 10초 •　　• ㉡ 390초

(3) 5분 50초 •　　• ㉢ 430초

유형 07 시간의 덧셈과 뺄셈

24 계산해 보세요.

(1)
```
    3시   25분   35초
  +        15분   15초
```

(2)
```
    5시   47분   36초
  - 1시   12분   25초
```

서술형
25 5시 38초에서 25초 후의 시각은 몇 시 몇 분 몇 초인지 풀이 과정을 쓰고 답을 구해 보세요.

풀이 ______________________________

____

____

답 ______________________________

26 지금은 3시 15분 40초입니다. 90분 전의 시각을 시계에 나타내 보세요.

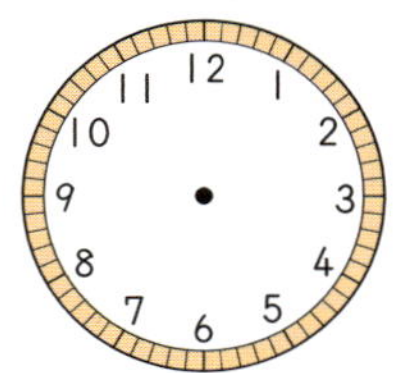

서술형
27 소영이와 민서의 달리기 기록입니다. 누가 얼마나 더 오래 달렸는지 풀이 과정을 쓰고 답을 구해 보세요.

소영	9분 25초
민서	612초

풀이 ________________________________

____

____

____

답 ________________

28 어느 버스가 출발한 시각과 목적지까지 가는 데 걸린 시간을 나타낸 것입니다. 버스가 목적지에 도착한 시각을 구해 보세요.

출발 시각	4시 45분 35초
걸린 시간	6시간 53분 21초

( )

29 공원에서 자전거를 타고 7시 40분에 출발하여 집에 8시 5분에 도착했습니다. 공원에서 집까지 가는 데 걸린 시간은 몇 분일까요?

( )

유형 08 잘못 계산한 부분 바르게 고치기

30 잘못 계산한 부분을 찾아 바르게 계산해 보세요.

```
    2시     25분
+   5시간   13분
─────────────────
    7시간   38분
```

↓

31 잘못 계산한 부분을 찾아 바르게 계산해 보세요.

```
    3시     54분    47초
+   2시간   35분    12초
──────────────────────────
    5시     29분    59초
```

↓

32 잘못된 부분을 찾아 바르게 고쳐 보세요.

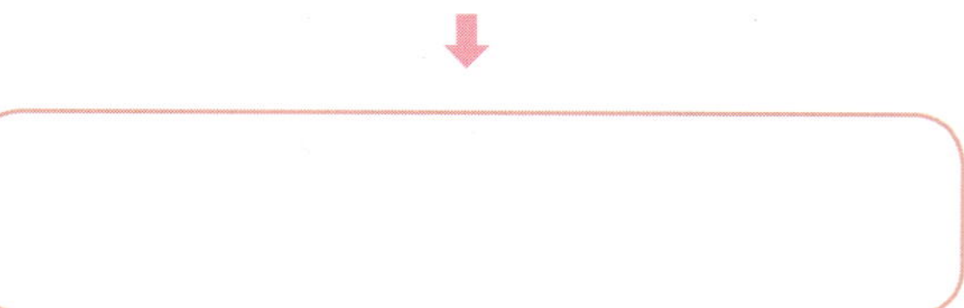

6시 28분 43초에 2시간 30분 19초를 더하면 8시간 59분 2초입니다.

↓

유형 09 어떤 시각, 시간 구하기

33 □ 안에 알맞은 수를 써넣으세요.

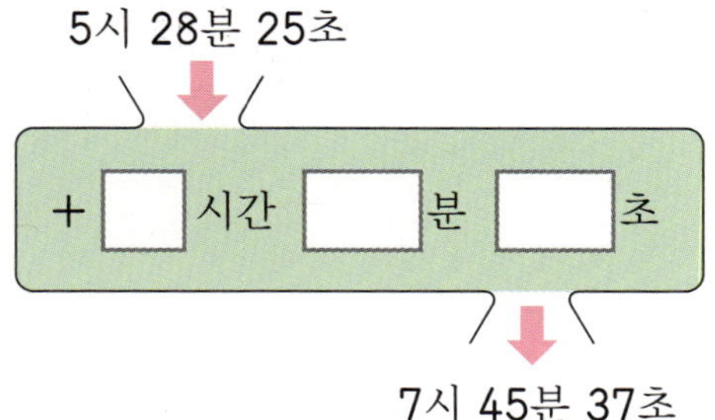

34 지수는 2시 24분 47초부터 운동을 시작했습니다. 운동을 끝내고 나서 시계를 보니 3시 59분 56초였습니다. 지수가 운동을 한 시간을 구해 보세요.

( )

서술형
35 어떤 시각에서 25분 17초 전의 시각을 구해야 하는데 잘못하여 25분 17초 후의 시각을 구했더니 6시 11분 30초였습니다. 바르게 구했을 때의 시각은 몇 시 몇 분 몇 초인지 풀이 과정을 쓰고 답을 구해 보세요.

풀이 _______________________________

____

____

____

답 _______________________________

유형 10 낮과 밤의 시간 구하기

36 오후의 시각은 다음과 같이 나타낼 수 있습니다. 빈칸에 알맞은 시각을 써넣으세요.

오후 6시	오후 7시	오후 8시	오후 9시	오후 10시	오후 11시
18시					

37 어느 날 해가 뜬 시각과 해가 진 시각을 나타낸 표입니다. 이날 해가 떠 있던 시간을 구해 보세요.

해가 뜬 시각	5시 10분 54초
해가 진 시각	19시 45분 15초

( )

38 어느 날 낮의 길이는 12시간 27분 19초였습니다. 이 날의 밤의 길이는 몇 시간 몇 분 몇 초일까요?

( )

01 □ 안에 들어갈 수 있는 가장 큰 자연수를 구해 보세요.

$$9 \text{ km } 640 \text{ m} > 7 \text{ km } 120 \text{ m} + \square \text{ m}$$

(   )

02 □ 안에 들어갈 수 있는 가장 작은 자연수를 구해 보세요.

$$3 \text{ km } 250 \text{ m} < 2700 \text{ m} + \square \text{ m}$$

(   )

03 □ 안에 들어갈 수 있는 가장 작은 자연수를 구해 보세요.

$$4 \text{ km } 20 \text{ m} + \square \text{ m} > 5006 \text{ m}$$

(   )

04 □ 안에 들어갈 수 있는 가장 큰 자연수를 구해 보세요.

$$8 \text{ km } 130 \text{ m} + \square \text{ m} < 11030 \text{ m}$$

(   )

05 ㉢에서 ㉣까지의 거리는 몇 km 몇 m인지 구해 보세요.

(   )

06 ㉠에서 ㉣까지의 거리는 몇 km 몇 m인지 구해 보세요.

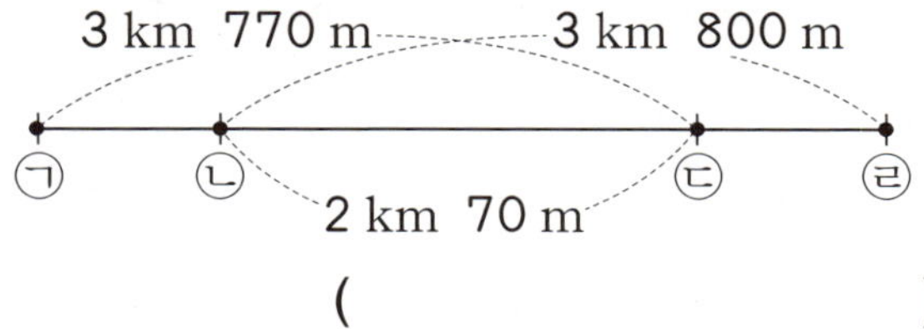

(   )

07 집에서 우체국까지의 거리가 2 km 70 m라면 학교에서 우체국까지의 거리는 몇 km 몇 m인지 구해 보세요.

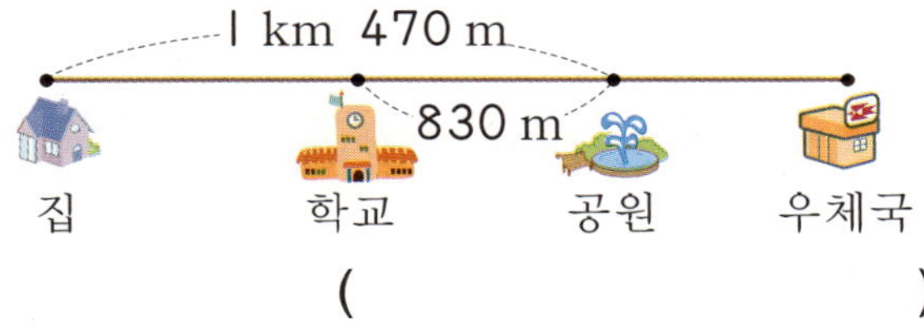

(   )

08 길이가 41 cm 6 mm인 주황색 리본과 19 cm 8 mm인 초록색 리본을 겹쳐서 한 줄로 이어 붙였더니 전체 길이가 52 cm 5 mm였습니다. 겹쳐진 부분의 길이는 몇 cm 몇 mm인지 구해 보세요.

(   )

09 학교에서 공원을 지나 병원으로 가는 거리가 학교에서 도서관을 지나서 병원으로 가는 거리보다 280 m 더 멉니다. 도서관에서 병원까지의 거리는 몇 km 몇 m인지 구해 보세요.

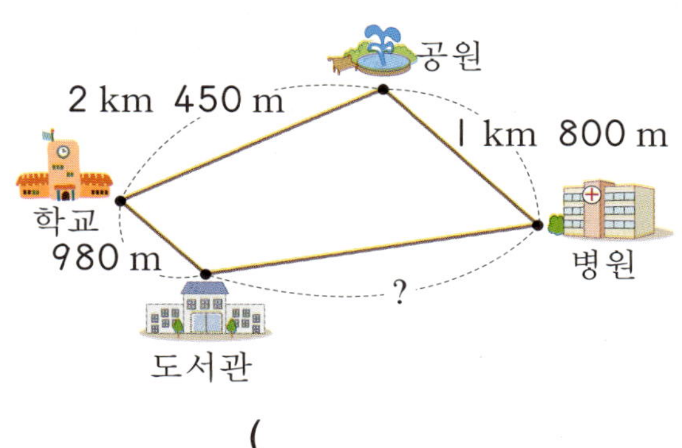

(   )

10 길이가 1 cm 6 mm씩 차이가 나는 막대 3개가 있습니다. 세 막대를 겹치지 않게 이어 붙였더니 전체 길이가 47 cm 4 mm였습니다. 가장 긴 막대의 길이는 몇 mm인지 구해 보세요.

(   )

11 진호는 자전거를 타고 집에서 2870 m 떨어진 학교로 갑니다. 920 m만큼 갔을 때 집에 준비물을 놓고 온 것을 알고 왔던 길을 되돌아 다시 집에 들렀다가 학교에 갔습니다. 진호가 학교까지 가는 데 자전거를 탄 거리는 모두 몇 km 몇 m일까요?

(   )

12 하루에 20초씩 일정하게 늦어지는 시계가 있습니다. 이 시계를 오늘 오전 10시에 정확히 맞추어 놓았다면 일주일 후 오전 10시에 이 시계가 가리키는 시각은 오전 몇 시 몇 분 몇 초인지 구해 보세요.

(   )

13 선주의 시계는 하루에 43초씩 일정하게 빨라집니다. 시계를 3일 전 오전 9시에 정확히 맞추어 놓았다면 오늘 오전 9시에 선주의 시계가 가리키는 시각은 오전 몇 시 몇 분 몇 초인지 구해 보세요.

(   )

14 하루에 48초씩 일정하게 늦어지는 시계가 있습니다. 시계를 오늘 오전 8시에 정확히 맞추어 놓았다면 다음 날 오후 8시가 되었을 때 시계가 가리키는 시각은 몇 시 몇 분 몇 초인지 구해 보세요.

(   )

15 신영이의 시계는 3시간에 9초씩 일정하게 빨라집니다. 시계를 오늘 오전 9시에 정확히 맞추어 놓았다면 내일 오전 9시가 되었을 때 신영이의 시계가 가리키는 시각은 오전 몇 시 몇 분 몇 초인지 구해 보세요.

(   )

16 3분 동안 18 km 24 m를 달리는 기차가 있습니다. 이 기차가 같은 빠르기로 달린다면 10분 동안에는 몇 km 몇 m를 갈 수 있는지 구해 보세요.

( )

17 1분에 24 m를 가는 빠르기로 3시간 30분 동안 갈 수 있는 거리는 몇 km 몇 m인지 구해 보세요.

( )

18 어느 전철역에서는 4분 30초마다 전철이 출발한다고 합니다. 첫 번째 전철이 출발한 시각이 오전 6시 20분 45초라면 세 번째 전철이 출발한 시각은 오전 몇 시 몇 분 몇 초인지 구해 보세요.

( )

19 서울에서 목포로 가는 KTX가 35분 간격으로 출발한다고 합니다. 오전 6시 20분에 첫 KTX가 출발했다면 서울에서 목포로 가는 KTX는 오전 9시까지 모두 몇 번 출발하게 될까요?

( )

20 지수네 학교는 오전 9시 20분에 1교시가 시작되어 45분 동안 수업을 하고 10분 동안 쉰 다음 2교시가 시작됩니다. 3교시가 시작되는 시각을 구해 보세요.

( )

01 자를 이용하여 주어진 길이를 그어 보세요.

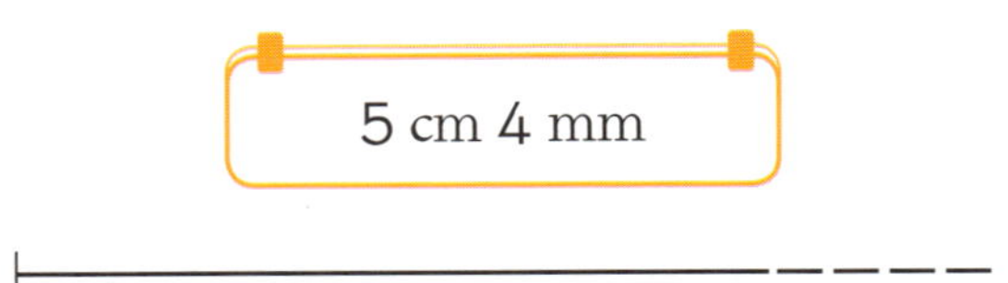

02 ☐ 안에 알맞은 수를 써넣으세요.

(1) 6 cm = ☐ mm

(2) 5 cm 6 mm = ☐ mm

(3) 174 m = ☐ cm ☐ mm

03 수직선을 보고 ☐ 안에 알맞은 수를 써넣으세요.

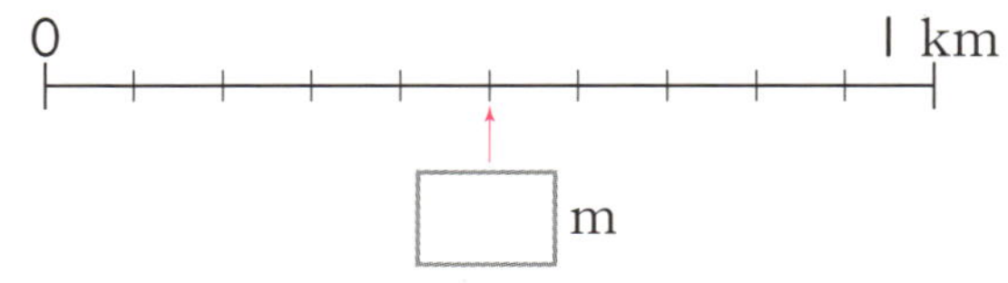

04 길이를 잘못 나타낸 것을 찾아 기호를 써 보세요.

> ㉠ 9 cm 7 mm = 97 mm
> ㉡ 403 mm = 4 cm 3 mm
> ㉢ 5200 m = 5 km 200 m

( )

05 집에서 병원까지의 거리는 3 km보다 426 m 더 멉니다. 집에서 병원까지의 거리는 몇 m일까요?

( )

서술형
06 미술 시간에 현주는 끈을 18 cm 3 mm 사용했고, 정세는 끈을 212 mm 사용했습니다. 누가 끈을 더 많이 사용했는지 풀이 과정을 쓰고 답을 구해 보세요.

풀이 _______________________

____

____

답 _______________________

07 2 km 750 m는 2420 m보다 몇 m 더 먼 거리인지 구해 보세요.

( )

08 길이가 더 긴 것의 기호를 써 보세요.

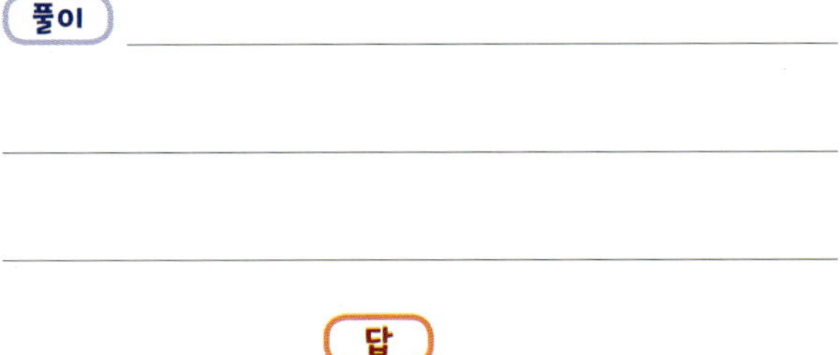

( )

09 집에서 놀이공원까지의 거리는 7 km입니다. 놀이공원에 가려고 준범이는 집에서 자동차를 타고 5 km 920 m를 갔고, 나머지는 셔틀 버스를 타고 갔습니다. 준범이가 셔틀 버스를 탄 거리는 몇 m일까요?

(   )

10 크기가 같은 직사각형 모양으로 되어 있는 도로입니다. 약국에서 은행까지 가는 가장 짧은 거리를 구해 보세요.

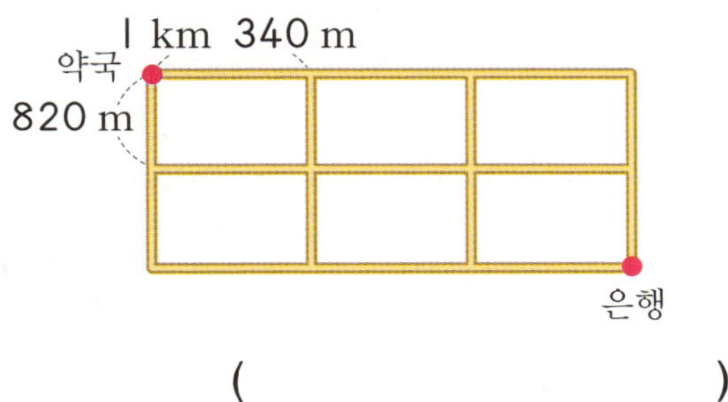

(   )

11 시각을 읽어 보세요.

(   )

12 같은 시각끼리 선으로 이어 보세요.

(1) 2분 15초 •   • ㉠ 185초

(2) 1분 50초 •   • ㉡ 135초

(3) 3분 5초 •   • ㉢ 110초

13 다음 시계가 나타내는 시각에서 초바늘이 시계를 5바퀴 돌았을 때의 시각은 몇 시 몇 분 몇 초일까요?

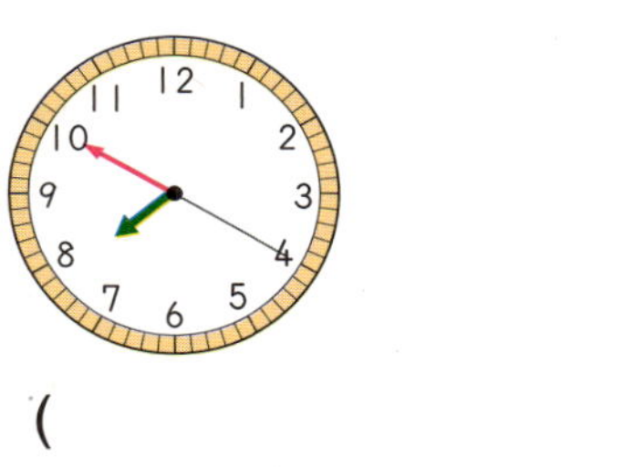

(   )

서술형 14 청소를 하는 데 50분이 걸렸습니다. 9시 40분에 청소를 시작했다면 청소가 끝난 시각은 몇 시 몇 분인지 풀이 과정을 쓰고 답을 구해 보세요.

풀이 ____________________

____

____

답 ____________________

 지수와 한빈이는 만화 영화를 한 편씩 보았습니다. 물음에 답해 보세요.

만화 영화 제목	꼬마 곰의 모험	바다 전쟁
재생 시간	1시간 20분	1시간 17분

15 지수는 '꼬마 곰의 모험'을 보았습니다. 오전 9시 55분에 영화가 시작했다면 영화가 끝난 시각은 오전 몇 시 몇 분인지 구해 보세요.

( )

16 한빈이는 '바다 전쟁'을 보았습니다. 영화가 끝난 시각이 오후 4시 5분이었다면 영화를 보기 시작한 시각은 오후 몇 시 몇 분인지 구해 보세요.

( )

17 민우와 지영이는 수학 공부를 했습니다. 공부를 더 오래 한 사람은 누구일까요?

	시작한 시각	끝낸 시각
민우	1시 25분	2시 17분
지영	3시 20분	4시 5분

( )

18 다음은 영화 상영 시간표입니다. 이 영화를 1시간 15분 20초 동안 상영한 후 520초 쉬고 다음 회차 영화를 시작한다고 합니다. 2회차 영화가 끝나는 시각은 몇 시 몇 분 몇 초인지 구해 보세요.

회차	1회	2회
시작 시각	9시	

( )

19 어느 해 하지와 동지에 해가 뜨는 시각과 해가 지는 시각을 나타낸 표입니다. 하지와 동지 중 언제 낮의 길이가 몇 시간 몇 분 더 긴지 구해 보세요.

절기	해 뜨는 시각	해 지는 시각
하지	5시 10분	19시 45분
동지	7시 32분	17시 15분

(,)

20 길이가 15 cm인 양초가 30초에 6 mm씩 탑니다. 오후 2시 40분에 양초에 불을 붙였다면 양초의 길이가 9 cm가 되는 시각은 몇 시 몇 분일까요?

( )

6

분수와 소수

유형 문제 

유형 01 똑같이 나누기

01 도형을 똑같이 셋으로 나눈 것을 찾아 기호를 써 보세요.

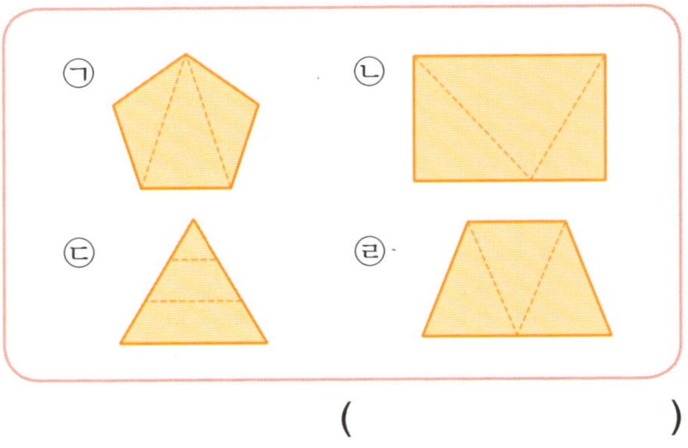

(   )

02 도형을 똑같이 둘로 나눌 수 <u>없는</u> 선을 찾아 기호를 써 보세요.

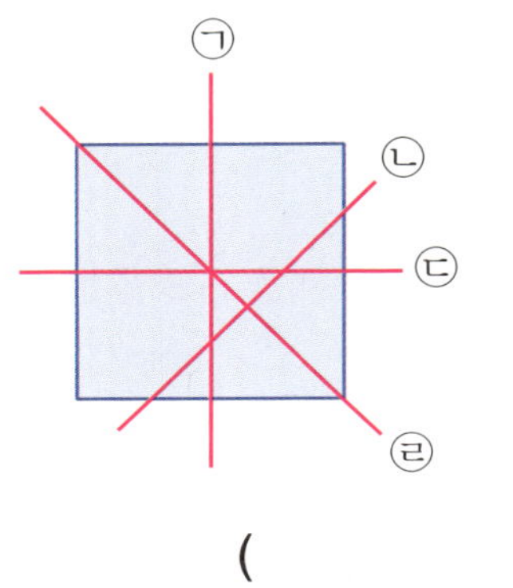

(   )

서술형
03 그림과 같이 색종이를 세 번 접었다 펼쳐서 접힌 선을 따라 잘랐습니다. 전체를 똑같이 몇 으로 나눈 것인지 풀이 과정을 쓰고 답을 구해 보세요.

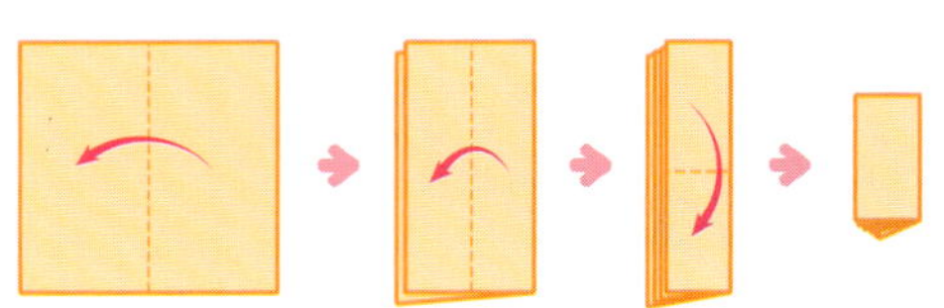

풀이 ______________________________

____

____

답 ______________________________

유형 02 분수 알아보기

04 남은 부분과 먹은 부분을 분수로 각각 나타내 보세요.

남은 부분: 전체의 ☐

먹은 부분: 전체의 ☐

05 색칠한 부분이 나타내는 분수가 $\dfrac{3}{8}$ 인 것을 모두 찾아 기호를 써 보세요.

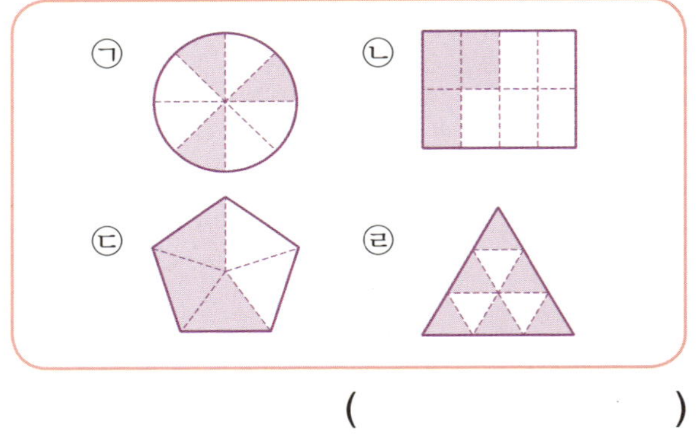

(   )

06 ☐ 안에 알맞은 수를 써넣으세요.

(1) $\dfrac{7}{9}$ 은 $\dfrac{1}{9}$ 이 ☐ 개입니다.

(2) $\dfrac{4}{11}$ 는 ☐ 이 4개입니다.

(3) ☐ 은 $\dfrac{1}{20}$ 이 6개입니다.

07 그림을 보고 □ 안에 알맞은 수를 써넣으세요.

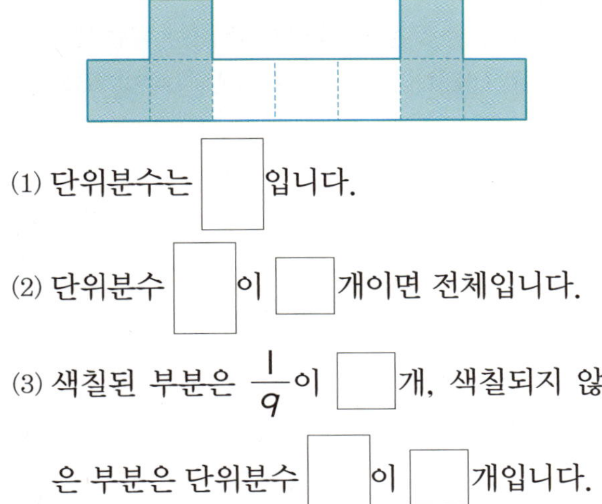

(1) 단위분수는 □ 입니다.

(2) 단위분수 □ 이 □ 개이면 전체입니다.

(3) 색칠된 부분은 $\frac{1}{9}$ 이 □ 개, 색칠되지 않

은 부분은 단위분수 □ 이 □ 개입니다.

08 $\frac{6}{7}$ 을 <u>잘못</u> 설명한 것을 찾아 기호를 써 보세요.

> ㉠ 분자는 6이고 분모는 7입니다.
> ㉡ 6분의 7이라고 읽습니다.
> ㉢ 전체를 똑같이 7로 나눈 것 중의 6입니다.

(   )

서술형
09 민경이는 색종이 한 장을 똑같이 7조각으로 나누어 전체의 $\frac{5}{7}$ 만큼을 사용했습니다. 민경이가 사용한 색종이는 몇 조각인지 풀이 과정을 쓰고 답을 구해 보세요.

풀이 _______________________

____

(**답**) _______________________

10 주스 한 병의 $\frac{2}{12}$ 를 민호가 먹고, 남은 주스의 반을 재우가 먹었습니다. 재우가 먹은 주스의 양은 전체의 얼마인지 분수로 나타내 보세요.

(   )

진도북 131쪽 유형03

유형03 똑같이 나누어 색칠하기

11 도형을 각각 똑같이 나누어 $\frac{3}{4}$ 만큼 색칠해 보세요.

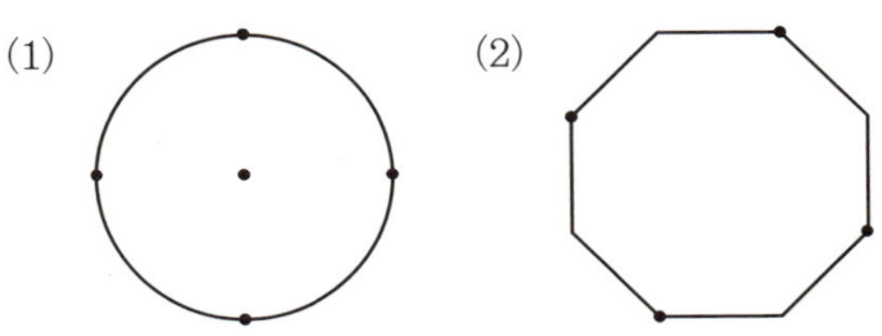

12 도형을 각각 똑같이 나누어 주어진 분수만큼 색칠해 보세요.

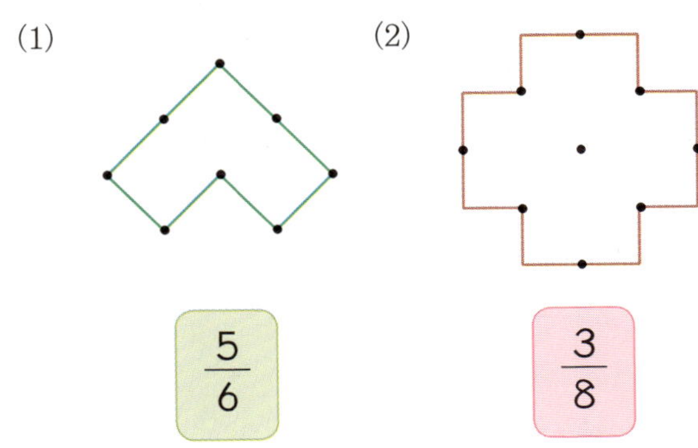

(1) $\frac{5}{6}$ (2) $\frac{3}{8}$

유형 04 부분을 보고 전체 알아보기

13 부분을 보고 전체를 완성해 보세요.

(1)

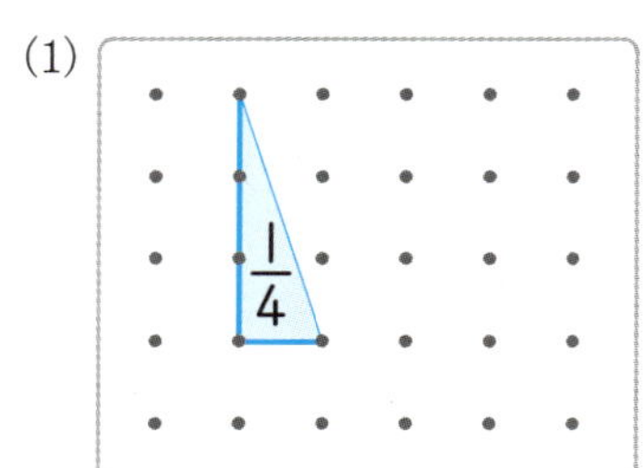

(2)

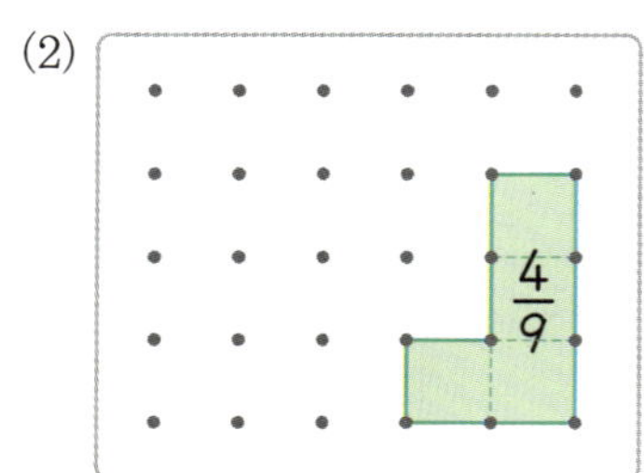

14 전체에 알맞은 도형을 찾아 기호를 써 보세요.

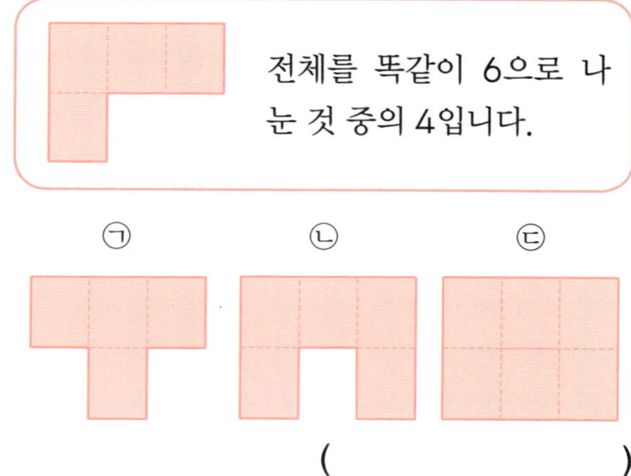

㉠   ㉡   ㉢

(   )

15 리본의 $\dfrac{1}{9}$의 길이가 8 cm이면 전체 리본의 길이는 몇 cm일까요?

(   )

유형 05 몇 배인지 구하기

16 색칠한 부분과 색칠하지 <u>않은</u> 부분을 각각 분수로 나타내고, ☐ 안에 알맞은 수를 써넣으세요.

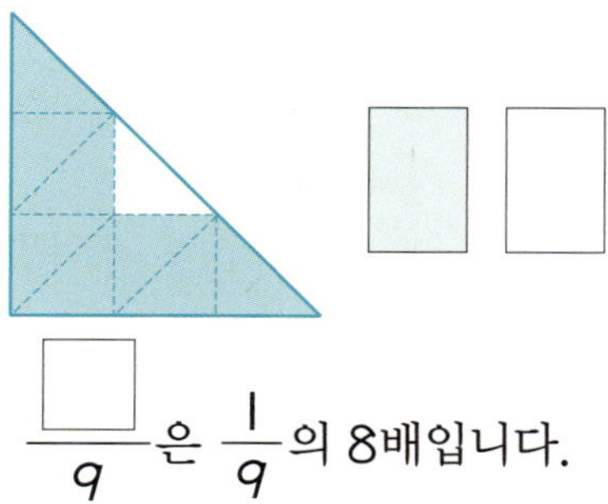

$\dfrac{\square}{9}$ 은 $\dfrac{1}{9}$ 의 8배입니다.

17 미성이는 파이 전체의 $\dfrac{1}{6}$ 을 먹었습니다. 남은 파이는 먹은 파이의 몇 배일까요?

(   )

서술형 18 준규는 우유 전체의 $\dfrac{1}{11}$ 을 마셨습니다. 남은 우유는 마신 우유의 몇 배인지 풀이 과정을 쓰고 답을 구해 보세요.

풀이 ______________________________

____

____

____

답 ______________________________

유형 06 분모가 같은 분수의 크기 비교하기

19 □ 안에 알맞은 분수를 써넣고, ○ 안에 >, =, < 를 알맞게 써넣으세요.

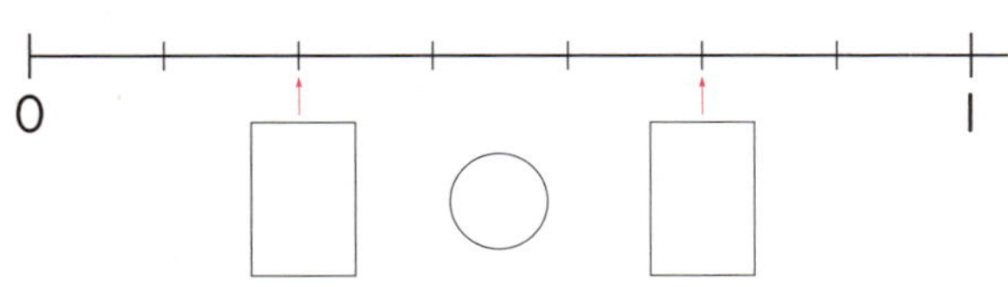

20 두 분수의 크기를 비교하여 ○ 안에 >, =, < 를 알맞게 써넣으세요.

(1) $\dfrac{1}{15}$이 7개인 수 ○ $\dfrac{4}{15}$

(2) $\dfrac{19}{31}$ ○ $\dfrac{1}{31}$이 21개인 수

21 가장 큰 분수를 찾아 기호를 써 보세요.

㉠ 9분의 8

㉡ $\dfrac{1}{9}$이 5개인 수

㉢ 의 색칠한 부분

( )

22 두 분수의 크기를 바르게 비교한 것을 찾아 기호를 써 보세요.

㉠ $\dfrac{1}{3} < \dfrac{1}{9}$ ㉡ $\dfrac{1}{2} > \dfrac{1}{10}$ ㉢ $\dfrac{1}{12} < \dfrac{1}{50}$

( )

23 가장 큰 분수에 ○표, 가장 작은 분수에 △표 하세요.

$$\dfrac{1}{36} \qquad \dfrac{1}{63} \qquad \dfrac{1}{3} \qquad \dfrac{1}{360}$$

서술형 24 $\dfrac{1}{90}$보다 크고 $\dfrac{1}{80}$보다 작은 단위분수는 모두 몇 개인지 풀이 과정을 쓰고 답을 구해 보세요.

풀이 ___________________

____

____

답 ___________________

유형 07 분수의 크기 비교 활용

25 같은 리본을 미호는 전체의 $\dfrac{3}{8}$만큼 사용했고 정우는 전체의 $\dfrac{5}{8}$만큼 사용했습니다. 리본을 더 많이 사용한 사람의 이름을 써 보세요.

( )

26 지유는 케이크를 전체의 $\dfrac{1}{7}$만큼을 먹었고 혜나는 같은 케이크를 전체의 $\dfrac{1}{12}$만큼을 먹었습니다. 누가 케이크를 더 적게 먹었을까요?

( )

27 떡을 똑같이 15조각으로 나누어 정후는 전체의 $\dfrac{6}{15}$만큼 먹었고, 나머지를 동생이 먹었습니다. 떡을 더 많이 먹은 사람은 누구일까요?

(   )

28 (가) 테이프와 (나) 테이프가 각각 1 m씩 있습니다. (가) 테이프는 전체의 $\dfrac{6}{7}$만큼을 사용하고, (나) 테이프는 전체의 $\dfrac{4}{5}$만큼을 사용했습니다. 어느 테이프가 더 많이 남았을까요?

(   )

유형 08 분수의 크기 비교에서 □ 안에 알맞은 수 구하기

29 1부터 9까지의 수 중 □ 안에 들어갈 수 있는 수를 모두 구해 보세요.

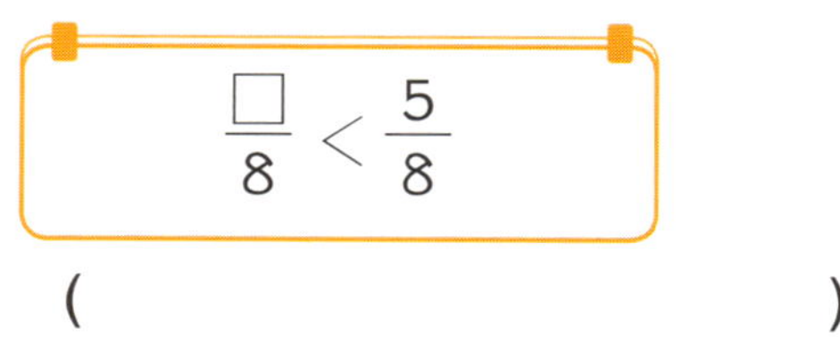

(   )

30 □ 안에 들어갈 수 있는 수는 모두 몇 개인지 구해 보세요.

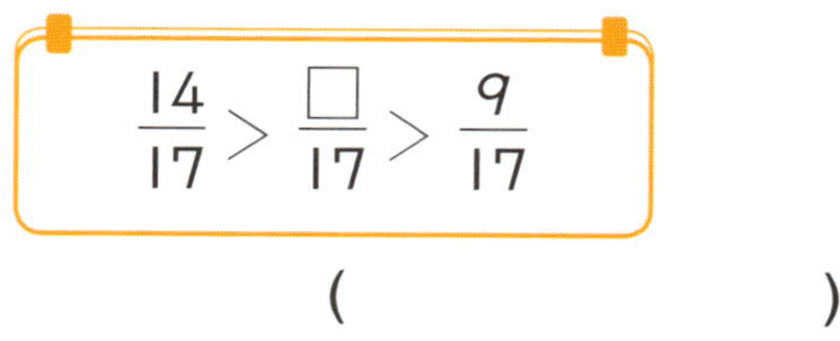

(   )

31 2부터 9까지의 수 중 □ 안에 들어갈 수 있는 수를 모두 구해 보세요.

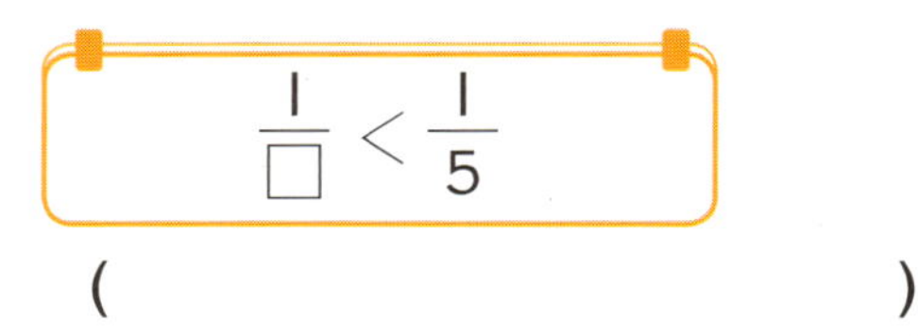

(   )

유형 09 조건에 맞는 분수 구하기

서술형 32 조건에 알맞은 분수는 모두 몇 개인지 풀이 과정을 쓰고 답을 구해 보세요.

- 분모가 13인 분수입니다.
- $\dfrac{8}{13}$보다 크고 $\dfrac{11}{13}$보다 작습니다.

풀이 ___________________________________

____

답 ___________________

33 조건에 알맞은 분수를 모두 써 보세요.

- 단위분수입니다.
- $\dfrac{1}{9}$보다 작은 분수입니다.
- 분모는 12보다 작습니다.

(   )

34 조건에 알맞은 분수를 모두 써 보세요.

> • 분자는 2보다 큽니다.
> • 분모는 27입니다.
> • 분자와 분모의 합은 32보다 작습니다.

(   )

유형 10 소수 알아보기

35 관계있는 것끼리 이어 보세요.

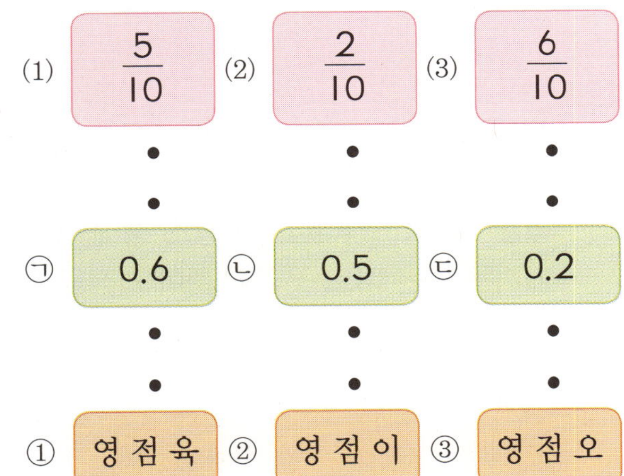

36 □ 안에 알맞은 수를 써넣으세요.

(1) 0.4는 □이 4개입니다.

(2) 0.1이 5개이면 □입니다.

(3) 2.7은 0.1이 □개입니다.

(4) 0.1이 □개이면 5.2입니다.

37 □ 안에 알맞은 소수를 써넣으세요.

(1) 5 cm 9 mm= □ cm

(2) 86 mm= □ cm

38 □ 안에 알맞은 소수를 써넣으세요.

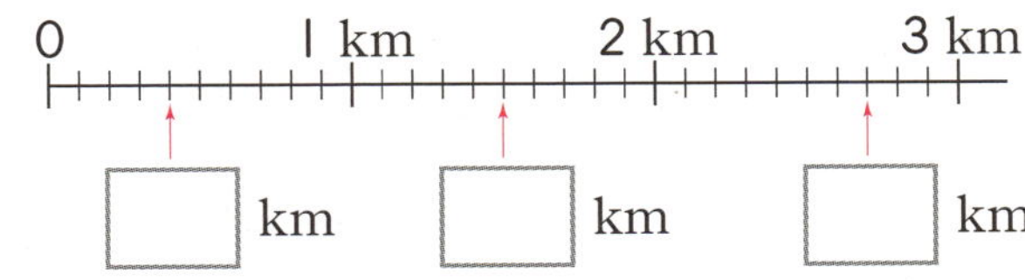

39 다음 수를 소수로 나타내 보세요.

$3과 \dfrac{7}{10}$

(   )

서술형
40 영준이는 색 테이프를 10 cm보다 6 mm만큼 더 길게 잘랐습니다. 영준이가 자른 색 테이프는 몇 cm인지 소수로 나타내려고 합니다. 풀이 과정을 쓰고 답을 구해 보세요.

풀이 ______________________________

____

답 ______________________________

41 피자를 똑같이 10조각으로 나누어 그중 승아는 2조각, 서연이는 6조각을 먹었습니다. 승아와 서연이가 먹은 피자의 양을 각각 소수로 나타내 보세요.

승아 ( )

서연 ( )

42 유민이는 색 테이프 1 m를 똑같이 10도막으로 나누어 그중 7도막을 사용했습니다. 유민이에게 남은 색 테이프는 몇 m인지 소수로 나타내 보세요.

( )

43 두 수의 크기를 비교하여 ○ 안에 >, =, <를 알맞게 써넣으세요.

⑴ 1.1 ◯ 0.1이 9개인 수

⑵ 0.1이 63개인 수 ◯ 6.8

44 가장 큰 수에 ◯표, 가장 작은 수에 △표 하세요.

3.9   7.2   0.8   1.4   5.1

45 크기가 큰 소수부터 순서대로 기호를 써 보세요.

> ⊙ 7과 0.3만큼인 수
> ⓛ 0.1이 82개인 수
> ⓒ 구 점 오
> ⓔ 0.9

( )

46 공책의 가로의 길이는 20.5 cm, 세로의 길이는 297 mm입니다. 공책의 가로와 세로 중 길이가 더 긴 것은 어느 쪽일까요?

( )

서술형
47 집에서 놀이터까지의 거리는 2.1 km, 체육관까지의 거리는 3.4 km, 주민 센터까지의 거리는 1.8 km입니다. 세 장소 중 집에서 가장 가까운 곳은 어느 곳인지 풀이 과정을 쓰고 답을 구해 보세요.

풀이 _______________________________

____

답 _______________

48 1부터 9까지의 수 중 □ 안에 들어갈 수 있는 수를 모두 써 보세요.

0.6 < 0.□

( )

49 I부터 9까지의 수 중 □ 안에 들어갈 수 있는 수는 모두 몇 개일까요?

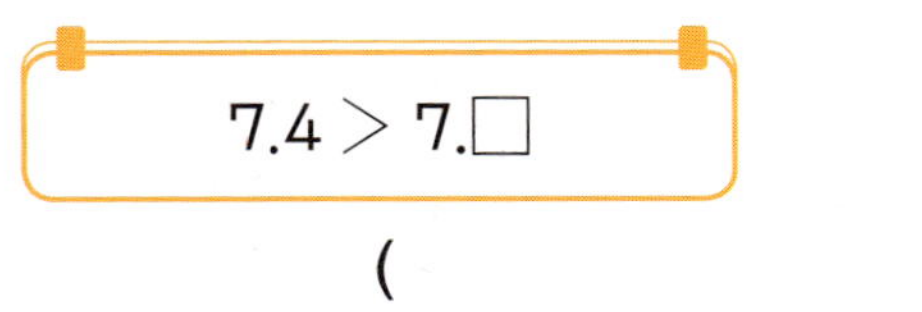

$$7.4 > 7.\square$$

(   )

유형 13 분수와 소수의 크기 비교

50 두 수의 크기를 비교하여 ○ 안에 >, =, <를 알맞게 써넣으세요.

(1) $\dfrac{3}{10}$ ◯ 0.4

(2) 0.8 ◯ $\dfrac{5}{10}$

서술형 51 더 큰 수의 기호를 쓰려고 합니다. 풀이 과정을 쓰고 답을 구해 보세요.

㉠ $\dfrac{1}{10}$ 이 7개인 수   ㉡ 0.1이 17개인 수

풀이 ______________________________

____

____

답 ______________________________

52 유정이는 케이크의 $\dfrac{3}{10}$ 을 먹었고, 동생은 같은 케이크의 0.4를 먹었습니다. 케이크를 더 많이 먹은 사람은 누구일까요?

(   )

유형 14 수 카드로 분수, 소수 만들기

53 5장의 수 카드 중 두 장을 골라 만들 수 있는 가장 작은 단위분수를 써 보세요.

| I | 3 | 5 | 7 | 8 |

(   )

54 4장의 수 카드 중 2장을 뽑아 만들 수 있는 가장 큰 소수를 써 보세요.

| 8 | 4 | 6 | 2 |

(   )

55 수 카드 중 2장을 뽑아 만들 수 있는 소수 중 가장 작은 소수와 두 번째로 작은 소수를 각각 써 보세요.

| 3 | 7 | 5 |

가장 작은 소수 (   )

두 번째로 작은 소수 (   )

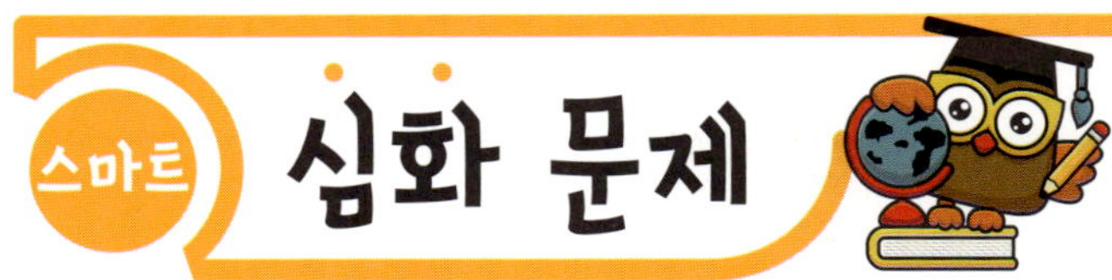

01 I부터 9까지의 수 중 □ 안에 들어갈 수 있는 수를 모두 구해 보세요.

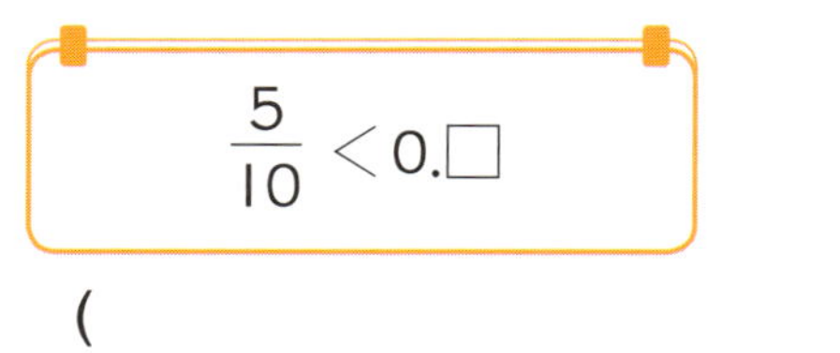

$$\frac{5}{10} < 0.\square$$

( )

02 I부터 9까지의 수 중 □ 안에 들어갈 수 있는 수를 모두 구해 보세요.

$$\frac{6}{10} > 0.\square$$

( )

03 I부터 9까지의 수 중 □ 안에 들어갈 수 있는 수를 모두 구해 보세요.

$$0.7 < \frac{\square}{10}$$

( )

04 I부터 9까지의 수 중 □ 안에 들어갈 수 있는 수는 모두 몇 개일까요?

$$0.1 < \frac{\square}{10} < 0.7$$

( )

05 I부터 9까지의 수 중 ▲에 들어갈 수 있는 수를 모두 구해 보세요.

$$\frac{3}{10} < 0.\blacktriangle < 0.8$$

( )

06 ㉠과 ㉡에 I부터 9까지의 수가 들어갈 수 있습니다. ㉠에 들어갈 수 있는 가장 큰 수를 구해 보세요.

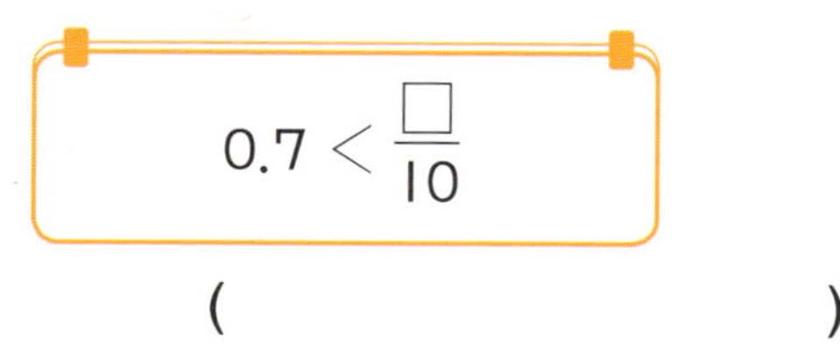

$$㉠ < 7.㉡$$

( )

07 벽면 전체의 $\frac{6}{14}$은 파란색 페인트로 칠하고 전체의 $\frac{3}{14}$은 노란색 페인트로 칠했습니다. 남은 벽면은 전체의 얼마인지 분수로 나타내 보세요.

( )

08 윤아는 할머니 댁까지 가는 데 전체 거리의 $\frac{5}{8}$만큼은 지하철을 타고, 전체 거리의 $\frac{2}{8}$만큼은 버스를 탔습니다. 남은 거리는 전체의 얼마인지 분수로 나타내 보세요.

( )

09 재우는 색 테이프 전체의 $\frac{5}{17}$로 선물을 포장하고 전체의 $\frac{10}{17}$으로 장식을 만들었습니다. 장식을 만드는 데 사용한 색 테이프는 남은 색 테이프의 몇 배인지 구해 보세요.

( )

10 밭 전체의 $\frac{2}{7}$에는 배추를 심고 밭 전체의 $\frac{4}{7}$에는 옥수수를 심었습니다. 배추와 옥수수를 심고 남은 부분에 감자를 심었다면 밭에 가장 많이 심은 것은 무엇일까요?

( )

11 강희는 가지고 있던 끈 전체의 $\frac{3}{13}$만큼을 자르고, 다시 남은 끈의 0.6만큼을 잘랐습니다. 남은 끈은 전체의 얼마인지 분수로 나타내 보세요.

(   )

12 유라는 처음 가지고 있던 용돈의 $\frac{6}{13}$만큼은 학용품을 사는 데 사용하고 나머지의 $\frac{3}{7}$만큼으로 간식을 샀습니다. 남은 용돈이 800원일 때, 유라가 처음 가지고 있던 용돈은 얼마일까요?

(   )

13 색칠한 부분은 전체의 얼마인지 분수로 나타내 보세요.

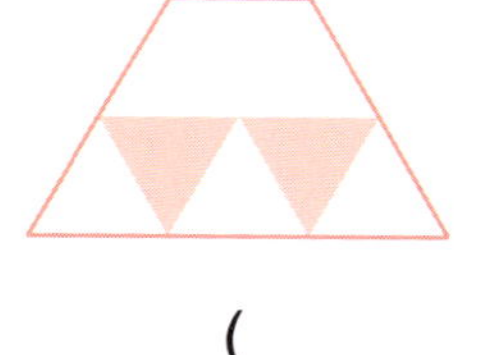

(   )

14 색칠한 부분은 전체의 얼마인지 분수로 나타내 보세요.

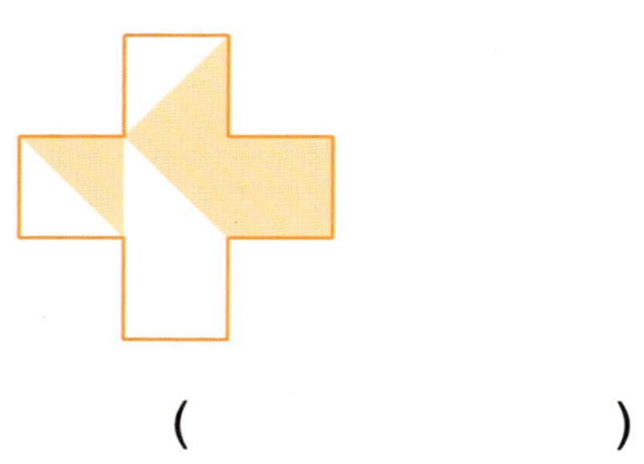

(   )

15 색칠한 부분은 전체의 얼마인지 분수로 나타내 보세요.

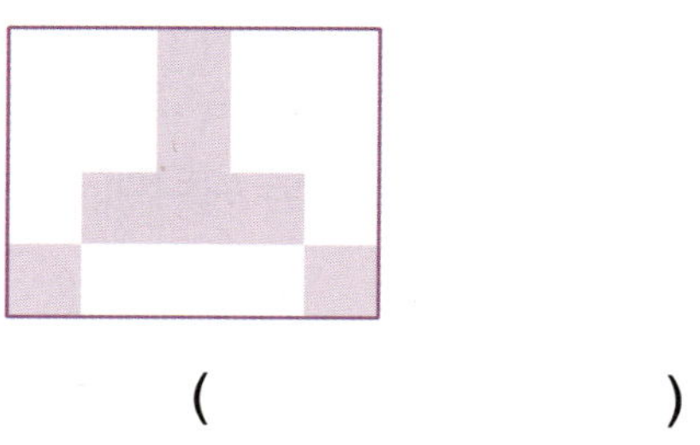

(   )

16 색칠한 부분이 전체의 $\dfrac{5}{9}$가 되도록 하려고 합니다. 나머지 부분을 알맞게 색칠해 보세요.

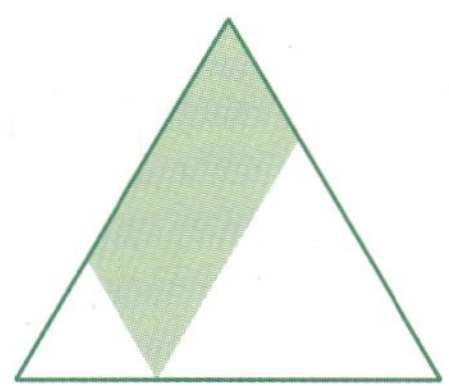

17 색칠한 부분은 전체의 얼마인지 분수와 소수로 각각 나타내 보세요.

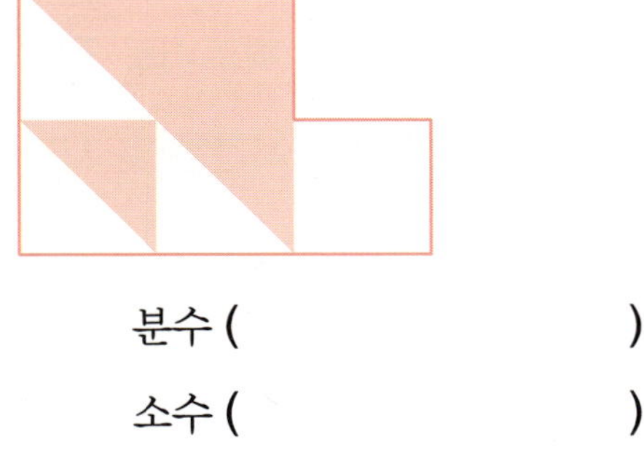

분수 (   )

소수 (   )

18 0.3보다 크고 $\dfrac{9}{10}$보다 작은 수를 모두 찾아 써 보세요.

$$0.8 \quad \dfrac{1}{10} \quad 0.5 \quad \dfrac{7}{10} \quad 0.2$$

(   )

19 $\dfrac{8}{10}$보다 크고 1.5보다 작은 수를 모두 찾아 써 보세요.

$$\dfrac{7}{10} \quad 1 \quad \dfrac{9}{10} \quad 2.1 \quad 1.3$$

(   )

20 $\dfrac{1}{10}$이 5개인 수보다 크고 0.1이 24개인 수보다 작은 수는 모두 몇 개인지 구해 보세요.

$$3.2 \quad \dfrac{6}{10} \quad 1.8 \quad \dfrac{2}{10} \quad 2$$

(   )

21 2.7보다 크고 $\frac{1}{10}$이 36개인 수보다 작은 수를 모두 찾아 기호를 써 보세요.

> ㉠ 2
> ㉡ 0.1이 34개인 수
> ㉢ $\frac{1}{10}$이 19개인 수
> ㉣ 1이 2개이고 $\frac{1}{10}$이 8개인 수

(   )

22 다음 조건을 만족하는 한 자리 수는 모두 몇 개인지 구해 보세요.

> ㉠ $\frac{1}{10}$이 65개인 수보다 작습니다.
> ㉡ 0.1이 17개인 수보다 큽니다.

(   )

23 전체 그림의 $\frac{1}{7}$을 그리는 데 28분이 걸렸습니다. 같은 빠르기로 전체의 $\frac{4}{7}$을 그리는 데 걸리는 시간은 몇 시간 몇 분일까요?

(   )

24 전체 거리의 $\frac{2}{9}$만큼을 가는 데 36분이 걸렸습니다. 같은 빠르기로 전체의 $\frac{7}{9}$만큼을 가는 데 걸리는 시간은 몇 시간 몇 분일까요?

(   )

25 동화책 전체의 $\dfrac{3}{10}$ 만큼을 읽는 데 27분이 걸렸습니다. 같은 빠르기로 동화책 전체의 0.8 만큼을 읽는 데 걸리는 시간은 몇 시간 몇 분일까요?

(   )

26 전체 요리의 $\dfrac{7}{12}$ 만큼을 하는 데 35분이 걸렸습니다. 전체 요리를 하는 데 걸리는 시간은 몇 시간일까요?

(   )

27 전체 운동의 $\dfrac{4}{19}$ 만큼을 하는 데 20분이 걸렸습니다. 같은 빠르기로 남은 운동을 하는 데 걸리는 시간은 몇 시간 몇 분인지 구해 보세요.

(   )

28 양초에 불을 붙였더니 7초 동안 처음 양초 길이의 $\dfrac{1}{15}$ 만큼 탔습니다. 같은 빠르기로 남은 양초가 모두 타려면 몇 분 몇 초가 더 걸릴까요?

(   )

29 1시간에 87 km를 가는 빠르기로 달리는 자동차가 있습니다. 이 자동차로 공원에서 집까지 가는 데 1시간 20분이 걸렸습니다. 공원에서 집까지의 거리는 몇 km일까요?

(   )

01~02 그림을 보고 물음에 답해 보세요.

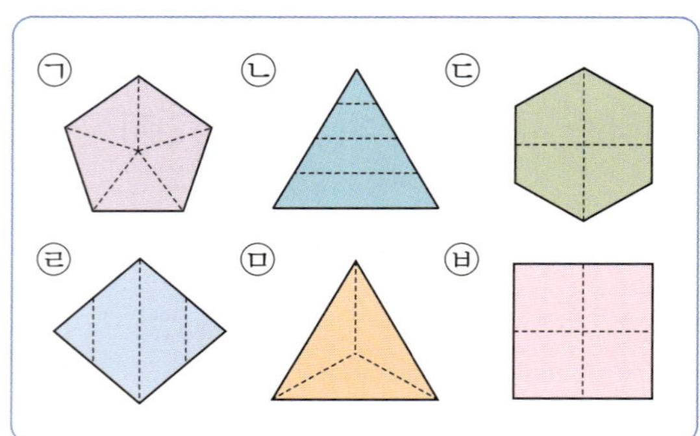

01 똑같이 나누어진 것을 모두 찾아 기호를 써 보세요.

( )

02 똑같이 넷으로 나누어진 것을 모두 찾아 기호를 써 보세요.

( )

03 똑같이 나누어 주어진 분수만큼 색칠하고 분수를 읽어 보세요.

$\dfrac{3}{4}$
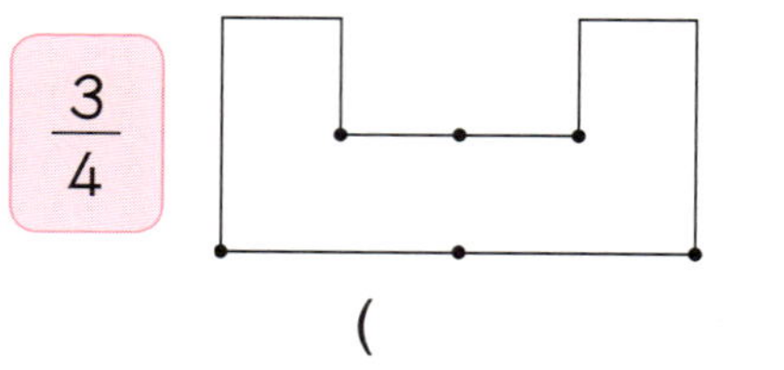

( )

04 전체에 대하여 색칠한 부분을 분수로 나타낼 때 <u>다른</u> 하나를 찾아 기호를 써 보세요.

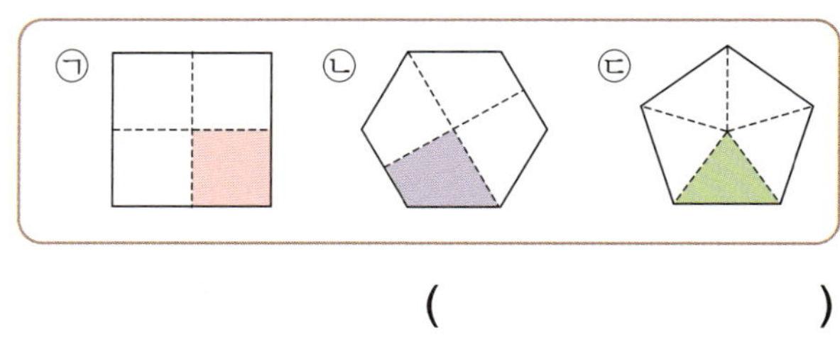

( )

서술형
05 ㉠과 ㉡에 알맞은 수의 합을 구하려고 합니다. 풀이 과정을 쓰고 답을 구해 보세요.

- $\dfrac{3}{5}$ 은 $\dfrac{1}{5}$ 이 ㉠개입니다.
- $\dfrac{6}{10}$ 은 $\dfrac{1}{10}$ 이 ㉡개입니다.

풀이 __________________________

____

____

답 __________________________

06 성하는 케이크 전체의 $\dfrac{1}{8}$ 을 먹었습니다. 남은 케이크는 케이크 전체의 몇 분의 몇일까요?

( )

07 그림과 같이 색종이를 세 번 접었다 펼쳐서 접힌 선을 따라 잘랐습니다. 잘린 한 조각은 전체의 얼마인지 분수로 나타내 보세요.

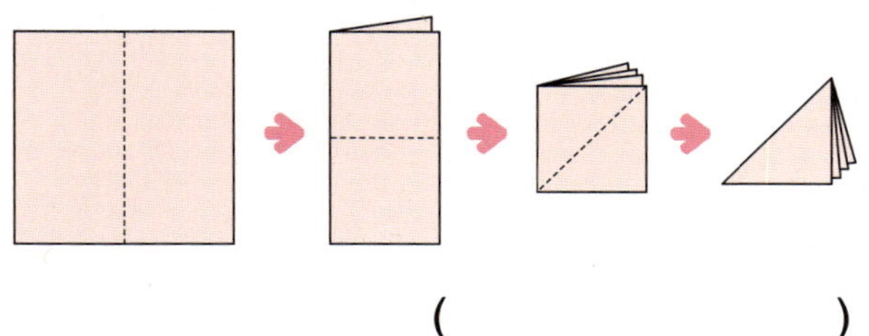

(   )

08 세진이는 도화지 전체의 $\dfrac{3}{10}$에는 노란색을 칠하고 $\dfrac{4}{10}$에는 파란색을 칠했습니다. 색칠하지 <u>않은</u> 부분은 전체의 몇 분의 몇일까요?

(   )

09 수정이는 과자 전체의 $\dfrac{1}{6}$을, 현정이는 같은 과자 전체의 $\dfrac{4}{6}$를 먹었습니다. 현정이가 먹은 과자는 수정이가 먹은 과자의 몇 배인지 풀이 과정을 쓰고 답을 구해 보세요.

풀이 ___________________

____

____

답 ___________________

10 가장 큰 분수는 어느 것일까요? (   )

① $\dfrac{1}{6}$ ② $\dfrac{2}{6}$ ③ $\dfrac{3}{6}$

④ $\dfrac{4}{6}$ ⑤ $\dfrac{5}{6}$

11 사과의 무게는 $\dfrac{5}{7}$ kg이고 복숭아의 무게는 $\dfrac{3}{7}$ kg입니다. 사과와 복숭아 중에서 더 무거운 것은 어느 과일일까요?

(   )

12 작은 수부터 차례대로 써 보세요.

$$\dfrac{1}{50} \quad \dfrac{1}{500} \quad \dfrac{1}{15} \quad \dfrac{1}{100} \quad \dfrac{1}{2000}$$

(   )

13 1부터 9까지의 수 중 □ 안에 들어갈 수 있는 수를 모두 구해 보세요.

$$\dfrac{2}{13} < \dfrac{\square}{13} < \dfrac{5}{13}$$

(   )

14 옳지 <u>않은</u> 것은 어느 것일까요?　（　　　）

① 0.1이 19개이면 1.9입니다.

② 2.8은 0.1이 28개인 수입니다.

③ 3과 0.4만큼을 3.4라고 합니다.

④ 7.7은 칠 점 칠이라고 읽습니다.

⑤ $\frac{8}{10}$을 소수로 나타내면 10.8입니다.

15 □ 안에 알맞은 수가 가장 큰 것을 찾아 기호를 써 보세요.

> ㉠ 1.7은 0.1이 □개
> ㉡ 0.1이 □개이면 3.2
> ㉢ 2.9는 0.1이 □개

（　　　）

16 어제는 12 cm의 눈이 내렸고, 오늘은 6 mm의 눈이 내렸습니다. 어제와 오늘 내린 눈은 모두 몇 cm일까요?

（　　　）

17 명윤이는 피자를 똑같이 10조각으로 나누어 그중 3조각을 먹었습니다. 명윤이가 먹은 피자는 전체의 얼마인지 소수로 나타내 보세요.

（　　　）

18 0.1보다 크고 0.1이 7개인 수보다 작은 소수를 모두 찾아 써 보세요.

> 0.1　0.3　0.9　0.5　0.8

（　　　）

19 집에서 학교까지 가는 데 정후는 $\frac{4}{10}$시간이 걸리고 서원이는 0.5시간이 걸립니다. 정후와 서원이가 각자 집에서 같은 시각에 출발했을 때, 누가 학교에 먼저 도착할까요?

（　　　）

20 4장의 수 카드 중 2장을 뽑아 소수 ■.▲를 만들려고 합니다. 만들 수 있는 소수 중에서 5보다 작은 소수는 모두 몇 개일까요?

> 2　5　8　4

（　　　）

스마트 성취도 평가

01 빈칸에 알맞은 수를 써넣으세요.

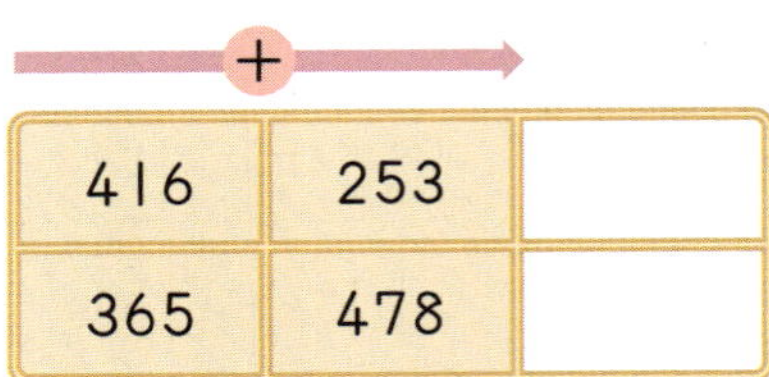

| 416 | 253 | |
| 365 | 478 | |

02 계산 결과를 비교하여 ○ 안에 >, =, <를 알맞게 써넣으세요.

$$217+359 \bigcirc 842-264$$

03 기차에 452명이 타고 있었는데 이번 역에서 175명이 내리고 탄 사람은 없습니다. 지금 기차에 타고 있는 사람은 몇 명일까요?

( )

04 3장의 수 카드를 한 번씩만 사용하여 만들 수 있는 세 자리 수 중에서 가장 큰 수와 가장 작은 수의 차는 얼마인지 풀이 과정을 쓰고 답을 구해 보세요.

| 6 | 1 | 4 |

풀이 _______________________________

____

____

____

답 _______________________________

05 선분을 찾아 기호를 써 보세요.

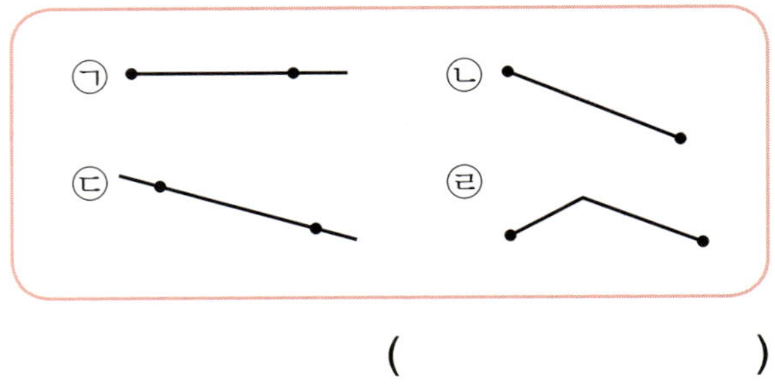

( )

06 그림에서 찾을 수 있는 직각은 모두 몇 개일까요?

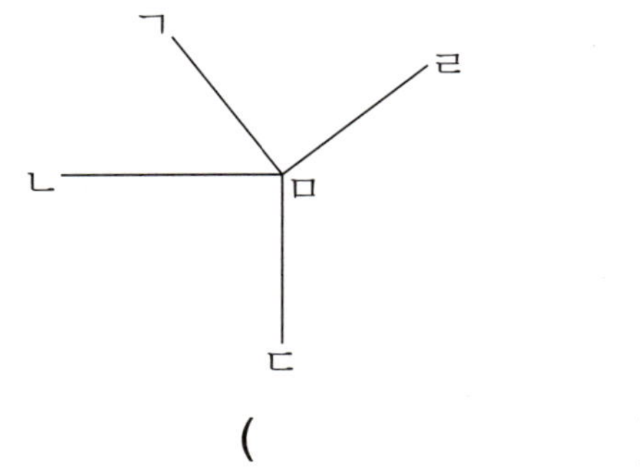

( )

07 도형에서 찾을 수 있는 크고 작은 직사각형은 모두 몇 개일까요?

( )

08 □ 안에 알맞은 수를 써넣으세요.

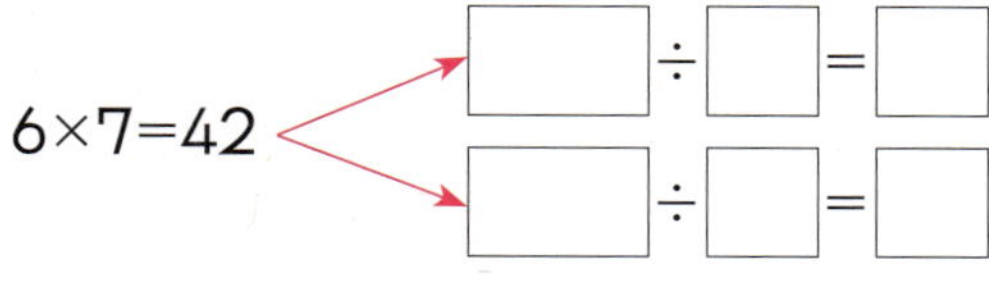

$6 \times 7 = 42$

09 몫이 <u>다른</u> 하나는 어느 것일까요?　(　　　)

① 16÷2　　　② 40÷5
③ 27÷3　　　④ 56÷7
⑤ 72÷9

10 초콜릿 35개를 여학생 3명과 남학생 4명이 똑같이 나누어 먹으려고 합니다. 한 명이 초콜릿을 몇 개씩 먹을 수 있을까요?

(　　　　　　)

11 다음 계산에서 2가 실제로 나타내는 수는 얼마일까요?

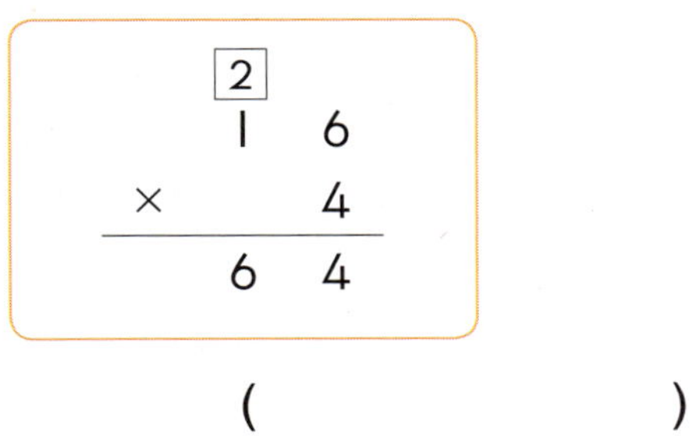

(　　　　　　)

12 계산 결과가 더 큰 것의 기호를 써 보세요.

> ㉠ 27×4　　　㉡ 34×3

(　　　　　　)

13 과일 가게에 한 상자에 15개씩 들어 있는 사과가 6상자, 한 상자에 45개씩 들어 있는 귤이 4상자 있습니다. 과일 가게에 있는 사과와 귤은 모두 몇 개일까요?

(　　　　　　)

14 길이를 바르게 나타낸 것을 모두 고르세요.

(　　　　　　)

① 4 cm 6 mm=460 mm
② 158 mm=15 cm 8 mm
③ 2 km 50 m=2500 m
④ 4008 m=4 km 80 m
⑤ 6 km 240 m=6240 m

15 길이가 가장 긴 것을 찾아 기호를 써 보세요.

㉠ 340 m   ㉡ 3 km 400 m
㉢ 3040 m   ㉣ 3 km 4 m

(　　　　　　　)

16 9시 15분 52초를 시계에 바르게 나타낸 사람의 이름을 써 보세요.

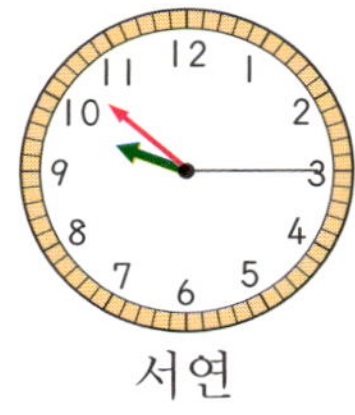
서연

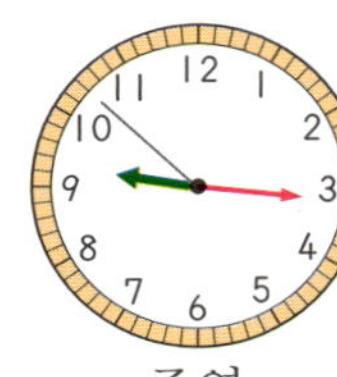
준영

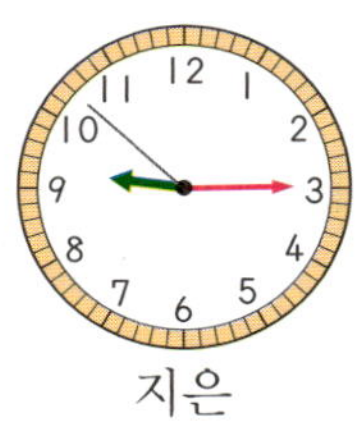
지은

(　　　　　　　)

서술형
17 윤정이는 집에서 출발한 지 1시간 24분 38초 후인 3시 36분 45초에 병원에 도착했습니다. 윤정이가 집에서 출발한 시각은 몇 시 몇 분 몇 초인지 풀이 과정을 쓰고 답을 구해 보세요.

풀이 _______________________________

____

____

____

____

답 _______________________________

18 색칠한 부분을 분수로 나타내 보세요.

(　　　　　　　)

19 똑같은 우유를 민호는 전체의 $\dfrac{3}{4}$ 만큼 마시고, 세영이는 전체의 $\dfrac{5}{6}$ 만큼 마셨습니다. 남은 우유가 더 많은 사람은 누구일까요?

(　　　　　　　)

20 도서관에서 더 가까운 집은 누구네 집일까요?

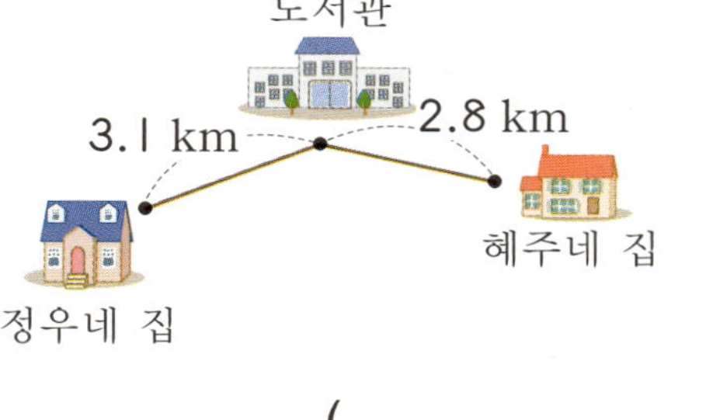

(　　　　　　　)

01 뺄셈식에서 □ 안의 수 15가 실제로 나타내는 수는 얼마일까요?

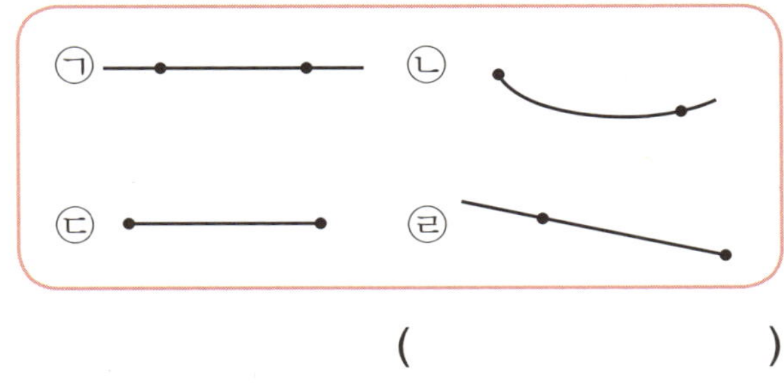

(   )

02 계산 결과가 가장 큰 것을 찾아 기호를 써 보세요.

$$\begin{array}{ll} ⊙\ 464+567 & ⊙\ 536-178 \\ ⊙\ 875+139 & ⊙\ 321-123 \end{array}$$

(   )

서술형
03 어떤 수에 356을 더해야 할 것을 잘못하여 뺐더니 529가 되었습니다. 바르게 계산하면 얼마인지 풀이 과정을 쓰고 답을 구해 보세요.

풀이 _______________________________

____

답 _______________________

04 반직선을 찾아 기호를 써 보세요.

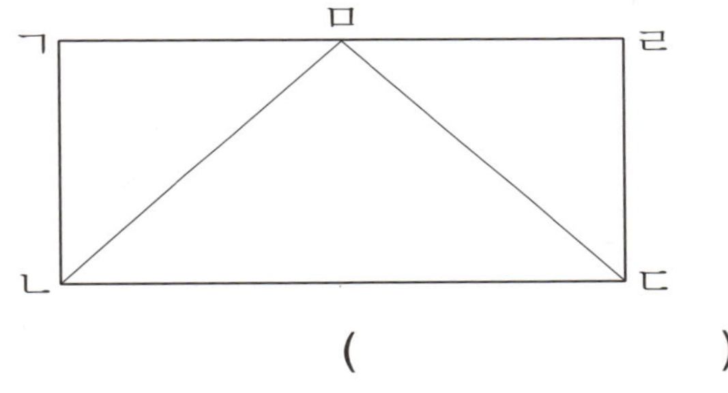

(   )

05 도형에서 점 ㄷ을 꼭짓점으로 하는 각은 모두 몇 개일까요?

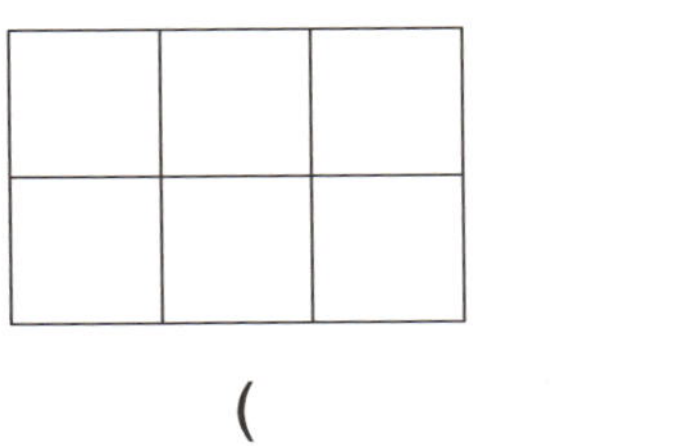

(   )

06 도형에서 찾을 수 있는 크고 작은 정사각형은 모두 몇 개일까요?

(   )

07 몫이 다른 하나는 어느 것일까요? ( )

① $21 \div 3$　　② $49 \div 7$
③ $42 \div 6$　　④ $54 \div 6$
⑤ $35 \div 5$

08 연필 12자루씩 3타를 4사람에게 똑같이 나누어 주려고 합니다. 한 사람에게 몇 자루씩 줄 수 있는지 구해 보세요.

( )

09 다음 식을 보고 ■와 ●의 차를 구해 보세요.

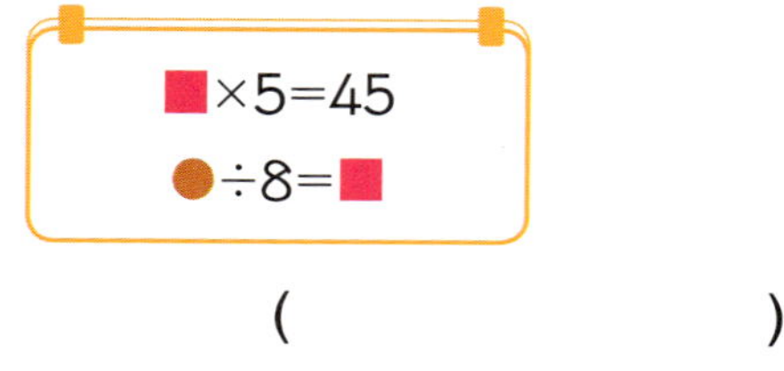

( )

10 빈칸에 알맞은 수를 써넣으세요.

×	32	43	17
3			

11 보기의 계산에서 <u>잘못된</u> 부분을 찾아 바르게 계산하고 그 이유를 써 보세요.

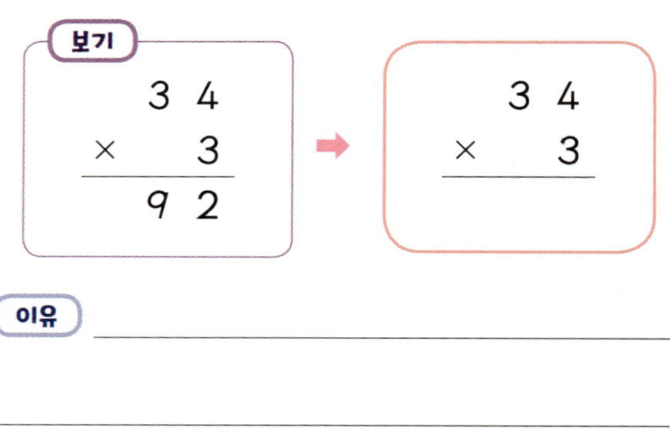

이유 ___________________

____

____

12 농장에 소가 42마리, 닭이 30마리 있습니다. 소와 닭의 다리는 모두 몇 개인지 구해 보세요.

( )

13 1부터 9까지의 수 중 □ 안에 들어갈 수 있는 가장 작은 수를 구해 보세요.

$$34 \times 3 < 17 \times \square$$

( )

14 시계가 나타내는 시각에서 80분 후의 시각은 몇 시 몇 분 몇 초일까요?

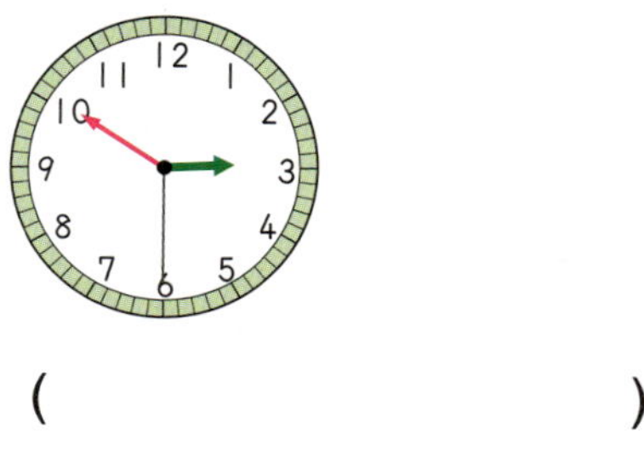

( )

15 길이가 17 cm 5 mm인 어떤 양초에 불을 붙이면 1분에 4 mm씩 타 들어갑니다. 이 양초에 불을 붙이고 7분이 지난 후에 양초의 길이는 몇 cm 몇 mm가 될까요?

( )

16 색칠한 부분이 $\frac{2}{3}$를 나타내는 것을 모두 찾아 기호를 써 보세요.

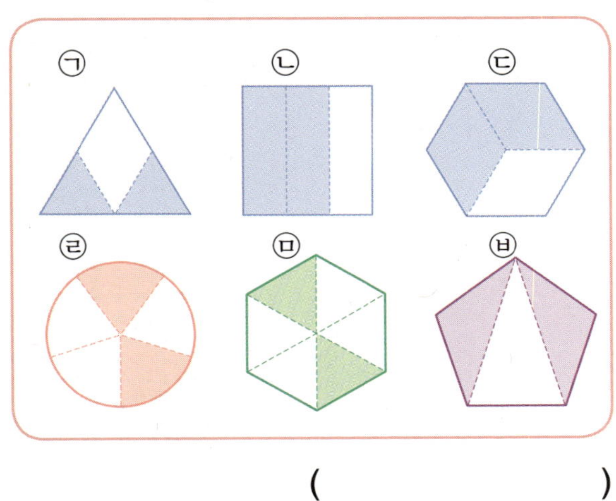

( )

17 □ 안에 들어갈 수 <u>없는</u> 수는 어느 것일까요?
( )

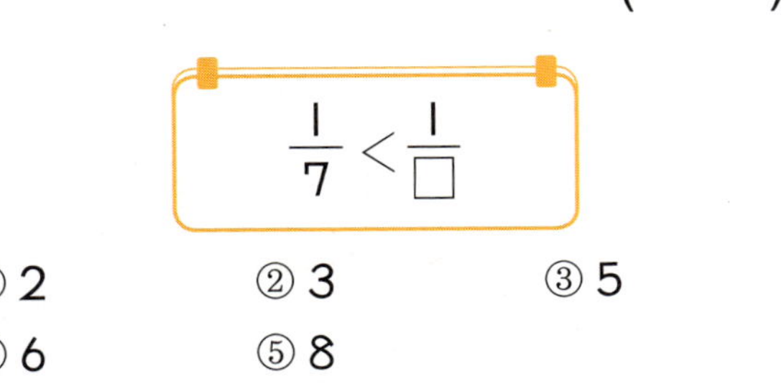

① 2 ② 3 ③ 5
④ 6 ⑤ 8

18 수의 크기를 비교하여 작은 수부터 차례대로 써 보세요.

$$\frac{8}{10} \quad 0.5 \quad \frac{3}{10} \quad 0.6 \quad 1$$

( )

19 은교는 피자 한 판을 똑같이 6조각으로 나누어 현아와 윤미에게 각각 1조각씩 주고 나머지를 모두 먹었습니다. 은교가 먹은 피자는 전체의 몇 분의 몇인지 구해 보세요.

( )

20 조건에 맞는 분수는 모두 몇 개인지 구해 보세요.

- 단위분수입니다.
- $\frac{1}{7}$보다 큰 분수입니다.
- 분모가 3보다 큽니다.

( )

메모 Memo

복습 BOOK

실력편 3·1

복습
BOOK

정답과 풀이

초등 수학 실력 향상 유형서

정답과 풀이

정답과 풀이

3·1

① 덧셈과 뺄셈

1 368   **2** (1) 377 (2) 894 (3) 669 (4) 898
3 537   **4** (1) 582 (2) 748 (3) 686 (4) 837
5 633   **6** (1) 415 (2) 1217 (3) 761 (4) 1221
7 341   **8** (1) 421 (2) 343 (3) 412 (4) 363
9 165   **10** (1) 326 (2) 352 (3) 327 (4) 473
11 277   **12** (1) 183 (2) 265 (3) 589 (4) 438

2 (3)
$$\begin{array}{r} 426 \\ +243 \\ \hline 669 \end{array}$$
(4)
$$\begin{array}{r} 715 \\ +183 \\ \hline 898 \end{array}$$

4 (3)
$$\begin{array}{r} 147 \\ +539 \\ \hline 686 \end{array}$$
(4)
$$\begin{array}{r} 583 \\ +254 \\ \hline 837 \end{array}$$

6 받아올림이 있으면 받아올림한 수를 위에 작게 쓴 후 다음 자리 계산에 빠뜨리지 않고 더합니다.

(3)
$$\begin{array}{r} 593 \\ +168 \\ \hline 761 \end{array}$$
(4)
$$\begin{array}{r} 746 \\ +475 \\ \hline 1221 \end{array}$$

8 (3)
$$\begin{array}{r} 564 \\ -152 \\ \hline 412 \end{array}$$
(4)
$$\begin{array}{r} 786 \\ -423 \\ \hline 363 \end{array}$$

9 백 모형 1개를 십 모형 10개로 바꾸어 빼고 남은 수 모형은 백 모형 1개, 십 모형 6개, 일 모형 5개이므로 317-152=165입니다.

10 같은 자리 수끼리 뺄 수 없을 때에는 윗자리에서 받아내림하여 계산합니다.

(3)
$$\begin{array}{r} 473 \\ -146 \\ \hline 327 \end{array}$$
(4)
$$\begin{array}{r} 845 \\ -372 \\ \hline 473 \end{array}$$

12 (3)
$$\begin{array}{r} 843 \\ -254 \\ \hline 589 \end{array}$$
(4)
$$\begin{array}{r} 916 \\ -478 \\ \hline 438 \end{array}$$

1 679   **2** 483   **3** 10   **4** 1072
5 (1) ㉠ (2) ㉢ (3) ㉡   **6** 789, 960, 1111, 638
7 753   **8** 914   **9** 152+235=387, 387명
10 769+114=883, 883상자
11 368+475=843, 843개   **12** 113
13 551   **14** 500   **15** 246   **16** 376, 179
17 314   **18** 684-452=232, 232권
19 326-145=181, 181번
20 726-267=459, 애영이네 집, 459 m
21
$$\begin{array}{r} 236 \\ +349 \\ \hline 585 \end{array}$$
22
$$\begin{array}{r} 783 \\ -425 \\ \hline 358 \end{array}$$
23
$$\begin{array}{r} 542 \\ -176 \\ \hline 366 \end{array}$$
⑲ 백의 자리에서 받아내림하지 않고 백의 자리를 계산했습니다.

24 562   **25** 362   **26.** 838, 288   **27** >
28 ㉡   **29** ㉡, ㉠, ㉢   **30** 6, 7   **31** 6, 3
32 5   **33** 357   **34** 649   **35** 469
36 754, 568, 1322   **37** 810, 372, 438
38 762, 318

2 수 모형이 나타내는 수는 248이므로 248보다 235만큼 더 큰 수는 248+235=483입니다.

3 일의 자리의 계산 7+5=12에서 10을 십의 자리로 받아올림하여 나타낸 것입니다.

4 394+678=1072

5 (1) 426+259=685 (2) 187+585=772
(3) 326+398=724

6 437+352=789, 674+286=960,
437+674=1111, 352+286=638

7 236+517=753

8 327+587=914

9 (이틀 동안의 방문자 수)
=(어제 방문자 수)+(오늘 방문자 수)
=152+235=387(명)

10 (올해 귤 수확량)
=(작년의 귤 수확량)+114
=769+114=883(상자)

11 (두 사람이 접은 종이학의 수)
　　＝(유아가 접은 종이학의 수)＋(정후가 접은 종이
　　학의 수)＝368＋475＝843(개)

12 수 모형이 나타내는 수는 354입니다.
　　→ 354−241＝113

13 785−234＝551

14 백의 자리에서 받아내림하고 남은 수이므로 500
　　을 나타냅니다.

15 761−515＝246 (cm)

16 852−476＝376, 376−197＝179

17 483−169＝314

18 (동화책의 수)−(위인전의 수)
　　＝684−452＝232(권)

19 (윤지네 모둠이 한 줄넘기 횟수)
　　＝(재호네 모둠이 한 줄넘기 횟수)−145
　　＝326−145＝181(번)

20 726＞267이므로 도서관에서 애영이네 집이 더
　　가깝습니다.
　　(도서관~재경이네 집)−(도서관~애영이네 집)
　　＝726−267＝459 (m)

21 십의 자리 계산에서 받아올림한 수를 더해야 합니다.

22 십의 자리 계산에서 받아내림한 수를 빼야 합니다.

24 365＞283＞197 → 365＋197＝562

25 524＞258＞162 → 524−162＝362

26 563＞436＞358＞275
　　→ 563＋275＝838, 563−275＝288

27 472＋256＝728, 194＋527＝721
　　→ 472＋256＞194＋527

28 ㉠ 637−354＝283　　㉡ 561−285＝276
　　따라서 계산 결과가 더 작은 것은 ㉡입니다.

29 ㉠ 247＋284＝531　㉡ 935−357＝578
　　㉢ 783−259＝524
　　578＞531＞524이므로 계산 결과가 큰 것부터
　　차례대로 기호를 쓰면 ㉡, ㉠, ㉢입니다.

30 일의 자리 계산: □＋5＝11 → □＝6
　　십의 자리 계산: 1＋4＋□＝12 → □＝7

31 십의 자리 계산: 10＋3−1−9＝□ → □＝3
　　백의 자리 계산: □−1−1＝4 → □＝6

32 십의 자리 계산: 1＋7＋4＝12 → ㉡＝2
　　백의 자리 계산: 1＋㉠＋5＝9 → ㉠＝3
　　따라서 ㉠, ㉡에 알맞은 수의 합은 3＋2＝5입니다.

33 찢어진 종이에 적힌 수를 3□□라고 하면
　　179＋3□□＝536입니다.
　　→ 3□□＝536−179, 3□□＝357

34 찢어진 종이에 적힌 수를 6□□라고 하면
　　6□□−385＝264입니다.
　　→ 6□□＝264＋385, 6□□＝649

35 얼룩진 종이에 적힌 수를 4□□라고 하면
　　256＋4□□＝725입니다.
　　→ 4□□＝725−256, 4□□＝469

36 두 수의 합이 가장 크려면 가장 큰 수와 두 번째로
　　큰 수를 더해야 합니다.
　　754＞568＞356＞295이므로
　　754＋568＝1322입니다.

37 두 수의 차가 가장 크려면 가장 큰 수에서 가장 작
　　은 수를 빼야 합니다.
　　810＞526＞429＞372이므로
　　810−372＝438입니다.

38 차의 일의 자리 숫자가 4가 되는 두 수는 727과
　　273, 762와 318입니다.
　　→ 727−273＝454, 762−318＝444

심화 문제　　　　18~22쪽

1 (1) 588개 (2) 1334개	**1-1** 917마리
1-2 야구장, 127명	
2 (1) 853 (2) 358 (3) 1211	**2-1** 396
2-2 505	
3 (1) 5 (2) 6, 7, 8, 9	**3-1** 1, 2, 3
3-2 335	
4 (1) 582 (2) 347	**4-1** 904
4-2 307	
5 (1) 386 m (2) 193 m	**5-1** 184 m
5-2 775 m	

1 (1) (오늘 딴 사과의 수)
　　＝(어제 딴 사과의 수)−158
　　＝746−158＝588(개)
　　(2) 746＋588＝1334(개)

1-1 (준현이가 접은 종이학의 수)
　　=(윤서가 접은 종이학의 수)+169
　　=374+169=543(마리)
　　(윤서와 준현이가 접은 종이학의 수)
　　=374+543=917(마리)

1-2 (축구장에 입장한 사람 수)=462+354=816(명)
　　(야구장에 입장한 사람 수)=278+665=943(명)
　　943>816이므로 야구장에 입장한 사람이
　　943-816=127(명) 더 많습니다.

2 ⑴ 8>5>3이므로 큰 수부터 차례대로 쓰면 853
　　　입니다.
　　⑵ 3<5<8이므로 작은 수부터 차례대로 쓰면
　　　358입니다.
　　⑶ 853+358=1211

2-1 가장 큰 세 자리 수: 864,
　　　가장 작은 세 자리 수: 468
　　　→ 864-468=396

2-2 가장 큰 수: 765, 두 번째로 큰 수: 762
　　　가장 작은 수: 256, 두 번째로 작은 수: 257
　　　→ 762-257=505

3 ⑴ 684+□79=1263,
　　　□79=1263-684=579, □=5
　　⑵ 684+□79>1263이므로 □ 안에 들어갈 수
　　　있는 수는 5보다 큰 6, 7, 8, 9입니다.

3-1 725-□62=263일 때 725-263=□62,
　　　462=□62, □=4입니다.
　　　725-□62>263이므로 □ 안에 들어갈 수 있는
　　　수는 4보다 작은 1, 2, 3입니다.

3-2 283+547=830이므로 496+□>830입니다.
　　　496+□=830일 때 □=830-496=334이므
　　　로 □ 안에 들어갈 수 있는 수는 334보다 큰 수입
　　　니다. 따라서 □ 안에 들어갈 수 있는 가장 작은
　　　세 자리 수는 335입니다.

4 ⑴ 어떤 수를 □라고 하면 □+235=817,
　　　□=817-235=582입니다.
　　⑵ 바르게 계산한 값은 582-235=347입니다.

4-1 어떤 수를 □라고 하면 □-273=358,
　　　□=358+273=631입니다.
　　　따라서 바르게 계산한 값은 631+273=904입
　　　니다.

4-2 어떤 수를 □라고 하면 □+268=754,
　　　□=754-268=486입니다.
　　　지은이가 계산한 값은 어떤 수에서 179를 뺐으므
　　　로 486-179=307입니다.

5 ⑴ (집~서점)=(집~공원)-(서점~공원)
　　　　　　=624-238=386 (m)
　　⑵ (서점~학교)=(집~학교)-(집~서점)
　　　　　　=579-386=193 (m)

5-1 (정우네 집~세희네 집)=764-436=328 (m)
　　　(문구점~정우네 집)=512-328=184 (m)

5-2 (㉠~㉢)=(㉠~㉢)+(㉡~㉢)-(㉡~㉢)
　　　　=427+546-198
　　　　=973-198=775 (m)

단원 마무리 1회　　23~25쪽

1 769　**2** ⑴ 877 ⑵ 597　**3** 781　**4** 10
5 ⑴ ㉢ ⑵ ㉡ ⑶ ㉠　**6** 907명　**7** 1026
8 942　**9** <　**10** ⑴ 524 ⑵ 231　**11** 538
12
$$\begin{array}{r} {\overset{4}{}\overset{10}{5}}1\,4 \\ -\ 1\,2\,3 \\ \hline 3\,9\,1 \end{array}$$
　예 십의 자리로 받아내림한 수를 백의 자리 계산에서 빼지 않고 계산했습니다.
13 466　**14** 359, 545　**15** 128쪽
16 532, 124　**17** ㉢　**18** 623개
19 예 (3학년 학생 수)=148+144=292(명)
(4학년 학생 수)=167+159=326(명)
따라서 4학년이 326-292=34(명) 더 많습니다.;
4학년, 34명　**20** 672

3
$$\begin{array}{r} \overset{1}{}3\,4\,3 \\ +\ 4\,3\,8 \\ \hline 7\,8\,1 \end{array}$$

4 □ 안의 수 1은 8+6=14에서 10을 받아올림한
것이므로 실제로 나타내는 수는 10입니다.

5 ⑴ 548+286=834　⑵ 385+487=872
　　⑶ 495+497=992

4　3-1

6 (오늘 동물원에 입장한 사람 수)
　　=(여자의 수)+(남자의 수)
　　=329+578=907(명)

7 558+468=1026

8 가장 큰 수: 574, 가장 작은 수: 368
　　→ 574+368=942

9 375+468=843, 584+263=847
　　→ 375+468<584+263

11 786-248=538

13 369+□=835, □=835-369=466

14 618-259=359
　　359+□=904, □=904-359=545

15 (더 읽어야 할 책의 쪽수)
　　=(전체 책의 쪽수)-(읽은 책의 쪽수)
　　=304-176=128(쪽)

16 532-116=416(×)
　　532-124=408(○)

17 ㉠ 435+186=621　　㉡ 229+182=411
　　㉢ 900-593=307　　㉣ 776-268=508

18 (팔고 남은 사과의 수)=658-269=389(개)
　　(더 사 온 후 과일 가게에 있는 사과의 수)
　　=389+234=623(개)

20 어떤 수를 □라고 하면 □+149=627,
　　□=627-149=478입니다.
　　따라서 바르게 계산하면 478+194=672입니다.

단원 마무리 2회　　26~28쪽

1 1231　　2 (1) 598 (2) 1122　　3 797, 864
4 884번　　5 은형　　6 721　　7 1304 m
8 1041　　9 3, 4, 4　　10 ⑩ 만들 수 있는 가장
큰 세 자리 수: 764, 만들 수 있는 가장 작은 세 자
리 수: 346 따라서 가장 큰 수와 가장 작은 수의 합
은 764+346=1110입니다.; 1110
11 0, 1, 2, 3, 4, 5　　12 (1) 721 (2) 394　　13 120
14 182, 249　　15 389　　16 >　　17 559 cm
18 458명　　19 ⑩ 연필 한 자루와 지우개 한 개의
값은 350+270=620(원)입니다. 따라서 남은 돈
은 800-620=180(원)입니다.; 180원
20 병원, 39 m

1 수 모형이 나타내는 수는 756이므로 756보다
475만큼 더 큰 수는 756+475=1231입니다.

2 각 자리 수의 합이 10이거나 10보다 크면 바로
윗자리로 받아올림합니다.

3 172+625=797, 239+625=864

4 442+442=884(번)

5 은형: 574+197=771

6 □-267=454, □=454+267=721

7 (학교에서 공원까지의 거리)
　　=(학교에서 서점까지의 거리)+(서점에서 공원까지
　　의 거리)
　　=568+736=1304 (m)

8 100이 7개, 10이 16개, 1이 8개인 수는 868입
니다. 따라서 868보다 173만큼 더 큰 수는
868+173=1041입니다.

9 일의 자리의 계산: 5+□=9, □=4
　　십의 자리의 계산: 6+8=14이므로 □=4
　　백의 자리의 계산: 1+2+□=6, □=3

11 48□+749=1235일 때 486+749=1235이
므로 □=6입니다.
　　48□+749<1235이려면 □<6이어야 하므로
　　□ 안에 들어갈 수 있는 수는 0, 1, 2, 3, 4, 5입
니다.

13 십의 자리 수 12는 실제로 120을 나타냅니다.

14 327-145=182, 714-465=249

15 946-557=389

16 897-226=671, 738-145=593
　　→ 897-226>738-145

17 9 m=900 cm
　　(남은 색 테이프의 길이)=900-341=559 (cm)

18 (여학생 수)=(전체 학생 수)-(남학생 수)
　　　　=947-489=458(명)

20 (예은이네 집~병원~학교)
　　=259+324=583 (m)
　　(예은이네 집~우체국~학교)
　　=194+428=622 (m)
　　따라서 병원을 지나는 길이 622-583=39 (m)
더 가깝습니다.

② 평면도형

기본 개념
30~35쪽

1 ㉫ **2** ㉠ **3** ㉢ **4** ㉠, ㉢ **5** 풀이 참조;
각 ㄷㄹㅁ 또는 각 ㅁㄹㄷ; 변 ㄹㄷ, 변 ㄹㅁ
6 (1) Ⅰ개 (2) 3개 **7** ㉡, ㉣ **8** 풀이 참조
9 한, 직각 **10** 가, 나, 마 **11** (1) ○ (2) ×
12 네, 직각 **13** 나, 라 **14** (1) ○ (2) ○ (3) ×
15 직각, 정사각형 **16** 나, 마
17 (1) ○ (2) × (3) ○

1 선분은 두 점을 곧게 이은 선입니다.

2 반직선은 한 점에서 시작하여 한쪽으로 끝없이 늘인 곧은 선입니다.

3 직선은 선분을 양쪽으로 끝없이 늘인 곧은 선입니다.

4 한 점에서 그은 두 반직선으로 이루어진 도형을 각이라고 합니다.

5 

각의 이름을 쓸 때에는 각의 꼭짓점이 가운데에 오도록 씁니다.

6 두 선분이 만나는 부분을 찾아봅니다.

7 삼각자의 직각 부분을 대었을 때 꼭 맞게 겹쳐지는 각을 찾아봅니다.

8

모눈의 가로선과 세로선이 만나서 생기는 각은 직각입니다.

9 한 각이 직각인 삼각형을 직각삼각형이라고 합니다.

10 한 각이 직각인 삼각형을 찾아봅니다.

11 (2) 직각삼각형은 직각이 Ⅰ개 있습니다.

12 네 각이 모두 직각인 사각형을 직사각형이라고 합니다.

13 네 각이 모두 직각인 사각형을 찾아봅니다.

14 (3) 마주 보는 변의 길이가 같습니다.

15 네 각이 모두 직각이고 네 변의 길이가 모두 같은 사각형을 정사각형이라고 합니다.

16 네 각이 모두 직각이고 네 변의 길이가 모두 같은 사각형을 찾아봅니다.

17 (2) 네 각이 모두 직각이므로 직사각형이라고 할 수 있습니다.

유형 문제
36~41쪽

1 ㉢ **2** 반직선 ㄷㄴ **3** 선분 ㄹㅁ 또는 선분 ㅁㄹ
4 직선 ㄷㄹ 또는 직선 ㄹㄷ **5** ③, ⑤
6 각 ㄱㄴㄷ 또는 각 ㄷㄴㄱ; 변 ㄴㄱ, 변 ㄴㄷ
7 4개 **8** ②, ③ **9** 직각 **10** 3개 **11** 나, 다
12 5개 **13** ④ **14** 나, 라 **15** 9, 6
16 Ⅰ2 **17** 정사각형 **18** 다 **19** 5
20 풀이 참조 **21** 풀이 참조 **22** 풀이 참조
23 ⑩ 굽은 선이 있기 때문입니다.
24 ⑩ 한 각이 직각이 아니기 때문입니다.
25 승희 **26** ㉡ **27** ③, ④ **28** 직사각형
29 ㉠ **30** 다, 나, 가 **31** 나 **32** 3개 **33** 6개
34 5개 **35** 24 cm **36** 44 cm **37** 8 cm

1 두 점을 곧게 이은 선을 찾아보면 ㉢입니다.

2 점 ㄷ에서 시작하여 점 ㄴ을 지나는 반직선이므로 반직선 ㄷㄴ이라고 합니다.

3 점 ㄹ과 점 ㅁ을 이은 선분을 선분 ㄹㅁ 또는 선분 ㅁㄹ이라고 합니다.

4 점 ㄷ과 점 ㄹ을 지나는 직선을 직선 ㄷㄹ 또는 직선 ㄹㄷ이라고 합니다.

5 한 점에서 그은 두 반직선으로 이루어진 도형을 찾아보면 ③, ⑤입니다.

6 각의 이름은 꼭짓점이 가운데에 오도록 씁니다.

7 → 4개

8 ② ③

9 삼각자의 직각 부분과 꼭 맞게 겹쳐지므로 직각입니다.

10 직각을 모두 찾아보면 각 ㄱㅅㄴ, 각 ㄴㅅㄹ, 각 ㄷㅅㅁ으로 모두 3개입니다.

11 한 각이 직각인 삼각형은 나와 다입니다.

12 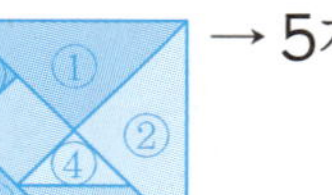 → 5개

13 한 각이 직각이 되어야 하므로 ④의 점과 이어야
합니다.

14 네 각이 모두 직각인 사각형은 나, 라입니다.

15 직사각형은 마주 보는 변의 길이가 같습니다.

16 직사각형은 변이 4개, 각이 4개입니다.
→ ㉠=4, ㉡=4
직사각형은 직각이 4개입니다. → ㉢=4
따라서 ㉠+㉡+㉢=4+4+4=12입니다.

17 만들어진 도형은 네 각이 모두 직각이고, 네 변의
길이가 모두 같은 사각형이므로 정사각형입니다.

18 정사각형은 네 각이 모두 직각이고 네 변의 길이가
모두 같은 사각형입니다.

19 정사각형은 네 변의 길이가 모두 같습니다.

20 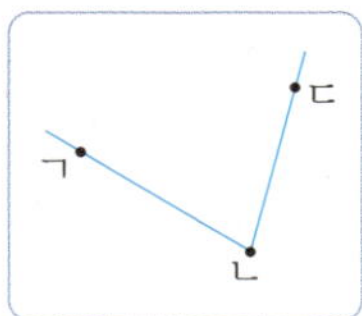

점 ㄴ에서 반직선 ㄴㄱ을 긋고, 다시 점 ㄴ에서 반직선
ㄴㄷ을 긋습니다.

21 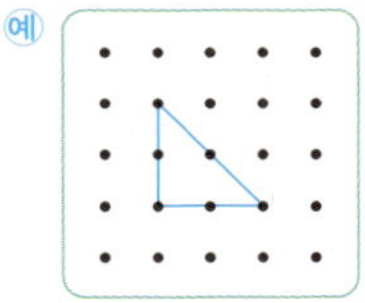

삼각자를 이용하여 한 각이 직각인 삼각형을 그려
봅니다.

22 

모눈종이의 선을 따라 모양과 크기가 서로 다른 직
사각형을 그려 봅니다.

23 각은 한 점에서 그은 두 반직선으로 이루어진 도형
입니다.

24 직각삼각형은 한 각이 직각인 삼각형입니다.

25 직사각형은 네 각이 모두 직각인 사각형입니다.

26 ㉠ 직각삼각형에는 직각이 1개 있습니다.
㉡ 직각삼각형에는 꼭짓점이 3개 있습니다.

27 ③ 정사각형에는 꼭짓점이 4개 있습니다.
④ 정사각형은 네 각이 모두 직각입니다.

28 변, 꼭짓점, 각이 각각 4개인 도형은 사각형이고,
네 각이 모두 직각인 사각형은 직사각형입니다.

29 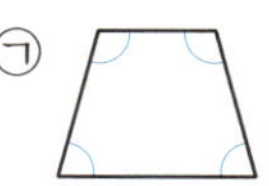 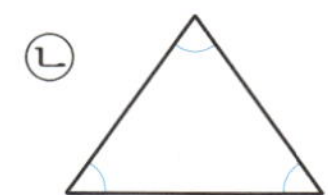

각의 수가 ㉠은 4개, ㉡ 3개이므로 각이 더 많은
도형은 ㉠입니다.

30 가: 1개, 나: 2개, 다: 4개

31 가: 4개, 나: 6개, 다: 3개, 라: 5개

32 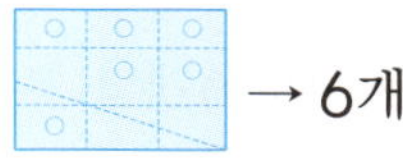 → 3개

33 → 6개

34 → 5개

35 직사각형은 마주 보는 변의 길이가 같으므로 네 변
의 길이의 합은 7+5+7+5=24 (cm)입니다.

36 정사각형은 네 변의 길이가 모두 같으므로 네 변의
길이의 합은 11+11+11+11=44 (cm)입니다.

37 정사각형은 네 변의 길이가 모두 같습니다.
8×4=32이므로 정사각형의 한 변은 8 cm입니
다.

심화 문제 42~46쪽

1 (1) 풀이 참조 (2) 3개　　**1-1** 6개　　**1-2** 6개
2 (1) 2개 (2) 1개 (3) 3개　　**2-1** 6개　　**2-2** 10개
3 (1) 36 cm (2) 9 cm　　**3-1** 8 cm　　**3-2** 10
4 (1) ㉠ 8개, ㉡ 4개, ㉢ 4개 (2) 16개
4-1 18개　　　　**4-2** 18개
5 (1) 8 cm, 4 cm (2) 24 cm
5-1 40 cm　　**5-2** 15

1 (1) 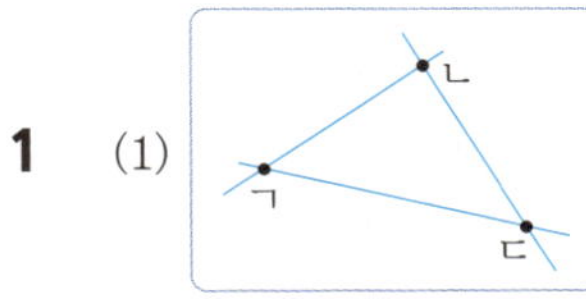

점 ㄱ과 점 ㄴ, 점 ㄱ과 점 ㄷ, 점 ㄴ과 점 ㄷ을 지
나는 직선을 그어 봅니다.

1-1

그을 수 있는 선분은 그림과 같이 모두 6개입니다.

1-2 점 ㄱ과 점 ㄴ을 이용하여 그을 수 있는 반직선:
반직선 ㄱㄴ, 반직선 ㄴㄱ → 2개
점 ㄱ과 점 ㄷ을 이용하여 그을 수 있는 반직선:
반직선 ㄱㄷ, 반직선 ㄷㄱ → 2개
점 ㄴ과 점 ㄷ을 이용하여 그을 수 있는 반직선:
반직선 ㄴㄷ, 반직선 ㄷㄴ → 2개
따라서 그을 수 있는 반직선은 모두 6개입니다.

2 (1) 각 ㄴㄱㄷ, 각 ㄷㄱㄹ → 2개

(2) 각 ㄴㄱㄹ → 1개

(3) 2+1=3(개)

2-1 각 1개짜리: 3개, 각 2개짜리: 2개,
각 3개짜리: 1개
따라서 찾을 수 있는 크고 작은 각은 모두
3+2+1=6(개)입니다.

2-2 각 1개짜리: 각 ㄴㄱㄷ, 각 ㄷㄱㄹ, 각 ㄹㄱㅁ,
각 ㅁㄱㅂ → 4개
각 2개짜리: 각 ㄴㄱㄹ, 각 ㄷㄱㅁ, 각 ㄹㄱㅂ
→ 3개
각 3개짜리: 각 ㄴㄱㅁ, 각 ㄷㄱㅂ → 2개
각 4개짜리: 각 ㄴㄱㅂ → 1개
따라서 점 ㄱ을 꼭짓점으로 하는 각은 모두
4+3+2+1=10(개)입니다.

3 (1) 11+7+11+7=36 (cm)

(2) 정사각형은 네 변의 길이가 모두 같습니다.
정사각형의 한 변의 길이를 $\square$ cm라 하면
$\square \times 4=36$, $9 \times 4=36$이므로 $\square=9$ (cm)입니다.

3-1 (직사각형의 네 변의 길이의 합)
$=11+5+11+5=32$ (cm)
정사각형의 네 변의 길이의 합은 32 cm이므로 한
변의 길이를 $\square$ cm라 하면 $\square \times 4=32$,
$8 \times 4=32$이므로 $\square=8$ (cm)입니다.

3-2 (정사각형의 네 변의 길이의 합)$=7 \times 4=28$ (cm)
직사각형의 네 변의 길이의 합은 28 cm이고 직사
각형은 마주 보는 변의 길이가 같으므로
$\square+4+\square+4=28$, $\square+\square=20$, $\square=10$입니다.

4 (2) 8+4+4=16(개)

4-1 작은 삼각형 1개로 이루어진 직각삼각형: 9개
작은 삼각형 2개로 이루어진 직각삼각형: 6개
작은 삼각형 4개로 이루어진 직각삼각형: 2개
작은 삼각형 9개로 이루어진 직각삼각형: 1개
따라서 크고 작은 직각삼각형은 모두
9+6+2+1=18(개)입니다.

4-2 작은 사각형 1개로 이루어진 직사각형: 6개
작은 사각형 2개로 이루어진 직사각형: 7개
작은 사각형 3개로 이루어진 직사각형: 2개
작은 사각형 4개로 이루어진 직사각형: 2개
작은 사각형 6개로 이루어진 직사각형: 1개
따라서 크고 작은 직사각형은 모두
6+7+2+2+1=18(개)입니다.

5 (1) 만든 직사각형의 가로는 4+4=8 (cm),
세로는 4 cm입니다.

(2) 8+4+8+4=24 (cm)

5-1 만든 직사각형의 가로는 5+5+5=15 (cm),
세로는 5 cm이므로 네 변의 길이의 합은
15+5+15+5=40 (cm)입니다.

5-2 (두 번째로 큰 정사각형의 한 변의 길이)
$=3+3=6$ (cm)
(가장 큰 정사각형의 한 변의 길이)
$=6+3=9$ (cm)
$\rightarrow \square=9+6=15$

단원 마무리 1회 47~49쪽

1 ③, ④   **2** 풀이 참조   **3** 은혜   **4** ㉡
5 각 ㄹㅁㅂ 또는 각 ㅂㅁㄹ   **6** 풀이 참조
7 ⑩ 각의 개수를 세어 보면 ㉠ 4개, ㉡ 1개,
㉢ 3개, ㉣ 5개입니다. 따라서 각의 수가 가장 많은
도형은 ㉣입니다.; ㉣   **8** 3개   **9** 풀이 참조
10 ②, ⑤   **11** 수호   **12** 풀이 참조
13 ⑩ 한 각이 직각이 아니기 때문입니다.   **14** ㉡
15 4, 4, 4   **16** 6개   **17** 26 cm   **18** ㉠, ㉢
19 정사각형   **20** ⑩ 정사각형은 네 변의 길이가
모두 같으므로 한 변의 길이를 $\square$ cm라고 하면
$\square+\square+\square+\square=20$, $\square=5$ (cm)입니다.; 5 cm

1 직선은 양쪽으로 끝없이 늘인 곧은 선이므로 ③, ④입니다.

2

점 ㄱ에서 시작하여 점 ㄴ을 지나는 반직선을 그어 봅니다.

3 준하: 한 점에서 한쪽으로 끝없이 늘인 곧은 선은 반직선입니다.

4 한 점에서 그은 두 반직선으로 이루어진 도형은 ㉡입니다.

5 각의 이름을 쓸 때에는 꼭짓점이 가운데에 오도록 씁니다.

6

각의 꼭짓점이 점 ㄷ이 되도록 그립니다.

8 → 3개

9

삼각자에서 직각을 이루는 한 변을 주어진 직선에 맞춘 후 직각을 이루는 나머지 한 변을 따라 선을 긋습니다.

10 한 각이 직각인 삼각형을 찾아보면 ②, ⑤입니다.

11 직각삼각형은 직각이 1개 있습니다.

12

한 각이 직각이 되도록 삼각형을 그려 봅니다.

13 직각삼각형은 한 각이 직각인 삼각형입니다.

14 직사각형은 네 각이 모두 직각이어야 합니다.

15 직사각형은 변이 4개, 꼭짓점이 4개, 직각이 4개입니다.

16 점선을 따라 자르면 네 각이 모두 직각인 직사각형이 6개 만들어집니다.

17 직사각형은 마주 보는 변의 길이가 같으므로 네 변의 길이의 합은 8+5+8+5=26 (cm)입니다.

18 정사각형은 네 변의 길이가 같고 네 각이 모두 직각인 사각형입니다.

19 변이 4개이므로 사각형입니다.
네 각이 모두 직각이고 네 변의 길이가 모두 같은 사각형은 정사각형입니다.

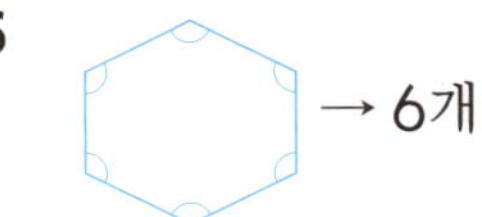

1 ③　**2** 6개　**3** 6개　**4** ③, ④　**5** ㉡　**6** 6개
7 ㉡　**8** ①, ④　**9** ㉣　**10** ㉡　**11** ①, ②
12 ②　**13** ㉠, ㉡, ㉣, ㉂　**14** ㉠, ㉣, ㉂
15 예 직각삼각형은 직각이 1개입니다. → ㉠=1
직사각형은 직각이 4개입니다. → ㉡=4
따라서 ㉠+㉡=1+4=5입니다.; 5　**16** 풀이 참조
17 예 직사각형은 마주 보는 변의 길이가 같습니다. 따라서 네 변의 길이의 합을 구하는 식은
□+8+□+8=38입니다.
→ □+□=38-8-8=22, □=11; 11
18 ③, ④　**19** 14개　**20** 20 cm

1 점 ㄴ에서 시작하여 점 ㄱ을 지나는 반직선은 ③입니다.

2 도형은 6개의 선분으로 이루어져 있습니다.

3

그을 수 있는 직선은 그림과 같이 모두 6개입니다.

4 ③, ④는 곧은 선이 없으므로 각을 찾을 수 없습니다.

5 ㉡ 각 ㄴㄷㄹ 또는 각 ㄹㄷㄴ이라고 합니다.

6 → 6개

7 ㉠ 3개, ㉡ 5개

8 삼각자의 직각 부분을 대었을 때 꼭 맞게 겹쳐지는 각을 찾아보면 ①, ④입니다.

9 ㉠ 2개. ㉡ 1개, ㉢ 0개, ㉣ 4개

10 한 각이 직각인 삼각형은 ㉠, ㉢입니다.

11 직각삼각형은 한 각이 직각인 삼각형입니다.

12 점 ㄷ을 ②로 옮기면 각 ㄱㄴㄷ이 직각이 됩니다.

13 네 각이 모두 직각인 사각형을 찾아봅니다.

14 네 각이 모두 직각이고 네 변의 길이가 모두 같은 사각형을 찾아봅니다.

16 
네 각이 직각이 되도록 사각형을 그립니다.

18 네 각이 모두 직각이므로 직사각형이고, 네 변의 길이가 모두 같으므로 정사각형입니다.

19 ☐: 10개, ☐☐: 4개
따라서 크고 작은 정사각형은 모두
10+4=14(개)입니다.

20 정사각형은 네 변의 길이가 모두 같으므로 굵은 선의 길이는 한 변의 길이를 10번 더한 것과 같습니다. 따라서 굵은 선의 길이는 20 cm입니다.

❸ 나눗셈

기본 개념 54~58쪽

1 ○○○○○, ○○○○○; 5　　**2** 12, 4, 3
3 5, 5, 5; 5, 3; 3　　**4** (1) 3, 6 (2) 7, 4
5 40, 8, 5
6 (1) 풀이 참조; 8, 8 (2) 풀이 참조; 8, 8
7 (1) 20÷4=5, 5개 (2) 20÷4=5, 5명
8 (1) 7, 3 (또는 3, 7) (2) 3, 7 (3) 7, 3
9 (1) 4, 5; 5, 4 (2) 2, 6; 6, 2
10 7×6=42, 6　　**11** (1) 5 (2) 7

2 (전체 귤의 수)÷(나누어 먹는 사람 수)
　　=(한 사람이 먹는 귤의 수)

3
5개씩 덜어 내면 3번 덜어 낼 수 있습니다.
$15-5-5-5=0 \rightarrow 15÷5=3$

4 (1) $18-\underline{3-3-3-3-3-3}=0 \rightarrow 18÷3=6$
　　　　　　　　　6번

(2) $28-\underline{7-7-7-7}=0 \rightarrow 28÷7=4$
　　　　　　　4번

5 (전체 색종이의 수)÷(한 명에게 주는 색종이의 수)
　　=(나누어 줄 수 있는 사람의 수)

6 (1)
바나나 16개를 2상자에 똑같이 나누어 담으면 한 상자에 16÷2=8(개)씩 담을 수 있습니다.

(2)
바나나 16개를 한 상자에 2개씩 담으려면 16÷2=8(상자) 필요합니다.

8 (1) 7개씩 3줄 → 7×3=21

(2), (3) (전체 지우개의 수)÷(나누어 가지는 친구의 수)=(한 명이 가질 수 있는 지우개의 수)

9 (1) 4×5=20　　4×5=20
　　　20÷4=5　　20÷5=4

(2) 2×6=12　　2×6=12
　　12÷2=6　　12÷6=2

11 (1) 6단 곱셈구구에서 곱이 30이 되는 곱셈식을
찾습니다. 6×5=30 → 30÷6=5

(2) 4단 곱셈구구에서 곱이 28이 되는 곱셈식을
찾습니다. 4×7=28 → 28÷4=7

1 ○○○○, ○○○○, ○○○○, ○○○○; 4
2 9÷3=3, 3개   **3** (1) 5 (2) 4   **4** 풀이 참조, 6
5 64÷8=8, 8일   **6** 12-3-3-3-3=0,
12÷3=4, 4명   **7** 20, 5, 4   **8** 14÷2=7
9 24, 8, 3   **10** 32÷4=8   **11** ㉠   **12** 진주
13 32÷8=4   **14** 36, 4, 9; 36, 9, 4
15 3×7=21 또는 7×3=21, 21÷7=3 또는
21÷3=7   **16** ⑤   **17** 7, 5   **18** (1) ㉢, ②
(2) ㉠, ① (3) ㉡, ③   **19** 6, 8   **20** ㉡, ②
21 7   **22** <   **23** ㉠   **24** ㉢, ㉠, ㉡
25 (1) 4 (2) 6   **26** 14   **27** ①
28 36÷4=9, 9자루   **29** 24÷6=4, 4상자
30 (1) 30÷5=6, 6개 (2) 30÷6=5, 5개

3 (1) 20÷4=5   (2) 20÷5=4
4

꽃을 3송이씩 묶어 보면 꽃병이 6개 필요합니다.
5 (책을 다 읽는 데 걸리는 날수)
 =(전체 쪽수)÷(하루에 읽는 쪽수)
 =64÷8=8(일)
6 풍선을 3개씩 4번 빼면 0이 됩니다.
 → 12-3-3-3-3=0 → 12÷3=4
7 (전체 학생 수)÷(의자의 수)
 =(의자 한 개에 앉는 학생 수)
8 (전체 축구공의 수)÷(한 상자에 담을 축구공의 수)
 =(필요한 상자의 수)
9 (전체 사과의 수)÷(바구니의 수)
 =(한 바구니에 담을 수 있는 사과의 수)
10 32에서 4씩 8번 빼면 0이 됩니다. 이것을 나눗셈
식으로 나타내면 32÷4=8입니다.

11 42에서 7씩 6번 빼면 0이 됩니다. 이것을 나눗셈
식으로 나타내면 42÷7=6입니다.
13 빵 32개를 한 모둠에 8개씩 나누어 주면 4모둠에
게 줄 수 있습니다. → 32÷8=4
15 수박의 수를 곱셈식으로 나타내면
3×7=21 또는 7×3=21입니다.
3×7=21을 나눗셈식으로 나타내면
21÷3=7 또는 21÷7=3입니다.
16 18÷3의 몫을 구할 때에는 나누는 수가 3이므로
3단 곱셈구구를 이용하고, 곱이 18인 곱셈식을
찾으면 3×6=18입니다.
17 7×5=35 → 35÷7=5
18 7×8=56 → 56÷7=8
7×6=42 → 42÷7=6
7×9=63 → 63÷7=9
19 나누는 수가 6이므로 6단 곱셈구구를 이용하여
몫을 구합니다. 36÷6=6, 48÷6=8
20 ㉠ 25÷5=5   ㉡ 21÷3=7
㉢ 40÷8=5   ② 49÷7=7
21 16÷8=2, 36÷4=9 → 9-2=7
22 35÷7=5, 28÷4=7 → 35÷7<28÷4
23 ㉠ 24÷3=8   ㉡ 48÷8=6
따라서 몫이 더 큰 것은 ㉠입니다.
24 ㉠ 56÷8=7   ㉡ 18÷3=6   ㉢ 45÷5=9
9>7>6이므로 몫이 큰 것부터 차례대로 기호를
쓰면 ㉢, ㉠, ㉡입니다.
25 (1) 16÷4=4 → □=4
(2) 54÷6=9 → □=6
26 ㉠ 27÷9=3 → □=9   ㉡ 40÷5=8 → □=5
따라서 □ 안에 알맞은 수의 합은 9+5=14입니
다.
27 ① 54÷6=9 → □=9   ② 18÷2=9 → □=2
③ 24÷4=6 → □=6   ④ 30÷6=5 → □=6
⑤ 49÷7=7 → □=7
28 (한 명에게 줄 수 있는 색연필의 수)
 =(전체 색연필의 수)÷(사람의 수)
29 (필요한 상자의 수)
 =(전체 야구공의 수)÷(한 상자에 담을 야구공의 수)
30 (한 명에게 줄 수 있는 사탕의 수)
 =(전체 사탕의 수)÷(나누어 주는 사람의 수)

1 (1) 7 (2) 6　　　　**1-1** 6　　　**1-2** 36
2 (1) 24 (2) 8 (3) 3　　**2-1** 4　　　**2-2** 5
3 (1) 12 (2) 2　　　　**3-1** 6　　　**3-2** 6
4 (1) 36개 (2) 9개　　**4-1** 8개　　**4-2** 7개
5 (1) 8개 (2) 7개 (3) 귤　**5-1** 여학생
5-2 은서네 모둠, 2장

1 (1) $28 \div 4 = 7$

(2) $42 \div \square = 7$이므로 $42 \div 7 = \square$입니다.
따라서 $\square = 6$입니다.

1-1 $36 \div 9 = 4$이므로 $24 \div \square = 4$입니다.
$24 \div \square = 4 \rightarrow 24 \div 4 = \square$, $\square = 6$

1-2 $54 \div ㉠ = 9 \rightarrow 54 \div 9 = ㉠$, $㉠ = 6$
$㉡ \div 2 = 3 \rightarrow 2 \times 3 = ㉡$, $㉡ = 6$
따라서 ㉠과 ㉡의 곱은 $6 \times 6 = 36$입니다.

2 (1) 만들 수 있는 가장 작은 두 자리 수는 24입니다.
(3) $24 \div 8 = 3$

2-1 가장 작은 두 자리 수: 36 → $36 \div 9 = 4$

2-2 몫이 가장 작게 되려면 가장 작은 두 자리 수를 가장 큰 한 자리 수로 나누어야 합니다.
가장 작은 두 자리 수: 35, 가장 큰 한 자리 수: 7
→ $35 \div 7 = 5$

3 (1) 어떤 수를 $\square$라고 하면 $\square \div 3 = 4$이므로
$3 \times 4 = \square$, $\square = 12$입니다.
(2) $12 \div 6 = 2$

3-1 어떤 수를 $\square$라고 하면 $\square \div 8 = 3$이므로
$8 \times 3 = \square$, $\square = 24$입니다. → $24 \div 4 = 6$

3-2 어떤 수를 $\square$라고 하면 $\square \div 9 = 4$이므로
$9 \times 4 = \square$, $\square = 36$입니다. → $36 \div 6 = 6$

4 (1) $14 + 22 = 36$(개)
(2) $36 \div 4 = 9$(개)

4-1 (전체 구슬의 수) $= 25 + 23 = 48$(개)
(한 명이 가질 수 있는 구슬의 수) $= 48 \div 6 = 8$(개)

4-2 (사 온 귤의 수) $= 5 \times 6 = 30$(개)
(나누어 먹을 귤의 수) $= 30 - 2 = 28$(개)
(한 명이 먹을 수 있는 귤의 수) $= 28 \div 4 = 7$(개)

5 (1) $32 \div 4 = 8$(개)
(2) $49 \div 7 = 7$(개)
(3) $8 > 7$이므로 한 봉지에 더 많이 들어 있는 과일은 귤입니다.

5-1 (한 줄에 서 있는 남학생 수) $= 42 \div 7 = 6$(명)
(한 줄에 서 있는 여학생 수) $= 40 \div 5 = 8$(명)
$6 < 8$이므로 한 줄에 서 있는 학생 수가 더 많은 쪽은 여학생입니다.

5-2 (은서네 모둠 학생 한 명이 가진 색종이의 수)
$= 45 \div 5 = 9$(장)
(현우네 모둠 학생 한 명이 가진 색종이의 수)
$= 56 \div 8 = 7$(장)
$9 > 7$이므로 은서네 모둠의 학생 한 명이 색종이를 $9 - 7 = 2$(장) 더 많이 가졌습니다.

1 6　　**2** $56 \div 8 = 7$　　**3** $15 \div 5 = 3$
4 $21 \div 3 = 7$, 7자루　　**5** $63 \div 7 = 9$, 9명
6 5, 20; 20, 5; 20, 4　　**7** 6, 7, 42; 7, 6, 42
8 $3 \times 9 = 27$ 또는 $9 \times 3 = 27$, $27 \div 3 = 9$ 또는 $27 \div 9 = 3$　　**9** $3 \times 8 = 24$ 또는 $8 \times 3 = 24$, $24 \div 3 = 8$ 또는 $24 \div 8 = 3$　　**10** ①　　**11** 8
12 ㉡　　**13** >　　**14** 8, 4　　**15** 7권　　**16** 7
17 예 채연이네 반 학생은 모두 $18 + 17 = 35$(명)입니다. (모둠의 수) = (전체 학생 수) ÷ (한 모둠의 학생 수) $= 35 \div 5 = 7$(모둠); 7모둠
18 56, 40; 9, 3　　**19** 3
20 예 $25 \div 5 = 5$이므로 ★ = 5입니다. $14 \div ♥ = 2$를 곱셈식으로 나타내면 $2 \times ♥ = 14$이고 $2 \times 7 = 14$이므로 ♥ = 7입니다. 따라서 ★ + ♥ $= 5 + 7 = 12$입니다.; 12

3 (전체 딸기의 수) ÷ (접시의 수)
= (접시 한 개에 담는 딸기의 수)

4 (전체 연필의 수) ÷ (사람의 수)
= (한 명에게 줄 수 있는 연필의 수)

5 (나누어 줄 수 있는 사람의 수)
= (전체 도넛의 수) ÷ (한 명에게 주는 도넛의 수)

7　$● \div ■ = ▲$　→　$■ \times ▲ = ●$
　　　　　　　　　→　$▲ \times ■ = ●$

8　9씩 3줄이므로 곱셈식으로 나타내면
　　$9 \times 3 = 27$ 또는 $3 \times 9 = 27$입니다.
　　곱셈식을 나눗셈식으로 나타내면
　　$27 \div 3 = 9$ 또는 $27 \div 9 = 3$입니다.

10　6단 곱셈구구에서 곱이 18인 경우를 찾아봅니다.

11　$72 \div 9 = 8$

12　㉠ $12 \div 4 = 3$　㉡ $24 \div 6 = 4$　㉢ $40 \div 8 = 5$

13　$24 \div 4 = 6$, $15 \div 5 = 3$

14　$64 \div 8 = 8$, $8 \div 2 = 4$

15　(한 명이 가질 수 있는 공책의 수)
　　$=$(전체 공책의 수)$\div$(사람의 수)
　　$= 49 \div 7 = 7$(권)

16　$63 \div \square = 9$를 곱셈식으로 나타내면 $9 \times \square = 63$입
　　니다. 9단 곱셈구구에서 곱이 63인 것은
　　$9 \times 7 = 63$이므로 $\square = 7$입니다.

18　$72 \div 8 = 9$, $\square \div 8 = 7 → 8 \times 7 = \square$, $\square = 56$
　　$24 \div 8 = 3$, $\square \div 8 = 5 → 8 \times 5 = \square$, $\square = 40$

19　어떤 수를 $\square$라고 하면 $\square \times 3 = 27$,
　　$\square = 27 \div 3 = 9$입니다.
　　따라서 바르게 계산하면 $9 \div 3 = 3$입니다.

단원 마무리 2회　　　　　　　　72~74쪽

1 $24 \div 6 = 4$　**2** 풀이 참조　**3** $20 \div 4 = 5$, 5명
4 ㉡　**5** $15 \div 3 = 5$, 5개　**6** $10 \div 2 = 5$, 5송이
7 $10 \div 2 = 5$, 5상자　**8** 56, 7, 8; 56, 8, 7
9 $3 \times 4 = 12$, $12 \div 3 = 4$ 또는 $12 \div 4 = 3$
10 8, 8　**11** ⑴ 2 ⑵ 4　**12** 5, 3, 7
13 ⑴ ㉡ ⑵ ㉠ ⑶ ㉢　**14** ④　**15** 6명　**16** 15
17 9, 3　**18** ②
19 ⑩ 상자에 담아서 팔 사과는 $73 - 19 = 54$(개)
입니다. 사과 54개를 한 상자에 6개씩 담으려면
$54 \div 6 = 9$(상자)가 필요합니다.; 9상자
20 ⑩ 어떤 수를 $\square$라고 하면 $\square \div 5 = ▲$, $▲ \div 4 = 2$
입니다. $▲ \div 4 = 2 → 4 \times 2 = ▲$, $▲ = 8$ $\square \div 5 = ▲$
에서 $\square \div 5 = 8 → 5 \times 8 = \square$, $\square = 40$; 40

2　⑩
사과 20개를 4개씩 묶으면 5묶음이 됩니다.

3　(나누어 줄 수 있는 사람의 수)
　　$=$(전체 사과의 수)$\div$(한 명에게 주는 사과의 수)

4　18에서 6씩 3번 빼면 0이 됩니다.
　　$→ 18 - 6 - 6 - 6 = 0$

5　(필요한 봉지의 수)
　　$=$(전체 참외의 수)$\div$(한 봉지에 담는 참외의 수)

6　(한 상자에 담을 수 있는 포도의 수)
　　$=$(전체 포도의 수)$\div$(상자의 수)

7　(필요한 상자의 수)
　　$=$(전체 포도의 수)$\div$(한 상자에 담는 포도의 수)

9　머리핀이 3개씩 4묶음이므로 $3 \times 4 = 12$입니다.

11　⑴ $6 \times 2 = 12 → 12 \div 6 = 2$
　　⑵ $9 \times 4 = 36 → 36 \div 9 = 4$

12　$5 \times 3 = 15 → 15 \div 5 = 3$
　　$5 \times 5 = 25 → 25 \div 5 = 5$
　　$5 \times 7 = 35 → 35 \div 5 = 7$

13　⑴ $16 \div 4 = 4$　⑵ $72 \div 9 = 8$　⑶ $10 \div 2 = 5$
　　㉠ $16 \div 2 = 8$　㉡ $24 \div 6 = 4$　㉢ $35 \div 7 = 5$

14　① $21 \div 3 = 7$　② $49 \div 7 = 7$　③ $42 \div 6 = 7$
　　④ $54 \div 9 = 6$　⑤ $35 \div 5 = 7$

15　(나누어 줄 수 있는 사람 수)
　　$=$(전체 사과의 수)$\div$(한 명에게 주는 사과의 수)
　　$= 48 \div 8 = 6$(명)

16　㉠ $40 \div 5 = 8$　㉡ $28 \div 4 = 7$
　　$→ 8 + 7 = 15$

17　$72 \div 8 = 9$, $9 \div \square = 3 → \square \times 3 = 9$, $\square = 3$

18　① $15 \div 5 = 3 → \square = 3$　② $18 \div 2 = 9 → \square = 9$
　　③ $25 \div 5 = 5 → \square = 5$　④ $32 \div 4 = 8 → \square = 8$
　　⑤ $64 \div 8 = 8 → \square = 8$

④ 곱셈

1 (1) 6; 3, 6 (2) 4; 4, 4　　**2** (1) 6, 60 (2) 8, 80
3 (1) 70 (2) 50 (3) 90 (4) 40　　**4** 88, 88
5 (1) 90, 3; 93 (2) 40, 8; 48　　**6** (1) 46 (2) 28
(3) 86 (4) 39　　**7** 159, 159　　**8** (1) 180, 6;
186 (2) 100, 8; 108　　**9** (1) 164 (2) 246
(3) 288 (4) 129　　**10** 60, 60　　**11** (1) 81 (2) 90
12 (1) 78 (2) 95 (3) 72 (4) 68　　**13** 125
14 (1) 138; 120, 18 (2) 441; 420, 21
15 (1) 140 (2) 364 (3) 258 (4) 261

1 (몇십)×(몇)은 (몇)×(몇)의 결과에 0을 1개 붙인
것과 같습니다.

2 곱셈에서는 두 수를 바꾸어 곱해도 계산 결과가 같
습니다.

4 같은 수를 4번 더한 것은 그 수에 4를 곱한 것과
같습니다.

8 (1) 62를 60과 2로 가르기 하여 3을 각각 곱한 후
두 곱을 더합니다.
(2) 54를 50과 4로 가르기 하여 2를 각각 곱한 후
두 곱을 더합니다.

9 (1) $1×4=4$이므로 일의 자리에 4를 쓰고,
$40×4=160$이므로 십의 자리에 6을, 백의 자
리에 1을 씁니다.
(2) $2×3=6$이므로 일의 자리에 6을 쓰고,
$80×3=240$이므로 십의 자리에 4를, 백의 자
리에 2를 씁니다.
(3) $2×4=8$이므로 일의 자리에 8을 쓰고,
$70×4=280$이므로 십의 자리에 8을, 백의 자
리에 2를 씁니다.
(4) $3×3=9$이므로 일의 자리에 9를 쓰고,
$40×3=120$이므로 십의 자리에 2를, 백의 자
리에 1을 씁니다.

11 일의 자리 수의 곱에서 올림한 수를 십의 자리 위
에 작게 씁니다.

14 십의 자리 수의 곱과 일의 자리 수의 곱을 각각 구
하여 더합니다.

1 3, 60　　**2** 28　　**3** 33, 44, 55　　**4** ㉡　　**5** 20
6 (1) ㉡ (2) ㉠　　**7** 340　　**8** 474　　**9** ㉡　　**10** ㉢
11 ㉡, $37×8=296$, 296권　　**12** (1) = (2) <
13 ㉠　　**14** ㉡　　**15**
$$\begin{array}{r} 83 \\ \times\ \ 2 \\ \hline 6 \\ 160 \\ \hline 166 \end{array}$$
16
$$\begin{array}{r} 21 \\ \times\ \ 9 \\ \hline 189 \end{array}$$
17
$$\begin{array}{r} \overset{1}{\ }24 \\ \times\ \ 3 \\ \hline 72 \end{array}$$
㈇ 일의 자리의 계산 $4×3=12$에서
10을 십의 자리로 올림하여 더하지
않았습니다.
18 80　　**19** 216　　**20** 28, 196　　**21** 64, 320
22 $10×5=50$, 50병　　**23** $12×3=36$, 36쪽
24 감자　　**25** 37개　　**26** (1) 3, 8 (2) 8
27 (1) 7 (2) 6　　**28** 4　　**29** ㉠　　**30** 4
31 2　　**32** 57, 285　　**33** 38, 190　　**34** 462

1 20번씩 3번 뛰어서 센 것이므로 $20×3$으로 나타
낼 수 있습니다.

2 십의 자리 수의 곱과 일의 자리 수의 곱을 각각 구
하여 더합니다.

3 11과의 곱이므로 곱하는 수가 1씩 커지면 곱은
11씩 커집니다.

4 ㉠ $32×4$ → $30×4$와 $2×4$의 합
㉡ $23×3$ → $20×3$과 $3×3$의 합

5 일의 자리 계산이 $9×3=27$이므로 십의 자리로
올림한 숫자 2는 20을 나타냅니다.

6 (1) $32×6=192$, (2) $58×3=174$
㉠ $29×6=174$, ㉡ $24×8=192$,
㉢ $34×6=204$

7 가장 큰 수: 68, 가장 작은 수: 5 → $68×5=340$

8 ㉠ $42×4=168$, ㉡ $51×6=306$
→ $168+306=474$

9 37은 30과 40 중 40에 더 가까우므로 $40×2$로
생각하여 80개로 어림하는 것이 실제 캐러멜의
수 $37×2=74$(개)에 더 가깝습니다.

10 ㉠ 144, ㉡ 144, ㉢ 154

11 ㉠ $37+8=45$(권)　㉡ $37×8=296$(권)
㉢ $37-8=29$(권)

12 ⑴ 10×6=60, 30×2=60 → 60=60

　　⑵ 72×3=216, 51×5=255 → 216<255

13 ㉠ 92×4=368, ㉡ 81×7=567 → 368<567

14 ㉠ 65+65+65+65=65×4=260

　　㉡ 42×7=294

　　㉢ 35×8=280

　　→ 294>280>260

15 십의 자리 계산은 80×2=160입니다.

16 십의 자리 계산 2×9=18에서 1을 백의 자리에,
8을 십의 자리에 써야 합니다.

18 10×4=40, 40×2=80

19 36×2=72, 72×3=216

20 14×2=28, 28×7=196

21 16×4=64, 64×5=320

22 10씩 5묶음이므로 10×5로 나타낼 수 있습니다.

23 (하루에 읽은 쪽수)×(읽은 날수)=12×3=36(쪽)

24 (감자의 수)=52×3=156(개)

　　(고구마의 수)=31×5=155(개)

　　→ 156>155이므로 감자가 더 많습니다.

25 (전체 좌석 수)=24×6=144(개)

　　(남는 좌석 수)=144−107=37(개)

26 ⑴ 4와 곱해서 일의 자리 숫자가 2가 되는 경우는
　　　3×4=12, 8×4=32입니다.

　　⑵ 13×4=52(×), 18×4=72(○)

27 ⑴ 6과 곱해서 일의 자리 숫자가 2가 되는 경우는
　　　2×6=12, 7×6=42입니다.

　　　→ 22×6=132, 27×6=162

　　⑵ 8과 곱해서 일의 자리 숫자가 8이 되는 경우는
　　　8×1=8, 8×6=48입니다.

　　　→ 48×1=48(×), 48×6=288(○)

28 ・일의 자리 계산: 7×5=35에서 십의 자리로 3
　　을 올림합니다.

　　・십의 자리 계산: 일의 자리에서 올림한 수 3과
　　㉠×5를 더한 값이 23이므로 ㉠×5=23−3,
　　㉠×5=20, ㉠=4입니다.

29 ㉠ 32×8=256, ㉡ 38×2=76,

　　㉢ 81×3=243, ㉣ 83×2=166

　　→ 곱이 300에 가장 가까운 것은 ㉠ 256입니다.

30 14×7=98, 15×7=105

　　100−98=2, 105−100=5이므로

□=4일 때, 1□×7이 100에 가장 가깝습니다.

31 22×9=198, 23×9=207

　　200−198=2, 207−200=7이므로

　　□=2일 때, 2□×9가 200에 가장 가깝습니다.

32 (어떤 수)+5=62이므로 (어떤 수)=62−5=57
입니다. → (바르게 계산한 값)=57×5=285

33 (어떤 수)−5=33이므로 (어떤 수)=33+5=38
입니다. → (바르게 계산한 값)=38×5=190

34 (어떤 수)−7=59이므로 (어떤 수)=59+7=66
입니다. → (바르게 계산한 값)=66×7=462

심화 문제　　　86~90쪽

1 ⑴ 7군데 ⑵ 133 m　　**1-1** 184 m

1-2 112 m

2 ⑴ 196 cm ⑵ 6군데 ⑶ 160 cm

2-1 106 cm　　　　　　**2-2** 5 cm

3 ⑴ 1, 2, 3, 4, 5, 6 ⑵ 5 ⑶ 1, 2, 3, 4, 5

3-1 6, 7, 8, 9　　　**3-2** 1, 2, 3, 4

4 ⑴ 62, 3, 186 ⑵ 32, 6, 192 ⑶ 32, 6

4-1 21, 7, 147　　**4-2** 49, 3, 147

5 ⑴ 60 ⑵ 21 ⑶ 7　　**5-1** 4　　**5-2** 9

1 ⑴ 나무 2그루마다 간격이 1군데씩 만들어지므로
　　나무 사이의 간격 수는 모두 8−1=7(군데)입
　　니다.

　　⑵ 19×7=133 (m)

1-1 나무 사이의 간격 수: 9−1=8(군데)

　　→ (도로의 길이)=23×8=184 (m)

1-2 도로 양쪽에 심은 나무가 16그루이므로 도로 한
쪽에 심은 나무는 16÷2=8(그루)입니다. 도로 한
쪽에 심은 나무 사이의 간격 수는 8−1=7(군데)
이므로 도로의 길이는 16×7=112 (m)입니다.

2 ⑴ 28×7=196 (cm)

　　⑵ 색 테이프를 2장 이어 붙일 때마다 1군데씩 겹쳐
　　지므로 이어 붙인 부분은 7−1=6(군데)입니다.

　　⑶ (겹친 부분의 길이의 합)=6×6=36 (cm)
　　(이어 붙인 색 테이프의 전체 길이)=(색 테이프
　　7장의 길이의 합)−(겹친 부분의 길이의
　　합)=196−36=160 (cm)

2-1 (색 테이프 9장의 길이의 합)=$18 \times 9 = 162$ (cm)

(이어 붙인 부분의 수)=$9 - 1 = 8$(군데)

(겹친 부분의 길이의 합)=$7 \times 8 = 56$ (cm)

(이어 붙인 색 테이프의 전체 길이)

$\quad = 162 - 56 = 106$ (cm)

2-2 (색 테이프 8장의 길이의 합)=$34 \times 8 = 272$ (cm)

(이어 붙인 부분의 수)=$8 - 1 = 7$(군데)

겹치는 부분의 길이를 □ cm라고 하면

$7 \times □ = 272 - 237$, $7 \times □ = 35$에서 □$= 5$ (cm)

입니다.

3 ⑴ $10 \times 7 = 70$이므로 □가 될 수 있는 수는 1, 2,

3, 4, 5, 6입니다.

⑵ $13 \times 6 = 78$이고, $13 \times 5 = 65$이므로 □가 될

수 있는 가장 큰 수는 5입니다.

3-1 $27 \times □$를 $30 \times □$로 어림하면 $30 \times □> 140$에서

□가 될 수 있는 수는 5, 6, 7, 8, 9입니다.

$27 \times 5 = 135$이고, $27 \times 6 = 162$이므로 □ 안에

들어갈 수 있는 수는 6, 7, 8, 9입니다.

3-2 $17 \times 3 = 51$이고, $51 > 12 \times □$에서 $12 \times □$를

$10 \times □$로 어림하면 $51 > 10 \times □$에서 □가 될 수

있는 수는 1, 2, 3, 4, 5입니다.

$12 \times 5 = 60$이고, $12 \times 4 = 48$이므로 □ 안에 들

어갈 수 있는 수는 1, 2, 3, 4입니다.

4 두 번 곱해지는 한 자리 수에 가장 큰 수를 놓고,

두 번째로 큰 수를 두 자리 수의 십의 자리에 놓아

만듭니다.

4-1 $7 > 2 > 1$이므로 곱이 가장 큰 곱셈식은

$21 \times 7 = 147$입니다.

4-2 ①②×③일 때 작은 수부터 ③, ①, ②의 순서로 놓

습니다.

$3 < 4 < 9$이므로 곱이 가장 작은 곱셈식은

$49 \times 3 = 147$입니다.

5 ⑴ $12 \times 5 = 60$

⑵ $60 - 39 = 21$

⑶ $21 \div 3 = 7$

5-1 (4로 나누기 전의 수)=$18 \times 4 = 72$,

(52를 더하기 전의 수)=$72 - 52 = 20$,

(5를 곱하기 전의 수)=$20 \div 5 = 4$

5-2 (2로 나누기 전의 수)=$19 \times 2 = 38$,

(16을 빼기 전의 수)=$38 + 16 = 54$,

(6배 하기 전의 수)=$54 \div 6 = 9$

16 3-1

단원 마무리 1회

1 60; 20, 3, 60　**2** ⑴ 160 ⑵ 250 ⑶ 270

⑷ 120　**3** ②　**4** $50 \times 9 = 450$, 450개

5 3, 39　**6** 48, 124　**7** ⑴ < ⑵ <

8 96, 64, 2　**9** 216; 210, 6

10 ⑴ 486 ⑵ 455 ⑶ 284 ⑷ 248

11 $53 \times 4 = 212$　**12** 8, 9　**13**

$$\begin{array}{r} 1\,4 \\ \times\ \ 6 \\ \hline 6\,0 \\ 2\,4 \\ \hline 8\,4 \end{array}$$

14 45, 78

15

$$\begin{array}{r} \overset{1}{2}\,4 \\ \times\ \ 4 \\ \hline 9\,6 \end{array}$$

예 십의 자리 계산을 할 때, 일의 자리에서 올림한 수를 더하지 않았습니다.

16 87　**17** ㉠, ㉢　**18** 예 한 상자에 28개씩 들어 있는 초콜릿이 3상자 있습니다. 초콜릿은 모두 몇 개일까요?; 84개　**19** 지후, 10번

20 126 m

---

1 20씩 3묶음이므로 $20 \times 3 = 60$입니다.

2 (몇십)×(몇)의 계산은 (몇)×(몇)의 계산 결과 뒤에

0을 한 개 붙인 것과 같습니다.

3 ② $30 + 30 + 30$은 30의 3배, 30과 3의 곱,

30×3과 같습니다.

4 50개씩 9봉지 → (젤리의 수)=$50 \times 9 = 450$(개)

5 13씩 3번 뛰어 세었으므로 $13 \times 3 = 39$입니다.

6 $12 \times 4 = 48$, $31 \times 4 = 124$

7 ⑴ $14 \times 2 = 28$ < $12 \times 3 = 36$

⑵ $34 \times 2 = 68$ < $11 \times 8 = 88$

8 원 안에 있는 두 수를 곱하여 두 수 사이에 쓰는 규

칙입니다.

→ $32 \times 3 = 96$, $6 = 3 \times 2$, $32 \times 2 = 64$

9 $72 = 70 + 2$이므로 70과 2에 각각 3을 곱한 다음

두 곱을 더합니다.

10 ⑴ $81 \times 6 = 486$　⑵ $91 \times 5 = 455$

11 $53 + 53 + 53 + 53 = 53 \times 4 = 212$

12 $63 \times 3 = 189$이고 $30 \times 6 = 180$이므로

□ 안에 6부터 수를 차례로 넣어 보면

31×6=186, 31×7=217, …입니다.

따라서 □ 안에 들어갈 수 있는 수는 6보다 큰 수입니다.

13 보기는 20×3을 먼저 계산하고, 6×3을 계산한 후 더한 것입니다.

14 15×3=45, 26×3=78

15 4×4=16에서 올림한 수 1을 2×4=8과 더하여 십의 자리에 써야 합니다.

16 어떤 수를 □라 하면 □÷3=29입니다.
→ □=29×3=87

17 62×4=248
㉠ 83×3=249, ㉡ 78×2=156,
㉢ 37×7=259, ㉣ 75×3=225이므로 248보다 큰 수는 ㉠, ㉢입니다.

18 28씩 3묶음의 개수를 묻는 문제를 만듭니다.
→ 28×3=84

19 (지후가 한 윗몸 일으키기의 수)
=46×3=138(번)
(수민이가 한 윗몸 일으키기의 수)
=32×4=128(번)
→ 지후가 윗몸 일으키기를 138-128=10(번)
더 많이 했습니다.

20 (나무 사이의 간격 수)=10-1=9(군데)
(도로의 길이)=14×9=126 (m)

단원 마무리 2회   94~96쪽

1 20+20+20+20=80, 20×4=80
2 180, 420   **3** ㉡   **4** 80점   **5** (1) 96 (2) 48
6 48개   **7** 7   **8** 34×2=68, 68 m
9 40, 240, 42 ; 282   **10** 예 가장 큰 수는 32이고, 가장 작은 수는 4이므로 두 수의 곱은 32×4=128입니다. ; 128   **11** ②
12 예 38×2=76, 38×3=114이므로 □ 안에 들어갈 수 있는 가장 큰 수는 2입니다. ; 2
13 (1) ㉡ (2) ㉢ (3) ㉠   **14** 4, 48   **15** 81
16 19×5=95, 95포기   **17** ⑤
18 (나) 상자 , 4장   **19** 5개   **20** 32, 5, 160

---

1 20씩 4묶음 → 20을 4번 더한 수 → 20과 4의 곱

2 30×6=180, 70×6=420

3 ㉠ 60, ㉡ 160, ㉢ 120, ㉣ 150이므로 곱이 가장 큰 것은 ㉡입니다.

4 (종이 팩 3개의 점수)=10×3=30(점)
(종이 팩 5개의 점수)=10×5=50(점)
→ 30+50=80(점)

5 (1) 32×3=96   (2) 24×2=48

6 12×4=48(개)

7 4×□에서 일의 자리의 숫자가 8인 경우는
4×2=8, 4×7=28입니다.
34×2=68(×), 34×7=238(○)이므로 □=7
입니다.

8 성민이가 걸어야 하는 거리는 34 m씩 2번이므로
34×2=68 (m)입니다.

9 47=40+7이므로 40과 7에 각각 6을 곱한 다음, 두 곱을 더합니다.

11 ② 24×3=72

13 (1) 17×3=51   (2) 15×3=45   (3) 28×2=56

14 16×□=64에서 □=4, 16×3=48

15 어떤 수를 □라 하면 □-3=24에서
□=24+3=27입니다.
따라서 바르게 계산하면 27×3=81입니다.

16 19포기씩 5줄 → 19×5

17 ① 160 ② 78 ③ 88 ④ 156 ⑤ 216

18 (가) 상자: 35×4=140(장),
(나) 상자: 48×3=144(장)
→ 144-140=4(장)

19 34×2=68입니다.
17을 20으로 어림하면 20×3=60이므로 □ 안에 3부터 수를 차례로 넣어 보면 17×3=51,
17×4=68입니다.
따라서 □ 안에는 4보다 큰 수인 5, 6, 7, 8, 9가 들어갈 수 있습니다.

20 두 번 곱해지는 한 자리 수에 가장 큰 수를 쓰고, 그 다음 큰 수부터 두 자리 수의 십의 자리, 일의 자리에 차례로 씁니다. → 32×5=160

⑤ 길이와 시간

기본 개념   98~103쪽

1 (1) 4 (2) 8, 4, 84   **2** 풀이 참조, 7 센티미터 3
밀리미터   **3** 4, 5, 45   **4** (1) 100 (2) 1000
5 3, 670   **6** (1) 5000, 300, 5300 (2) 8000,
8   **7** 8, 8, 2   **8** (1) 2, 1 (2) 2, 2   **9** (1) 8, 30
(2) 4 (3) 8, 30, 20   **10** (1) 6, 25, 50 (2) 3, 45,
5   **11** 4, 45, 35; 4, 45, 35   **12** (1) 1; 32, 28
(2) 1, 1; 2, 22, 14   **13** 8, 28, 30; 8, 28, 30
14 (1) 12, 60; 3, 27 (2) 7, 60, 20, 60; 3, 47,
32

2 $7\,cm\,3\,mm$

10 (1) 짧은 바늘이 6과 7 사이에 있으므로 6시, 긴바
늘이 5를 조금 지났으므로 25분, 초바늘이 10에
있으므로 50초입니다.

유형 문제   104~109쪽

1 5, 8, 58   **2** 80 mm, 15 cm, 76 mm,
10 cm 2 mm   **3** ©, 9 cm 4 mm=94 mm
4 7, 700, 7700   **5** (1) ⓒ (2) © (3) ⊙   **6** ©
7 학교   **8** (1) < (2) >   **9** 서점   **10** ©, ⓒ, ⊙, ⓔ
11 (1) km (2) cm   **12** 유나   **13** ⊙ 손바닥의 길
이는 약 15 cm입니다.   **14** (1) 13 cm 6 mm
(2) 14 km 30 m (3) 5 cm 8 mm (4) 8 km 710 m
15 9, 510   **16** 10 km, 8 km 470 m
17 12 cm 3 mm   **18** 경로 2
19 (1) 3시 22분 40초 (2) 9시 23분 48초
20 3, 7, 11; 5, 20, 50   **21** 풀이 참조
22 60, 60   **23** (1) ⓒ (2) ⊙ (3) ©
24 (1) 20분 59초 (2) 3시간 34분 40초
25 3시 50분   **26** 풀이 참조   **27** 재준, 17초
28 11시 21분 20초   **29** 55분   **30** 풀이 참조
31 풀이 참조   **32** 예 5시 47분 36초에서 1시
12분 25초를 빼면 4시간 35분 11초입니다.
33 1, 54, 41   **34** 56분 15초
35 1시 18분 10초   **36** 15시, 16시, 17시, 18시
37 12시간 27분 19초   **38** 11시간 14분 48초

---

1 1 cm가 5칸이고 1 mm가 8칸이므로 크레파스
의 길이는 5 cm 8 mm=58 mm입니다.

5 (1) 9 km 430 m=9000 m+430 m=9430 m
(2) 9 km 40 m=9000 m+40 m=9040 m
(3) 4 km 30 m=4000 m+30 m=4030 m

7 1 km=1000 m이므로 500 m씩 2번 간 곳에
있는 것은 학교입니다.

8 같은 단위로 바꾸어 비교합니다.
(1) 25 mm=2 cm 5 mm
→ 2 cm 5 mm<3 cm 2 mm
(2) 11 cm 6 mm=116 mm
→ 116 mm>109 mm

9 1250 m=1 km 250 m이므로
1 km 400 m>1250 m입니다.
따라서 미소네 집에서 더 가까운 곳은 서점입니다.

10 ⊙ 3 km 800 m=3800 m,
ⓒ 4 km 20 m=4020 m
→ 4200 m>4020 m>3800 m>3090 m

15 10 km 230 m=9 km+1230 m
→ 9 km+1230 m−720 m=9 km+510 m
=9 km 510 m

16 • 2 km 80 m +7 km 920 m
=9 km+1000 m=10 km
• 550 m+7 km 920 m
=7 km+1470 m
=8 km 470 m

17 4 cm 8 mm=48 mm
→ 75 mm+48 mm=123 mm
=12 cm 3 mm

18 〈경로 1〉의 거리:
6 km 300 m+5 km 500 m=11 km 800 m
〈경로 2〉의 거리:
3 km 600 m+7 km 800 m=11 km 400 m
11 km 800 m>11 km 400 m이므로
〈경로 2〉의 거리가 더 짧습니다.

20 시계에서 숫자와 숫자 사이에는 작은 눈금 5칸이
있으므로 숫자가 1씩 커질 때마다 초바늘이 나타
내는 시각은 5초씩 늘어납니다.

21 (1) 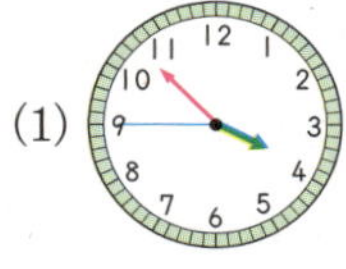 초바늘이 숫자 9를 가리켜야 합니다.

(2) 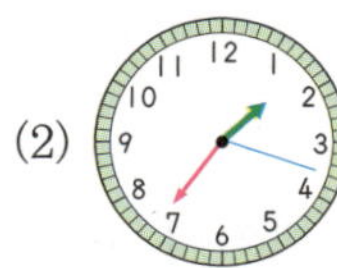 18초는 초바늘이 숫자 3(15초)에서 작은 눈금으로 3칸 더 간 곳을 가리켜야 합니다.

24 (1) 분은 분끼리, 초는 초끼리 더합니다.

(2) (시각)−(시각)=(시간)입니다.

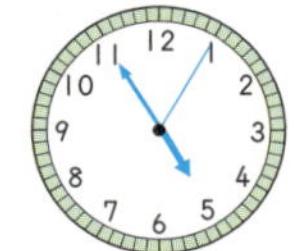
$$\begin{array}{r} \overset{6}{\cancel{7}}\text{시} \quad \overset{\overset{60}{19}}{20}\text{분} \quad \overset{60}{10}\text{초} \\ -\ 3\text{시} \quad 45\text{분} \quad 30\text{초} \\ \hline 3\text{시간}\ 34\text{분}\ 40\text{초} \end{array}$$

25 3시 49분 54초+6초=3시 49분 60초
=3시 50분

26

5시 3분 20초−8분 15초=4시 55분 5초

27 3분 8초−2분 51초=17초

28 7시 45분 30초+3시간 35분 50초
=11시 21분 20초

29 10시 10분−9시 15분=55분

30
$$\begin{array}{r} 5\text{시} \quad 31\text{분} \\ +\quad\quad 8\text{분} \quad 16\text{초} \\ \hline 5\text{시} \quad 39\text{분} \quad 16\text{초} \end{array}$$

시는 시끼리, 분은 분끼리, 초는 초끼리 더해야 합니다. 같은 단위끼리 더해야 하는데 단위를 맞추어 더하지 않았습니다.

31
$$\begin{array}{r} \overset{10}{\cancel{11}}\text{시} \quad 20\text{분} \quad 55\text{초} \\ -\ 8\text{시} \quad 34\text{분} \quad 9\text{초} \\ \hline 2\text{시간}\ 46\text{분}\ 46\text{초} \end{array}$$

32 (시각)−(시각)=(시간)
(시각)−(시간)=(시각)
'5시 47분 36초에서 1시간 12분 25초를 빼면 4시 35분 11초입니다.'라고 고쳐도 정답입니다.

33 6시 15분 27초−4시 20분 46초
=1시간 54분 41초

34 (동화책을 읽은 시간)=(동화책을 다 읽은 시각)−(동화책을 읽기 시작한 시각)
=8시 10분 35초−7시 14분 20초=56분 15초

35 (어떤 시각)=12시 12분 10초−5시간 27분
=6시 45분 10초
(바르게 구한 시각)
=6시 45분 10초−5시간 27분
=1시 18분 10초

36 하루는 24시간으로 오후 시각은 12시를 기준으로 1시간씩 더한 시각으로 나타낼 수 있습니다.

37 18시 54분 53초−6시 27분 34초
=12시간 27분 19초

38 하루는 24시간입니다.
→ 24시간−12시간 45분 12초
=11시간 14분 48초

1 (1) 2420 (2) 2419　　**1-1** 1759
1-2 2521
2 (1) 9 km 180 m (2) 1 km 860 m
2-1 14 km 550 m　　**2-2** 2 km 830 m
3 (1) 50초 (2) 오전 8시 59분 10초
3-1 오전 9시 57분 5초　　**3-2** 오전 9시 45초
4 (1) 3 (2) 3; 42, 70　　**4-1** 36 km 108 m
4-2 120 km 300 m
5 (1) 2번 (2) 10분 40초 (3) 오전 5시 51분 10초
5-1 오전 10시 23분 40초
5-2 오후 1시 26분 20초

1 (1) 6 km 720 m=4 km 300 m+□ m,
□ m=6 km 720 m−4 km 300 m
=2 km 420 m=2420 m
(2) 2420보다 작은 자연수 중 가장 큰 수는 2419입니다.

1-1 5 km 210 m=3 km 450 m+□ m일 때,
□ m=5 km 210 m−3 km 450 m
=1 km 760 m=1760 m에서
□ 안에 들어갈 수 있는 자연수는 1760보다 작아야 합니다. 따라서 □ 안에 들어갈 수 있는 가장 큰 자연수는 1759입니다.

1-2 8 km 590 m+□ m=11 km 110 m일 때,

□ m=11 km 110 m−8 km 590 m

=2 km 520 m=2520 m에서

□ 안에 들어갈 수 있는 자연수는 2520보다 커야 합니다. 따라서 □ 안에 들어갈 수 있는 가장 작은 자연수는 2521입니다.

2 ⑴ 4 km 60 m+5 km 120 m=9 km 180 m

⑵ 9 km 180 m−7 km 320 m

=1 km 860 m

2-1 (㉠에서 ㉣까지의 거리)=14 km 50 m+8 km 300 m=22 km 350 m

(㉡에서 ㉣까지의 거리)=22 km 350 m−7 km 800 m=14 km 550 m

2-2 (㉢에서 ㉣까지의 거리)=4 km 90 m−1 km 930 m=2 km 160 m

(㉡에서 ㉣까지의 거리)=670 m+2 km 160 m=2 km 830 m

3 ⑴ 5×10=50(초)

⑵ 9시−50초=8시 59분 10초

3-1 (일주일 동안 늦어지는 시간)=25×7=175(초)

→ 2분 55초

(일주일 후 오전 10시에 이 시계가 가리키는 시각)=10시−2분 55초=9시 57분 5초

3-2 (일주일 동안 빨라지는 시간)

=15×7=105(초)=1분 45초

(일주일 후 오전 8시 59분에 이 시계가 가리키는 시각)=8시 59분+1분 45초=9시 45초

4 km와 m로 나누어 각각 계산할 수 있습니다.

4-1 (1분 동안 달릴 수 있는 거리)

=(15÷5) km (45÷5) m=3 km 9 m

(12분 동안 달릴 수 있는 거리)

=(3×12) km (9×12) m=36 km 108 m

4-2 (1분 동안 달릴 수 있는 거리)

=(16÷8) km (40÷8) m=2 km 5 m

1시간=60분이므로

(60분 동안 달릴 수 있는 거리)

=(2×60) km (5×60) m=120 km 300 m

5 ⑴

⑵ 5분 20초+5분 20초=10분 40초

⑶ 5시 40분 30초+10분 40초

=5시 51분 10초

5-1 (첫 번째 버스에서 네 번째 버스까지의 출발 간격 수)=3번

(출발 간격 시간의 합)=12분 40초+12분 40초+12분 40초=38분

→ (네 번째 대전행 버스가 출발한 시각)

=오전 9시 45분 40초+38분

=오전 10시 23분 40초

5-2 (첫 번째 식빵에서 세 번째 식빵이 나올 때까지의 간격 수)=2번

(식빵이 나오는 간격 시간의 합)

=1시간 25분 30초+1시간 25분 30초

=2시간 51분

→ (세 번째 식빵이 나오는 시각)

=오전 10시 35분 20초+2시간 51분

=오후 1시 26분 20초

단원 마무리 1회 115~117쪽

1 60, 60 **2** ⑴ 4, 5 ⑵ 78 **3** 27 mm

4 3, 400; 3 킬로미터 400 미터 **5** ②

6 ⑴ > ⑵ < **7** 우체국

8 예 4 cm 3 mm=43 mm입니다.

43 mm+37 mm=80 mm이고

80 mm=8 cm입니다.; 8 cm **9** 도서관

10 8 km 240 m **11** 1시 46분 19초

12 120초 **13** ㉠, ㉣ **14** 시우, 현수

15 예 예나가 종이 접기를 한 시간은 7분 20초 =440초입니다. 440초>420초이므로 종이 접기를 더 오래 한 사람은 예나입니다.; 예나

16 ⑴ 5시간 59분 6초 ⑵ 4시 32분 25초

17 3시 15분 40초 **18** 재희

19 오전 10시 24분 58초 **20** 40, 2, 4

2 (1) 45 mm=40 mm+5 mm=4 cm 5 mm

(2) 7 cm 8 mm=70 mm+8 mm=78 mm

5 ② 2400 m=2 km 400 m

6 (1) 540 mm=54 cm > 50 cm 4 mm

(2) 2260 m=2 km 260 m < 2 km 270 m

7 3450 m=3 km 450 m이므로
4 km 300 m>3450 m입니다.
따라서 다혜네 집에서 더 먼 곳은 우체국입니다.

9 1 km 500 m=1500 m이고 500 m의 3배이므로 학교에서 우체국까지의 거리의 약 3배인 곳을 찾으면 도서관입니다.

10 (㉠~㉢)+(㉡~㉣)−(㉡~㉢)
=4 km 150 m+5 km 60 m−970 m
=8 km 240 m

12 시계에서 초바늘이 1바퀴 돌면 60초가 지나므로 2바퀴를 돌면 120초가 지나게 됩니다.

13 ㉡1분 40초=100초, ㉢ 210초=3분 30초

14 시우: cm 단위를 사용해야 하는데 m를 사용했습니다.
현수: 145분=60분+60분+25분이므로 2시간 25분입니다.

16 (1) (시간)+(시간)=(시간)
(2) (시각)−(시간)=(시각)

17 90분=1시간 30분
1시 45분 40초+1시간 30분=3시 15분 40초

18 재희: 2시 30분−1시=1시간 30분
윤서: 4시 50분−3시 30분=1시간 20분
따라서 운동을 더 오래한 사람은 재희입니다.

19 오후 1시 8분 14초=13시 8분 14초입니다.
(출발한 시각)=(도착한 시각)−(걸린 시간)
=13시 8분 14초−2시간 43분 16초
=10시 24분 58초

20 초 단위: □+55=95, □=40
분 단위: 1+35+28=64 → □=4
시 단위: 1+3+□=6 → □=2

118~120쪽

1 6, 8, 68 **2** 가위 **3** 257 mm **4** ②
5 2600 **6** ㉡ **7** 한비, 예 에어컨의 높이는 약 2 m야. **8** 450 m **9** (나) **10** 1129
11 풀이 참조 **12** (1) ㉢ (2) ㉣ (3) ㉡ **13** <
14 9분 26초 **15** 1시 50분 **16** 산장
17 예 3시간 35분+1시간 55분=4시간 90분입니다. 1시간=60분이므로 4시간 90분=5시간 30분입니다.; 5시간 30분 **18** 2, 25
19 오전 10시 58분 22초 **20** 오전 3시 25분

2 134 mm=13 cm 4 mm이므로 길이가 더 긴 것은 가위입니다.

3 작은 눈금 7칸은 7 mm입니다.
→ 25 cm 7 mm
=250 mm+7 mm=257 mm

5 작은 눈금 한 칸이 100 m를 나타내므로 화살표가 가리키는 부분은 2 km보다 600 m 더 간 거리인 2 km 600 m이고 2600 m와 같습니다.

6 ㉡ 2046 m=2000 m+46 m=2 km+46 m
=2 km 46 m

8 10500 m=10 km 500 m
→ 10 km 500 m−10 km 50 m=450 m

9 (가): 2 km 100 m+300 m=2 km 400 m
(나): 900 m+1 km 200 m=2 km 100 m
→ 2 km 400 m>2 km 100 m

10 7 km 40 m=5 km 910 m+□ m일 때,
□ m=7 km 40 m−5 km 910 m
=1 km 130 m=1130 m에서
□ 안에 들어갈 수 있는 자연수는 1130보다 작아야 합니다. 따라서 □ 안에 들어갈 수 있는 가장 큰 자연수는 1129입니다.

11 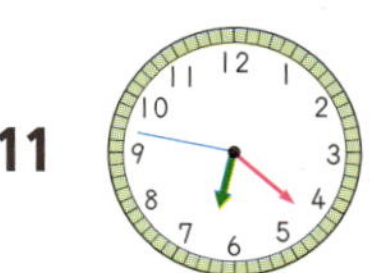
47초이므로 숫자 9(45초)에서 작은 눈금으로 2칸 더 간 곳에 초바늘을 그려 넣습니다.

12 (1) 170초=60초+60초+50초
=1분+1분+50초=2분 50초

(2) 4분 10초=1분+1분+1분+1분+10초
 =60초+60초+60초+60초+10초
 =250초

(3) 200초=60초+60초+60초+20초
 =1분+1분+1분+20초=3분 20초

13 400초=6분 40초 → 6분 40초<6분 50초

14 35분 40초−26분 14초=9분 26초

15 2시 5분−15분=1시 50분

16 11470 m=11000 m+470 m
 =11 km 470 m이므로
11470 m>11 km 90 m입니다.
따라서 산꼭대기까지 더 먼 곳은 산장입니다.

18 2시 55분=14시 55분이므로
14시 55분−12시 30분=2시간 25분입니다.

19 (일주일 동안 늦어지는 시간)=14×7=98(초)
 → 1분 38초
(일주일 후 시계가 가리키는 시각)
 =11시−1분 38초=10시 58분 22초

20 서울이 런던보다 8시간 빠르므로 런던의 시각은
서울보다 8시간 늦은 시각입니다.
오전 11시 25분−8시간=3시 25분입니다.

---

⑥ 분수와 소수

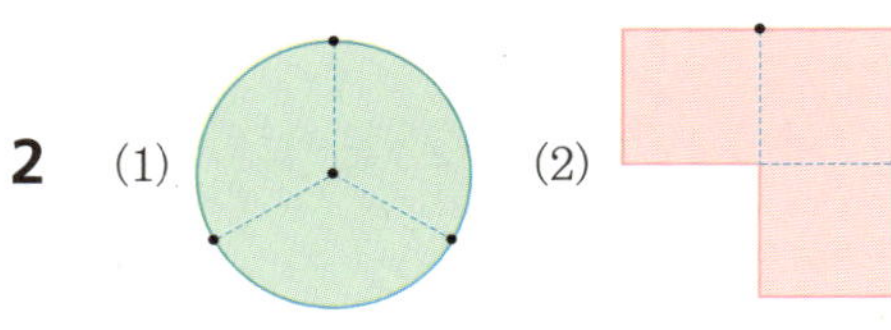

기본 개념   122~129쪽

1 (1) ㉡, ㉣, ㉤, ㉦ (2) ㉡, ㉦, ㉣   **2** 풀이 참조

3 (1) $\dfrac{5}{8}$, 8분의 5 (2) $\dfrac{2}{6}$, 6분의 2   **4** (1) $\dfrac{2}{7}$, $\dfrac{5}{7}$

(2) $\dfrac{4}{5}$, $\dfrac{1}{5}$ **5** 풀이 참조   **6** (1) 풀이 참조, 4

(2) 풀이 참조, 3   **7** 풀이 참조, 3, 2, >

8 5, 1, <   **9** (1) > (2) <   **10** (1) 풀이 참조

(2) > (3) 큽니다   **11** (1) > (2) >

12 $\dfrac{1}{10}$, $\dfrac{3}{10}$, $\dfrac{6}{10}$, $\dfrac{8}{10}$; 0.2, 0.4, 0.5, 0.7, 0.9

13 (1) $\dfrac{3}{10}$, 0.3 (2) $\dfrac{6}{10}$, 0.6   **14** 2.6, 이 점 육

15 9.2   **16** 34, 3.4   **17** 풀이 참조, >

18 (1) 8, 2; > (2) 27, 33; <   **19** (1) > (2) <

2 (1)   (2)

4 (1) 전체를 똑같이 7로 나눈 것 중 2만큼은 색칠하
고 5만큼은 색칠하지 않았습니다.

(2) 전체를 똑같이 5로 나눈 것 중 4만큼은 색칠하
고 1만큼은 색칠하지 않았습니다.

5 예

$\dfrac{1}{3}$

$\dfrac{1}{4}$

$\dfrac{1}{7}$

6 (1) $\dfrac{4}{6}$는 $\dfrac{1}{6}$이 4개입니다.

(2) $\dfrac{3}{8}$은 $\dfrac{1}{8}$이 3개입니다.

7 예 

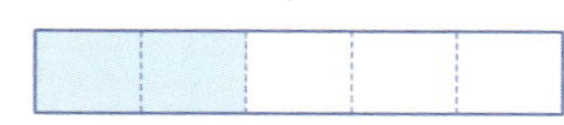

$\dfrac{1}{5}$이 1개 더 많은 $\dfrac{3}{5}$이 $\dfrac{2}{5}$보다 큽니다.

8 5<7이므로 $\dfrac{5}{8}<\dfrac{7}{8}$입니다.

9 (1) $\dfrac{6}{9}$은 $\dfrac{1}{9}$이 6개이고, $\dfrac{4}{9}$는 $\dfrac{1}{9}$이 4개이므로 $\dfrac{6}{9}$이 $\dfrac{4}{9}$보다 더 큽니다.

(2) $\dfrac{3}{11}$은 $\dfrac{1}{11}$이 3개이고, $\dfrac{8}{11}$은 $\dfrac{1}{11}$이 8개이므로 $\dfrac{3}{11}$이 $\dfrac{8}{11}$보다 더 작습니다.

10 (1)

색칠한 부분의 길이를 비교하면 $\dfrac{1}{4}$이 $\dfrac{1}{6}$보다 더 큽니다.

11 (1) 2<8이므로 $\dfrac{1}{2}>\dfrac{1}{8}$입니다.

(2) 7<9이므로 $\dfrac{1}{7}>\dfrac{1}{9}$입니다.

13 (1) 전체를 똑같이 10으로 나눈 것 중의 3

→ $\dfrac{3}{10}=0.3$

(2) 전체를 똑같이 10으로 나눈 것 중의 6

→ $\dfrac{6}{10}=0.6$

14 2와 0.6만큼인 수이므로 2.6이라 쓰고 이 점 육 이라고 읽습니다.

15 92 mm는 9 cm보다 0.2 cm 더 긴 길이이므로 9.2 cm입니다.

17

2.4는 작은 눈금 24칸만큼, 1.9는 작은 눈금 19 칸만큼 색칠하고 길이를 비교해 봅니다.

19 (1) 자연수 부분이 같으므로 소수 부분의 크기를 비교하면 0.3>0.1이므로 4.3>4.1입니다.

(2) 자연수 부분의 크기를 비교하면 5.9<6.2입니다.

---

1 ㉡　**2** ㉢　**3** 4　**4** $\dfrac{4}{7}$, $\dfrac{3}{7}$　**5** ㉡, ㉢

6 (1) 3 (2) $\dfrac{1}{10}$ (3) $\dfrac{5}{13}$　**7** (1) $\dfrac{1}{10}$ (2) $\dfrac{1}{10}$, 10

(3) $\dfrac{1}{10}$, 6, $\dfrac{1}{10}$, 4　**8** ㉢　**9** 4조각　**10** $\dfrac{1}{4}$

11 풀이 참조　**12** 풀이 참조　**13** 풀이 참조

14 ㉡　**15** 40 cm　**16** $\dfrac{3}{4}$, $\dfrac{1}{4}$, 3　**17** 6배

18 12배　**19** $\dfrac{3}{8}$, <, $\dfrac{6}{8}$　**20** (1) < (2) >

21 ㉡　**22** ㉠　**23** $\dfrac{1}{5}$, $\dfrac{1}{100}$　**24** 6개

25 현주　**26** 보아　**27** 민주　**28** (가) 테이프

29 1, 2, 3　**30** 3개　**31** 2, 3, 4, 5　**32** 3개

33 $\dfrac{1}{8}$, $\dfrac{1}{9}$　**34** $\dfrac{6}{19}$, $\dfrac{7}{19}$, $\dfrac{8}{19}$　**35** (1) ㉢, ①

(2) ㉠, ③ (3) ㉡, ②　**36** (1) 0.1 (2) 0.4 (3) 39

(4) 41　**37** (1) 3.8 (2) 5.7　**38** 0.7, 1.8

39 7.6　**40** 8.3 cm　**41** 0.3, 0.5　**42** 0.8 m

43 (1) < (2) >　**44** 6.1, 0.3　**45** ㉠, ㉢, ㉡, ㉣

46 가로　**47** 병원　**48** 6, 7, 8, 9　**49** 4개

50 (1) > (2) >　**51** ㉡　**52** 동생　**53** $\dfrac{1}{9}$

54 8.7　**55** 4.6, 4.9

3 색종이를 1번 접었다 펼치면 똑같이 둘로 나누어 지고, 2번 접었다 펼치면 똑같이 넷으로 나누어집 니다.

4 $\dfrac{(\text{남은 부분의 수})}{(\text{전체를 똑같이 나눈 수})}=\dfrac{4}{7}$, $\dfrac{(\text{먹은 부분의 수})}{(\text{전체를 똑같이 나눈 수})}=\dfrac{3}{7}$

5 ㉠ $\dfrac{5}{8}$, ㉣ $\dfrac{5}{9}$

7 전체를 똑같이 10칸으로 나누었으므로 단위분수는 $\dfrac{1}{10}$입니다. 색칠한 부분을 분수로 나타내면 $\dfrac{6}{10}$, 색 칠되지 않은 부분을 분수로 나타내면 $\dfrac{4}{10}$이고, $\dfrac{6}{10}$ 은 $\dfrac{1}{10}$이 6개, $\dfrac{4}{10}$는 $\dfrac{1}{10}$이 4개입니다.

8 ㉢ 전체를 똑같이 8로 나눈 것 중의 3입니다.

9 $\frac{4}{6}$는 전체를 똑같이 6으로 나눈 것 중의 4이므로 사용한 포장지는 4조각입니다.

10 그림을 그려 알아봅니다.

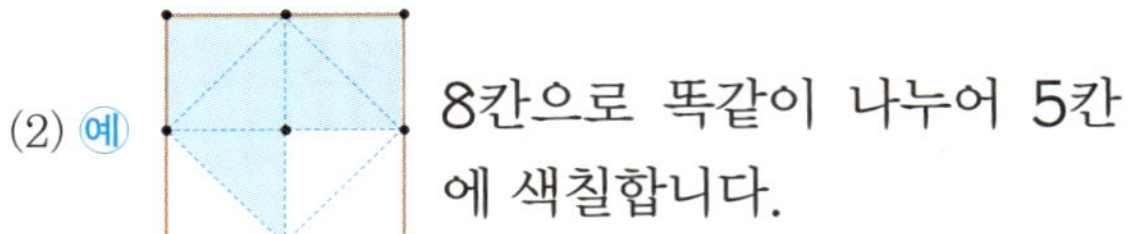

→ 연아가 먹은 우유는 전체의 $\frac{1}{4}$입니다.

11 (1) 예 (2) 예

도형에 주어진 점을 이용하여 모양과 크기가 같게 셋으로 나눈 다음 한 부분에 색칠합니다.

12 (1) 예 9칸으로 똑같이 나누어 4칸에 색칠합니다.

(2) 예 8칸으로 똑같이 나누어 5칸에 색칠합니다.

13 (1) 예 전체는 색칠한 부분의 3배가 되도록 그립니다.

(2) 예 전체를 7로 똑같이 나눈 것 중 4이므로 3칸을 더 그립니다.

14 전체 모양에는 작은 삼각형이 4개 있어야 합니다.

15 전체는 $\frac{1}{8}$의 8배이므로 5 cm의 8배입니다.

→ $5 \times 8 = 40$ (cm)

16 $\frac{3}{4}$은 $\frac{1}{4}$의 3배입니다.

17 음료수 전체를 7로 나누었을 때 마신 음료수는 1이고, 남은 음료수는 6입니다. 따라서 남은 음료수는 전체의 $\frac{6}{7}$이고 $\frac{6}{7}$은 $\frac{1}{7}$이 6개 있는 것과 같으므로 마신 음료수의 6배입니다.

18 빵 전체를 13조각으로 나누었을 때 먹은 빵은 1조각이고 남은 빵은 12조각입니다. 따라서 남은 빵은 전체의 $\frac{12}{13}$이고 $\frac{12}{13}$는 $\frac{1}{13}$이 12개 있는 것과 같으므로 먹은 빵의 12배입니다.

19 수직선에서 오른쪽에 있는 수가 더 큰 분수입니다.

20 (1) $\frac{1}{12}$이 5개인 수는 $\frac{5}{12}$ → $\frac{5}{12} < \frac{7}{12}$

(2) $\frac{1}{20}$이 11개인 수는 $\frac{11}{20}$ → $\frac{13}{20} > \frac{11}{20}$

21 ㉠ $\frac{5}{11}$, ㉡ $\frac{8}{11}$, ㉢ $\frac{7}{11}$

→ $\frac{8}{11} > \frac{7}{11} > \frac{5}{11}$

22 단위분수는 분모가 작을수록 큰 수입니다.

23 분모가 가장 큰 $\frac{1}{100}$이 가장 작고, 분모가 가장 작은 $\frac{1}{5}$이 가장 큽니다.

24 $\frac{1}{24}$보다 크고 $\frac{1}{17}$보다 작은 단위분수는 분모가 24보다 작고 17보다 큰 수이므로 $\frac{1}{23}$, $\frac{1}{22}$, $\frac{1}{21}$, $\frac{1}{20}$, $\frac{1}{19}$, $\frac{1}{18}$로 모두 6개입니다.

25 $\frac{2}{7} < \frac{5}{7}$이므로 동화책을 더 적게 읽은 사람은 현주입니다.

26 $\frac{1}{6} > \frac{1}{10}$이므로 피자를 더 많이 먹은 사람은 보아입니다.

27 $\frac{8}{12}$은 12조각 중 8조각이므로 남은 조각은 $12-8=4$(조각)으로 동생은 전체의 $\frac{4}{12}$를 먹었습니다. $\frac{8}{12} > \frac{4}{12}$이므로 민주가 케이크를 더 많이 먹었습니다.

28 남은 (가) 테이프는 $\frac{1}{4}$ m이고, 남은 (나) 테이프는 $\frac{1}{6}$ m입니다. $\frac{1}{4} > \frac{1}{6}$이므로 테이프가 더 많이 남은 것은 (가) 테이프입니다.

29 □ 안에는 4보다 작은 수가 들어갈 수 있습니다.

30 $7<\square<11$

→ □ 안에 들어갈 수 있는 수는 8, 9, 10입니다.

31 □ 안에는 6보다 작은 수가 들어갈 수 있습니다.

32 분모가 16인 분수 중 $\dfrac{9}{16}$보다 크고 $\dfrac{13}{16}$보다 작은

분수는 $\dfrac{10}{16}, \dfrac{11}{16}, \dfrac{12}{16}$로 모두 3개입니다.

33 단위분수 중 $\dfrac{1}{7}$보다 작은 분수는 분모가 7보다 큰

$\dfrac{1}{8}, \dfrac{1}{9}, \dfrac{1}{10}, \cdots$이고 이 중 분모가 10보다 작은 분

수는 $\dfrac{1}{8}, \dfrac{1}{9}$입니다.

34 구하는 분수를 $\dfrac{\square}{19}$라 하면 $5<\square$이고 $\square+19<28$

입니다.

□=6일 때 6+19=25,

□=7일 때, 7+19=26,

□=8일 때, 8+19=27, …이므로

□=6. 7. 8입니다.

따라서 조건에 알맞은 분수는 $\dfrac{6}{19}, \dfrac{7}{19}, \dfrac{8}{19}$입니다.

36 ⑶ 3은 0.1이 30개이고 0.9는 0.1이 9개입니다.

⑷ 0.1이 40개이면 4이고 0.1이 1개이면 0.1입니다.

39 $\dfrac{6}{10}$=0.6이므로 7과 $\dfrac{6}{10}$은 7과 0.6만큼인 7.6입니다.

40 3 mm는 0.3 cm이므로 8 cm와 0.3 cm만큼은 8.3 cm입니다.

41 소현이가 먹은 파이는 똑같이 10조각으로 나눈

것 중의 3조각이므로 $\dfrac{3}{10}$=0.3입니다.

예준이가 먹은 파이는 똑같이 10조각으로 나눈

것 중의 5조각이므로 $\dfrac{5}{10}$=0.5입니다.

42 1 m를 똑같이 10으로 나눈 것 중의 1은 0.1 m 이고 남은 색 테이프는 10−2=8(도막)입니다.

→ 0.1이 8개이므로 0.8 m입니다.

43 ⑴ 0.8<1.1　⑵ 7.5>7.3

44 자연수 부분을 먼저 비교한 다음 소수 부분을 비교합니다.

→ 6.1>5.6>4.9>0.7>0.3

45 ㉠ 3.4, ㉡ 1.9, ㉢ 2.8, ㉣ 0.7

→ 3.4>2.8>1.9>0.7

46 89 mm=8.9 cm → 10.2 > 8.9

47 2.3>1.8>0.7

50 ⑴ $\dfrac{8}{10}$=0.8 → 0.8>0.5

⑵ 0.7=$\dfrac{7}{10}$ → $\dfrac{7}{10}$>$\dfrac{3}{10}$

51 ㉠ ($\dfrac{1}{10}$이 9개인 수)=$\dfrac{9}{10}$=0.9

㉡ (0.1이 11개인 수)=1.1

→ 0.9<1.1

52 $\dfrac{3}{10}$=0.3 → 0.3<0.4

53 단위분수는 분자가 1인 분수이고 분모가 클수록 작은 분수입니다.

54 자연수 부분에 가장 큰 수를 놓고, 두 번째로 큰 수를 소수 부분에 놓습니다.

55 4<6<9이므로

가장 작은 소수: 4.6

두 번째로 작은 소수: 4.9

1 ⑴ 0.7, 0.7 ⑵ 8, 9　**1-1** 1, 2, 3, 4

1-2 7, 8, 9

2 ⑴ 3조각, 2조각 ⑵ 2조각 ⑶ $\dfrac{2}{7}$

2-1 $\dfrac{2}{9}$　　　　　**2-2** 2배

3 ⑴ 풀이 참조 ⑵ $\dfrac{4}{15}$　**3-1** $\dfrac{5}{12}$　　**3-2** $\dfrac{4}{9}$

4 ⑴ 0.8, 0.4, 0.7 ⑵ 0.6, $\dfrac{7}{10}$

4-1 0.9, $\dfrac{8}{10}$, 1　　**4-2** 2개

5 ⑴ 5배 ⑵ 50분　　**5-1** 1시간 15분

5-2 28분

1-1 $\dfrac{5}{10}=0.5 \rightarrow 0.5>0.\square$ 이므로

$\square$ 는 5보다 작은 수입니다.

1-2 $0.6=\dfrac{6}{10} \rightarrow \dfrac{6}{10} < \dfrac{\square}{10}$ 이므로

$\square$ 는 6보다 큰 수입니다.

2 (1) $\dfrac{3}{7}$ 은 전체를 똑같이 7조각으로 나눈 것 중의 3

조각이고, $\dfrac{2}{7}$ 는 전체를 똑같이 7조각으로 나눈

것 중의 2조각입니다.

(2) $7-3-2=2$(조각)

(3) 전체 7조각 중 2조각을 분수로 나타내면 $\dfrac{2}{7}$ 입

니다.

2-1 $\dfrac{2}{9}$ 는 전체를 똑같이 9로 나눈 것 중의 2이므로 가

지를 심은 부분은 밭 전체 9부분 중 2부분이고,

$\dfrac{5}{9}$ 는 전체를 똑같이 9로 나눈 것 중의 5이므로 고

추를 심은 부분은 밭 전체 9부분 중 5부분입니다.

남은 부분은 전체 9부분 중 $9-2-5=2$(부분)이

므로 전체의 $\dfrac{2}{9}$ 입니다.

2-2 남은 용돈은 전체 용돈을 15로 똑같이 나눈 것 중

$15-4-3=8$ 이므로 전체 용돈의 $\dfrac{8}{15}$ 입니다.

$\dfrac{4}{15}$ 는 $\dfrac{1}{15}$ 이 4개이고 $\dfrac{8}{15}$ 은 $\dfrac{1}{15}$ 이 8개이므로

남은 용돈은 학용품을 산 금액의 $8\div4=2$(배)입니다.

3 (1) 색칠한 부분을 나눈 것과 같이 전체를 나누어 봅니다.

(2) 색칠한 부분은 전체를 똑같이 15칸으로 나눈 것 중 4칸입니다.

3-1 전체를 똑같이 12칸으로 나눈 것 중 5칸이므로

$\dfrac{5}{12}$ 입니다.

3-2 

전체를 똑같이 9칸으로 나눈 것 중 4칸이므로 $\dfrac{4}{9}$

입니다.

4 (2) 0.5보다 크고 0.8보다 작은 수는 0.6, 0.7이

므로 조건에 맞는 수는 0.6, $\dfrac{7}{10}$ 입니다.

4-1 $\dfrac{7}{10}=0.7$, $\dfrac{5}{10}=0.5$, $\dfrac{8}{10}=0.8$

$\rightarrow$ 0.7보다 크고 1.2보다 작은 수는 0.9, $\dfrac{8}{10}$, 1

입니다.

4-2 $\dfrac{5}{10}=0.5$, $\dfrac{3}{10}=0.3$, $\dfrac{7}{10}=0.7$, $\dfrac{1}{10}=0.1$

$\rightarrow$ 0.5와 2.5 사이의 수는 1.6, $\dfrac{7}{10}$ 이므로 모두

2개입니다.

5 (1) $\dfrac{5}{8}$ 는 $\dfrac{1}{8}$ 이 5개이므로 $\dfrac{1}{8}$ 의 5배입니다.

(2) 10분의 5배는 50분입니다.

5-1 $\dfrac{3}{5}$ 은 $\dfrac{1}{5}$ 이 3개이므로 $\dfrac{1}{5}$ 의 3배입니다.

$25\times3=75$(분)이고 60분=1시간이므로 전체의

$\dfrac{3}{5}$ 을 칠하는 데 걸리는 시간은 1시간 15분입니

다.

5-2 $\dfrac{6}{13}$ 은 $\dfrac{1}{13}$ 의 6배이므로 전체 요리의 $\dfrac{1}{13}$ 을 하는 데

걸린 시간은 $24\div6=4$(분)입니다.

남은 요리는 전체의 $\dfrac{7}{13}$ 이고 $\dfrac{7}{13}$ 은 $\dfrac{1}{13}$ 의 7배이므

로 남은 요리를 하는 데 걸리는 시간은

$4\times7=28$(분)입니다.

단원 마무리 1회

1 ㉢, ㉣ **2** 풀이 참조 **3** $\dfrac{7}{11}$ **4** 풀이 참조,

5분의 4 **5** 2조각 **6** (1) $\dfrac{2}{5}$ (2) 4 **7** ③

8 (1) < (2) < **9** 2개 **10** ⑳ 분모가 같은 분수

는 분자가 클수록 더 큰 분수이므로 $\dfrac{3}{8}<\dfrac{5}{8}$입니다.

따라서 민수가 피자를 더 많이 먹었습니다.; 민수

11 $\dfrac{1}{3}$ **12** ⑳ $\dfrac{1}{8}$보다 크고 $\dfrac{1}{5}$보다 작은 단위분수

는 분모가 5보다 크고 8보다 작아야 합니다. 따라

서 $\dfrac{1}{6}$, $\dfrac{1}{7}$입니다.; $\dfrac{1}{6}$, $\dfrac{1}{7}$ **13** 1, 2 **14** 2개

15 $\dfrac{3}{10}$, 0.8 **16** $\dfrac{4}{10}$ cm, 0.4 cm **17** ㉢

18 8.3, 0.9 **19** 가로 **20** 8, 9

2

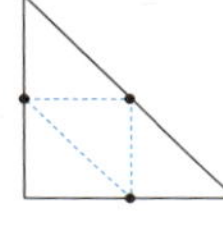

4 ⑳

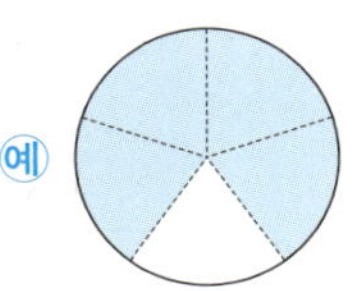

전체를 똑같이 5로 나눈 것 중의 4를 색칠합니다.

5 전체의 $\dfrac{1}{2}$ 만큼은 전체를 똑같이 2로 나눈 것 중

의 1이므로 전체를 똑같이 4조각으로 나눈 것 중

의 2조각과 같습니다.

8 (1) 분모가 같은 분수는 분자가 클수록 더 큰 분수

입니다.

(2) 단위분수는 분모가 작을수록 더 큰 분수입니다.

9 분모가 같으므로 분자가 3보다 큰 분수를 찾으면

$\dfrac{6}{7}$, $\dfrac{4}{7}$로 모두 2개입니다.

11 단위분수는 분모가 작을수록 더 큰 수입니다.

3<4<7이므로 가장 큰 분수는 $\dfrac{1}{3}$입니다.

13 □ 안에는 3보다 작은 수인 1, 2가 들어가야 합니

다.

14 $\dfrac{8}{10}=0.8$, $\dfrac{5}{10}=0.5$, $\dfrac{9}{10}=0.9$입니다.

0.8보다 크고 2.1보다 작은 수는 1.5, $\dfrac{9}{10}$입니

다.

16 1 mm=0.1 cm이므로 4 mm=0.4 cm이고

분수로 $\dfrac{4}{10}$ cm입니다.

17 ㉠ 16, ㉡ 21, ㉢ 8.3이므로 가장 작은 수는 ㉢입

니다.

18 자연수의 크기를 비교합니다.

19 14 mm=1.4 cm → 1.4 cm > 1.2 cm

20 3.4<3.□에서 □는 4보다 큰 수이므로 5, 6, 7,

8, 9입니다. 0.□>0.7에서 □는 7보다 큰 수이

므로 8, 9입니다.

따라서 □ 안에 공통으로 들어갈 수 있는 수는 8,

9입니다.

단원 마무리 2회

1 ②, ④ **2** 풀이 참조 **3** $\dfrac{3}{5}$, $\dfrac{2}{5}$ **4** $\dfrac{7}{12}$

5 풀이 참조 **6** ⑳ (사용하고 남은 색 테이

프)=14-3-2=9(조각)이므로 남은 색 테이프는

전체의 $\dfrac{9}{14}$입니다.; $\dfrac{9}{14}$ **7** 6배 **8** ⑳ ㉠을 분수

로 나타내면 $\dfrac{7}{11}$이고, ㉡을 분수로 나타내면 $\dfrac{9}{11}$입

니다. $\dfrac{7}{11}<\dfrac{9}{11}$이므로 더 큰 수는 ㉡입니다.; ㉡

9 ③, ⑤ **10** $\dfrac{1}{18}$, $\dfrac{1}{19}$ **11** $\dfrac{1}{5}$, $\dfrac{1}{10}$, $\dfrac{1}{20}$, $\dfrac{1}{100}$

12 참고서 **13** $\dfrac{5}{8}$ **14** (1) $\dfrac{4}{10}$, 0.4, 영 점 사

(2) $\dfrac{5}{10}$, 0.5, 영 점 오 (3) $\dfrac{8}{10}$, 0.8, 영 점 팔

15 ③ **16** 53 **17** ㉡, ㉣

18 5.2, 5.8, 8.2, 8.5 **19** 7, 8, 9 **20** 0.2

2 ⑳

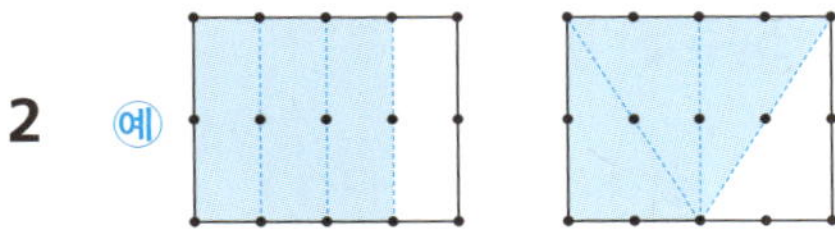

주어진 점을 이용하여 도형을 똑같이 4로 나눈 후

그중의 3을 색칠합니다.

3 색칠한 부분은 전체를 똑같이 5로 나눈 것 중의 3
이므로 전체의 $\frac{3}{5}$이고 색칠하지 않은 부분은 전체
를 똑같이 5로 나눈 것 중의 2이므로 전체의 $\frac{2}{5}$입
니다.

4 (먹고 남은 초콜릿 조각 수)=12−5=7(조각)
따라서 남은 초콜릿은 전체를 똑같이 12로 나눈
것 중의 7이므로 $\frac{7}{12}$입니다.

5 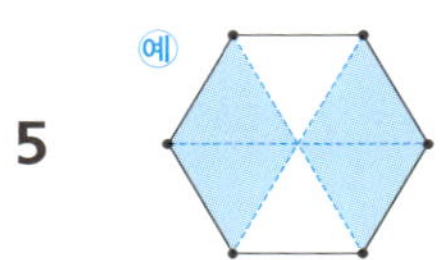

왼쪽 도형의 색칠한 부분이 나타내는 분수는 $\frac{4}{6}$이
므로 오른쪽 도형을 똑같이 6으로 나눈 후 그중 4
칸을 색칠합니다.

7 사용한 철사는 7조각 중 6조각이므로, 사용하고
남은 철사는 7−6=1(조각)이고 전체의 $\frac{1}{7}$입니
다. $\frac{6}{7}$은 $\frac{1}{7}$이 6개인 수이므로 $\frac{1}{7}$의 6배입니다.

9 분모가 9로 같으므로 분자가 2보다 크고 7보다
작은 분수를 고릅니다.

10 단위분수 중 $\frac{1}{17}$보다 작은 분수는 $\frac{1}{18}$, $\frac{1}{19}$, $\frac{1}{20}$,
…입니다. 이 중 분모가 20보다 작은 분수는 $\frac{1}{18}$,
$\frac{1}{19}$입니다.

12 $\frac{1}{9}<\frac{1}{4}$이므로 참고서가 더 많이 꽂혀 있습니다.

13 무를 심은 부분은 전체의 $\frac{2}{8}$입니다.

밭 전체를 8부분으로 똑같이 나누었을 때 1부분
에는 배추를, 2부분에는 무를 심었으므로 남은 부
분은 8−1−2=5(부분)입니다.

따라서 남은 부분은 전체의 $\frac{5}{8}$입니다.

15 1 mm=0.1 cm임을 이용합니다.
① 0.1 ② 0.5 ③ 0.7 ④ 0.3 ⑤ 0.2

16 0.5는 0.1이 5개, 4.8은 0.1이 48개이므로
㉠=5, ㉡=48입니다.
→ 5+48=53

17 ㉠ $\frac{1}{10}$=0.1이고 0.1이 87개인 수는 8.7입니다.
㉡ 9.4 ㉢ 7.9 ㉣ 8.9
→ 8.7보다 크고 9.5보다 작은 수는 9.4, 8.9입
니다.

18 만들 수 있는 소수 중에서 5보다 큰 수는 ■.▲에
서 ■가 5 또는 8인 수입니다.
■가 5인 소수는 5.2, 5.8이고 ■가 8인 소수는
8.2, 8.5입니다.

19 $\frac{6}{10}$=0.6이므로
0.6보다 크고 1.3보다 작은 수 중에서 0.□인 수
는 0.7, 0.8, 0.9입니다.

20

수지가 먹은 부분은 전체의 $\frac{2}{10}$=0.2입니다.

1 758　**2** 594　**3** 100　**4** 862
5 ⑴ ㉠ ⑵ ㉢ ⑶ ㉡　**6** 863, 1223　**7** 853
8 예 사각형에 있는 수는 582와 359입니다. 따라서 두 수의 합은 582+359=941입니다.; 941
9 361+327=688, 688명
10 384+147=531, 531봉지
11 예 해준이가 걸은 거리는 집에서 우체국까지의 거리를 2번 더한 것과 같습니다.
(집~우체국)+(우체국~집)=656+656
=1312 (m); 1312 m
12 222　**13** 226　**14** 40　**15** 278
16 115, 406, 627　**17** 387
18 457-316=141, 141개
19 700-164=536, 536 cm
20 예 265<524이므로 포도 맛 사탕이 더 적습니다. 524-265=259이므로 포도 맛 사탕이 259개 더 적습니다.; 포도 맛 사탕, 259개
21
$$\begin{array}{r} 453 \\ +\ 275 \\ \hline 728 \end{array}$$
22
$$\begin{array}{r} 638 \\ -\ 254 \\ \hline 384 \end{array}$$
23
$$\begin{array}{r} 705 \\ -\ 436 \\ \hline 269 \end{array}$$
예 십의 자리에서 받아내림하지 않고 십의 자리를 계산했습니다.
24 914　**25** 453　**26** 832, 484　**27** >
28 ㉠　**29** ㉠, ㉡, ㉢　**30** 8, 3　**31** 8, 7
32 예 일의 자리 계산: 6+8=14 → ㉡=4, 백의 자리 계산: 1+㉠+3=7 → ㉠=3, 따라서 ㉠, ㉡에 알맞은 수의 차는 4-3=1입니다.; 1　**33** 469
34 735　**35** 예 얼룩진 종이에 적힌 수를 3□□라고 하면 168+3□□=541입니다.
→ 3□□=541-168, 3□□=373; 373
36 197, 384, 581　**37** 641, 264, 377
38 640, 268

2 수 모형이 나타내는 수는 256이므로 256보다 338만큼 더 큰 수는 256+338=594입니다.
3 십의 자리의 계산에서 받아올림한 수이므로 실제로 100을 나타냅니다.

5 ⑴ 542+265=807
　⑵ 384+479=863
　⑶ 166+687=853
6 378+485=863, 549+674=1223
7 269+584=853 (cm)
9 (전체 학생 수)=(남학생 수)+(여학생 수)
　　　　　　=361+327=688(명)
10 (오늘 판매한 라면의 수)
　=(어제 판매한 라면의 수)+147
　=384+147=531 (봉지)
12 수 모형이 나타내는 수는 376입니다.
　→ 376-154=222
14 십의 자리에서 받아내림하고 남은 수이므로 40을 나타냅니다.
16
$$\begin{array}{r} 3\cancel{1}2 \\ -\ 197 \\ \hline 115 \end{array}\quad \begin{array}{r} 6\cancel{0}3 \\ -\ 197 \\ \hline 406 \end{array}\quad \begin{array}{r} 8\cancel{2}4 \\ -\ 197 \\ \hline 627 \end{array}$$
17 714-327=387
18 (흰색 바둑돌의 수)-(검은색 바둑돌의 수)
　=457-316=141 (개)
19 1 m=100 cm이므로 7 m=700 cm입니다.
　(남은 철사의 길이)
　=(처음 철사의 길이)-(사용한 철사의 길이)
　=700-164=536 (cm)
21 백의 자리 계산에서 받아올림한 수를 더해야 합니다.
22 십의 자리 숫자끼리 뺄 수 없으므로 백의 자리에서 받아내림하여 계산해야 합니다.
24 538>465>376 → 538+376=914
25 820>735>367 → 820-367=453
26 658>419>296>174
　→ 658+174=832, 658-174=484
27 542+351=893, 427+452=879
　→ 542+351>427+452
28 ㉠ 400-227=173 ㉡ 325-187=138
따라서 계산 결과가 더 큰 것은 ㉠입니다.
29 ㉠ 826-274=552 ㉡ 294+276=570
㉢ 467+176=643
552<570<643이므로 계산 결과가 작은 것부터 차례대로 기호를 쓰면 ㉠, ㉡, ㉢입니다.

30 일의 자리 계산: □+3=11 → □=8
백의 자리 계산: 1+4+□=8 → □=3

31 십의 자리 계산: 10+1-1-□=3 → □=7
백의 자리 계산: □-1-5=2 → □=8

33 찢어진 종이에 적힌 수를 4□□라고 하면
354+4□□=823입니다.
→ 4□□=823-354, 4□□=469

34 찢어진 종이에 적힌 수를 7□□라고 하면
7□□-278=457입니다.
→ 7□□=457+278, 7□□=735

36 두 수의 합이 가장 작으려면 가장 작은 수와 두 번째로 작은 수를 더해야 합니다.
197<384<476<645이므로
197+384=581입니다.

37 두 수의 차가 가장 크려면 가장 큰 수에서 가장 작은 수를 빼야 합니다.
641>572>385>264이므로
641-264=377입니다.

38 차의 일의 자리 숫자가 2가 되는 두 수는 720과 268, 640과 268입니다.
→ 720-268=452, 640-268=372

심화 문제   8~11쪽

1 503개	**2** 승희, 30문제	**3** 1211	**4** 396
5 406	**6** 6개	**7** 254	**8** 178	**9** 841
10 763	**11** 127 m	**12** 387 m	**13** 557
14 596	**15** 458	**16** 86 m	**17** 85 m
18 584 cm	**19** 563 cm		

1 (오늘 딴 배의 수)=(오늘 딴 사과의 수)-147
=325-147=178(개)
(오늘 딴 사과의 수)+(오늘 딴 배의 수)
=325+178=503(개)

2 (승희가 푼 문제 수)=187+325=512(문제)
(준수가 푼 문제 수)=264+218=482(문제)
512>482이므로 승희가 512-482=30(문제)
더 많이 풀었습니다.

3 가장 큰 세 자리 수: 754,
가장 작은 세 자리 수: 457
→ 754+457=1211

4 가장 큰 세 자리 수: 965,
가장 작은 세 자리 수: 569
→ 965-569=396

5 가장 큰 세 자리 수: 643,
두 번째로 큰 세 자리 수: 642
가장 작은 세 자리 수: 234,
두 번째로 작은 세 자리 수: 236
→ 642-236=406

6 184+□63=547일 때 547-184=□63,
363=□63, □=3입니다.
184+□63>547이므로 □ 안에 들어갈 수 있는 수는 3보다 큰 4, 5, 6, 7, 8, 9로 모두 6개입니다.

7 374+468=842이므로 587+□<842입니다.
587+□=842일 때 □=842-587=255이므로 □ 안에 들어갈 수 있는 수는 255보다 작은 수입니다. 따라서 □ 안에 들어갈 수 있는 가장 큰 세 자리 수는 254입니다.

8 어떤 수를 □라고 하면 □+175=528,
□=528-175=353입니다.
따라서 바르게 계산한 값은 353-175=178입니다.

9 어떤 수를 □라고 하면 □-192=457,
□=457+192=649입니다.
따라서 바르게 계산한 값은 649+192=841입니다.

10 어떤 수를 □라고 하면 □-319=186,
□=186+319=505입니다.
연준이가 계산한 값은 어떤 수에 258을 더했으므로 505+258=763입니다.

11 (서점~도서관)
=(학교~도서관)+(서점~공원)-(학교~공원)
=378+436-687=814-687=127 (m)

12 (㉠~㉣)=(㉠~㉢)+(㉡~㉣)-(㉡~㉢)
=286+295-194=581-194=387 (m)

13 623-●=375 → 623-375=●, ●=248
◆+472=781 → ◆=781-472=309
따라서 ●와 ◆의 합은 248+309=557입니다.

14 498+■=724 → ■=724-498=226
▲-285=537 → ▲=537+285=822
따라서 ■와 ▲의 차는 822-226=596입니다.

15 $651-\blacksquare=284 \rightarrow \blacksquare=651-284=367$

　　$\blacksquare+\bullet=825$, $367+\bullet=825$

　　$\rightarrow \bullet=825-367=458$

16 (집~서점~학교)$=278+364=642$ (m)

　　집에서 서점을 거쳐 학교까지 가는 거리는 집에서
　　학교로 바로 가는 거리보다 $642-556=86$ (m)
　　더 멉니다.

17 (수호네 집~공원~도서관)

　　$=372+456=828$ (m)

　　(수호네 집~우체국~도서관)

　　$=529+384=913$ (m)

　　공원을 지나서 가는 길은 우체국을 지나서 가는 길
　　보다 $913-828=85$ (m) 더 가깝습니다.

18 (이어 붙인 색 테이프 전체의 길이)=(색 테이프 2
　　장의 길이의 합)−(겹쳐진 부분의 길이)

　　$=376+376-168=752-168=584$ (cm)

19 (색 테이프 3장의 길이의 합)

　　$=245+245+245=490+245=735$ (cm)

　　(겹쳐진 부분의 길이의 합)$=86+86=172$ (cm)

　　(이어 붙인 색 테이프 전체의 길이)=(색 테이프 3
　　장의 길이의 합)−(겹쳐진 부분의 길이의 합)

　　$=735-172=563$ (cm)

단원 마무리　　12~14쪽

1 559　**2** (1) ㉡ (2) ㉠ (3) ㉢

3 489, 701, 1024　　**4** 642통　　**5** 풀이 참조

6 ④　**7** 931　**8** 1339명　**9** 8, 7, 2

10 예 (어머니가 딴 딸기의 수)

$=156+175=331$(개),

(예정이와 어머니가 딴 딸기의 수)

$=156+331=487$(개); 487개

11 133　**12** 268, 374, 187, 293

13 재희, 188 m　　**14** ④

15 예 어떤 수를 $\square$라고 하면 $\square+239=893$,

$\square=893-239$, $\square=654$입니다.

따라서 바르게 계산하면 $654-239=415$입니

다.; 415　**16** 624, 178　**17** 208

18 314송이　**19** 175 m　**20** 765

---

1 $\square=243+316=559$

4 (올해 수확한 수박의 수)

　　$=$(작년에 수확한 수박의 수)$+175$

　　$=467+175=642$(통)

5
$$\begin{array}{r} \overset{1\ 1}{5\ 3\ 7} \\ +\ 2\ 9\ 5 \\ \hline 8\ 3\ 2 \end{array}$$
받아올림한 수를 십의 자리와 백의 자리 계산에 더하지 않고 계산했습니다.

6 ④ $545+476=1021$

7 가장 큰 수: 573, 가장 작은 수: 358

　　$\rightarrow 573+358=931$

8 (이틀 동안 누리집 방문자 수)

　　$=$(어제 방문자 수)$+$(오늘 방문자 수)

　　$=764+575=1339$(명)

9
$$\begin{array}{r} ㉢\ 5\ 6 \\ +\ 2\ 6\ ㉠ \\ \hline 1\ 1\ ㉡\ 3 \end{array}$$
$6+㉠=13 \rightarrow ㉠=13-6=7$

$1+5+6=10+㉡$

$\rightarrow ㉡=12-10=2$

$1+㉢+2=11 \rightarrow ㉢=11-3=8$

11 수 모형이 나타내는 수는 347입니다.

　　$\rightarrow 347-214=133$

12 $814-546=268$, $627-253=374$,

　　$814-627=187$, $546-253=293$

13 $846>658$이므로 재희가 은호보다

　　$846-658=188$ (m) 더 먼 곳에 살고 있습니다.

14 ① $147+379=526$　② $257+258=515$

　　③ $711-359=352$　④ $268+299=567$

　　⑤ $530-182=348$

16 $803-178=625$, $803-624=179$,

　　$624-178=446$

17 $257+\square=749-284$, $257+\square=465$,

　　$\square=465-257=208$

18 (백합의 수)$=600-431=169$(송이)

　　(튤립의 수)$=169-52=117$(송이)

　　(장미의 수)$=431-117=314$(송이)

19 $(㉡~㉢)=(㉠~㉢)+(㉡~㉣)-(㉠~㉣)$

　　　　$=318+484-627$

　　　　$=802-627=175$ (m)

20 가장 큰 세 자리 수: 972

　　가장 작은 세 자리 수: 207

　　$\rightarrow$ (두 수의 차)$=972-207=765$

② 평면도형

 유형 문제

1 ㉢　**2** 선분 ㄱㄴ 또는 선분 ㄴㄱ　**3** 직선 ㄷㄹ 또는 직선 ㄹㄷ　**4** 반직선 ㅁㅂ, 반직선 ㅇㅅ
5 ㉡　**6** 각 ㄷㄹㅁ 또는 각 ㅁㄹㄷ; 변 ㄹㄷ, 변 ㄹㅁ　**7** 풀이 참조; 6개　**8** ㉠, ㉡, ㉣, ㉤
9 직각　**10** 3개　**11** ㉡, ㉢　**12** ㉘ 직각삼각형은 한 각이 직각인 삼각형입니다. 따라서 직각삼각형은 가, 나, 다, 라로 모두 4개입니다.; 4개
13 ②　**14** ②, ⑤　**15** 12, 9
16 ㉘ 직사각형은 각이 4개이고, 직각이 4개입니다. → ㉠=4, ㉡=4, 따라서 ㉠과 ㉡의 합은 4+4=8입니다.; 8　**17** 정사각형　**18** ②, ④
19 7　**20** 풀이 참조　**21** 풀이 참조
22 풀이 참조　**23** ㉘ 두 반직선이 한 점에서 만나지 않습니다.　**24** ㉘ 네 각이 모두 직각이 아니기 때문입니다.　**25** 소미　**26** 직각삼각형
27 ②, ④　**28** 정사각형　**29** 나　**30** ㉢, ㉠, ㉡
31 ㉘ 각 도형의 각의 수를 세어 보면 ㉠ 6개, ㉡ 3개, ㉢ 4개입니다. 따라서 각의 수가 많은 도형부터 차례대로 기호를 쓰면 ㉠, ㉢, ㉡입니다.; ㉠, ㉢, ㉡
32 4개　**33** 5개　**34** 4개　**35** 38 cm
36 ㉘ 정사각형의 네 변의 길이는 모두 같으므로 네 변의 길이의 합은 6×4=24 (cm)입니다.; 24 cm　**37** 5

1 두 점을 지나는 곧은 선을 찾아보면 ㉢입니다.
2 점 ㄱ과 점 ㄴ을 이은 선분을 선분 ㄱㄴ 또는 선분 ㄴㄱ이라고 합니다.
3 점 ㄷ과 점 ㄹ을 지나는 직선을 직선 ㄷㄹ 또는 직선 ㄹㄷ이라고 합니다.
4 점 ㅁ에서 시작하여 점 ㅂ을 지나는 반직선은 반직선 ㅁㅂ이라고 하고, 점 ㅇ에서 시작하여 점 ㅅ을 지나는 반직선은 반직선 ㅇㅅ이라고 합니다.
5 한 점에서 그은 두 반직선으로 이루어진 도형을 찾아보면 ㉡입니다.
6 각의 이름은 꼭짓점이 가운데에 오도록 씁니다.
7 ㉘ 도형에서 찾을 수 있는 각은 오른쪽과 같이 모두 6개입니다.

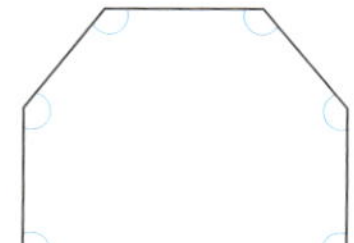

8 삼각자의 직각 부분을 이용하여 직각을 찾아봅니다.
10 직각은 그림과 같이 모두 3개입니다.
11 한 각이 직각인 삼각형은 ㉡, ㉢입니다.
13 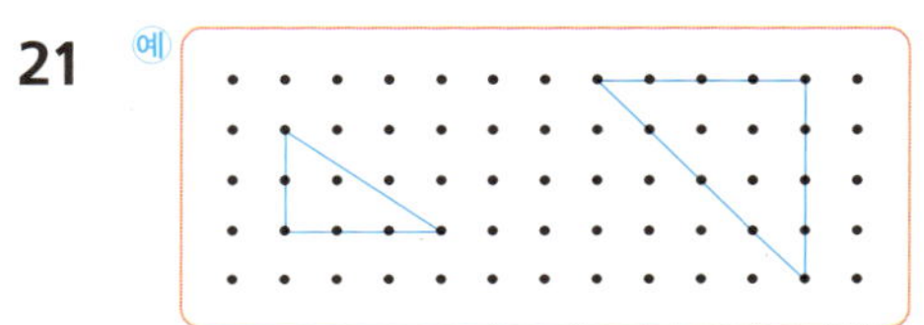 한 각이 직각이 되어야 하므로 ②의 점과 이어야 합니다.
15 직사각형은 마주 보는 변의 길이가 같습니다.
17 만들어진 도형은 네 각이 모두 직각이고, 네 변의 길이가 모두 같은 사각형이므로 정사각형입니다.
18 정사각형은 네 각이 모두 직각이고 네 변의 길이가 모두 같은 사각형입니다.
19 정사각형은 네 변의 길이가 모두 같습니다.
20 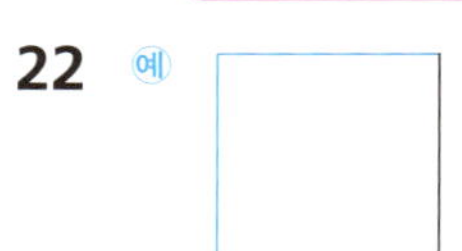 삼각자의 직각 부분을 점 ㄱ에 대고 직각을 그려 봅니다.
21

22 네 각이 직각이고 네 변의 길이가 모두 같게 사각형을 그려 봅니다.
23 각은 한 점에서 그은 두 반직선으로 이루어진 도형입니다.
25 정사각형은 네 각이 모두 직각이고 네 변의 길이가 모두 같은 사각형입니다.
26 변과 꼭짓점이 3개이므로 삼각형이고, 한 각이 직각이므로 직각삼각형입니다.
27 직사각형은 꼭짓점, 변, 각이 각각 4개이고, 마주 보는 두 변의 길이가 같습니다.
28 4개의 선분으로 둘러싸인 도형은 사각형입니다. 네 각이 모두 직각이고 네 변의 길이가 모두 같은 사각형은 정사각형입니다.
29 각의 수가 가는 4개, 나는 5개이므로 각이 더 많은 도형은 나입니다.
30 ㉠ 1개, ㉡ 0개, ㉢ 2개

32 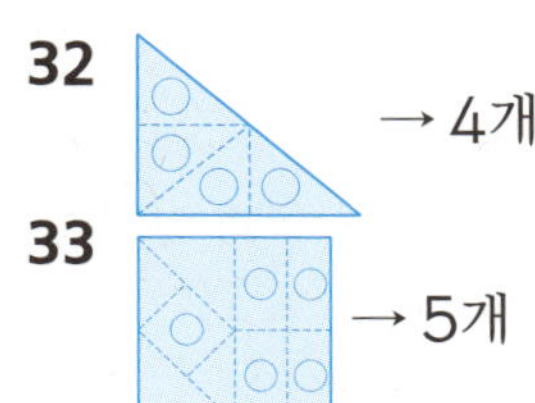 → 4개

33 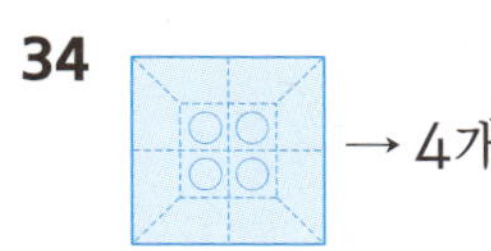 → 5개

34 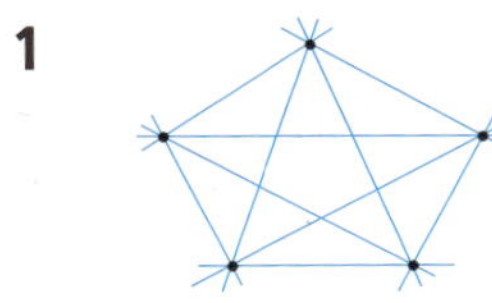 → 4개

35 직사각형은 마주 보는 변의 길이가 같으므로 네 변의 길이의 합은 $11+8+11+8=38$ (cm)입니다.

37 직사각형은 마주 보는 변의 길이가 서로 같습니다.
→ $9+\square+9+\square=28$, $\square+\square=10$, $\square=5$

심화 문제   22~25쪽

1 10개   **2** 12개   **3** 15개   **4** 6개
5 10 cm   **6** 3   **7** 6개   **8** 16개   **9** 36 cm
10 64 cm   **11** 62 cm   **12** 60 cm   **13** 1개
14 2개   **15** 36 cm   **16** 54 cm

1 그을 수 있는 직선은 그림과 같이 모두 10개입니다.

2 점 ㄱ과 점 ㄴ, 점 ㄱ과 점 ㄷ, 점 ㄱ과 점 ㄹ, 점 ㄴ과 점 ㄷ, 점 ㄴ과 점 ㄹ, 점 ㄷ과 점 ㄹ을 이용하여 그을 수 있는 반직선은 각각 2개씩이므로 그을 수 있는 반직선은 모두 12개입니다.

3 각 1개짜리: 5개, 각 2개짜리: 4개,
각 3개짜리: 3개, 각 4개짜리: 2개,
각 5개짜리: 1개
따라서 크고 작은 각은 모두
$5+4+3+2+1=15$(개)입니다.

4 각 ㄷㄱㄹ, 각 ㄴㄱㄹ, 각 ㄷㄱㅁ, 각 ㄴㄱㅁ,
각 ㄷㄱㅂ, 각 ㄴㄱㅂ → 6개

5 (직사각형의 네 변의 길이의 합)
$=12+8+12+8=40$ (cm)
정사각형은 네 변의 길이가 모두 같으므로 정사각형의 한 변의 길이를 $\square$ cm라 하면
$\square+\square+\square+\square=40$, $\square=10$ (cm)입니다.

6 (정사각형의 네 변의 길이의 합)$=6\times4=24$ (cm)
직사각형의 네 변의 길이의 합은 24 cm이고, 직사각형은 마주 보는 변의 길이가 같으므로
$9+\square+9+\square=24$, $\square+\square=6$, $\square=3$입니다.

7 작은 삼각형 1개로 이루어진 직각삼각형: 4개
작은 삼각형 2개로 이루어진 직각삼각형: 2개
따라서 크고 작은 직각삼각형은 모두 $4+2=6$(개)입니다.

8 ☐: 6개, ☐: 4개, ☐: 2개
☐: 2개, ☐: 1개, ☐: 1개
→ $6+4+2+2+1+1=16$(개)

9 만든 직사각형의 가로는 6 cm, 세로는 $6+6=12$ (cm)입니다. 따라서 직사각형의 네 변의 길이의 합은 $6+12+6+12=36$ (cm)입니다.

10 (나 정사각형의 한 변의 길이)$=4+4=8$ (cm)
(가 정사각형의 한 변의 길이)$=8+4=12$ (cm)
직사각형의 가로는 $12+8=20$ (cm)이고,
세로는 $4+8=12$ (cm)입니다.
→ (직사각형의 네 변의 길이의 합)
$=20+12+20+12=64$ (cm)

11 빨간색 선은 8 cm인 변 4개, 5 cm인 변 6개의 합과 같습니다.
(길이가 8 cm인 변의 길이의 합)
$=8\times4=32$ (cm)
(길이가 5 cm인 변의 길이의 합)
$=5\times6=30$ (cm)
따라서 빨간색 선의 길이의 합은
$32+30=62$ (cm)입니다.

12 파란색 선은 6 cm인 변 6개, 4 cm인 변 6개의 합과 같습니다.
(길이가 6 cm인 변의 길이의 합)
$=6\times6=36$ (cm)
(길이가 4 cm인 변의 길이의 합)
$=4\times6=24$ (cm)
따라서 파란색 선의 길이의 합은
$36+24=60$ (cm)입니다.

13

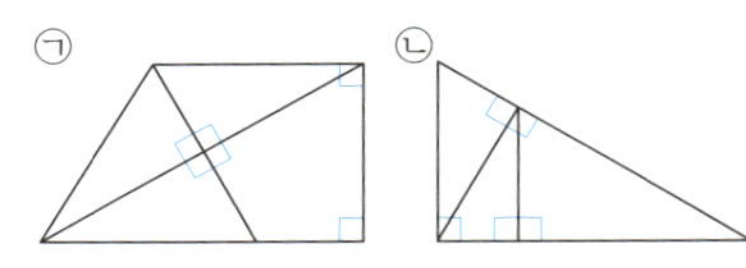

㉠ 도형에서 찾을 수 있는 직각은 6개, ㉡ 도형에서 찾을 수 있는 직각은 5개입니다.
따라서 두 도형에서 찾을 수 있는 직각의 개수의 차는 6−5=1(개)입니다.

14

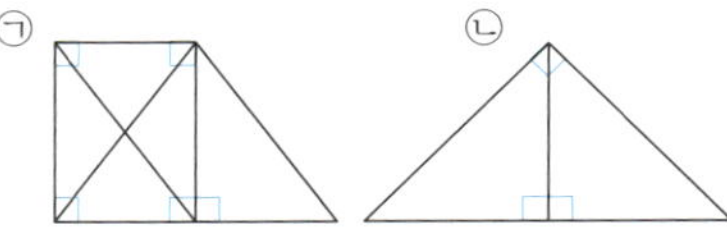

㉠ 도형에서 찾을 수 있는 직각은 5개, ㉡ 도형에서 찾을 수 있는 직각은 3개입니다.
따라서 두 도형에서 찾을 수 있는 직각의 개수의 차는 5−3=2(개)입니다.

15 직사각형은 마주 보는 변의 길이가 같으므로 직사각형을 만드는 데 사용한 철사의 길이는
10+7+10+7=34 (cm)입니다.
따라서 사용하고 남은 철사의 길이는
70−34=36 (cm)입니다.

16 정사각형은 네 변의 길이가 모두 같으므로 정사각형을 만드는 데 사용한 철사의 길이는 9×4=36 (cm)입니다. 따라서 처음에 있던 철사의 길이는
36+18=54 (cm)입니다.

단원 마무리 26~28쪽

1 ㉡   **2** 직선 ㄱㄴ 또는 직선 ㄴㄱ   **3** 3개
4 ㉠, ㉣   **5** 꼭짓점, 변   **6** 5개   **7** 6개   **8** 6개
9 ⑤   **10** 나, 라   **11** 직각삼각형   **12** ①, ⑤
13 3개   **14** ㉡, ㉣   **15** 풀이 참조   **16** 9
17 5   **18** 예 선분 ㄱㄴ의 길이는 두 정사각형의 한 변의 길이의 합과 같습니다.
→ 10+5=15 (cm) ; 15 cm   **19** 13개
20 예 (철사의 길이)=20+10+20+10=60 (cm), 60=15+15+15+15이므로 정사각형의 한 변의 길이를 15 cm로 해야 합니다. ; 15 cm

1 ㉠ 선분 ㄱㄴ 또는 선분 ㄴㄱ
㉡ 직선 ㄱㄴ 또는 직선 ㄴㄱ
㉢ 반직선 ㄱㄴ   ㉣ 반직선 ㄴㄱ

3 3개의 점 중에서 2개의 점을 이용하여 그을 수 있는 선분은 모두 3개입니다.

5 각의 꼭짓점은 점 ㅇ이고, 반직선 ㅇㅅ과 반직선 ㅇㅈ은 각의 변입니다.

7 각 1개짜리: 3개, 각 2개짜리: 2개,
각 3개짜리: 1개 → 3+2+1=6(개)

9 ① 0개 ② 1개 ③ 2개 ④ 0개 ⑤ 4개

10 한 각이 직각인 삼각형을 찾아보면 나, 라입니다.

11 한 각이 직각인 삼각형이므로 직각삼각형입니다.

12 직각삼각형은 3개의 변과 3개의 꼭짓점이 있고, 한 각이 직각입니다.

13 작은 삼각형 1개짜리: 2개,
작은 삼각형 3개짜리: 1개 → 2+1=3(개)

14 직사각형은 네 각이 모두 직각이고, 마주 보는 변의 길이가 같습니다.

15 예

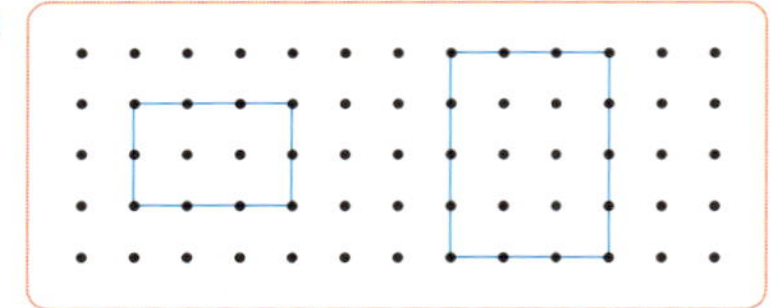

16 직사각형은 마주 보는 두 변의 길이가 같으므로
13+□+13+□=44, 26+□+□=44,
□+□=18, □=9입니다.

17 • 직각삼각형은 직각이 1개이므로 ㉠=1입니다.
• 정사각형은 길이가 같은 변이 4개이므로 ㉡=4입니다.
→ ㉠+㉡=1+4=5

19 작은 직각삼각형 2개짜리: 8개,
작은 직각삼각형 4개짜리: 2개,
작은 직각삼각형 8개짜리: 3개
따라서 크고 작은 정사각형은 모두
8+2+3=13(개)입니다.

③ 나눗셈

1 ○○○○○○, ○○○○○○, ○○○○○○ ; 6
2 10÷2=5, 5개　　**3** 6, 2　　**4** 24÷6=4, 4개
5 풀이 참조, 4　　**6** 예 (필요한 상자의 수)=(전체 빈 병의 수)÷(한 상자에 담는 빈 병의 수)
=12÷6=2(상자); 2상자　　**7** 21÷7=3, 3장
8 16-4-4-4-4=0, 16÷4=4, 4상자
9 28, 4, 7　　**10** 24÷6=4　　**11** 24, 8, 3
12 예 한 명에게 6개씩 나누어 주면 5명에게 줄 수 있습니다.　　**13** 35÷7=5　　**14** 예 36에서 9씩 4번 빼면 0이 됩니다. 이것을 나눗셈식으로 나타내면 36÷9=4입니다.; ⓒ　　**15** 정후
16 3×8=24 또는 8×3=24, 24÷3=8 또는 24÷8=3　　**17** 48, 6, 8 ; 48, 8, 6
18 30÷5=6　　**19** (1) ⓒ (2) ⓒ (3) ㉠
20 예 5×8=40 또는 8×5=40, 예 40÷5=8 또는 40÷8=5　　**21** ④
22 예 나누는 수가 7이므로 7단 곱셈구구에서 곱이 63인 곱셈식을 찾아보면 7×9=63입니다.
7×9=63 → 63÷7=9; 9
23 (1) ⓒ, ③ (2) ⓒ, ① (3) ㉠, ②　　**24** 2, 4, 9, 5, 7
25 ⓒ, ⓒ　　**26** ⓒ
27 예 45÷9=5, 14÷7=2 따라서 두 나눗셈의 몫의 합은 5+2=7입니다. ; 7　　**28** <　　**29** ⓒ
30 ⓒ　　**31** ㉣, ⓒ, ⓒ, ㉠　　**32** (1) 7 (2) 8
33 예 ㉠ 45÷□=5 → □×5=45
→ 45÷5=□, □=9 ⓒ 30÷□=6
→ □×6=30 → 30÷6=□, □=5 따라서 □ 안에 알맞은 수의 차는 9-5=4입니다.; 4　　**34** ②
35 28÷4=7, 7마리　　**36** 36÷6=6, 6상자
37 (1) 42÷6=7, 7개 (2) 42÷7=6, 6개

---

7 (필요한 봉지의 수)
=(전체 초콜릿 수)÷(한 봉지에 담는 초콜릿의 수)
=21÷7=3(장)

8 수박을 4개씩 4번 빼면 0이 됩니다.
→ 16-4-4-4-4=0 → 16÷4=4

9 (전체 꽃의 수)÷(꽃병의 수)
=(꽃병 한 개에 꽂는 꽃의 수)

10 (전체 학생 수)÷(한 모둠의 학생 수)=(모둠의 수)

11 (전체 사과의 수)÷(바구니의 수)
=(한 바구니에 담을 수 있는 사과의 수)

12 초콜릿 30개를 6명에게 똑같이 나누어 주면 한 명에게 5개씩 줄 수 있습니다.

16 토마토의 수를 곱셈식으로 나타내면 3×8=24 또는 8×3=24입니다. 3×8=24를 나눗셈식으로 나타내면 24÷3=8 또는 24÷8=3입니다.

18 지우개 30개를 한 상자에 5개씩 담으면 6상자가 필요합니다. → 30÷5=6

19 (1) 18÷2=9 ⟨ 2×9=18 / 9×2=18
(2) 14÷2=7 ⟨ 2×7=14 / 7×2=14
(3) 16÷8=2 ⟨ 8×2=16 / 2×8=16

20 5×8=40 ⟨ 40÷5=8 / 40÷8=5
6×8=48 ⟨ 48÷6=8 / 48÷8=6

21 24÷8의 몫을 구할 때에는 나누는 수가 8이므로 8단 곱셈구구에서 곱이 24인 곱셈식을 찾으면 8×3=24입니다.

23 4×7=28 → 28÷4=7
7×5=35 → 35÷7=5
9×6=54 → 54÷9=6

24 18÷9=2, 36÷9=4, 81÷9=9, 45÷9=5, 63÷9=7

25 ㉠ 12÷3=4 ⓒ 24÷4=6
ⓒ 36÷6=6 ㉣ 48÷6=8

26 ㉠ 49÷7=7 ⓒ 32÷4=8
ⓒ 35÷5=7 ㉣ 56÷8=7

28 49÷7=7, 64÷8=8 → 49÷7<64÷8

---

3 (1) 18÷3=6　　　(2) 18÷9=2
4 (한 명이 가질 수 있는 구슬의 수)
=(전체 구슬의 수)÷(나누어 가지는 사람의 수)
=24÷6=4(개)
5

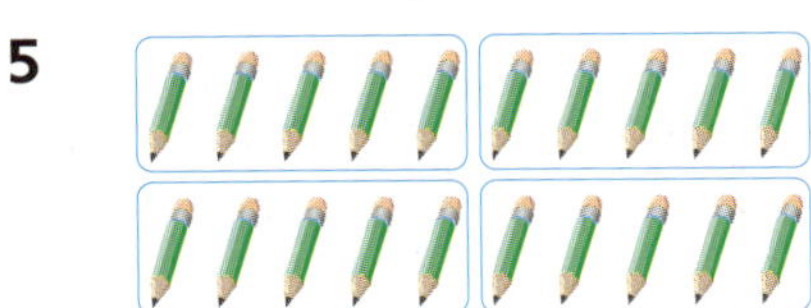

29 ㉠ $63 \div 7 = 9$ ㉡ $72 \div 9 = 8$
따라서 몫이 더 작은 것은 ㉡입니다.

30 ㉠ $18 \div 3 = 6$ ㉡ $54 \div 9 = 6$ ㉢ $36 \div 4 = 9$
따라서 몫이 가장 큰 것은 ㉢입니다.

31 ㉠ $9 \div 3 = 3$ ㉡ $10 \div 2 = 5$
㉢ $20 \div 5 = 4$ ㉣ $16 \div 2 = 8$
따라서 몫이 큰 것부터 차례대로 기호를 쓰면
㉣, ㉡, ㉢, ㉠입니다.

32 ⑴ $35 \div \square = 5 \rightarrow \square \times 5 = 35 \rightarrow 35 \div 5 = \square$,
$\square = 7$
⑵ $72 \div \square = 9 \rightarrow \square \times 9 = 72 \rightarrow 72 \div 9 = \square$,
$\square = 8$

34 ① $\square \times 2 = 16 \rightarrow 16 \div 2 = \square$, $\square = 8$
② $4 \times \square = 36 \rightarrow 36 \div 4 = \square$, $\square = 9$
③ $24 \div 8 = 3$, $\square = 3$
④ $32 \div \square = 4 \rightarrow \square \times 4 = 32 \rightarrow 32 \div 4 = \square$,
$\square = 8$
⑤ $42 \div \square = 6 \rightarrow \square \times 6 = 42 \rightarrow 42 \div 6 = \square$,
$\square = 7$

35 돼지 한 마리의 다리는 4개입니다.
(돼지의 수)
=(전체 다리의 수)÷(돼지 한 마리의 다리의 수)

36 (필요한 상자의 수)
=(전체 참외의 수)÷(한 상자에 담을 참외의 수)

37 (한 명에게 줄 수 있는 빵의 수)
=(전체 빵의 수)÷(나누어 주는 사람의 수)

---

1 7　　**2** 24　　**3** 5　　**4** 2　　**5** 5　　**6** 3　　**7** 8
8 3　　**9** 6　　**10** 9개　　**11** 5개　　**2** 8개
13 사과　　**14** 지혜, 1마리　　**15** 8　　**16** 4개
17 3개　　**18** 3, 12　　**19** 5, 15　　**20** 48, 6
21 8개　　**22** 20그루

1 $54 \div 6 = 9$이므로 $63 \div \square = 9$입니다.
$63 \div \square = 9 \rightarrow \square \times 9 = 63 \rightarrow 63 \div 9 = \square$, $\square = 7$

2 $32 \div 8 = 4$이므로 $\square \div 6 = 4$입니다.
$\square \div 6 = 4 \rightarrow 4 \times 6 = \square$, $\square = 24$

3 $49 \div ㉠ = 7 \rightarrow ㉠ \times 7 = 49 \rightarrow 49 \div 7 = ㉠$, $㉠ = 7$
$㉡ \div 3 = 4 \rightarrow 3 \times 4 = ㉡$, $㉡ = 12$
따라서 ㉠과 ㉡에 알맞은 수의 차는 $12 - 7 = 5$입니다.

4 가장 작은 두 자리 수: $16 \rightarrow 16 \div 8 = 2$

5 가장 작은 두 자리 수: $45 \rightarrow 45 \div 9 = 5$

6 몫이 가장 작게 되려면 가장 작은 두 자리 수를 가장 큰 한 자리 수로 나누어야 합니다.
가장 작은 두 자리 수: 24, 가장 큰 한 자리 수: 8
$\rightarrow 24 \div 8 = 3$

7 어떤 수를 $\square$라고 하면 $\square \div 6 = 4$이므로
$6 \times 4 = \square$, $\square = 24$입니다. $\rightarrow 24 \div 3 = 8$

8 어떤 수를 $\square$라고 하면 $\square \div 3 = 6$이므로
$3 \times 6 = \square$, $\square = 18$입니다. $\rightarrow 18 \div 6 = 3$

9 어떤 수를 $\square$라고 하면 $\square \div 4 = 3$이므로
$4 \times 3 = \square$, $\square = 12$입니다. $\rightarrow 12 \div 2 = 6$

10 (재영이와 미혜가 딴 복숭아의 수)
$= 15 + 12 = 27$(개)
(한 상자에 담은 복숭아의 수)$= 27 \div 3 = 9$(개)

11 (전체 빵의 수)$= 24 + 21 = 45$(개)
(한 명이 받을 수 있는 빵의 수)$= 45 \div 9 = 5$(개)

12 (나누어 먹을 자두의 수)$= 35 - 3 = 32$(개)
(한 명이 먹을 수 있는 자두의 수)$= 32 \div 4 = 8$(개)

13 (한 상자에 들어 있는 사과의 수)$= 35 \div 5 = 7$(개)
(한 상자에 들어 있는 배의 수)$= 18 \div 3 = 6$(개)
$7 > 6$이므로 한 상자에 더 많이 들어 있는 과일은 사과입니다.

14 (현수가 1분 동안 접은 종이학의 수)
=30÷6=5(마리)
(지혜가 1분 동안 접은 종이학의 수)
=54÷9=6(마리)
지혜가 종이학을 6-5=1(마리) 더 많이 접었습니다.

15 63÷7=9이므로 □<9입니다. 따라서 □ 안에 들어갈 수 있는 가장 큰 수는 8입니다.

16 45÷9=5이므로 5<□입니다. 따라서 □ 안에 들어갈 수 있는 수는 6, 7, 8, 9로 모두 4개입니다.

17 28÷7=4, 64÷8=8이므로 4<□<8입니다. 따라서 □ 안에 들어갈 수 있는 수는 5, 6, 7로 모두 3개입니다.

18 합이 15인 두 수는 1과 14, 2와 13, 3과 12, 4와 11, 5와 10, 6과 9, 7과 8입니다. 12÷3=4이므로 큰 수를 작은 수로 나눈 몫이 4인 두 수는 3과 12입니다.

19 합이 20인 두 수는 1과 19, 2와 18, 3과 17, 4와 16, 5와 15, 6과 14, 7과 13, ...입니다. 15÷5=3이므로 큰 수를 작은 수로 나눈 몫이 3인 두 수는 5와 15입니다.

20 · ♥÷2=4 → 2×4=♥, ♥=8
· ▲+♥=56, ▲+8=56, ▲=56-8=48
· ▲÷■=♥, 48÷■=8 → ■×8=48
→ 48÷8=■, ■=6

21 (가로등 사이의 간격 수)
=(도로의 길이)÷(가로등 사이의 간격)
=21÷3=7(군데)
(필요한 가로등의 수)
=(가로등 사이의 간격 수)+1=7+1=8(개)

22 (나무 사이의 간격 수)
=(도로의 길이)÷(나무 사이의 간격)
=45÷5=9(군데)
(도로의 한 쪽에 필요한 나무의 수)
=(나무 사이의 간격 수)+1=9+1=10(그루)
(도로의 양쪽에 필요한 나무의 수)
=10+10=20(그루)

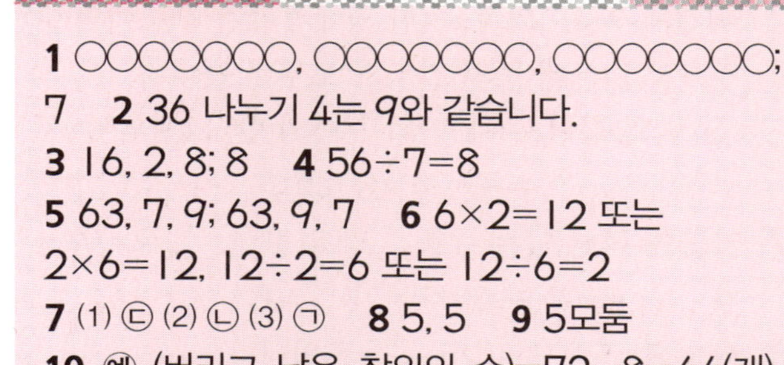

1 ○○○○○○○, ○○○○○○○, ○○○○○○○; 7　**2** 36 나누기 4는 9와 같습니다.
3 16, 2, 8; 8　**4** 56÷7=8
5 63, 7, 9; 63, 9, 7　**6** 6×2=12 또는 2×6=12, 12÷2=6 또는 12÷6=2
7 (1) ㉢ (2) ㉡ (3) ㉠　**8** 5, 5　**9** 5모둠
10 ⑩ (버리고 남은 참외의 수)=72-8=64(개), (상자의 수)=(전체 참외의 수)÷(한 상자에 담는 참외의 수)=64÷8=8(상자); 8상자　**11** =
12 ㉠, ㉢　**13** ㉡, ㉣, ㉢, ㉠　**14** 8, 8
15 45÷9=5, 5명　**16** 32÷4=8, 8 cm
17 81　**18** 5
19 ⑩ ▲÷3=3을 곱셈식으로 나타내면 3×3=▲, ▲=9입니다. ★÷2=▲ → ★÷2=9를 곱셈식으로 나타내면 2×9=★, ★=18입니다.; 18
20 10그루

3 2개씩 묶으면 8묶음이므로 16÷2=8입니다.

4 56에서 7씩 8번 빼면 0이 됩니다.
→ 56÷7=8

5 7×9=63 < 63÷7=9 , 63÷9=7

6 6개씩 2묶음 → 6×2=12

7 ●×▲=■ < ■÷●=▲ , ■÷▲=●

8 6단 곱셈구구에서 곱이 30인 곱셈식은 6×5=30이므로 30÷6=5입니다.

9 모둠 수를 □라고 하면 3×□=15입니다.
3×□=15 → 15÷3=□, □=5

11 42÷6=7, 63÷9=7 → 42÷6=63÷9

12 ㉠ 12÷3=4 ㉡ 20÷4=5
㉢ 21÷7=3 ㉣ 24÷6=4

13 ㉠ 32÷8=4, □=4
㉡ 5×□=45 → 45÷5=□, □=9
㉢ 6×□=36 → 36÷6=□, □=6
㉣ 56÷□=7 → □×7=56
→ 56÷7=□, □=8

14 □×6=48 → 48÷6=□, □=8
48÷□=6 → □×6=48 → 48÷6=□, □=8

15 (나누어 줄 수 있는 사람 수)
=(전체 색종이의 수)÷(한 명에게 주는 색종이의 수)

16 정사각형은 네 변의 길이가 모두 같습니다.
(한 변의 길이)=(네 변의 길이의 합)÷(변의 수)
=32÷4=8 (cm)

17 카드에 적혀 있는 수를 □라고 하면 □÷9=9입니다. □÷9=9 → 9×9=□, □=81

18 40÷8=5이므로 25÷□=5입니다.
25÷□=5 → □×5=25 → 25÷5=□, □=5

20 (나무 사이의 간격 수)
=(도로의 길이)÷(나무 사이의 간격)
=54÷6=9(군데)
(도로의 한 쪽에 필요한 나무의 수)
=(나무 사이의 간격 수)+1
=9+1=10(그루)

④ 곱셈

1 4, 40   **2** 62   **3** 77, 88, 99   **4** ㉠
5 ㉠, ㉣   **6** 예 일의 자리 계산이 8×4=32이므로 십의 자리로 올림한 숫자 3은 30을 나타냅니다.; 30   **7** (1) ㉢ (2) ㉠   **8** 552
9 예 ㉠ 64×2=128, ㉡ 83×3=249이므로 ㉠+㉡=128+249=377입니다.; 377   **10** ㉡
11 ㉢   **12** 82×3=246, 31×4=124
13 ㉢, 58×9=522, 522개   **14** (1) < (2) =
15 ㉡   **16** ㉢   **17**
$$\begin{array}{r} 7\,2 \\ \times\ \ 3 \\ \hline 6 \\ 2\,1\,0 \\ \hline 2\,1\,6 \end{array}$$
18
$$\begin{array}{r} 4\,1 \\ \times\ \ 8 \\ \hline 3\,2\,8 \end{array}$$

19
$$\begin{array}{r} 2\,5 \\ \times\ \ 3 \\ \hline 7\,5 \end{array}$$
예 일의 자리의 계산 5×3=15에서 10을 십의 자리로 올림하여 더하지 않았습니다.

20 420   **21** 435   **22** 69, 276
23 72, 504   **24** 10×8=80, 80병
25 12×4=48, 48쪽   **26** 174개
27 예 (전체 좌석 수)=28×7=196(개)이므로 (남는 좌석 수)=196-99=97(개)입니다.; 97개
28 배   **29** 8   **30** (1) 3 (2) 2, 4   **31** ㉠ 7 ㉡ 8
32 ㉡   **33** 3   **34** 7   **35** 예 27×3=81, 27×4=108입니다. 100-81=19, 108-100=8이므로 100에 가장 가까운 곱은 27×4입니다. 따라서 □ 안에 알맞은 수는 4입니다.; 4   **36** 48, 336   **37** 144   **38** 432
39 예 (어떤 수)-9=73이므로
(어떤 수)=73+9=82입니다. 따라서 바르게 계산하면 82×9=738입니다.; 738

7 (1) 62×6=372, (2) 36×4=144
㉠ 18×8=144, ㉡ 49×8=392,
㉢ 93×4=372

8 가장 큰 수: 92, 가장 작은 수: 6 → 92×6=552

11 ㉠ 168, ㉡ 168, ㉢ 138, ㉣ 168

12 51×9=459, 73×2=146

13 ㉠ 58+9=67(개), ㉡ 58-9=49(개),

ⓒ 58×9=522(개)

14 ⑴ 52×3=156, 71×4=284 → 156<284

⑵ 16×6=96, 48×2=96 → 96=96

15 12×4=48, 22×4=88, 14×2=28

16 ㉠ 15+15+15+15+15=15×5=75,

㉡ 39×2=78, ㉢ 29×3=87 → 75<78<87

20 3×20=60, 60×7=420

21 29×3=87, 87×5=435

22 23×3=69, 69×4=276

23 24×3=72, 72×7=504

26 (토끼의 다리 수)=26×4=104(개)

(닭의 다리 수)=35×2=70(개)

→ 다리 수는 모두 104+70=174(개)입니다.

28 (사과의 수)=41×3=123(개)

(배의 수)=32×4=128(개)

→ 123<128이므로 배가 더 많습니다.

29 2를 곱해서 일의 자리 숫자가 6이 되는 경우는
3×2=6, 8×2=16입니다.

→ 33×2=66(×), 38×2=76(○)

30 ⑴ 3×□=9 → □=9÷3, □=3

⑵ • 십의 자리 계산: 8×㉡=32에서 ㉡=4

• 일의 자리 계산: ㉠×㉡=8에서

㉠×4=8, ㉠=2

31 • 일의 자리 계산: 2×9=18이므로 ㉡=8

• 십의 자리 계산: 일의 자리에서 올림한 수 1과
㉠×9를 더한 값이 64이므로 ㉠×9=64-1,
㉠×9=63, ㉠=7입니다.

32 ㉠ 27×5=135, ㉡ 52×7=364,

㉢ 57×2=114, ㉣ 72×5=360

→ 곱이 400에 가장 가까운 것은 ㉡ 364입니다.

33 33×9=297, 34×9=306이므로
□=3일 때, 3□×9가 300에 가장 가깝습니다.

34 66×9=594, 67×9=603이고 600-594=6,
603-600=3이므로 □=7일 때, 6□×9가
600에 가장 가깝습니다.

36 (어떤 수)+7=55이므로 (어떤 수)=55-7=48
입니다. → (바르게 계산한 값)=48×7=336

37 어떤 수를 □라 하면 □+6=30, □=30-6=24
입니다. 따라서 바르게 계산하면 24×6=144입
니다.

38 (어떤 수)+8=62이므로 (어떤 수)=62-8=54
입니다. 따라서 바르게 계산하면 54×8=432입
니다.

1 119 m   **2** 224 m   **3** 510 m   **4** 169 cm
5 9 cm   **6** 40 cm   **7** 57그루   **8** 168 cm
9 8, 9   **10** 5개   **11** 6   **12** 1, 2, 3   **13** 3
14 31, 5, 155   **15** 47, 2, 94   **16** 415
7 9   **18** 6   **19** 20   **20** 6

1 (나무 사이의 간격 수)=8-1=7(군데)

→ (도로의 길이)=17×7=119 (m)

2 도로 양쪽에 심은 나무가 18그루이므로 도로 한
쪽에 심은 나무는 18÷2=9(그루)입니다.

(나무 사이의 간격 수)=9-1=8(군데)

(도로의 길이)=28×8=224 (m)

3 원 모양의 연못 둘레에 나무를 심을 때에는
(간격 수)=(나무 수)입니다.

→ (연못의 둘레)=85×6=510 (m)

4 (색 테이프 5장의 길이의 합)=37×5=185 (cm)

(이어 붙인 부분의 수)=5-1=4(군데)

(겹친 부분의 길이의 합)=4×4=16 (cm)

→ (이어 붙인 색 테이프의 전체 길이)
=185-16=169 (cm)

5 (색 테이프 8장의 길이의 합)=56×8=448 (cm)

(이어 붙인 부분의 수)=8-1=7(군데)

겹치는 부분의 길이를 □ cm라고 하면
7×□=448-385, 7×□=63에서
□=9 (cm)입니다.

6 테이프 한 장의 길이를 □ cm라고 하면
(테이프 8장의 길이의 합)=(□×8) cm입니다.

(겹치는 부분의 수)=(테이프의 수)-1
=8-1=7(군데)

(겹치는 부분의 길이의 합)=12×7=84 (cm)

2 m 36 cm=236 cm이므로
□×8=236+84, □×8=320, □=40 (cm)

7 20×3=60(그루)

세 꼭짓점에 있는 나무는 두 번씩 세어지므로 3그루를 빼면 나무는 60−3=57(그루) 필요합니다.

8 색 끈 8개를 원 모양으로 이어 붙이면 겹치는 부분도 8군데입니다.

(색 끈 8개의 길이의 합)=25×8=200 (cm)

(겹치는 부분의 길이의 합)=4×8=32 (cm)

→ (장식의 둘레)=200−32=168 (cm)

9 17×□를 20×□로 어림하면

20×□>120에서 □가 될 수 있는 수는 7, 8, 9입니다.

17×7=119이고, 17×8=136이므로

□ 안에 들어갈 수 있는 수는 8, 9입니다.

10 36×□를 40×□로 어림하면 40×□>149에서

□가 될 수 있는 수는 4, 5, 6, 7, 8, 9입니다.

36×4=144이고, 36×5=180이므로 □ 안에

들어갈 수 있는 수는 5, 6, 7, 8, 9로 5개입니다.

11 34×5=170입니다.

33×5=165이고, 33×6=198이므로 □ 안에

들어갈 수 있는 수는 6, 7, 8, 9입니다. 이 중 가장 작은 수는 6입니다.

12 24×2=48입니다.

12×4=48이므로 □ 안에 들어갈 수 있는 수는 4보다 작은 수인 1, 2, 3입니다.

13 26×4=104, 36×4=144이므로 □ 안에는 3과 같거나 3보다 큰 수가 들어갈 수 있습니다.

□ 안에 들어갈 수 있는 가장 작은 수는 3입니다.

14 ①>②>③일 때 곱이 가장 큰 곱셈식은 ②③×①이므로 31×5=155입니다.

15 ①②×③일 때 작은 수부터 ③, ①, ②의 순서로 놓습니다. 2<4<7이므로 곱이 가장 작은 곱셈식은 47×2=94입니다.

16 곱이 크게 되려면 곱해지는 수의 십의 자리 숫자와 곱하는 수가 커야 합니다. 곱이 가장 큰 곱셈식은 53×8=424이고, 다음으로 곱이 크게 되는 곱셈식을 만들면 51×8=408, 83×5=415에서 408<415이므로 두 번째로 큰 곱은 415입니다.

17 • 4가 가장 큰 수인 경우

⊙이 두 번째로 큰 수이면 ⊙3×4에서 곱의 일의 자리 숫자가 7이 되지 않습니다.

3이 두 번째로 큰 수이면 3⊙×4에서 곱의 일의

자리 숫자가 7이 될 수 없습니다.

• ⊙이 가장 큰 수인 경우

43×⊙=387에서 43×9=387이므로 ⊙=9입니다.

18 (3으로 나누기 전의 수)=24×3=72,

(18을 더하기 전의 수)=72−18=54,

(9를 곱하기 전의 수)=54÷9=6

19 (7로 나누기 전의 수)=17×7=119,

(21을 빼기 전의 수)=119+21=140,

140=20×7이므로 세형이가 처음 생각한 수는 20입니다.

20 (2로 나누기 전의 수)=17×2=34,

(25를 더하기 전의 수)=34−25=9

(4로 나누기 전의 수)=9×4=36

■×■=36이 되는 ■는 6입니다.

단원 마무리 54~56쪽

1 60, 40　　**2** (1) <　(2) =　　**3** 60개　　**4** (1) 69
(2) 84　　**5** 426　　**6** 3, 1, 2; 92 180, 156
7 예 21×6=126(장)
예 21+21+21+21+21+21=126(장)
8 36, 180　　**9** 21, 42, 126
10 예 (수호가 푼 문제 수)=24×3=72(문제),
(혜주가 푼 문제 수)=43×2=86(문제),
따라서 혜주가 86−72=14(문제) 더 많이 풀었습니다.; 혜주, 14문제　　**11** 121, 140
12 (위부터) 6, 4　　**13** 220명　　**14** 300
15 예 (승주네 학교 3학년 학생 수)
=21×5=105(명),
(승주가 가지고 있는 연필 수)=12×9=108(자루),
따라서 연필 수가 학생 수보다 더 많으므로 연필은 충분합니다.
16 7, 8, 9　　**17** 49, 2, 98　　**18** 45　　**19** 12
20 47개

3 (세발자전거의 바퀴 수)=20×3=60(개)

5 70보다 1만큼 더 큰 수는 71이므로

71×6=426입니다.

9 (예한이가 가진 구슬 수)=21×2=42(개)

(지민이가 가진 구슬 수)=42×3=126(개)

11 30×4=120, 47×3=141이므로 120과 141 사이의 자연수 중에서 가장 작은 수는 121, 가장 큰 수는 140입니다.

12 ㉡ 3
　　× 　㉠
　─────
　2 5 2

3×㉠에서 일의 자리 숫자가 2인 경우는 3×4=12이므로 ㉠=4입니다.
㉡×4+1=25이므로 ㉡×4=24, ㉡=6입니다.

13 긴 의자 46개 중 2개가 남았으므로 학생들은 46−2=44(개)의 의자에 앉았습니다.
따라서 44개 의자에 5명씩 앉았으므로 3학년 학생들은 모두 44×5=220(명)입니다.

14 어떤 수를 □라 하면
□÷5=12에서 □=12×5=60입니다.
따라서 바르게 계산하면 60×5=300입니다.

16 31×8=248이므로 41×□>248입니다.
41×6=246, 41×7=287, 41×8=328, 41×9=369이므로 □ 안에 들어갈 수 있는 수는 7, 8, 9입니다.

17 2<4<9이므로 두 번 곱해지는 한 자리 수에 가장 작은 수인 2를 쓰고, 그 다음 작은 수인 4를 두 자리 수의 십의 자리, 나머지 수인 9를 일의 자리에 씁니다.

18 　　 2
　　□ 5
　× 　 4
　─────
　1 8 0

일의 자리 계산에서 5×4=20이므로 십의 자리 계산에서 □×4에 일의 자리에서 올림한 수 2를 더한 값이 18입니다.
따라서 □=4이고, 설명하는 두 자리 수는 45입니다.

19 □♣8=132 → □×3+□×8=132
따라서 □×11=132입니다. 곱해지는 수를 어림하여 곱이 132에 가까운 수를 찾아보면 □=12입니다.

20 (삼각형 모양을 1개 만드는 데 필요한 성냥개비의 수)=3개
여기에 삼각형 모양을 1개 더 만들 때마다 성냥개비는 2개씩 더 필요하므로
(삼각형 모양을 22개 더 만드는 데 필요한 성냥개비의 수)=2×22=44(개)
→ (삼각형 모양을 23개 만드는 데 필요한 성냥개비의 수)=3+44=47(개)

---

⑤ 길이와 시간

1 4, 6, 46　**2** 60 mm, 17 cm, 55 mm, 12 cm 4 mm　**3** ㉠, 290 mm=29 cm
4 10, 500, 10500　**5** (1) ㉢ (2) ㉡ (3) ㉠　**6** ㉡
7 병원　**8** (1) > (2) <　**9** 예 4 km 50 m=4050 m
→ 4050<4250<5010이므로 집에서 가장 가까운 곳은 편의점입니다.; 편의점
10 ㉢, ㉡, ㉣, ㉠　**11** (1) cm (2) km　**12** 유진
13 ㉡ 전철 한 량의 길이는 약 20 m입니다.
14 (1) 8 cm 4 mm (2) 14 km (3) 30 cm 4 mm
(4) 13 km 460 m　**15** 480　**16** 13 km 970 m, 6 km 430 m　**17** 2 cm 6 mm
18 예 (학교를 거쳐 가는 거리)=900 m+2 km 300 m=3 km 200 m, (공원을 거쳐 가는 거리)=1 km 600 m+2 km 700 m=4 km 300 m
→ 3 km 200 m<4 km 300 m; 학교
19 (1) 5시 54분 7초 (2) 4시 52분 17초
20 2, 6, 9; 25, 40, 55　**21** 풀이 참조
22 1, 1　**23** (1) ㉡ (2) ㉢ (3) ㉠
24 (1) 3시 40분 50초 (2) 4시간 35분 11초
25 예 5시 38초+25초=5시 63초=5시 1분 3초; 5시 1분 3초　**26** 풀이 참조　**27** 예 612초=10분 12초입니다. 10분 12초>9분 25초에서 10분 12초−9분 25초=47초이므로 민서가 47초 더 오래 달렸습니다.; 민서, 47초
28 11시 38분 56초　**29** 25분

30
	2시	25분
+	5시간	13분
	7시	38분

31
		1	
	3시	54분	47초
+	2시간	35분	12초
	6시	29분	59초

32 예 6시 28분 43초에 2시간 30분 19초를 더하면 8시 59분 2초입니다.　**33** 2, 17, 12
34 1시간 35분 9초　**35** 예 (어떤 시각)=6시 11분 30초−25분 17초=5시 46분 13초, (바르게 구한 시각)=5시 46분 13초−25분 17초=5시 20분 56초; 5시 20분 56초
36 19시, 20시, 21시, 22시, 23시
37 14시간 34분 21초　**38** 11시간 32분 41초

4 1 km를 10칸으로 나누었으므로 한 칸은 100 m 입니다. 10 km보다 500 m 더 간 곳이므로 10 km 500 m입니다.

7 1 km=1000 m이므로 250 m의 4배입니다. 학교에서 버스 정류장까지 거리의 약 4배인 곳은 병원입니다.

8 같은 단위로 바꾸어 비교합니다.
(1) 48 mm=4 cm 8 mm
→ 4 cm 8 mm>3 cm 9 mm
(2) 13 cm 7 mm=137 mm
→ 137 mm<140 mm

10 ㉠ 5 km 90 m=5090 m,
㉢ 7 km 100 m=7100 m
→ 7100 m>7010 m>5900 m>5090 m

15 6 km 150 m=5 km+1150 m
→ 5 km+1150 m−5 km 670 m=480 m

17 83 mm=8 cm 3 mm
8 cm 3 mm−5 cm 7 mm=2 cm 6 mm

19 (1) 초바늘이 숫자 5에서 작은 눈금으로 2칸 더 갔 으므로 7초입니다.
(2) 4 : 52 : 17 → 4시 52분 17초
　시　분　초

21 (1) 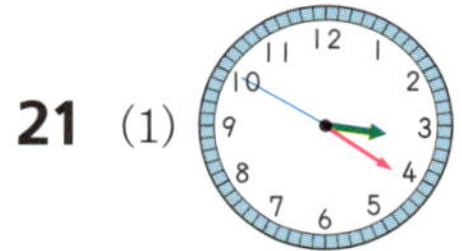 초바늘이 숫자 10을 가리켜야 합 니다.

(2) 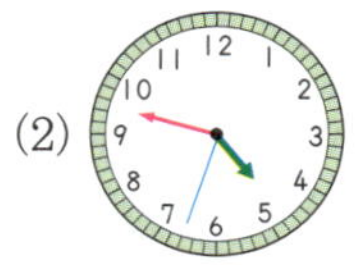 33초는 초바늘이 숫자 6(30초) 에서 작은 눈금으로 3칸 더 간 곳 을 가리켜야 합니다.

26 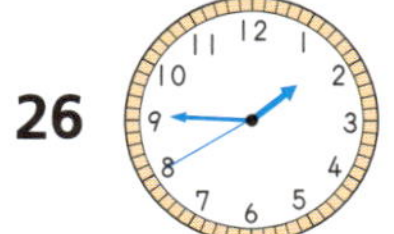
90분=1시간 30분
3시 15분 40초−1시간 30분=1시 45분 40초

28 4시 45분 35초+6시간 53분 21초
=11시 38분 56초

29 8시 5분−7시 40분=25분

30 (시각)+(시간)=(시각)

31 분 단위 계산에서 받아올림한 1시간을 시간 단위 계산에서 더해 주어야 합니다.

32 (시각)+(시간)=(시각)

33 7시 45분 37초−5시 28분 25초
=2시간 17분 12초

34 (운동을 한 시간)=(운동을 끝낸 시각)−(운동을 시 작한 시각)=3시 59분 56초−2시 24분 47초
=1시간 35분 9초

37 19시 45분 15초−5시 10분 54초
=14시간 34분 21초

38 하루는 24시간
(밤의 길이)=24시간−12시간 27분 19초
=11시간 32분 41초

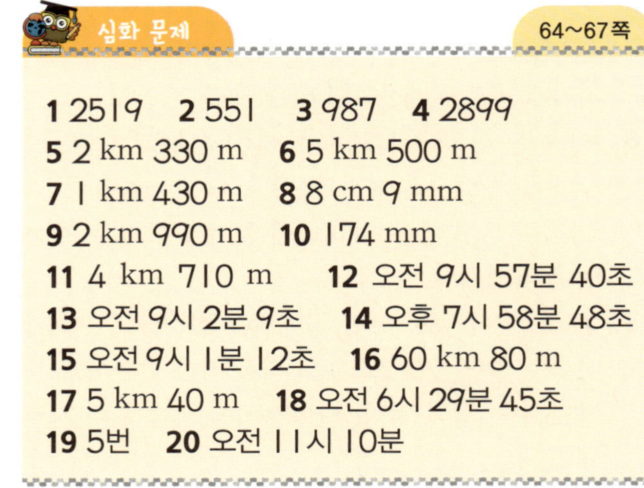

1 9 km 640 m=7 km 120 m+□ m일 때
□ m=9 km 640 m−7 km 120 m
=2 km 520 m=2520 m에서
□ 안에 들어갈 수 있는 자연수는 2520보다 작아 야 합니다. 따라서 □ 안에 들어갈 수 있는 가장 큰 자연수는 2519입니다.

2 2700 m=2 km 700 m입니다.
3 km 250 m=2 km 700 m+□ m일 때
□ m=3 km 250 m−2 km 700 m=550 m 에서 □ 안에 들어갈 수 있는 자연수는 550보다 커야 합니다. 따라서 □ 안에 들어갈 수 있는 가장 작은 자연수는 551입니다.

3 5006 m=5 km 6 m입니다.
4 km 20 m+□ m=5 km 6 m일 때
□ m=5 km 6 m−4 km 20 m=986 m에서
□ 안에 들어갈 수 있는 자연수는 986보다 커야 합니다. 따라서 □ 안에 들어갈 수 있는 가장 작은 자연수는 987입니다.

4 11030 m=11 km 30 m입니다.

8 km 130 m+□ m=11 km 30 m일 때

□ m=11 km 30 m−8 km 130 m

$\quad$ =2 km 900 m=2900 m에서

□ 안에 들어갈 수 있는 자연수는 2900보다 작아
야 합니다. 따라서 □ 안에 들어갈 수 있는 가장
큰 자연수는 2899입니다.

5 (ⓒ~ⓔ)=(⑦~ⓒ)+(ⓒ~ⓔ)−(⑦~ⓒ)

$\quad$ =2 km 370 m+4 km 300 m−4 km 340 m

$\quad$ =2 km 330 m

6 (⑦~ⓔ)=(⑦~ⓒ)+(ⓒ~ⓔ)−(ⓒ~ⓒ)

$\quad$ =3 km 770 m+3 km 800 m−2 km 70 m

$\quad$ =5 km 500 m

7 (공원~우체국)=(집~우체국)−(집~공원)

$\quad$ =2 km 70 m−1 km 470 m=600 m

(학교~우체국)=(학교~공원)+(공원~우체국)

$\quad$ =830 m+600 m=1430 m=1 km 430 m

8 (겹쳐진 부분의 길이)

$\quad$ =(주황색 리본의 길이)+(초록색 리본의 길이)

$\qquad$ −(이어 붙인 리본의 길이)

$\quad$ =41 cm 6 mm+19 cm 8 mm−52 cm 5 mm

$\quad$ =8 cm 9 mm

9 (학교~공원~병원)

$\quad$ =2 km 450 m+1 km 800 m=4 km 250 m

(학교~도서관~병원)

$\quad$ =4 km 250 m−280 m=3 km 970 m

도서관에서 병원까지의 거리를 □라고 할 때

(학교~도서관~병원)=(학교~도서관)+□

$\quad$ → 3 km 970 m=980 m+□,

$\qquad$ □=3 km 970 m−980 m,

$\qquad$ □=2 km 990 m

10 cm를 mm로 고치면 1 cm 6 mm=16 mm,
47 cm 4 mm=474 mm입니다.

가장 긴 막대의 길이를 □ mm라고 하면

(두 번째로 긴 막대의 길이)=(□−16) mm,

(가장 짧은 막대의 길이)

$\quad$ =(□−16−16) mm=(□−32) mm입니다.

□+(□−16)+(□−32)=474,

□+□+□−48=474, □+□+□=474+48,

□+□+□=522, □=174입니다.

11 920 m를 갔다가 다시 집에 들렀다 갔으므로
920 m를 두 번 더해 줍니다.

(진호가 학교까지 가는 데 자전거를 탄 거리)

$\quad$ =920 m+920 m+2870 m

$\quad$ =4710 m=4 km 710 m

12 (일주일 동안 늦어지는 시간)

$\quad$ =20×7=140초=2분 20초

(일주일 후 오전 10시에 시계가 가리키는 시각)

$\quad$ =10시−2분 20초=9시 57분 40초

13 3일 전 오전 9시에 시계를 정확하게 9시에 맞추
어 놓았으므로 3일이 지난 오늘 오전 9시에는

43초×3=129초=2분 9초 빨라집니다.

따라서 오늘 오전 9시에 선주의 시계는 9시 2분
9초를 가리킵니다.

14 오늘 오전 8시부터 다음 날 오후 8시까지의 시간
은 1일 12시간입니다.

따라서 시계는 48초+24초=1분 12초 늦어지므로
8시−1분 12초=7시 58분 48초를 가리킵니다.

15 오늘 오전 9시부터 내일 오전 9시까지는 24시간
이므로 24÷3=8에서 3시간씩 8번입니다.

그러므로 신영이의 시계가 24시간 동안 빨라지는
시간은

(9×8)초=72초=60초+12초=1분 12초입니
다. 따라서 신영이의 시계가 내일 오전 9시에 가
리키는 시각은

오전 9시+1분 12초=오전 9시 1분 12초입니다.

16 (1분 동안 달릴 수 있는 거리)

$\quad$ =(18÷3) km (24÷3) m=6 km 8 m

(10분 동안 달릴 수 있는 거리)

$\quad$ =(6×10)km (8×10) m=60 km 80 m

17 1분에 24 m를 가므로

3분 동안에는 24×3=72 (m)를 갈 수 있고, 30
분 동안에는 72 m의 10배인 720 m를 갑니다.

(1시간 동안 가는 거리)=720+720=1440 (m)

(3시간 30분 동안 갈 수 있는 거리)

$\quad$ =1440 m+1440 m+1440 m+720 m

$\quad$ =5040 m=5 km 40 m

18 (첫 번째 전철에서 세 번째 전철까지의 출발 간격
　수)=2(번)
　(출발 간격 시간의 합)
　=4분 30초+4분 30초=9분
　(세 번째 전철이 출발한 시각)
　=오전 6시 20분 45초+9분
　=오전 6시 29분 45초

19 서울에서 목포로 가는 KTX의 출발 시각은 6시
　20분, 6시 55분, 7시 30분, 8시 5분, 8시 40분
　입니다.

20 (2교시가 시작되는 시각)
　=9시 20분+45분+10분=10시 15분
　(3교시가 시작되는 시각)
　=10시 15분+45분+10분=11시 10분

단원 마무리　68~70쪽

1 풀이 참조　**2** (1) 60 (2) 56 (3) 17, 4　**3** 500
4 ⓒ　**5** 3426 m
6 예 212 mm=21 cm 2 mm이고
18 cm 3 mm<21 cm 2 mm입니다. 따라서 끈
을 더 많이 사용한 사람은 정세입니다.; 정세
7 330 m　**8** ⓒ　**9** 1080 m
10 5 km 660 m　**11** 7시 35분 23초
12 (1) ⓒ (2) ⓒ (3) ㉠　**13** 7시 55분 20초
14 예 청소가 끝난 시각은 9시 40분에서 50분 후
의 시각이므로 시간의 덧셈을 합니다.
(청소가 끝난 시각)=9시 40분+50분=10시 30분;
10시 30분
15 오전 11시 15분　**16** 오후 2시 48분
17 민우　**18** 11시 39분 20초
19 하지, 4시간 52분　**20** 오후 2시 45분

1　|——————————　—　—　—　—
점선을 따라 5 cm에서 작은 눈금으로 4칸 더 간
길이만큼 선을 긋습니다.

4 ⓒ 403 mm=40 cm 3 mm

7 2420 m=2 km 420 m
　→ 2 km 750 m−2 km 420 m=330 m

8 ㉠ 4 km 126 m+5 km 23 m=9 km 149 m
　ⓒ 7 km 580 m+1 km 600 m
　　=9 km 180 m
　→ 9 km 149 m<9 km 180 m

9 7 km−5 km 920 m
　=1 km 80 m=1080 m

10 약국에서 은행까지 가는 가장 짧은 거리는 가장 작
은 직사각형의 가로를 3번, 세로를 2번 더한 길이
와 같습니다.
　(가로를 3번 더한 길이)
　=1 km 340 m+1 km 340 m+1 km 340 m
　=3 km 1020 m
　=4 km 20 m
　(세로를 2번 더한 길이)
　=820 m+820 m=1640 m
　=1 km 640 m
　→ (가장 짧은 거리)
　　=4 km 20 m+1 km 640 m
　　=5 km 660 m

11 초바늘이 숫자 4(20초)에서 작은 눈금으로 3칸만
큼 더 간 곳에 있으므로 23초입니다.

12 (1) 2분 15초=60초+60초+15초=135초
　(2) 1분 50초=60초+50초=110초
　(3) 3분 5초=60초+60초+60초+5초=185초

13 시계가 가리키는 시각은 7시 50분 20초입니다.
초바늘이 시계를 5바퀴 도는 데 걸리는 시간은 5
분이므로 5분 후의 시각은 7시 55분 20초입니다.

15 9시 55분+1시간 20분
　=10시 75분=11시 15분

16 4시 5분−1시간 17분=2시 48분

17 (민우가 공부한 시간)
　=2시 17분−1시 25분=52분
　(지영이가 공부한 시간)
　=4시 5분−3시 20분=45분
　→ 52분>45분

18 (1회차 영화가 끝나는 시각)

=9시+1시간 15분 20초=10시 15분 20초

520초=8분 40초이므로

(2회차 영화가 시작하는 시각)

=10시 15분 20초+8분 40초=10시 24분

→ (2회차 영화가 끝나는 시각)

=10시 24분+1시간 15분 20초

=11시 39분 20초

19 (하지의 낮의 길이)=19시 45분−5시 10분

=14시간 35분

(동지의 낮의 길이)=17시 15분−7시 32분

=9시간 43분

따라서 하지의 낮의 길이가

14시간 35분−9시간 43분=4시간 52분 더 깁니다.

20 (줄어든 양초의 길이)=15−9=6 (cm)

30초에 6 mm씩 줄어들므로

1분에는 6×2=12 (mm)만큼 줄어듭니다.

6 cm=60 mm이고 60=12×5이므로

양초의 길이가 9 cm가 되는 시각은 5분 후인

오후 2시 40분+5분=오후 2시 45분입니다.

---

⑥ 분수와 소수

1 ㉣　**2** ㉡　**3** 예 색종이를 1번 접었다 펼치면 똑같이 둘로, 2번 접었다 펼치면 똑같이 넷으로, 3번 접었다 펼치면 똑같이 여덟으로 나누어집니다.; 여덟(8)　**4** $\frac{3}{5}, \frac{2}{5}$　**5** ㉠, ㉡　**6** (1) 7 (2) $\frac{1}{11}$ (3) $\frac{6}{20}$　**7** (1) $\frac{1}{9}$ (2) $\frac{1}{9}$, 9 (3) 6, $\frac{1}{9}$, 3　**8** ㉡

9 예 $\frac{5}{7}$는 전체를 똑같게 7로 나눈 것 중의 5이므로 사용한 색종이는 5조각입니다.; 5조각　**10** $\frac{5}{12}$

11 풀이 참조　**12** 풀이 참조　**13** 풀이 참조

14 ㉢　**15** 72 cm　**16** $\frac{8}{9}, \frac{1}{9}$, 8　**17** 5배

18 예 우유 전체를 11로 나누었을 때 마신 우유는 1이고 남은 우유는 10입니다. 따라서 남은 우유는 전체의 $\frac{10}{11}$이고 $\frac{10}{11}$은 $\frac{1}{11}$이 10개 있는 것과 같으므로 마신 우유의 10배입니다. : 10배

19 $\frac{2}{7}$, <, $\frac{5}{7}$　**20** (1) > (2) <　**21** ㉠　**22** ㉡

23 ⃝$\frac{1}{3}$, △$\frac{1}{360}$　**24** 예 $\frac{1}{90}$보다 크고 $\frac{1}{80}$보다 작은 단위분수는 분모가 90보다 작고 80보다 큰 수이므로 $\frac{1}{81}, \frac{1}{82}, \cdots, \frac{1}{88}, \frac{1}{89}$로 모두 9개입니다.; 9개

25 정우　**26** 혜나　**27** 동생　**28** (나) 테이프

29 1, 2, 3, 4　**30** 4개　**31** 6, 7, 8, 9

32 예 분모가 13인 분수 중 $\frac{8}{13}$보다 크고 $\frac{11}{13}$보다 작은 분수는 $\frac{9}{13}, \frac{10}{13}$으로 모두 2개입니다.; 2개

33 $\frac{1}{10}, \frac{1}{11}$　**34** $\frac{3}{27}, \frac{4}{27}$　**35** (1) ㉡, ③ (2) ㉢, ② (3) ㉠, ①　**36** (1) 0.1 (2) 0.5 (3) 27 (4) 52

37 (1) 5.9 (2) 8.6　**38** 0.4, 1.5, 2.7

39 3.7　**40** 예 6 mm는 0.6 cm이므로 10 cm와 0.6 cm만큼은 10.6 cm입니다.; 10.6 cm

41 0.2, 0.6　**42** 0.3 m　**43** (1) > (2) <

44 ⃝7.2 , 0.8

45 ㉢, ㉡, ㉠, ㉣   **46** 세로
47 예 1.8<2.1<3.4이므로 집에서 가장 가까운 곳은 주민 센터입니다.; 주민 센터   **48** 7, 8, 9
49 3개   **50** (1) < (2) >
51 예 ㉠ ($\frac{1}{10}$이 7개인 수)=$\frac{7}{10}$=0.7
㉡ (0.1이 17개인 수)=1.7 → 0.7<1.7이므로 더 큰 수는 ㉡입니다.; ㉡   **52** 동생   **53** $\frac{1}{8}$
54 8.6   **55** 3.5, 3.7

4 전체를 똑같이 5로 나눈 것 중 남은 부분은 3칸, 먹은 부분은 2칸입니다.

5 ㉢ $\frac{3}{5}$, ㉣ $\frac{6}{9}$

7 색칠한 부분을 분수로 나타내면 $\frac{6}{9}$, 색칠되지 않은 부분을 분수로 나타내면 $\frac{3}{9}$이고, $\frac{6}{9}$은 $\frac{1}{9}$이 6개, $\frac{3}{9}$은 $\frac{1}{9}$이 3개입니다.

10 그림을 그려 알아봅니다.

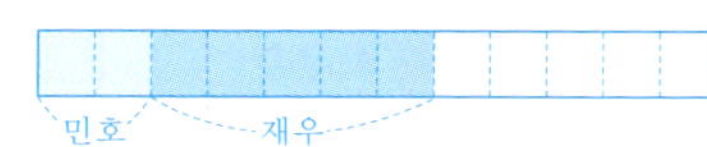

→ 재우가 먹은 주스는 전체의 $\frac{5}{12}$입니다.

11 (1) 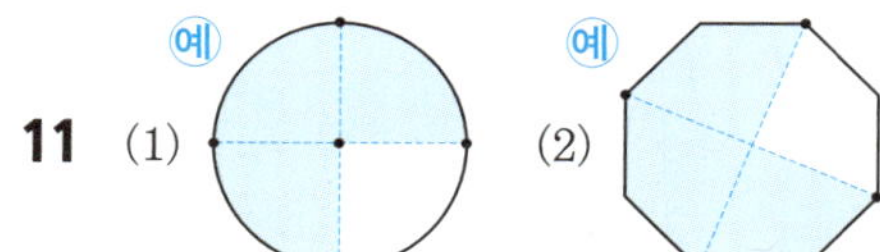 (2)

도형에 주어진 점을 이용하여 모양과 크기가 같게 넷으로 나눈 다음 세 부분에 색칠합니다.

12 (1) 6칸으로 똑같이 나누어 5칸에 색칠합니다.

(2) 8칸으로 똑같이 나누어 3칸에 색칠합니다.

13 (1) 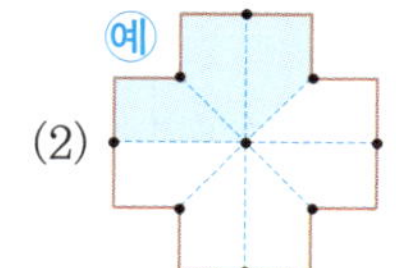 전체는 색칠한 부분의 4배가 되도록 그립니다.

예
(2) 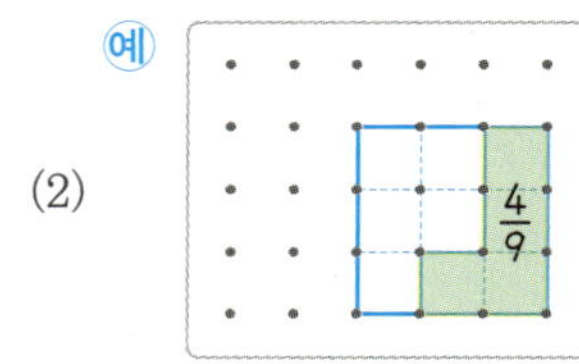 전체를 9로 똑같이 나눈 것 중 4이므로 5칸을 더 그립니다.

14 전체 모양에는 작은 사각형이 6개 있어야 합니다.

15 $\frac{1}{9}$의 길이가 8 cm이면 전체는 $\frac{1}{9}$의 9배이므로 8 cm의 9배입니다. → 8×9=72 (cm)

17 파이 전체를 6조각으로 나누었을 때 먹은 파이는 1조각이고, 남은 파이는 5조각입니다. 따라서 남은 파이는 전체의 $\frac{5}{6}$이고 $\frac{5}{6}$는 $\frac{1}{6}$이 5개 있는 것과 같으므로 먹은 파이의 5배입니다.

20 (1) $\frac{1}{15}$이 7개인 수는 $\frac{7}{15}$ → $\frac{7}{15}$ > $\frac{4}{15}$
(2) $\frac{1}{31}$이 21개인 수는 $\frac{21}{31}$ → $\frac{19}{31}$ < $\frac{21}{31}$

21 ㉠ $\frac{8}{9}$, ㉡ $\frac{5}{9}$, ㉢ $\frac{7}{9}$ → $\frac{8}{9}$>$\frac{7}{9}$>$\frac{5}{9}$

23 분모가 가장 큰 $\frac{1}{360}$이 가장 작고, 분모가 가장 작은 $\frac{1}{3}$이 가장 큽니다.

25 $\frac{3}{8}$<$\frac{5}{8}$이므로 리본을 더 많이 사용한 사람은 정우입니다.

26 $\frac{1}{7}$>$\frac{1}{12}$이므로 케이크를 더 적게 먹은 사람은 혜나입니다.

27 $\frac{6}{15}$은 15조각 중 6조각이므로 남은 조각은 15−6=9(조각)으로 동생은 전체의 $\frac{9}{15}$를 먹었습니다. → $\frac{6}{15}$<$\frac{9}{15}$이므로 동생이 떡을 더 많이 먹었습니다.

28 남은 (가) 테이프는 $\frac{1}{7}$ m이고, 남은 (나) 테이프는 $\frac{1}{5}$ m입니다. $\frac{1}{7}$<$\frac{1}{5}$이므로 테이프가 더 많이 남은 것은 (나) 테이프입니다.

33 단위분수 중 $\dfrac{1}{9}$보다 작은 분수는 분모가 9보다 큰

$\dfrac{1}{10}$, $\dfrac{1}{11}$, $\dfrac{1}{12}$, $\dfrac{1}{13}$ ……이고 이 중 분모가 12보다

작은 분수는 $\dfrac{1}{10}$, $\dfrac{1}{11}$입니다.

34 구하는 분수를 $\dfrac{\square}{27}$라 하면

$\square>2$이고 $\square+27<32$입니다.

$\square=4$일 때 $4+27=31$,

$\square=3$일 때 $3+27=30$이므로 $\square=3$, 4입니다.

따라서 조건에 알맞은 분수는 $\dfrac{3}{27}$, $\dfrac{4}{27}$입니다.

36 ⑶ 2는 0.1이 20개이고 0.7은 0.1이 7개입니다.

⑷ 0.1이 50개이면 5이고 0.1이 2개이면 0.2입니다.

41 승아가 먹은 피자는 똑같이 10조각으로 나눈 것

중의 2조각이므로 $\dfrac{2}{10}=0.2$입니다.

서연이가 먹은 피자는 똑같이 10조각으로 나눈

것 중의 6조각이므로 $\dfrac{6}{10}=0.6$입니다.

42 1 m를 똑같이 10으로 나눈 것 중의 1은 0.1 m

이고 남은 색 테이프는 $10-7=3$(도막)입니다.

→ 0.1이 3개이므로 0.3 m입니다.

43 ⑴ $1.1>0.9$ ⑵ $6.3<6.8$

44 자연수의 크기를 먼저 비교한 다음 소수의 크기를

비교합니다. → $7.2>5.1>3.9>1.4>0.8$

45 ㉠ 7.3, ㉡ 8.2, ㉢ 9.5, ㉣ 0.9

→ $9.5>8.2>7.3>0.9$

46 297 mm=29.7 cm → $29.7>20.5$

50 ⑴ $\dfrac{3}{10}=0.3 \to 0.3<0.4$

⑵ $0.8=\dfrac{8}{10} \to \dfrac{8}{10}>\dfrac{5}{10}$

52 $\dfrac{3}{10}=0.3 \to 0.3<0.4$

53 단위분수는 분자가 1인 분수이고 분모가 클수록

작은 분수입니다.

54 자연수 부분에 가장 큰 수를 놓고, 두 번째로 큰

수를 소수 부분에 놓습니다.

55 $3<5<7$이므로

가장 작은 소수: 3.5, 두 번째로 작은 소수: 3.7

1 6, 7, 8, 9   **2** 1, 2, 3, 4, 5   **3** 8, 9   **4** 5개

5 4, 5, 6, 7   **6** 7   **7** $\dfrac{5}{14}$ **8** $\dfrac{1}{8}$ **9** 5배

10 옥수수   **11** $\dfrac{4}{13}$ **12** 2600원   **13** $\dfrac{2}{8}$

14 $\dfrac{5}{10}$ **15** $\dfrac{7}{20}$ **16** 풀이 참조   **17** $\dfrac{5}{10}$, 0.5

18 0.8, 0.5, $\dfrac{7}{10}$ **19** 1, $\dfrac{9}{10}$, 1.3   **20** 3개

21 ㉡, ㉣   **22** 5개   **23** 1시간 52분

24 2시간 6분   **25** 1시간 12분   **26** 1시간

27 1시간 15분   **28** 1분 38초   **29** 116 km

1 $\dfrac{5}{10}=0.5 \to \square$는 5보다 큰 수입니다.

2 $\dfrac{6}{10}=0.6 \to \square$는 6보다 작은 수입니다.

3 $0.7=\dfrac{7}{10} \to \square$는 7보다 큰 수입니다.

4 $\dfrac{\square}{10}=0.\square \to 0.1<0.\square<0.7$이므로 $\square$는 1보다

크고 7보다 작은 수인 2, 3, 4, 5, 6으로 모두 5

개입니다.

5 $\dfrac{3}{10}=0.3$

→ ▲는 3보다 크고 8보다 작은 수입니다.

6 ㉡에 들어갈 수와 관계없이 ㉠에 들어갈 수 있는

수는 7과 같거나 7보다 작은 수이므로 가장 큰 수

는 7입니다.

7 벽면 전체를 똑같이 14로 나눈 것 중 6에는 파란

색, 3에는 노란색 페인트를 칠했으므로 남은 부분

은 $14-6-3=5$입니다. 따라서 남은 벽면은 전체

의 $\dfrac{5}{14}$입니다.

8 $\dfrac{5}{8}$는 전체 거리를 똑같이 8로 나눈 것 중의 5이

고, $\dfrac{2}{8}$는 전체 거리를 똑같이 8로 나눈 것 중의 2

입니다. 남은 거리는 $8-5-2=1$이므로 전체의

$\dfrac{1}{8}$입니다.

9 남은 색 테이프는 전체를 17로 똑같이 나눈 것 중 17−5−10=2이므로 전체 색 테이프의 $\frac{2}{17}$입니다. $\frac{2}{17}$는 $\frac{1}{17}$이 2개이고 $\frac{10}{17}$은 $\frac{1}{17}$이 10개이므로 장식을 만드는 데 사용한 색 테이프는 남은 색 테이프의 10÷2=5(배)입니다.

10 감자를 심은 부분은 전체를 똑같이 7로 나눈 것 중 7−2−4=1이므로 밭 전체의 $\frac{1}{7}$입니다.

$\frac{4}{7}>\frac{2}{7}>\frac{1}{7}$이므로 가장 많이 심은 것은 옥수수입니다.

11 그림으로 나타내면 다음과 같습니다.

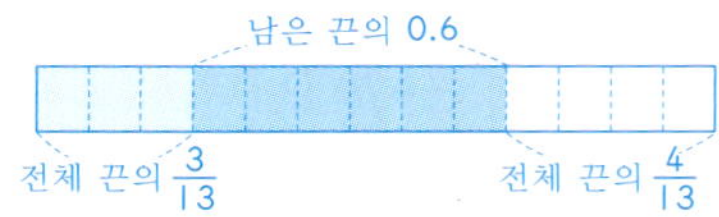

12 그림으로 나타내면 다음과 같습니다.

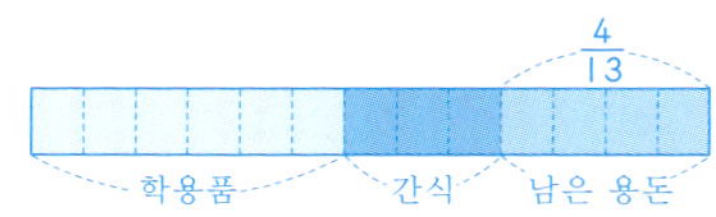

남은 용돈이 800원이고 전체의 $\frac{4}{13}$이므로 $\frac{1}{13}$은 200원입니다. 따라서 유라가 처음 가지고 있던 용돈은 200원의 13배만큼인 2600원입니다.

13 전체를 똑같이 8칸으로 나눈 것 중 2칸이므로 $\frac{2}{8}$입니다

14 전체를 똑같이 10칸으로 나눈 것 중 5칸이므로 $\frac{5}{10}$입니다.

15 전체를 똑같이 20칸으로 나눈 것 중 7칸이므로 $\frac{7}{20}$입니다.

16 (예) →

전체를 똑같이 9칸으로 나눈 것 중의 4이므로 $\frac{4}{9}$입니다. 따라서 $\frac{5}{9}$가 되려면 작은 삼각형 모양 한 칸을 더 색칠해야 합니다.

17 전체를 똑같이 10칸으로 나눈 것 중 5칸이므로 $\frac{5}{10}$=0.5입니다.

18 $\frac{9}{10}$=0.9, $\frac{1}{10}$=0.1, $\frac{7}{10}$=0.7

→ 0.3보다 크고 0.9보다 작은 수는 0.8, 0.5, $\frac{7}{10}$입니다.

19 $\frac{8}{10}$=0.8, $\frac{7}{10}$=0.7, $\frac{9}{10}$=0.9

→ 0.8보다 크고 1.5보다 작은 수는 1, $\frac{9}{10}$, 1.3입니다.

20 $\frac{1}{10}$이 5개인 수: $\frac{5}{10}$=0.5,

0.1이 24개인 수: 2.4

$\frac{6}{10}$=0.6, $\frac{2}{10}$=0.2이므로 0.5보다 크고 2.4보다 작은 수는 $\frac{6}{10}$, 1.8, 2로 모두 3개입니다.

21 $\frac{1}{10}$이 36개인 수는 0.1이 36개인 수이므로 3.6입니다.

㉠ 2, ㉡ 3.4, ㉢ 1.9, ㉣ 2.8이므로 2.7보다 크고 3.6보다 작은 수는 ㉡ 3.4, ㉣ 2.8입니다.

22 $\frac{1}{10}$이 65개인 수는 0.1이 65개인 수이므로 6.5이고 0.1이 17개인 수는 1.7입니다. 1.7보다 크고 6.5보다 작은 한 자리 수는 2, 3, 4, 5, 6이므로 모두 5개입니다.

23 $\frac{4}{7}$는 $\frac{1}{7}$이 4개이므로 $\frac{1}{7}$의 4배입니다.

28×4=112(분)이고 60분=1시간이므로 전체의 $\frac{4}{7}$를 그리는 데 걸리는 시간은 1시간 52분입니다.

24 전체의 $\frac{2}{9}$만큼을 가는 데 36분이 걸렸으므로 전체의 $\frac{1}{9}$만큼을 가는 데 걸리는 시간은 36÷2=18(분)입니다. $\frac{7}{9}$은 $\frac{1}{9}$이 7개이므로 전

체의 $\dfrac{7}{9}$만큼을 가는 데 걸리는 시간은

$18 \times 7 = 126$(분) → 2시간 6분입니다.

25 전체의 $\dfrac{3}{10}$만큼을 읽는 데 27분이 걸렸으므로 전체의 $\dfrac{1}{10}$만큼을 읽는 데 걸리는 시간은

$27 \div 3 = 9$(분)입니다.

$0.8 = \dfrac{8}{10}$이고 $\dfrac{8}{10}$은 $\dfrac{1}{10}$이 8개이므로 전체의 0.8만큼을 읽는 데 걸리는 시간은

$9 \times 8 = 72$(분) → 1시간 12분입니다.

26 전체의 $\dfrac{7}{12}$만큼을 하는 데 35분이 걸렸으므로 전체의 $\dfrac{1}{12}$만큼을 하는 데 걸리는 시간은

$35 \div 7 = 5$(분)입니다. 따라서 전체 요리를 하는 데 걸리는 시간은 $5 \times 12 = 60$(분) → 1시간입니다.

28 전체의 $\dfrac{4}{19}$만큼을 하는 데 20분이 걸렸으므로 전체의 $\dfrac{1}{19}$만큼을 하는 데 걸리는 시간은

$20 \div 4 = 5$(분)입니다. 남은 운동은 전체의 $\dfrac{15}{19}$이

고 $\dfrac{15}{19}$는 $\dfrac{1}{19}$이 15개이므로 남은 운동을 하는 데 걸리는 시간은 $5 \times 15 = 75$(분) → 1시간 15분입니다.

28 처음 양초 길이의 $\dfrac{1}{15}$만큼이 탔으므로 남은 양초의 길이는 처음 양초 길이의 $\dfrac{14}{15}$입니다. $\dfrac{14}{15}$는 $\dfrac{1}{15}$이 14개이고 $\dfrac{1}{15}$만큼이 타는 데 7초가 걸리므로 남은 양초가 모두 타려면

$7 \times 14 = 98$(초) → 1분 38초가 더 걸립니다.

29 20분은 60분의 $\dfrac{1}{3}$이므로 20분 동안에는 87 km의 $\dfrac{1}{3}$만큼을 갈 수 있습니다.

$29 \times 3 = 87$에서 20분 동안 자동차가 가는 거리는 29 km입니다. 따라서 공원에서 집까지의 거리는 $87 + 29 = 116$ (km)입니다.

1 ㉠, ㉢, ㉱, ㉰　**2** ㉢, ㉰　**3** 풀이 참조, 4분의 3
4 ㉢　**5** 예 $\dfrac{3}{5}$은 $\dfrac{1}{5}$이 3개이므로 ㉠=3입니다.

$\dfrac{6}{10}$은 $\dfrac{1}{10}$이 6개이므로 ㉡=6입니다. → 3+6=9;

9　**6** $\dfrac{7}{8}$　**7** $\dfrac{1}{8}$　**8** $\dfrac{3}{10}$　**9** 예 $\dfrac{4}{6}$는 $\dfrac{1}{6}$이 4개

인 수입니다. 따라서 $\dfrac{4}{6}$는 $\dfrac{1}{6}$의 4배입니다.; 4배

10 ⑤　**11** 사과　**12** $\dfrac{1}{2000}$, $\dfrac{1}{500}$, $\dfrac{1}{100}$, $\dfrac{1}{50}$

$\dfrac{1}{15}$　**13** 3, 4　**14** ⑤　**15** ㉡　**16** 12.6 cm

17 0.3　**18** 0.3, 0.5　**19** 정후　**20** 6개

3 예 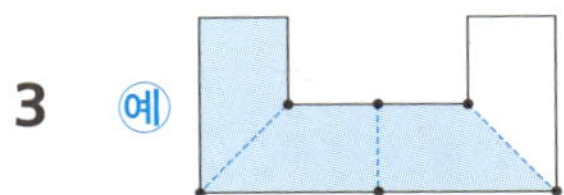 전체를 똑같이 4로 나눈 후 3만큼 색칠합니다.

6 케이크 8조각 중 한 조각을 먹었으므로 남은 케이크는 7조각입니다. 따라서 남은 케이크는 전체의 $\dfrac{7}{8}$입니다.

7 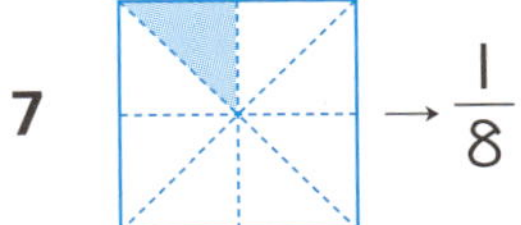 → $\dfrac{1}{8}$

8
도화지 전체를 똑같이 10칸으로 나누어 색칠한 부분을 표시하면 색칠하지 않은 부분은 3칸이 됩니다. 따라서 색칠하지 않은 부분은 10칸 중 3칸이므로 $\dfrac{3}{10}$입니다.

11 $\dfrac{5}{7} > \dfrac{3}{7}$이므로 사과가 복숭아보다 더 무겁습니다.

13 분모가 같으므로 분자를 비교합니다.
□는 2보다 크고 5보다 작아야 하므로 □ 안에 들어갈 수 있는 수는 3, 4입니다.

15 ㉠ 17, ㉡ 32, ㉢ 29 → 32>29>17

16 6 mm=0.6 cm이므로 12 cm와 0.6 cm만큼은 12.6 cm입니다.

17 전체를 똑같이 10으로 나눈 것 중의 3을 분수로 나타내면 $\frac{3}{10}$이고 소수로 0.3입니다.

18 0.1이 7개인 수는 0.7이므로 0.1보다 크고 0.7보다 작은 소수는 0.3과 0.5입니다

19 $\frac{4}{10}$=0.4이므로 0.4<0.5입니다. 따라서 집에서 학교까지 가는 데 시간이 더 적게 걸리는 사람은 정후입니다.

20 5보다 작은 소수는 2.▲, 4.▲입니다.
2.▲인 소수: 2.5, 2.8, 2.4 → 3개
4.▲인 소수: 4.2, 4.5, 4.8 → 3개
따라서 5보다 작은 소수는 모두 3+3=6(개)입니다.

성취도 평가 1회 90~92쪽

1 669, 843　**2** <　**3** 277명
4 예 만들 수 있는 가장 큰 수는 641이고, 가장 작은 수는 146입니다. 따라서 가장 큰 수와 가장 작은 수의 차는 641−146=495입니다.; 495
5 ㉡　**6** 2개　**7** 7개　**8** 42, 6, 7; 42, 7, 6
9 ③　**10** 5개　**11** 20　**12** ㉠　**13** 270개
14 ②, ⑤　**15** ㉡　**16** 준영
17 예 윤정이가 집에서 출발한 시각은 3시 36분 45초에서 1시간 24분 38초 전입니다.
따라서 윤정이가 집에서 출발한 시각은
3시 36분 45초−1시간 24분 38초
=2시 12분 7초입니다.; 2시 12분 7초
18 $\frac{4}{5}$　**19** 민호　**20** 혜주네 집

---

1 416+253=669, 365+478=843
2 217+359=576, 842−264=578
→ 217+359<842−264
3 452−175=277(명)
5 선분은 두 점을 곧게 이은 선입니다.
6 직각은 각 ㄱㅁㄹ, 각 ㄴㅁㄷ으로 모두 2개입니다.
7 사각형 1개짜리 직사각형: 4개,
사각형 2개짜리 직사각형: 2개,
사각형 3개짜리 직사각형: 1개
따라서 크고 작은 직사각형은 모두
4+2+1=7(개)입니다.
8 ●×▲=■　■÷●=▲
　　　　　　　■÷▲=●
9 ① 16÷2=8 ② 40÷5=8 ③ 27÷3=9
④ 56÷7=8 ⑤ 72÷9=8
10 (나누어 먹을 학생 수)=3+4=7(명)
(한 명이 먹을 수 있는 초콜릿의 수)
=(전체 초콜릿의 수)÷(학생 수)=35÷7=5(개)
11 6×4=24에서 20을 십의 자리로 올림한 것을 십의 자리 숫자 1 위에 2로 나타낸 것입니다.
12 ㉠ 27×4=108, ㉡ 34×3=102
→ 108>102이므로 계산 결과가 더 큰 것은 ㉠입니다.

13 (사과의 수)=15×6=90(개)

(귤의 수)=45×4=180(개)

→ 90+180=270(개)

14 ① 4 cm 6 mm=46 mm

③ 2 km 50 m=2050 m

④ 4008 m=4 km 8 m

15 ㉠ 340 m, ㉡ 3 km 400 m=3400 m,

㉢ 3040 m, ㉣ 3 km 4 m=3004 m

3400 m>3040 m>3004 m>340 m이므로

길이가 가장 긴 것은 ㉡입니다.

16 서연: 9시 52분 15초, 지은: 9시 14분 52초

18 전체를 똑같이 5로 나눈 것 중의 4이므로 $\frac{4}{5}$입니다.

19 민호: 전체의 $\frac{3}{4}$만큼 마셨으므로 전체의 $\frac{1}{4}$만큼 남았습니다.

세영: 전체의 $\frac{5}{6}$만큼 마셨으므로 전체의 $\frac{1}{6}$만큼 남았습니다.

$\frac{1}{4}>\frac{1}{6}$이므로 민호의 우유가 더 많이 남았습니다.

20 2.8<3.1이므로 도서관에서 혜주네 집이 더 가깝습니다.

---

1 150　**2** ㉠

3 예 어떤 수를 □라 하면 □−356=529에서 □=529+356=885입니다. 따라서 바르게 계산하면 885+356=1241입니다.; 1241

4 ㉣　**5** 3개　**6** 8개　**7** ④　**8** 9자루　**9** 63

10 96, 129, 51

11
$$\begin{array}{r} \overset{1}{3}\,4 \\ \times\quad 3 \\ \hline 1\,0\,2 \end{array}$$
예 일의 자리에서 올림한 수를 십의 자리 계산에서 더하지 않았습니다.

12 228개　**13** 7　**14** 4시 10분 30초

15 14 cm 7 mm　**16** ㉡, ㉢　**17** ⑤

18 $\frac{3}{10}$, 0.5, 0.6, $\frac{8}{10}$, 1　**19** $\frac{4}{6}$　**20** 3개

---

1 일의 자리로 받아내림하고 남은 십의 자리 숫자 5와 백의 자리에서 받아내림한 10을 더해 만들어진 15이므로 15가 실제로 나타내는 수는 150입니다.

2 ㉠ 464+567=1031

㉡ 536−178=358

㉢ 875+139=1014

㉣ 321−123=198

→ 1031>1014>358>198

4 반직선은 한 점에서 시작하여 한쪽으로 끝없이 늘인 곧은 선입니다.

5 각 ㄹㄷㅁ(또는 각 ㅁㄷㄹ), 각 ㅁㄷㄴ(또는 각 ㄴㄷㅁ), 각 ㄹㄷㄴ(또는 각 ㄴㄷㄹ) → 3개

6 작은 정사각형 1개짜리: 6개,

작은 정사각형 4개짜리: 2개

→ 2+6=8(개)

7 ① 21÷3=7 ② 49÷7=7 ③ 42÷6=7

④ 54÷6=9 ⑤ 35÷5=7

8 연필은 모두 12×3=36(자루) 있습니다.

한 사람에게 줄 수 있는 연필의 수는

36÷4=9(자루)입니다.

9 ■×5=45, ■=45÷5=9

●÷8=■에서 ●÷8=9, ●=9×8=72

72>9이므로 ■와 ●의 차는 72−9=63입니다.

10 32×3=96, 43×3=129, 17×3=51

12 (소의 다리 수)=42×4=168(개)

(닭의 다리 수)=30×2=60(개)

→ 168+60=228(개)

13 34×3=102이고 17×6=102이므로 □ 안에 들어갈 수 있는 수는 6보다 커야 합니다.

14 80분=1시간 20분이므로

2시 50분 30초+1시간 20분=4시 10분 30초입니다.

15 (7분 동안 줄어드는 길이)=4×7=28 (mm)

→ 2 cm 8 mm

(7분 후 양초의 길이)

=17 cm 5 mm−2 cm 8 mm

=14 cm 7 mm

16 ㉠, ㉰: 전체를 똑같이 3으로 나눈 것이 아닙니다.

㉣: $\dfrac{2}{5}$, ㉢: $\dfrac{2}{6}$

17 단위분수는 분모가 작을수록 큰 수이므로 □는 7보다 작아야 합니다.

18 $\dfrac{8}{10}$=0.8, $\dfrac{3}{10}$=0.3이므로

0.3<0.5<0.6<0.8<1 입니다.

19 (은교가 먹은 피자 조각 수)

=(전체 피자 조각 수)

  −(현아와 윤미에게 준 피자 조각 수)

=6−2=4(조각)

따라서 은교가 먹은 피자는 전체의 $\dfrac{4}{6}$입니다.

20 단위분수 중 $\dfrac{1}{7}$보다 큰 분수는 $\dfrac{1}{6}$, $\dfrac{1}{5}$, $\dfrac{1}{4}$, $\dfrac{1}{3}$, $\dfrac{1}{2}$

입니다. 이 중에서 분모가 3보다 큰 분수는 $\dfrac{1}{6}$, $\dfrac{1}{5}$,

$\dfrac{1}{4}$로 모두 3개입니다.

정답과 풀이

정답과 풀이